本书得到国家重点研发计划项目《高寒高海拔生态脆弱区城市多源固废综合处置及集成示范》（2019YFC1904100）项目资助

环境统计学与 SPSS 实践

黄建洪　崔祥芬　著

中国环境出版集团・北京

图书在版编目（CIP）数据

环境统计学与 SPSS 实践/黄建洪，崔祥芬著. —北京：中国环境出版集团，2021.3（2024.6 重印）
ISBN 978-7-5111-4664-9

Ⅰ. ①环…　Ⅱ. ①黄…②崔…　Ⅲ. ①环境统计学—统计分析—软件包　Ⅳ. ① X11-39

中国版本图书馆 CIP 数据核字（2021）第 035475 号

出 版 人　武德凯
责任编辑　孔　锦
责任校对　任　丽
封面设计　岳　帅

出版发行　中国环境出版集团
（100062　北京市东城区广渠门内大街 16 号）
网　　址：http://www.cesp.com.cn
电子邮箱：bjgl@cesp.com.cn
联系电话：010-67112765（编辑管理部）
发行热线：010-67125803，010-67113405（传真）
印　　刷　玖龙（天津）印刷有限公司
经　　销　各地新华书店
版　　次　2021 年 3 月第 1 版
印　　次　2024 年 6 月第 4 次印刷
开　　本　787×1092　1/16
印　　张　24
字　　数　480 千字
定　　价　89.00 元

前　言

环境统计学（environmental statistics）是应用概率论和数理统计理论，对环境状况及其对人类影响进行调查、整理和分析的学科。以环境问题为导向，选择合适的分析方法和统计手段进行环境数据的统计推断和深度挖掘，有助于对环境问题进行现状分析、趋势预测和原因剖析。环境统计分析要求研究人员或数据分析人员既要精通环境专业知识，又要掌握数据分析技能。本书介绍了环境统计学的基本原理和方法，结合环境、经济、人口数据相关例题，演示如何通过 IBM SPSS Statistics 26.0（试用版）软件进行操作实践，并利用图表将操作过程和分析结果进行直观展示。

本书从环境统计学理论与方法出发，结合环境、经济、人口数据进行实例分析，紧扣环境统计学要点知识的同时，补充了环境研究相关数据的 SPSS 分析实践经验，完整展示了环境统计学分析思路。全书基本涵盖了环境统计分析的全过程，包括环境数据获取、数据准备与管理、数据描述与分析，以及分析结果报告，对 IBM SPSS Statistics 26.0（试用版）操作界面、操作过程以及输出结果都进行了比较详细的阐释；还较为详细地介绍了各类环境数据分析方法的适用条件，可为读者选择恰当的环境统计分析方法提供指导。本书选择理论与实践相结合的方式，有助于初学者学习和理解环境统计学。

本书包括三篇，共 12 章。基础篇（第 1～3 章）介绍环境统计学的基本理论与相关术语（第 1 章）、环境数据获取办法（第 2 章）、环境统计数据准备与数据库管理（第 3 章）；描述性与推断性统计篇（第 4～7 章）介绍了环境统计数据的集中趋势、离散趋势和分布类型描述（第4章）及各类环境统计数据的相关检验，包括单样本环境数据的分布类型检验（第5章）、多样本（≥2）环境数据参数检验（t检验和方差分析，第6章）和非参数检验（χ^2检验与非参数检验，第7章）；统计模型篇（第8～12章）介绍多种统计模型分析方法，包括相关分析（第8章）、回归模型（第9章）、时间序列分析（第10章）、聚类与判别分析（第11章）、主成分分析与因子分析（第12章）。

本书的编写获得了昆明理工大学环境科学与工程学院领导和同事的关心与支持。书中部分案例数据来自著者主持和参与的科研项目研究成果，在此表示衷心的感谢。感谢研究生陈珊、陈允建、董泽靖、伏江丽、高一强、郎丽君、林益超、司美艳、汪沛、吴佩雨、谢鑫、张利祥、张琴、张庭婷、郑前兴（按拼音排序，与贡献无关）对本书编写给予的莫大帮助。本书在编写和出版过程中，得到了中国环境出版集团的大力支持与帮助。值此付梓出版之际，著者一并致以最诚挚的感谢！

由于著者水平有限，经验不足，书中难免存在一些缺点和错误，敬请读者不吝指教。

著 者

2020年9月于昆明理工大学

目　录

第一部分　基础篇

第二部分　描述性与推断性统计篇

第三部分 统计模型篇

第一部分

基础篇

第1章　绪　论

1.1　环境统计学概述

1.1.1　统计学基础

统计学（statistics）是通过搜集、整理、分析、描述数据等手段，以达到推断所测对象的本质，甚至预测对象未来的一门综合性科学（陈仁恩，2007）。

统计学用到了大量的数学及其他学科的专业知识，其应用范围几乎覆盖了社会科学和自然科学的各个领域。虽然统计学与数学都是研究数量关系的学科，但两者有着不同的性质特点。数学撇开具体的对象，以最一般的形式研究数量的联系和空间形式，数学的分析方法主要是逻辑推理和演绎论证，从严格的定义、假设的命题和给定的条件去推证有关的结论。而统计学的数据则总是与客观的对象联系在一起的，统计的过程就是从客观对象中抽出其数量表现得到有关的数据，然后加以适当的运算，取得一定的结果。接着把这些结果又返回到客观对象中去，寻求解释这些结果的意义，提供决策的事实依据。统计分析的方法本质上是归纳的方法，根据所搜集的数据以及观察到的大量个别情况，来归纳判断总体的情况，这个过程存在推断的可信度与主观判断能力等不确定性因素。从这个意义上说，统计学不仅是一门科学技术，而且是一门艺术。当然，也应该看到统计学与数学的密切关系，数学分析方法适用于一切数量分析，也包括统计的数量分析，数学为统计学提供了数量分析的方法论基础，特别是数学中的概率论（probability theory），它研究随机现象的数量关系和变化规律，从数量方面体现了偶然与必然、个别与一般、局部与总体的辩证关系，为统计科学的现代化奠定了基础。

统计研究现象总体的数量特征所用的基本方法都与数量的总体性有关，其数学依据是概率论的大数定律（law of large numbers）。大数定律或大数法则，也称为概率性收敛定律，是大量随机现象的平均结果具有稳定性质的法则。如果被研究的总体数量特征是由大量的相互独立的随机变量形成的，每个变量对总体的影响都相对较小，那么对大量随机变量加以综合平均的结果是，变量的个别影响将相互抵消，而显现出它们共同作用的倾向，使总体数量特征具有稳定的性质。大数定律正是在数量上表现了偶然性与必然性的辩证关系，使得人们能够通过大量随机现象的综合概括，以消除偶然性的误差，发现必然性的趋势，从而认识规律的表现形式。

1.1.2　环境统计概念

环境统计可以从环境统计工作和环境统计学两个层面来理解（环境统计教材编写委员会，2016）。环境统计工作，是指用定量数字描述一个国家或地区的自然环境、自然资源、环境变化和环境变化对人类影响的总称，其特点是范围涉及面广、综合性强和技术性强。本书对环境统计工作的具体内容不再做赘述。

环境统计学是将环境样本数据、统计学原理与统计支持软件结合起来，为解决环境学中的环境问题提供必要数据分析的工具（聂庆华等，2010）。在研究环境空间模式、时间变化的过程中，理解变化过程和原因；解释环境污染物分布模式与迁移过程，描述地表生物与非生物因素之间的复杂关系等，均需要借助环境统计学理论与手段。例如，人群尿镉含量分布在空间上是随机的，还是具有空间模式？分布特征与其他潜在污染源之间的关系如何？概括地说，环境统计不局限于经典统计方法，也包括地统计和时空分析以及计算统计相关内容。

1.1.3　环境统计的本质与规则

（1）环境统计思想的本质

环境采样是环境研究必不可少的环节，然而环境采样数据有时是不完全的和不确定的，即存在随机性。在环境系统中，变异普遍存在于整个系统过程和系统模式中。理解与减少变异是环境管理成功的关键，评估不确定性和数据变异及其对环境决策的影响，是环境统计学存在的基础。

1922 年，Fisher 在“理论统计学的数学基础”中提出，统计方法的目的是简化数据。因此，环境统计中必须解决三个问题：①规范问题（problems of specification），即选择何种总体的数学形式表达，如何清楚地描述总体；②估计问题（problems of estimation），包括计算统计学的方法选择，用于估计总体的参数；③分布问题（problems of distribution），即从样本中推断总体参数的统计学分布。

环境统计学作为统计学在环境领域的应用，其基本思想是：①选择一种采样方法，能够最小化采样过程的不确定性和变异。环境采样需要考虑与待研究环境问题紧密相关的数据，以及如何获得这些相关数据。是选择基于设计采样，还是选择基于模型采样？不同的采样方法适应不同的研究目的，也适用不同的统计分析方式。②以环境样本数据为基础，估计环境总体状态。估计是以样本分布假设为基础的，那环境数据分布假设的依据是什么？③理解环境数据分布的特点，从不同侧面讨论环境问题。以统计模型为基础，采用公式化方法表达环境问题，为建立环境风险模型和预测环境变化提供数据依据。

（2）环境统计中的特殊性

相对经典统计学，环境统计面临的问题往往具有明显的时空特性。据此，环境统计学还需要考虑以下几个方面。

①可变的面积单元问题：包括多尺度问题和分区边界的定位问题。前者指不同面积的采样单元，导致统计结果发生变异问题；后者是指不同大小的采样单元，区城界限的位置不同。

②边界问题：区域边界问题与边界效应对空间统计分析的影响，区域形状与大小影响环境要素测量和结果的解释。

③空间采样过程：统计分析以样本数据为基础，通常假设样本随机来自总体，但是不同随机采样结果的统计方法不一样，从而影响统计分析结论。

④空间自相关与空间联系：空间自相关即是空间某点某变量值与邻近点位置该变量值相关。空间自相关不仅会影响统计分析结果，甚至会导致错误统计结果解释。

（3）环境统计学的若干规则

产生数据过程平稳是统计应用的基本要求。换句话说，每个数据点不仅是相互独立的，而且数据点应围绕数据集中心趋势（如均值）随机分布。面对环境数据特殊性，无法要求环境数据绝对满足经典统计学的基本假设，故对环境统计应用提出一些规则。

①选择合适尺度：环境数据构成包括时间、空间和属性三个维度，即是一定时间范围内、一定空间尺度上，对某些环境要素属性的测量。因此，环境数据表达有时间尺度、空间尺度和属性测量尺度三个尺度。选择合适的属性测量尺度和时空坐标尺度，决定每个选择尺度是否有效和可靠。根据信息量不断增加的原则，环境属性测量尺度可以排序为名义变量、有序变量、区间变量和比率变量。其中，区间变量和比率变量常常可以作为单一的度量尺度，名义变量可用于分类尺度，有序变量是非参数统计分析的基础。当然，如果对数据质量没有把握，也可以将高测量尺度的比率变量和区间变量转换为有序变量和名义变量。数据不可靠的原因有很多，如使用精确度稍差的测量仪器、来自别人的间接数据，以及样本变异都可能导致数据不可靠。

②定义样本：包括样本大小、随机采样和识别样本对应的统计总体。环境采样有一定特殊性，是在限定空间和时间内，分析人员根据经验知识进行判断采样。因此，环境样本的随机成分相对减少（随机就是保障总体中每个样本具有相同的机会被采样）。这种情形下，往往需要更多样本，才能反映出总体情形。许多环境问题是在固定区域范围内，预先确定了样本大小。有时总体并不能被完整观察，固定区域也可能有多个不同性质的总体。

③定义处理缺失数据的步骤与方法：缺失数据使环境统计分析变得更加复杂。在一定环境空间上或时间上，无法采样导致有缺失数值，缺省的观测可能严重破坏采样设计，减少样本随机性，增加分析的复杂性，甚至导致数据产生严重偏差。分析者如果知道数据缺失，需要再采样或改变统计分析方式。比如，必须考虑数据缺失对空间自相关的影响。因此，需要补足缺失数据，估计缺失数值，扩展新的统计。

④可视化环境数据：可视化数据是感受和理解数据的基础，例如，先借助散点图两个变量之间的数值关系，再考虑选择回归方程类型。对于环境空间数据，地图制图可以让数据分析人员更容易识别空间模式，突出空间自相关。对于非空间数据，也可采用饼图、直方图或其他图形方式加以表达。图形方法最大优点是使分析者直观地识别数据中异常的、非典型的，甚至极端的观测结果。值得注意的是，即使地图这种具有严格数据基础的图形，也会具有欺骗性和误差。

⑤区分异常值与错误数据：检查和识别异常值，识别数据记录中的错误（如计量单位小数点错识、测量结果的后续编码、来自不同总体的样本等）。区分数据错误和数据异常十分重要，异常值可能包含非常重要的信息。但是数据中的某些异常值是由采样、记录或分析测试中的错误引起的。识别数据异常与数据错误，需要学会运用常识去判断问题。

⑥计算统计变量：对单变量数据，计算中心趋势、数据散度、分布形状和空间自相关。对双变量建立二维散点图，可视化散点分布情形，描述和理解变量之间的关系，计算相关系数。经典统计主要是均值与方差计算，随着计算机技术的发展，更完全的描述性统计将成为可能，允许分析人员进一步分析统计结果。

1.1.4 环境统计学作用

环境统计学是梳理统计理论与方法在环境保护实践和环境科学研究中的应用，环境统计学理论与方法帮助环境研究和工作者描述和归纳环境数据，概括时空模式；估计给定环境位置某类实践发生的概率；运用有限的环境采样数据，推断和预测环境总体趋势；确定不同时间和空间上，环境问题发生的频率和强度，分析环境风险；在不同时空尺度上，实现时空模式的匹配。

统计学在环境研究中的过程分五个步骤：①识别环境问题；②确定环境调查采样方案（包括采样的环境变量，采样方式等）；③收集与分析环境数据；④描述环境过程和状态；⑤借助环境模式，进行环境状态或趋势模拟，获得模拟结果（图 1-1）。其中，环境统计学的作用是对环境问题，或对环境研究结果进行描述或假设；以假设为基础，进行环境采样；然后检验假设，并进行统计推断；或者直接将验证的假设升华为环境模型，归纳为环境理论或规律，或将假设结果用于环境政策与管理措施的制定，或用于确认环境调查与采样。

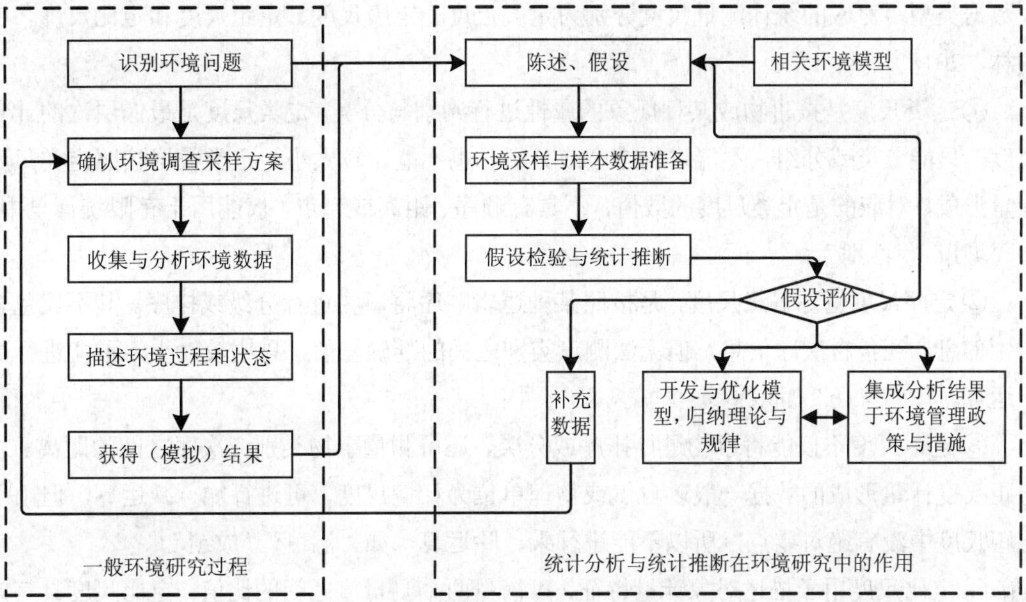

图 1-1　统计学在环境科学研究中的作用

1.1.5　环境鲁棒性定律

鲁棒性（robustness），亦称为“稳健性”，是指在异常或危险情况（一定结构、参数摄动下）下，维持系统稳定的特性。环境鲁棒性定律是指对严格区分的环境总体，删除环境观测样本中的异常值，不影响环境统计量和总体参数估计的结果（聂庆华等，2009）。环境鲁棒性定律是经典统计学方法可以在环境数据中应用的基础。经典统计学有三个基本假设：①所有观测数据来自同一总体；②观测样本之间相互独立；③观测样本服从某种特定的概率分布，如正态分布。在环境统计中，经典统计学的应用可能面临两方面的挑战：①环境采样面临的总体可能是不可控的，尤其是水环境和大气环境问题的研究，两次采样可能来自两个不同的总体；②异常值（outliers）的存在使样本中有极端数值（extreme values)，使观测样本不服从正态分布。据此，基于经典统计方法进行的环境总体参数估计、假设检验在环境问题研究中便失去了统计意义。根据环境鲁棒性定律，在环境统计过程中，面对连续分布的环境总体，可以不考虑异常值，以免异常数值导致环境统计结果产生更大的误差，引起环境信息的误判。

1.1.6　环境数据

（1）数据的基本类型

数据的基本类型是进行数据分析的前提，数据一般可分为定类、定序、定距和定比四大数据类型，对应的统计测量尺度分别为定类尺度、定序尺度、定距尺度和定比尺度（庄树林，2018）。

①定类尺度是按事物或某种现象的属性进行判别与分类。定类尺度是最低层次的计量尺度，只能分类或分组，不能进行排序或分级，也不能比较大小。定类数据按照定类尺度计量形成，对应的是定类尺度的数值，不具有顺序、距离或起点，仅能用于有限统计量中，如“城市”“性别”。

②定序尺度也称等级尺度，是按照某种逻辑顺序将事物进行分级或排序。其不仅包含类别信息，还包含次序信息，但无法测量类别之间的准确差值，只比较大小，不能进行数学运算，如“学历”“职称”。

③定距尺度不仅能将事物进行排序或分类，还可测量事物类别或次序之间的距离。由定距尺度计量形成的数据一般以自然或物理单位为计量尺度，可进行加、减运算，但由于定距尺度中没有绝对零点，所以不能进行乘、除运算，如“温度”“成绩”。

④定比尺度用于描述对象计量特征，可衡量两个测量值之间的比值。定比尺度具有定距尺度所拥有的一切属性，同时存在绝对或自然起点（定比尺度中的“0”表示没有，或者有理论上的极限），因此由定比尺度计量形成的数据可进行加、减、乘、除运算，如“重量”“长度”。

（2）环境数据的特殊性

环境数据具有多源性，除了一般数据的性质，环境数据还具有一些特殊性，包括异常值、删失数据、大数量数据、巨大测量误差、潜伏变量、非常数方差、非正态分布、序列相关和复杂因果关系。

①异常值（outliers）：环境数据可能出现异常值或极端值，直接拒绝这些与其他数据差异非常明显的数值，可能造成严重的错误。异常值的存在，可能破坏统计过程中的某些统计规律，进而导致计算结果误差。然而，有时异常值并不是因为测量误差或错误引起的，而是真实的环境状况，可能蕴含了非常丰富的环境信息。

②删失数据（censored data）：环境毒物的测定，依赖于分析方法和仪器的检测能力。但即便付出巨大的努力和成本，环境报告中仍然经常会看到“未检测到”或“数值低于分析方法或仪器检测限”。这种数据的删失，会在环境决策中造成失误。

③大数量数据（large amounts of data）：此类数据通常来源于环境管理部门的日常监测数据，如空气质量在线监测数据。然而，在一些情况下，为了特定目的采集的一些环境数据，可能因为缺乏一致性，不能进行时序纵向比较或空间横向比较。

④巨大测量误差（large measurement errors）：即使有了精密的仪器，细心校准的设备、严格准备的试剂和训练有素的分析人员，环境物质的分析仍可能存在相当大的误差。统计手段虽然可以有效地处理随机误差，但对系统误差却仍显得乏力。

⑤潜伏变量（lurking variables）：在环境科学研究中，总会有许多重要的变量无法进行测量。这些潜伏变量的存在，可能会影响统计分析的结果。

⑥非常数方差（nonconstant variance）：在环境科学研究中，许多环境测量过程中产生的误差与测量数值的大小成比例，而非近似常数。

⑦非正态分布（abnormal distributions）：经典统计假设数据服从正态，但环境数据多呈非对称的偏态分布。多数观测值分布在相对低值范围或相对高值范围。

⑧序列相关（serial correlation）：环境数据观测具有严格的时间或空间序列，观测数据通常存在自相关，即时空相邻的观测数据更接近。序列相关的存在可能扭曲统计的估计与假设。

⑨复杂因果关系（complex cause-and-effect relationship）：环境问题是一个复杂的理化和生物过程，在实际研究中很难进行重复。在环境系统中，还包含了许多难以控制、无法准确测量，甚至不能识别的变量。

1.2　环境统计常见问题

1.2.1　缺乏在可控总体中的样本

环境研究的目的是确定某污染物对特定环境生态对象的影响，设计的采样必须是可控总体中的样本。由于环境介质的特殊性，尤其是河流、地下水、大气等具有流动性的环境介质，使特定空间上环境总体随时间不断变化。据此，针对不同时间、空间位置的采样不一定源于同一总体。因此，环境研究需以样本数据为基础，定义和选择可参照总体，如在大气环境研究中，通常将采样数据转化为标准大气压条件下的参照结果。尽管统计学可分析环境异质性，但不论总体如何选择，总体同质性应该是计算某些统计量的基础。正如，不能把污染总体和非污染总体的采样结果进行平均，原因在于二者不是同类总体，混合样本的统计无任何意义，亦不能说明任何问题。

1.2.2　使用判断采样获取样本

判断采样是指根据采样者的经验知识，判断采样位置，以获取信息量最大的样本。从模型设计出发，判断采样是模拟环境要素时空变化的必要手段之一，但采用判断采样获得的样本无法量化样本估计的精度和偏差。

1.2.3　难以随机化潜在影响因子

所有的统计学方法都依赖于数据是总体这样或那样的随机样本的假设（钱松，2017）。因此，良好的采样设计应尽量控制潜在的影响因子，随机化那些难以控制的因子，使样本误差服从特定的理论分布。然而，在环境科学研究中，可能会影响每次采样最终结果的因子繁多，诸如采样者个人偏好、采样仪器、采样时的天气与野外作业条件、样本处理方法和实验室设备等，其中一些潜在影响因子难以进行随机化。

1.2.4 有限样本数量

样本量大小决定了正确拒绝或接受零假设的概率，但在实际环境科学研究中，一些研究忽视了样本大小和事实，并未事先计算合理样本量，导致在任何信度下都无法得出结论，或者基于非常少的样本量，却报告了高可信度的研究结果。

1.3 统计学基本术语

1.3.1 总体与样本

总体（population）是根据研究目的确定的所有同质观察单位某项特征的集合（生态环境部，2017；武松，2019）。构成总体的每个观察单位称为个体（idividual）。环境总体是我们研究的环境对象或单位集合。按环境对象的类型，可将环境总体分为：①有限总体（finite population），即总体中的观察对象或单位的数量是有限的。例如，某地区某种污染源的数量是有限的。②无限总体（infinite population），即总体中的观察对象或单位的数量是无限的。③目标总体（target population），即包含我们所需信息的有限或无限总体，具有特定的时空边界性。例如，研究对象为长江中下游农田土壤，则采样目标就限定在该地区农田土壤的信息。④研究总体（study population），指我们计划研究的、有限时空范围内的个体样本集。例如，研究对象是长江中下游农田土壤重金属污染，就只分析该地区农田土壤中的重金属，而非其他环境介质中的重金属或者农田土壤中的其他环境污染物。由此可见，不管环境总体如何分类，环境采样中的总体应当是可控的，否则样本分析结果难以重复，缺乏可比性和可靠性。

从总体中抽取个体的过程与方法，称为采样（sampling）。从总体中抽取的个体或个体组，称为样本（sample）。根据定义可知，样本是总体的子集，是一组总体观测结果或测量数值的集合。当样本包括总体的所有元素，采样就称为普查（census），例如全国污染源普查。对比采样，普查误差较小，但总体通常太大，受时间、成本和人力等方面的限制，无法开展普查。

1.3.2 变量

变量（variable）是反映观察单位某项特征的指标，如土壤肥力、酸碱度、有机质含量、污染物浓度等。根据变量的取值特征，可以分为定性变量（qualitative variables）和定量变量（quantitative variables）。定性变量的取值对应于分类的名称字符，主要包括名义变量（nominal variable）和有序变量（ordinal variable）两种类型。例如，调查人群的性别（男性或女性）、水质类型（Ⅰ类～Ⅴ类）。定量变量的取值为数值，可进行运算，按变量取值的属性特征可分为连续变量（continuous variable）、有序变量和名义变量，如图 1-2 所示。例如，某地区污染源个数（有限或可列无限个数值）或某地区土壤镉浓度（实验结果不可能全部列出）。在一些统计学书中，根据变量特征的属性将变量分为计量变量、计数变量和等级变量。三种变量反映观察单位信息的能力顺序依次为：计量变量（连续变量）＞等级变量（有序变量）＞计数变量（名义变量）。不同类型的变量可以相互转化，但是只能从高级别变量向低级别变量转化。例如，全国土壤重金属镉浓度（计量资料），可转化为等级变量（无污染、轻微污染、轻度污染物、中度污染和重度污染），也可转化为计数变量（超标、未超标）。然而，若只知道某一地区农田土壤镉污染超标，读者难以判断该地区农田土壤镉污染程度是轻度还是重度，也不能获取具体的土壤镉浓度值。

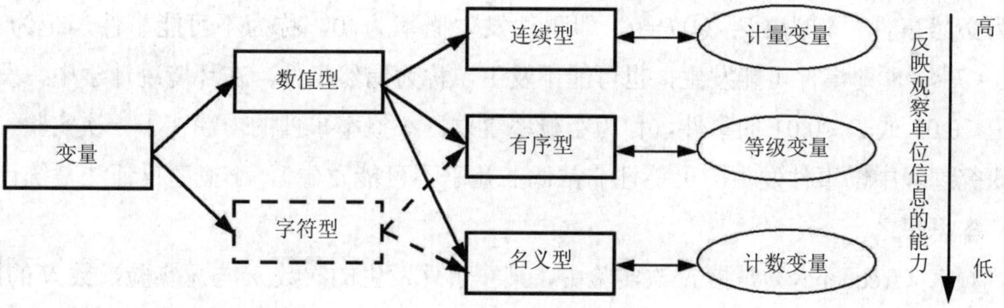

图 1-2 变量分类示意图

1.3.3 参数与统计量

参数（parameter）是用于表述总体某项特征的统计指标，如总体均数（μ）、总体标准差（σ）、总体率（π）等。统计量（statistics）是用于描述样本特征的指标，如样本均数（$\overline{X}$）、样本标准差（s）和样本率（p）等。通常，通过环境采样获得的仅是环境样本的统计量，但我们更关心的是总体的属性特征，即总体参数。环境统计学的核心价值在于借助样本统计量的信息去推断描述总体参数。参数与统计量的关系如图 1-3 所示。

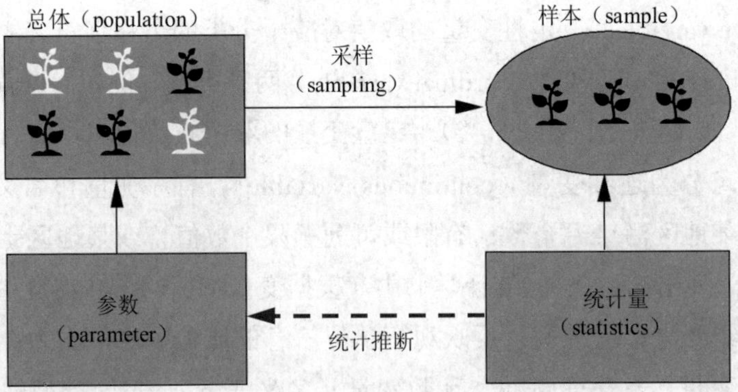

图 1-3　总体、样本以及参数和统计量的关系

1.3.4　概率与频率

概率（probability）是对某一事件发生可能性大小的度量，取值范围介于0～1，常用P表示。根据事件发生概率的大小，可将事件分为三类：①P=1，即事件发生概率为100%，称为必然事件，记为Ω；②P=0，即事件发生概率为0，称为不可能事件，记为$\varnothing$；③$0<P<1$，即事件可能发生，也可能不发生，称为偶然事件。在环境统计学中，发生概率$P\leqslant 0.05$或$P\leqslant 0.01$的事件，称为小概率事件。小概率事件的内涵在于一次实验、采样或研究过程中，事件发生的可能性非常低（几乎不可能发生）。小概率反证法是统计推断的基本思想之一。

频率（frequency）是指N次实验中，某一事件发生的次数m与总实验次数N的比值，常用f表示。随着重复实验的次数N逐渐增大，频率f逐渐趋于稳定概率，即$f\approx P$。据此，通常使用频率去预测概率（Drieschner，2016）。换言之，频率是先验的（针对过去，已发生的样本），概率是后验的（针对未来，尚不可知的总体）。

1.3.5　同质性与变异性

同质（homogeneity）是指观察单位研究变量的影响因素相同。例如，云南省农田土壤重金属污染状况研究，观察单位为同质的农田土壤。显而易见，观察单位所受的影响因素不可能绝对相同，只可能相对相同，因此同质是相对的。观察单位某些因素的同质性，是进行统计比较的前提。

变异（variation）是指具有同质基础的观察单位的某个或某些特征属性不同，即个体变异。变异是绝对的，因为云南省不同农田的土壤重金属污染状况必然各不相同。环境变异性可能来源于：①空间变异性；②时间变异性；③野外采样变异性；④实验室内变异性；⑤实验室间的变异性。

1.3.6　独立性与依赖性

独立性（independence）是指一个事件发生与否，不受另一事件发生的影响，表明这两个事件是相互独立的事件。对于 k 个独立事件 $A_1, A_2, \cdots, A_k$，其中 m（$1 \leqslant m \leqslant k$）个事件同时发生的概率等于 m 个事件的概率的乘积，即 $P\left(A_1 \cap A_2 \cap \cdots \cap A_m\right)=\prod_{i=1}^{m} P\left(A_i\right)$。

依赖性（dependence）是指一个事件发生，影响另一事件发生，即变量之间存在关联（association），详见第 8 章。

1.3.7　因素与水平

因素（factor）是指可能对因变量（dependent variable）有影响的变量。环境统计学分析的目的就是探讨各因素不同水平对因变量的影响是否相同。例如，性别（男、女）、年龄（儿童、青壮年、老年）和土壤镉浓度可能影响人群尿镉的富集，此时性别、年龄和土壤浓度就是因素，尿镉浓度就是因变量。在不同的研究中，观测变量是否作为研究因素，取决于研究目的。

水平（level）指各因素的不同取值等级，如图 1-4 所示。例如，因素性别有男、女两个水平，因素年龄有儿童、青壮年和老年三个水平。环境统计学中，水平通常被作为统计学分组的依据。

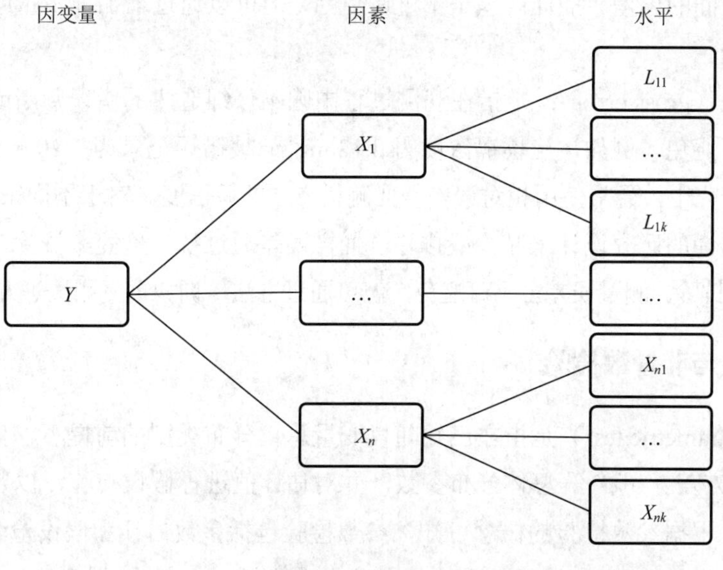

图 1-4　因变量、因素和水平的关系示意图

1.3.8　误差

误差（error）是变量的观测值（X_i）与真实值（ture value，T_i）之间的差距（deviation，D_i），即 $D_i=X_i-T_i$。根据计算方法，误差分为绝对误差和相对误差；根据误差来源，误差可分为系统误差、随机误差、抽样误差和过失误差。

（1）绝对误差（Absolute Error，AE）：是指变量观测值偏离真实值的绝对大小，即 $AE_i=D_i$。绝对误差的量纲与观测值一致。

（2）相对误差（Relative Error，RE）：是指变量观测值偏离真实值的相对大小，即 $RE_i=D_i/T_i\times100\%$。

（3）系统误差（systematic error）：是因一些固有因素（试剂未校正或仪器未校准等）造成的测量值倾向性偏大或偏小。例如，利用天平测一批土壤样品的重量时，假如测量时天平指针未归零（指向 5 g），则所有的土壤样品的重量都将倾向性地偏重 5 g。理论上，系统误差是可以通过采取一定的手段避免的，例如天平指针归零。

（4）随机误差（random error）：是因各种偶然因素导致的测量值与真实值的偏差。例如，不同的研究者利用同一个天平对同一个土壤样品进行测量，结果发现每次测量的重量并不是一样的。这一现象，在统计学中称为“测不准定律”。因此，在环境科学研究中，通常采用多次重复测量方式对随机误差进行控制。由此可见，随机误差是必然存在的，虽然不可避免，但可以减少。

（5）抽样误差（sampling error）：是指因随机抽样样本不足以代表总体导致的样本统计量与总体参数之间的偏差。抽样误差是不可避免的，但可以通过增加样本量或采用适应的抽样方法来减少。

（6）过失误差（gross error）：是指在观测过程中因不仔细造成的错误判断或记录，可通过仔细核对进行避免。例如，土壤镉浓度为 0.12 mg/kg 被错误记录为 1.20 mg/kg。

在环境科学研究中，通常使用相对误差评估测量方法的可信度。对于不同来源的误差，系统误差可通过严谨的研究设计来减少或排除，抽样误差通过统计检验来排除，过失误差可借助质量控制来排除。测量误差虽不可避免，但可通过方法培训、重复测量等方式来降低。

1.3.9　参数检验与非参数检验

参数检验（parametric test）是指在已知随机变量总体分布类型的前提下，估计随机变量的均值（μ）、方差（σ^2）等总体分布参数，并对估计值进行假设检验，以判别估计值是否可信的过程。根据参数检验的概念可知，参数检验包括参数估计和假设检验。

非参数检验（nonparametric test）是在总体方差未知或知之甚少的情况下，利用样本数据对总体分布形态或参数（如中位数）等进行推断的方法。由于在此统计推断过程中，不涉及有关总体分布的参数，故被称为非参数检验。

与参数检验相比，非参数检验方法因不受总体分布既定的限制，适用范围较广，然而检验效能相对较低（表 1-1），因此在满足参数检验基本假设的前提下，优先选用参数检验。

表 1-1 参数检验和非参数检验对比分析

比较项目	参数检验	非参数检验
检验对象	总体参数	总体分布和参数
数据类型	连续变量	连续变量+离散变量
对比指标	平均值	中位数
适用范围	正态分布	分布未知或非正态分布
检验效能	高	低
图形展示	条形图、折线图等	箱体图

1.3.10 参数估计与假设检验

参数估计（parameter estimation）是采样统计推断方法，根据样本统计量进行总体参数估计的过程。参数估计包括点估计和区间估计两部分。

假设检验（hypothesis testing）是利用小概率反证法思想，根据样本信息，推断总体分布是否具有特定特征的过程。

1.4 环境统计思想

1.4.1 环境统计思想本质

变异普遍存在于整个环境系统过程和环境系统模式中，理解和减少变异是环境科学研究的关键环节，评估不确定性和数据变异及其在环境决策中的影响，是环境统计学存在的前提。

作为统计学的基础应用范畴，环境统计学的基本思想包括三个层面：①选择一种采样方法，使之能够最小化采样过程中的不确定性和变异。不同的采样方法适用于不同的研究目的，以及不同的统计分析方式，因此采样方法的选择需以问题为导向，考虑与待研究环境问题相关的数据及其获取方式，如采样设计、模型采样或其他。②以样本数据，估计环境总体状态。估计是以样本分布假设为基础，故需明确样本环境数据分布假设的依据是什么。③理解环境数据的分布特点，进而从不同的维度探讨环境问题。例如，以统计模型为基础，采用公式化方法表达环境问题，为构建环境风险模型和预测环境变化提供数据依据。

1.4.2 环境统计思想遵循原则

平稳的数据产生过程是统计应用的必要条件。经典统计学要求观测数据点相互独立，且数据点围绕数据集中心趋势随机分布。面对环境数据的特殊性，很难要求环境数据绝对满足经典统计学的基本假设，但也提出了一些适应性规则。

（1）选择合适尺度：环境数据构成包括时间、空间和属性三个维度，即特定时间范围内，一定空间尺度上，对某些环境要素属性的测量。选择合适的属性测量尺度和时空坐标尺度，是每个选择尺度有效性和可靠性的决定因素。环境属性测量尺度可分为比率变量、区间变量、有序变量和名义变量。变量之间可以相互转化。

（2）定义样本：定义样本的过程包括样本大小、随机采样方法和识别样本对应的统计总体。环境采样有一定的特殊性，是在特定时间、空间范围内，研究人员根据经验知识进行判断采样。相对一般统计样本，环境样本的随机成分相对较少。

（3）定义处理缺失数据：在特定环境空间和时间尺度上，可能因无法采样导致有缺失数据。缺省的观测可能严重破坏采样设计，减少样本随机性，增加分析复杂性，甚至造成严重偏差。例如，环境数据缺失可能影响空间自相关关系。因此，研究者需知道数据缺失情况，并采用合适的方法对缺失数据进行填补，并改进统计分析方法。

（4）可视化环境数据：一幅好图胜过千言万语，可视化数据是感受和理解数据的基础。例如，借助散点图观察变量之间的数值依存关系，再考虑选择回归方程类型。针对环境空间数据，地图制图可让研究者更直观地识别空间模式，突出环境自相关关系；对于非空间数据，可采用直方图、箱体图等图形方式加以表达。但实际研究中，需谨防图形的欺骗性和误差。

（5）区分异常值和错误数据：检查和识别异常值，并区分错误数据。异常值可能包含重要的信息，但我们需要找出那些因采样、记录或分析测试中的错误引起的异常值。

（6）计算统计变量：根据研究目的计算统计变量。对单变量数据，计算集中趋势、离散趋势、分布形状和空间自相关；对双变量数据，绘制二维散点图，可视化散点图分布情形，描述和理解变量间的依存关系，计算相关系数。

第 2 章　环境研究设计与采样设计

环境研究工作是环境实践的重要组成部分。通常，环境研究常用的方法包括野外研究、实验研究和数字模型研究三大类。野外研究可直观地获取自然状态下的环境资料（如空气质量监测、土壤污染调查等），但此方法通常不易重复。实验研究是在人为控制实验的主要条件下开展研究，结果的可靠性和重复性较好，是进行因果推断的辅助手段，但实验条件通常与野外自然状态的条件有区别。数字模型研究主要通过对环境系统的结构和功能的抽象描述，预测环境系统行为。

2.1　实验性环境研究常用的设计方法

2.1.1　实验设计的基本原则

（1）随机化原则

随机（randomization）并不是“随便”，随机分布并非有意或无意地按某种倾向把研究对象分配于实验组或对照组，而是使各组除处理因素以外的非实验因素的条件均衡一致，以消除对实验结果的影响。随机化是统计推断的基础，以随机化为基础，统计推断才是有效的。常用的随机化分组方法包括：①抽签；②随机数字表；③计算机（器）随机化分组。

（2）重复性原则

重复（replication）是指各处理组与对照组要有一定样本含量（sample sizes）。无限地增加样本含量，将加大实验规模，延长实验时间，浪费人力、物力；样本含量不足，检验效能偏低，导致总体中本来具有的差异无法检验出来（方积乾等，2000；金丕焕等，2009）。实验设计中，重复的主要作用包括以下四方面：

① 可用同一处理内多次重复间的参差不齐的程度来估计随机误差，如果只有一次观测，则无法估计随机误差；

② 同一处理的多次观测值的平均值可作为真值的估计值，设置重复可以估计出试验结论的可靠性，因为不同处理平均值的标准误：$\sigma_{\overline{X}} = \sigma/\sqrt{n}$；

③增加重复次数可以缩小随机误差，提高试验的精确度；

④为随机化和局部控制原则创造条件，因为如果没有重复，就谈不上随机化和局部控制。

（3）局部控制原则

局部控制（local control）是指当试验单位之间差异较大时，即存在某种系统干扰因素时，可以将全部试验单位按干扰因素的不同水平分成若干个小组，使小组内部非实验处理因素尽可能一致，实现试验条件的局部一致性（方积乾等，2000；金丕焕等，2009）。局部控制的作用使干扰因素造成的误差从试验误差中分离出来，从而降低试验误差，通常通过设置区组来实现，相应的试验设计方法以随机区组设计为代表。

2.1.2 完全随机实验设计

完全随机实验设计（completely randomized experiment design），又称为单因素设计或成组设计，是指将同质的观察单位完全随机地分配到实验组与对照组，或几个不同的处理组中去。此实验设计适用面广，不受组数限制，且处理组的样本含量可以不相等，也可以相等。在总样本不变的前提下，处理组样本量相等时，设计效率最高。

例如，为了研究某煤矿粉尘作业环境对尘肺的影响，将15只大鼠随机分到A、B、C三组，每组5只，并将A、B、C三组大鼠分别置于地面办公楼、煤炭仓库和矿井下染尘，12周后测量大鼠全肺湿重，通过评价不同环境下大鼠的平均湿重推断煤矿粉尘作业环境对尘肺的影响。

完全随机设计随机分组实战过程：

①先将15只大鼠进行编号：1，2，…，15。

②设置任意种子数（设置为2020708），并在实验档案中记录保存。

③用SPSS 26.0中【转换】菜单下的【随机数生成器】，打开【随机数生成器】定义对话框（图2-1），在【活动生成器初始化】选项卡中，在【设置起点（E）】选项框打“√”，在【固定值（F）】定义框中输出“20200708”。

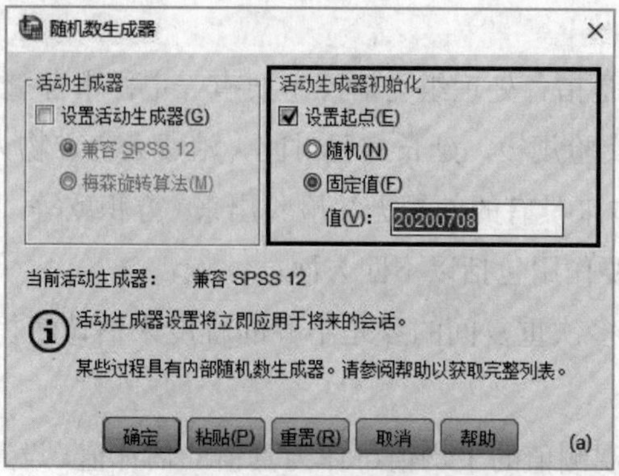

图2-1 随机数生成器初始化设置

④在 SPSS 26.0 中【转换】菜单下的【计算变量】，打开【计算变量】定义对话框（图 2-2），并设置随机数生成方式，本例选用均匀分布。

⑤单击确定，即可产生 15 个随机数，每个随机数对应 1 只大鼠（表 2-1）。

⑥对随机数从小到大排序，并根据随机数排序结果，将最小的 5 个随机数对应编号的大鼠分到 A 组，排序后的第 6—10 个随机数对应编号的大鼠分到 B 组，其余为 C 组。

表 2-1　完全随机设计随机分组过程及结果

大鼠编号	1	2	3	4	5	6	7	8	9	10	11	12	13	14	15
随机数	2.26	4.88	6.51	3.62	2.4	7.3	4.12	5.01	1.47	1.93	2.27	1.39	6.6	2.38	7.44
随机数排序后															
大鼠编号	12	9	10	1	11	14	5	4	7	2	8	3	13	6	15
随机数	1.39	1.47	1.93	2.26	2.27	2.38	2.4	3.62	4.12	4.88	5.01	6.51	6.6	7.3	7.44
随机分组	A	A	A	A	A	B	B	B	B	B	C	C	C	C	C

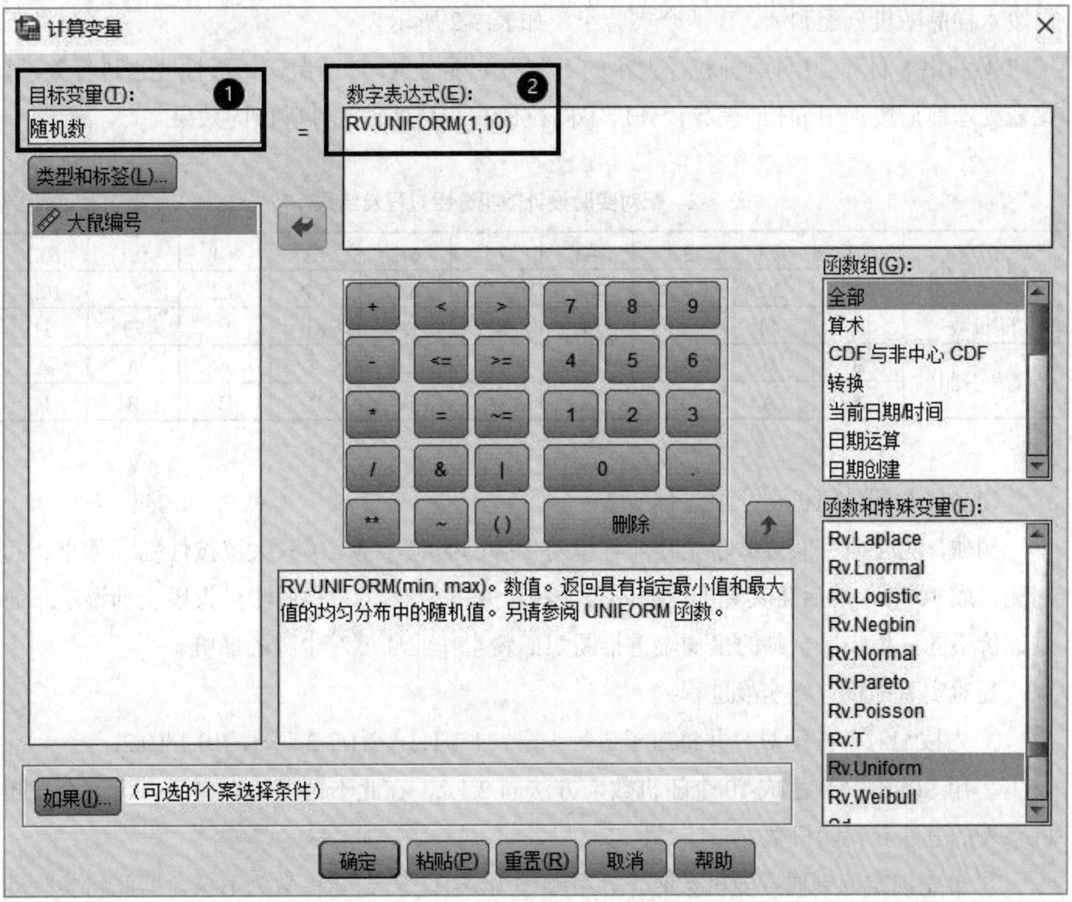

图 2-2　随机数生成方法

2.1.3 配对实验设计

配对实验设计（paired experiment design），包括同源配对和异源配对两种情况。同源配对，是指同一受试对象用两种不同的实验方法或受试对象自身实验前后的对比；异源配对，是指将具有相同条件的实验对象配成对子。

（1）同源配对随机化分组过程

例如，为研究不同粒径石灰石对酸性矿山废水（Acid Mine Drainage，AMD）的处理效果，采用不同粒径的石灰石（8 目和 10 目）对 10 份酸性矿山废水进行处理，通过评价不同处理后酸性废水中的 pH 推断石灰石对酸性矿山废水的处理效果。

①将 10 份矿山废水均匀分为 A、B 两组，分别编号为：1.1/1.2，2.1/2.2，…，10.1/10.2。

②用 SPSS 26.0 生成 10 个随机数，方法同 2.1.2，在此不再赘述。也可以通过查找随机字表的方法获得随机数。

③事先规定遇到偶数随机数时，分组顺序为 B-A，奇数随机数为 A-B，据此将酸性矿山废水样品随机分配到 A、B 两个实验组，如表 2-2 所示。

④利用 8 目和 10 目两种粒径大小的石灰石分别对 A、B 两组矿山酸性废水进行处理，比较处理前后废水中 pH 的差异，评价不同粒径石灰石处理酸性矿山的效果。

表 2-2 配对实验设计随机分组过程及结果

样品编号	1.1	2.1	3.1	4.1	5.1	6.1	7.1	8.1	9.1	10.1
	1.2	2.2	3.2	4.2	5.2	6.2	7.2	8.2	9.2	10.2
随机数	28	44	13	4	87	80	81	45	73	31
随机分组	B	B	A	B	A	B	A	A	A	A
	A	A	B	A	B	A	B	B	B	B

（2）异源配对随机化分组过程

例如，为了研究某煤矿粉尘作业环境对尘肺的影响，将 20 只大鼠按性别、体重、窝别配对成 10 对，然后将其置于地面办公楼和矿井下染尘，12 周后测量大鼠全肺湿重，通过评价不同环境大鼠全肺的平均湿重推断煤矿粉尘作业环境对尘肺的影响。

配对实验随机分组实战过程：

①先按配对条件配对，并将对子进行编号：1.1/1.2，2.1/2.2，…，10.1/10.2。

②用 SPSS 26.0 生成 10 个随机数，方法同 2.1.2，在此不再赘述。也可以通过查找随机字表的方法获得随机数。

③事先规定遇到偶数随机数时，分组顺序为 A-B，奇数随机数为 B-A，据此将实验动物分配到 A、B 两个实验组，如表 2-3 所示。

表 2-3 配对实验设计随机分组过程及结果

大鼠编号	1.1	2.1	3.1	4.1	5.1	6.1	7.1	8.1	9.1	10.1
	1.2	2.2	3.2	4.2	5.2	6.2	7.2	8.2	9.2	10.2
随机数	28	44	13	4	87	80	81	45	73	31
随机分组	A	A	B	A	B	A	B	B	B	B
	B	B	A	B	A	B	A	A	A	A

2.1.4 完全随机区组实验设计

完全随机区组实验设计（randomized block experiment design），亦称为配伍组设计，是配对设计的扩展。在农业环境科学中的应用认为，小麦产量不仅受品种（处理因素）的影响，还受田块（block，区组因素）的影响。因此，将每个田块分成若干单元（unit），每个单元所接受的处理是随机的，这样的设计既可以分析处理因素，也可以分析区组因素，进而提高了实验效率。区组化旨在对一些已知的非处理因素进行控制，以提高组间的均衡性，减少实验误差（Lachin，1988；Shieh et al.，2010）。采用随机区组设计，需要控制区组的条件，确保同一区组内的研究对象具有同质性（Hallstrom et al.，1998），其基本设计模式如图 2-3 所示。

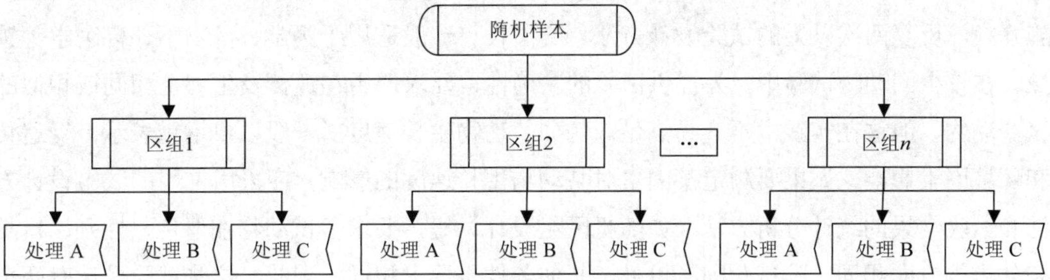

图 2-3 随机区组设计实验设计示意图

2.1.5 重复测量试验设计

重复测量试验设计指在不同场合、不同时间点（或兼顾二者）重复多次（≥3）观测每一个观察对象的相同观察指标。基于重复测量设计收集的数据称为重复测量数据。数据源于对同一观察对象的多次观测，是判断数据为重复测量数据的主要依据（楚洁等，2004）。例如，Wu 及其团队采用重复测量的方式研究妊娠期间对羟基苯甲酸酯暴露与胎儿和幼儿生长的关系（Wu 等，2018），其基本设计模式如图 2-4 所示。

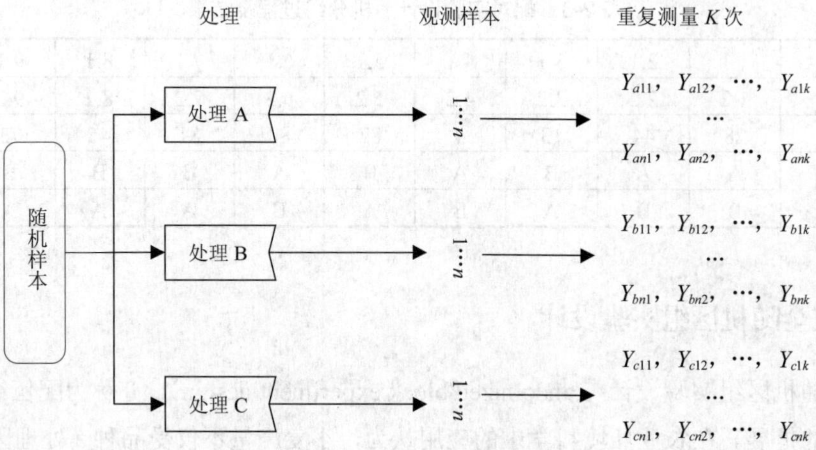

图 2-4 重复测量试验设计示意图

2.1.6 其他设计

（1）交叉设计

交叉设计（cross-over dsgn），也称反转试验设计，是将研究对象随机分为试验组和对照组，经过一个处理效应期和短洗脱期后，再进行交叉安排，将试验组和对照组的处理措施互换，反复两次以上的试验设计方法。交叉设计一般适用于医学、药物学、兽医学等领域。在较少的动物试验中，为提供试验的精确性，要求选用在遗传及生理上相同或相似的试验动物，但这在实践中不容易满足。例如，动物生长速度（一般以日增重表示）受遗传和环境因素影响，如果要测定某因素对某动物生长速度的影响，应采用常用的试验设计方法和试验结果的统计分析方法（如随机区组设计）等，要求参试动物在遗传、性别、日龄和体重等方面相同，除试验因子以外，其他条件也要求相同。因此，这些试验设计有两个明显特点：第一，对试验动物要求较高，试验动物各方面条件要一致且有一定的梳理；第二，仅测定某因素对某种动物生长速度的影响，限制了试验结论的使用范围。因此，为了较好地消除试验动物个体间以及试验时期间的差异对试验结果的影响，常采用交叉设计法。其中常用的有 2×2 和 2×3 交叉设计（表 2-4）（王维华等，2002）。

表 2-4 交叉表设计

交叉表类型	2×2 交叉表		2×3 交叉表		
组别	时期		时期		
	Ⅰ	Ⅱ	Ⅰ	Ⅱ	Ⅲ
1	处理	对照	处理	对照	处理
2	对照	处理	对照	处理	对照

交叉设计的优点：

① 可以消除个体间及试验时期间的差异对试验结果的影响，进一步突出处理效应（主效应），保证了试验的精确性；

② 适用于个体差异较大的动物试验，如大型动物和兽医学试验等；

③ 交叉试验结果分析比较简单。

交叉设计的缺点：

①与拉丁方设计相比，交叉设计不能得到关于个体差异和试验期差异大小的信息；

②与有重复的多因素试验相比，不能得到因素间交互作用的信息；

③ 交叉设计适用范围有一定的局限性。

交叉设计的统计学分析方法主要有方差分析法和 t 检验法，其中方差分析法要求各试验组样本量相等，而 t 检验法不要求试验组样本量相等。因此，t 检验法应用范围更广，计算步骤也较为简明。

（2）析因设计

析因设计（factorial design），也叫作全因子试验设计，是一种多因素的交叉分组设计。它不仅可检验每个因素各水平间的差异，而且可检验各因素间的交互作用。两个或多个因素如存在交互作用，表示各因素不是各自独立的，而是一个因素的水平有改变时，另一个或几个因素的效应也相应有所改变；反之，如不存在交互作用，表示各因素具有独立性，一个因素的水平有所改变时不影响其他因素的效应。

析因设计的特点：

①研究因素个数≥2 个，各因素水平数≥2；

②各因素在试验中同时实施且所处的地位基本相等；

③每个因素水平相互组合的试验方案，至少进行 2 次及 2 次以上的独立重复试验；

④因素间存在交互效应；

⑤统计学分析时，各因素及交互项所用误差项是相同的。

常用的析因设计类型包括：2×2 析因设计、2×2×2 析因设计和 3×2×2 析因设计。

2×2 析因设计是指 2 个因素，每个因素有 2 个水平的试验。因各因素的各水平相遇一次，2×2 析因设计共有 $2^2=4$ 组。以 a_1 和 a_2 表示因素 a 的 1 水平和 2 水平，b_1 和 b_2 表示因素 b 的 1 水平和 2 水平，则析因设计的格式如表 2-5 所示。

2×2×2 析因设计是指 3 个因素，每个因素有 2 个水平的试验设计，即因素 a（a_1，a_2）、因素 b（b_1，b_2）和因素 c（c_1，c_2）。2×2×2 析因设计共有 $2^3=8$ 种组合方案，如表 2-6 所示。

3×2×2 析因设计是指 3 个因素，其中因素 a 对应 3 水平（a_1，a_2，a_3），因素 b 和因素 c 对应 2 个水平，即 b（b_1，b_2）和 c（c_1，c_2）的试验设计。3×2×2 析因设计共有 3×2×2=12 种组合方案，如表 2-7 所示。

表 2-5　2×2 析因设计

	b_1	b_2
a_1	a_1b_1	a_1b_2
a_2	a_2b_1	a_2b_2

表 2-6　2×2×2 析因设计

	b_1		b_2	
	c_1	c_2	c_1	c_2
a_1	$a_1b_1c_1$	$a_1b_1c_2$	$a_1b_2c_1$	$a_1b_2c_2$
a_2	$a_2b_1c_1$	$a_2b_1c_2$	$a_2b_2c_1$	$a_2b_2c_2$

表 2-7　3×2×2 析因设计

	b_1		b_2	
	c_1	c_2	c_1	c_2
a_1	$a_1b_1c_1$	$a_1b_1c_2$	$a_1b_2c_1$	$a_1b_2c_2$
a_2	$a_2b_1c_1$	$a_2b_1c_2$	$a_2b_2c_1$	$a_2b_2c_2$
a_3	$a_3b_1c_1$	$a_3b_1c_2$	$a_3b_2c_1$	$a_3b_2c_2$

析因设计的优点：

①可分析各因素的主效应（main effect），即某因素各水平间的平均效应差异；

②因素间的交互效应（interaction），即一个因素的水平改变会影响另一个因素的效应；

③可用于寻找最优方案或最佳组合；

④完全随机分配情况下，可允许数据缺失。

析因设计的缺点：

①当因素较多或水平数较多时，所需试验次数过多；

②因素数最好不要多于 6 个，水平数也不能过多，一般为 2～3 个。

（3）拉丁方设计

拉丁方设计（latin square design），是一种为了减少试验顺序对试验的影响，而采用一种平衡试验顺序的技术。该设计中，采用一种拉丁方格做辅助开展试验设计。拉丁方格就是由需要排序的几个变量构成的正方形矩阵。

拉丁方设计具体实战：

当处理数（K）是偶数时，其顺序是这样确定的，横排（row）：1，2，K，3，K–1，4，K–2…，随后的次序是在第一个次序的数目上加“1”，直到形成拉丁方。例如，一项研究设计的处理数 K=6，则拉丁方如表 2-8 所示。

表 2-8　拉丁方设计示意

A	B	F	C	E	D
B	C	A	D	F	E
C	D	B	E	A	F
D	E	B	F	B	A
E	F	C	A	C	B
F	A	D	B	D	C

（4）正交试验设计

正交试验设计（orthogonal experimental design）是采用一系列规格化的正交表来安排各试验因素及其水平组合的过程。正交表上的每一行代表各试验因素的一种水平组合，称为一个试验点；正交表的每一列代表一个试验因素或交互作用项在各次试验中的水平取值，视具体的安排或表格而定（胡良平等，2013）。例如，对于一个 3 因素 3 水平的试验设计，开展析因设计需要 3^3=27 种组合，而对于 6 因素 3 水平的全面试验则需要 3^6=729 种组合，这在试验中几乎是不可能做到的。正交设计就是从选优区全面试验点（水平组合）中挑选出有代表性的部分试验点来进行试验。图 2-5 中标有试验号的 9 个“●”就是利用正交表 $L_9(3^4)$ 从 27 个试验点中挑选出来的 9 个试验点。从这个意义上讲，正交设计的基本特点就是用部分试验来代替全面试验，通过对部分试验结果的分析，了解全面试验的情况。

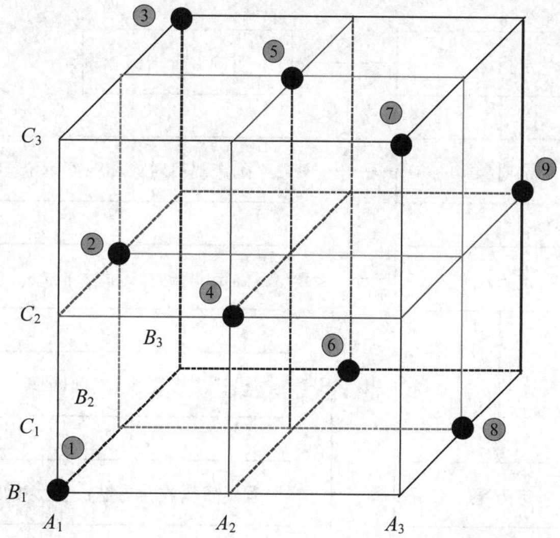

图 2-5　正交试验设计示意图

常用的正交表已由数学工作者制定出来，供正交试验设计时选用。例如，2 水平正交表除 $L_8\left(2^7\right)$ 外，还有 $L_4\left(2^3\right)$、$L_{16}\left(2^{15}\right)$ 等；3 水平正交表有 $L_9\left(3^4\right)$、$L_{27}\left(2^{13}\right)$ 和 $L_{16}\left(4^5\right)$ 等。

2.2 调查性环境研究及调查技术

调查性环境研究又称为观察性研究（observational study），区别于试验性研究，研究中研究者不能主动地对观察对象施加处理因素（研究因素），只能“被动”地观察客观存在的现象、差别和联系。此外，各观察组是客观存在的，不能进行随机分组，因此组间的混杂因素（除研究因素外的其他影响因素）较多（图2-6）。从统计学角度来看，环境调查的目的可分为两类：①环境总体特征的调查，即通过样本统计量对总体参数进行推断。例如，环境介质中有毒有害污染物浓度的监测或检测、空气质量监测、土壤重金属调查等。②研究环境变量和事物间的关联关系，例如，探讨大米镉富集与土壤镉土壤及其土壤性质的关联。根据调查目的的不同，可选择不同的调查方法和抽样方法。如果调查目的为考察环境总体特征，则可选用横断面研究方法（croess-sectional study），即普查（census）或抽样调查（sampling study），并确定随机抽样方法；如果考察环境变量或事物之间的关系，可选用队列研究（cohort study）、随访研究（follow-up study）、病例—对照研究（case-control study）或横断面研究。其中，横断面调查研究方法是环境野外调查最常用的研究设计。

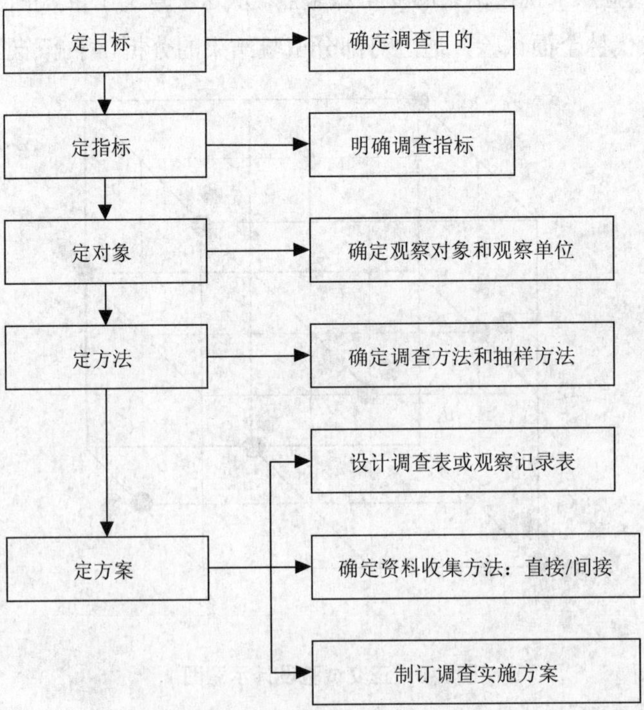

图2-6 调查性环境研究的基本步骤

2.2.1　环境采样基本原理

在环境科学研究中，对某一环境总体进行调查往往是不必要的，也是难以实现的，因此通常从研究总体中抽取一部分样本进行研究，进而根据样本推断总体。抽取“一部分”的过程，就是环境采样的过程。环境采样这一物理过程，并不等同于统计采样（抽样），而是统计方法与环境科学的结合与实践。

环境采样具有严格的地理空间位置要求，属于空间采样，包括点采样、线采样和面采样。环境总体极少是同质的（homogeneeous），环境采样有特定的采样原理和工作要求，如不同土地利用类型土壤采样原理迥异（HJ/T 166—2004）。空间异质性（heterogeneous）对环境样本的准确性有影响，决定了异质环境总体的表达、采样条件和样本大小等。在环境科学研究中，环境调查和环境监测是采集环境数据的两大手段。在环境调查和环境监测中都需要采样，其样本类型有两种：①来自某个环境现场的样本，用于评价该场地的污染程度和类型；②总质量控制样本，即在分析环境样本的环境测量系统中，用于评价测量的偏差、误差大小与种类。据此，环境采样中需要明确四个基本问题：①需要何种环境样本？②需要多少环境样本？③需要何种质量控制样本？④需要多少质量控制样本？

对应上述四个基本问题，Lawrence H. Keith 提出了环境采样的四项基本原理。

（1）环境样本必须是被调查环境部分的典型代表。此原则决定了要何种环境样本。若反映环境总体特征，则需要采用基于设计的概率采样方式；若由已知样本数据对未知采样区域状况进行推断，则需要基于模型的采样方式进行判断采样。

（2）环境采样与分析过程是相互影响的，其与分析计划也是相互依赖的。换言之，对研究目标和分析方法的选择，将直接影响最低环境样本的大小。

（3）质量控制样本必须是环境样本中的典型代表。这一原则决定了需要什么样的质量控制样本。质量控制样本必须提供环境样本的潜在误差。

（4）质量控制样本提供一种依据或准则，用以评价环境样本分析中数据偏差和误差的种类、大小。质量控制样本的最小样本量取决于测量误差、置信水平等。

2.2.2　合理环境样本量计算

针对以环境监测或环境调查为目的的环境采样，由于环境采样目的不同，合理环境样本量的计算方法有所差别。以环境监测为目的的环境采样，主要是评价特定研究范围内，目标污染物的平均浓度；以环境分析为目的的环境采样，主要是确定特定研究范围，是否存在污染的局部热点（hot spot）或冷点（cold spot）（聂庆华等，2010）。

（1）面向平均污染物浓度的样本大小

基本假设：污染物分布于整个研究区域内，采样目的是确定研究区域的污染物平均浓度。在这一过程中，正确划定采样区域边界至关重要。在给定研究区域内，合理采样的样本量大小 n 根据式（2-1）计算：

$$n=\left(z\times\sigma_p/E\right)^2 \tag{2-1}$$

式中，z 为标准正态分布的变量数值（95%置信水平下，z=1.96）；σ_p 为采样总体标准差；E 为估计样本特征均值的容许误差。总体标准差以样本数据为基础进行估算。

（2）面向环境热点的样本量大小

环境采样基本形式包括简单随机采样、系统采样和判断采样三种。任何复合采样都是基于三种基本形式的复杂组合。简单随机采样常用于环境调查，而系统采样多用于热点分析。所谓热点，可近似理解为污染或污染严重的区域。

环境热点计算的基本假设：①热点是圆形或椭圆形，但系统采样网格为正方形、矩形或三角形；②热点定义清晰、无错分误差，且被环境决策者认可。

通常发现热点的概率依赖于热点的大小和形状、栅格模式（大小、形状）以及热点大小与栅格的空间关系。采样设计时，需协调热点大小（圆的半径 R 或椭圆的长轴半径 L）、形状、可接受监测热点失败风险（K）和格网（grid）模式（几何形状、栅格大小 G）之间的关系。

对于正方形格网，热点相关样本大小 n 的计算：

$$n=S/G^2 \tag{2-2}$$

式中，S 为采样区域面积；G 为正方形栅格边长。

对于 G 为边长为三角形格网，$n=\frac{S}{G^2}\times\frac{1}{0.886}$；对于矩形格网，若短边长为 G，长边长度为短边的 2 倍，则 $n=\frac{S}{G^2}\times\frac{1}{2}$。

此外，Lawrence H. Keith 考虑了可接受监测热点失败风险（K）、热点大小与形状，以及格网模式之间的关系，计算了不同可接受风险下，热点形态、格网大小与样点数目，如表 2-9 和表 2-10 所示。

表 2-9 样点数目与不同格网形态之间的关系（假定圆形热点）

错漏热点概率/%	采样栅格形态	栅格大小（边长）	每 100 平方单位样点数量/个
10	三角形	2.08	27
10	正方形	1.82	31
10	矩形	1.02	49

表 2-10　样点数目与热点形状、误漏概率之间的关系（假定三角形栅格）

错漏热点概率/%	采样栅格形态	栅格大小（边长）	每 100 平方单位样点数量/个
10	圆形	2.08	27
20	圆形	2.13	25
40	圆形	2.44	19
60	圆形	3.13	12
10	椭圆形	1.64	42
20	椭圆形	1.72	38
40	椭圆形	2.08	27
60	椭圆形	2.44	19
10	长椭圆	1.28	69
20	长椭圆	1.43	56
40	长椭圆	1.69	40
60	长椭圆	2.04	28

2.2.3　环境采样规程与质量控制

在环境采样中需有采样规程，在考虑采样不确定性的前提下，实现质量最大化、成本最小化。

（1）环境采样规程

采样规程实质上是一系列工作规范的集合，涉及从环境野外采样到环境样本数据获得的各环节。一般环境采样规程的工作规范如下述。

①标的物分析：指示环境污染的最终化学或生物学成分。标的物的分类，主要参考国家或地方环境标准，如水质标准、空气质量标准等。

②采样位置：环境数据质量和可用性受时间、空间地理坐标系中的采样位置的影响。

③样点布设与采样：样点布设应遵循最小扰动局部环境的原则，兼顾研究尺度和野外控制采样问题。此外，尚需考虑采样频率、采样深度（土壤、水）和采样高度（大气）等。

④样品处理：参考环境监测和质量控制相关技术规定，规范样本保存、过滤、筛选、运输与野外管理。

⑤安全原则：坚持“以人为本”的原则，任何情况下，以保障人身安全作为环境采样的首要原则。

⑥采样的法律问题：环境采样编制初期，应该充分考虑法律问题。例如，一些环境采样是为了履行法规、法律的要求，或涉及企业、个人隐私。

（2）环境采样的质量控制

对环境数据进行统计分析时，必须考虑数据的不确定性对分析结果的影响。环境采样的不确定性源自样本和样本测试两个方面。据此，环境采样的质量控制和质量评价是减少不确定性和保证采样质量的基本手段。常见的质量控制包括样本分析的实验设备、测量操作、操作过程和采样规程。质量评价则依赖于采样操作是否严格遵循采样规程的要求。

第 3 章　SPSS 软件概述

3.1　SPSS 简介

统计产品与服务解决方案（Statistical Product and Service Solutions，SPSS）软件，最初称为“社会科学统计软件包”（Solutions Statistical Package for the Social Sciences）。随着 SPSS 产品服务领域的扩大和服务深度的增加，SPSS 公司已于 2000 年正式将名称更改为统计产品与服务解决方案，标志着 SPSS 的战略方向做出重大调整。SPSS 为 IBM 公司推出的一系列用于统计学分析运算、数据挖掘、预测分析和决策支持任务的软件产品及相关服务的总称，有 Windows 和 Mac OS X 等版本。

SPSS 软件发展历史：1968 年，斯坦福大学的 3 位学生创建了 SPSS；1968 年，诞生第一个用于大型机的统计软件；1975 年，在芝加哥成立 SPSS 总部；1984 年，推出用于个人电脑的 SPSS/PC+；1992 年，推出 Windows 版本，同时全球自 SPSS 11.0 起，SPSS 命名统计产品和服务解决方案；2009 年，SPSS 公司宣布重新包装旗下的 SPSS 产品线，定位为预测统计分析软件（Predictive Analytics Software，PASW），包括统计分析、数据挖掘、数据收集和企业应用服务四部分；2010 年，随着 SPSS 公司被 IBM 公司并购，各子产品家族名称前面不再以“PASW”为名，修改为统一加上“IBM SPSS”字样。历史版本有：SPSS 15.0.1 - 2006 年 11 月、SPSS 16.0.2 - 2008 年 4 月、SPSS Statistics 17.0.1 - 2008 年 12 月、PASW Statistics 17.0.2 - 2009 年 3 月、PASW Statistics 17.0.3 - 2009 年 11 月、PASW Statistics 18.0.0 - 2009 年 8 月、PASW Statistics 18.0.1 - 2009 年 12 月、PASW Statistics 18.0.2 - 2010 年 4 月、PASW Statistics 18.0.3 - 2010 年 9 月、IBM SPSS Statistics 19.0 - 2010 年 8 月、IBM SPSS Statistics 20.0 - 2011 年 8 月、IBM SPSS Statistics 21.0 - 2012 年 8 月、IBM SPSS Statistics 22.0 - 2013 年 8 月等。被 IBM 收购之后，SPSS 在每年 8 月中旬都会更新一个版本。目前最新版本为 IBM SPSS Statistics 26.0（以下简称 SPSS 26.0），本书中所有的操作都是基于 SPSS 26.0 版本进行。

SPSS 软件的主要特点如下述。

（1）折叠操作简便：SPSS 界面非常友好，除了数据录入及部分命令程序等少数输入工作需要键盘键入，大多数操作可通过鼠标拖拽、点击“菜单”“按钮”和“对话框”来完成。

（2）折叠编程方便：SPSS 具有第四代语言的特点，告诉系统要做什么，无须告诉系统应怎样做。只要了解统计分析的原理，无须通晓统计方法的各种算法，即可得到需要的统计分析结果。对于常见的统计方法，SPSS 的命令语句、子命令及选择项的选择绝大部分由“对话框”的操作完成。因此，用户无须花大量时间记忆大量的命令、过程、选择项。

（3）折叠功能强大：SPSS 具有完整的数据输入、编辑、统计分析、报表、图形制作等功能。自带 11 种类型 136 个函数。SPSS 提供了从简单的统计描述到复杂的多因素统计分析方法，比如数据的探索性分析、统计描述、列联表分析、二维相关、秩相关、偏相关、方差分析、非参数检验、多元回归、生存分析、协方差分析、判别分析、因子分析、聚类分析、非线性回归、Logistic 回归等。

（4）折叠数据接口：SPSS 能够读取及输出多种格式的文件。比如由 dBASE、FoxBASE、FoxPRO 产生的 *.dbf 文件，文本编辑器软件生成的 ASCⅡ数据文件，Excel 的 *.xls 文件等均可转换成可供分析的 SPSS 数据文件，能够把 SPSS 的图形转换为 7 种图形文件。结果可保存为 *.txt 及 html 格式的文件。

（5）折叠模块组合：SPSS for Windows 软件分为若干功能模块。用户可以根据自己的分析需要和计算机的实际配置情况灵活选择。

（6）折叠针对性强：SPSS 适用于初学者、熟练者及精通者。很多群体只需要掌握简单的操作分析，就可以通过编程来实现更强大的功能。

3.2 SPSS 26.0（试用版）下载与安装

（1）打开 https://www.ibm.com/analytics/spss-statistics-software，进入 SPSS 软件官网-中国页面（图 3-1），鼠标点击【SPSS 企业版免费试用】。

（2）进入注册信息填写页面（图 3-2），依次填写信息注册。

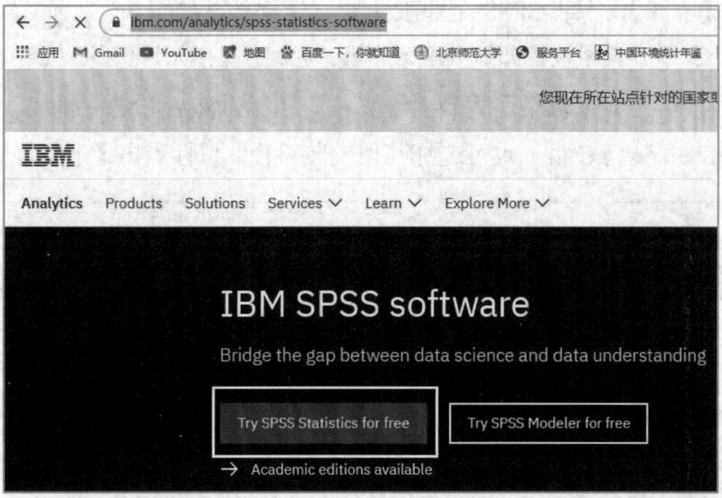

图 3-1　SPSS 企业版免费试用下载页面

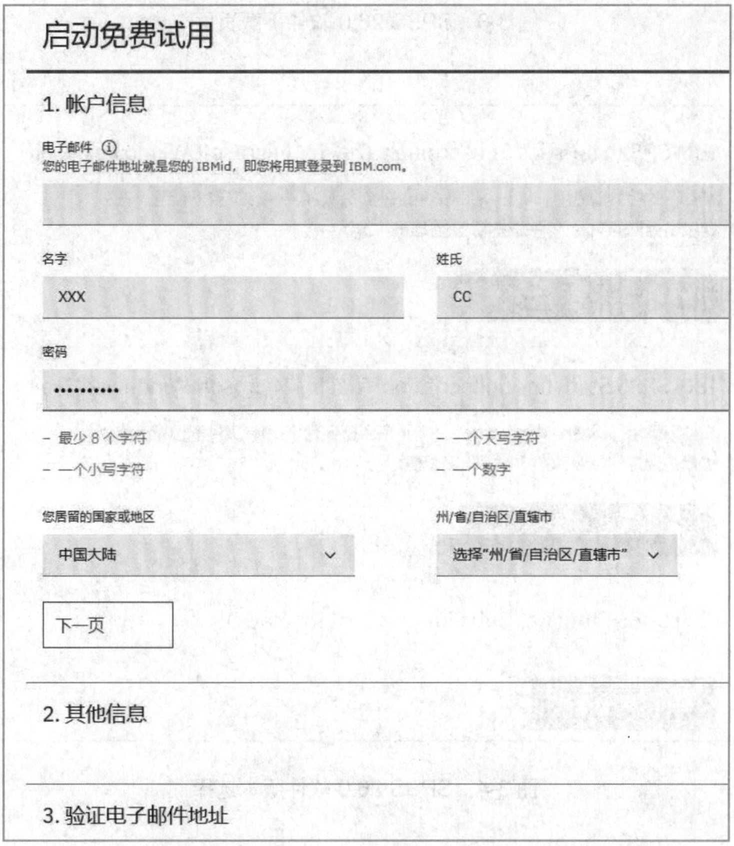

图 3-2　SPSS 企业版免费注册信息填写页面

（3）点击【下载】，下载 SPSS 企业版免费试用软件，如图 3-3 所示。

（4）根据个人电脑系统选择匹配的版本下载，如图 3-4 所示。此处，以下步骤以 Windows 64-bit 为例（注：可在计算机桌面找到“计算机”图标，然后右键→属性，查看）。

（5）将 SPSS 安装到 C 盘，也可选择其他安装路径。鼠标点击【下载】，如图 3-5 所示。

图 3-3　SPSS 26.0 软件下载页面

图 3-4　SPSS 26.0 软件版本选择

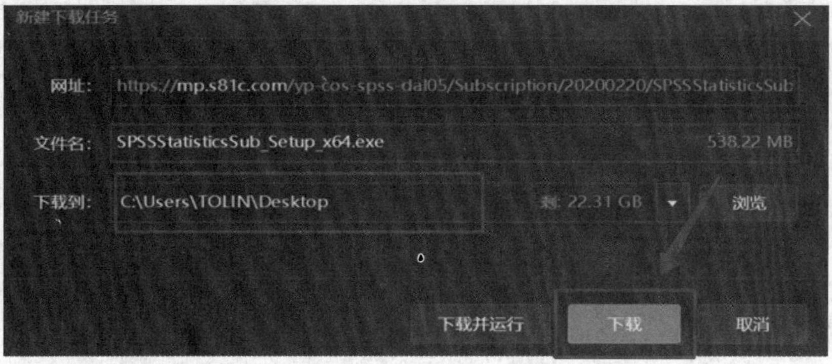

图 3-5 选择下载路径并下载

（6）鼠标右击【setup.exe】选择【以管理员身份运行】，如图 3-6（a）所示。

（7）勾选【我同意】，点击【继续】，如图 3-6（b）所示。

（8）点击【选择】更改软件的安装路径，建议安装在除 C 盘以外的其他磁盘，可以在 D 盘或其他盘新建一个【SPSS 26】文件夹，然后点击【继续】，如图 3-7（a）所示。

（9）安装完成，点击【完成】，如图 3-7（b）所示。

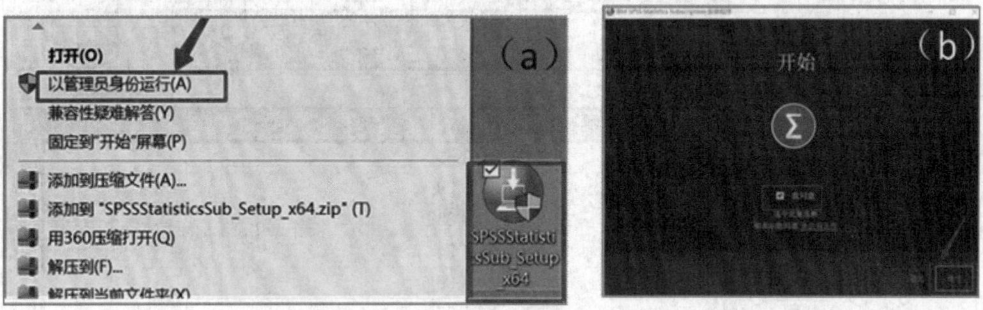

图 3-6 以管理员身份运行（a）和（b）是否同意并继续

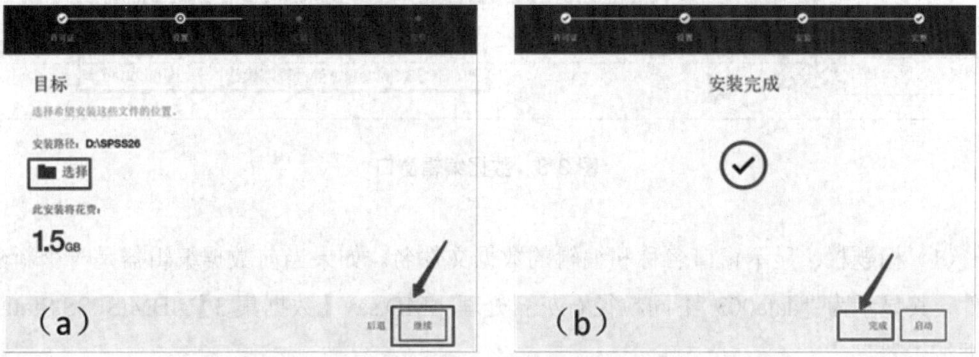

图 3-7 选择安装路径并继续（a）和完成安装（b）

3.3 SPSS 26.0 界面介绍

SPSS 26.0 主要窗口包括数据视图（data view）、变量视图（variable view）、结果输出窗口（output view）、图表编辑窗口（chart view）、语法编辑器窗口（syntax editor）和脚本编辑窗口（script view）。其中最常用的是数据视图和变量视图，一定要对其熟悉并掌握。

3.3.1 数据编辑窗口

启动 SPSS 26.0 后，出现的第一个窗口即为数据编辑窗口，它是用户进行数据处理和分析的主要窗口界面，可在此窗口进行数据输入、观察、编辑和统计分析等操作，是 SPSS 最主要的操作窗口界面。该界面包括标题栏、菜单栏、常用工具栏、数据和单元格信息显示栏、数据编辑区、视图转化栏和系统状态栏七个区域（图 3-8）。

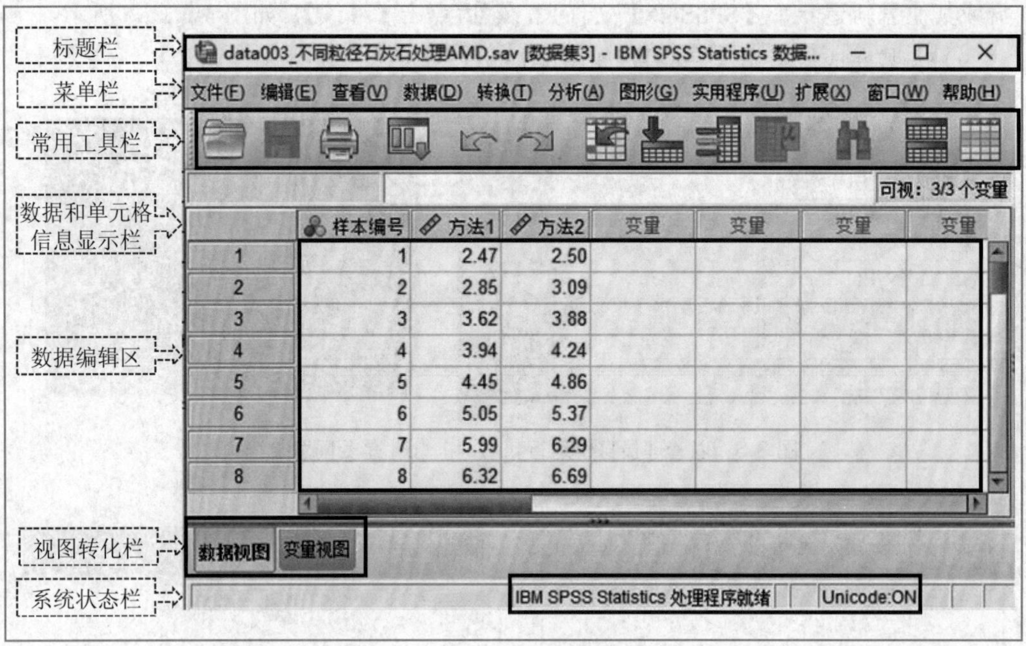

图 3-8 数据编辑窗口

（1）标题栏：显示窗口名称和编辑的数据文件名。如果当前数据编辑器是一个新建的文件，其显示为“data003_不同粒径石灰石处理 AMD.sav【数据集 3】-IBM SPSS Statistics 数据编辑器”。

（2）菜单栏：从左至右依次为【文件（F）】菜单、【编辑（E）】菜单、【查看（V）】

菜单、【数据（D）】菜单、【转换（T）】菜单、【分析（A）】菜单、【图形（G）】菜单、【实用程序（U）】菜单、【扩展（X）】菜单、【窗口（W）】菜单和【帮助（H）】菜单。

（3）常用工具栏：列出了数据编辑所使用的常用工具。SPSS 数据窗口最常用的工具如图 3-9 所示。

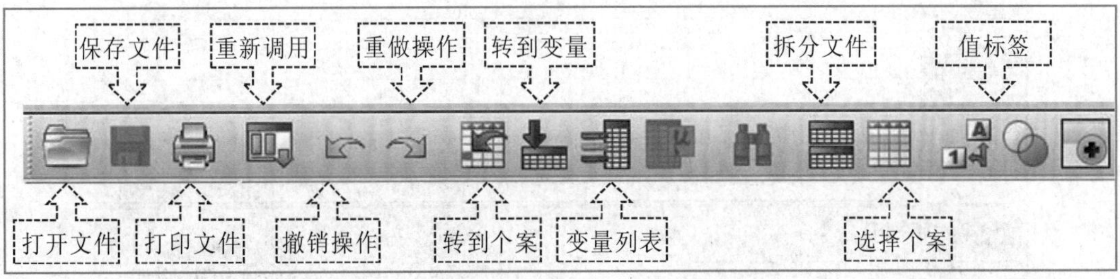

图 3-9　工具栏常用工具

（4）数据和单元格信息显示栏：其中灰色区域显示单元格的位置；空白区域为数据编辑器，显示当前选中的单元格内容，用户可在此区域输入和修改相应的内容。

（5）数据编辑区：最左边列显示单元序列号，最上边一行显示变量名称。选中的单元格呈黄色，其内容将出现在数据和单元格信息显示栏中，在此输入或修改单元格内容。

（6）视图转化栏：用于进行变量和数据视图的切换，用户只需单击相应的标签便可以完成变量与数据视图的切换。

（7）系统状态栏：显示当前的系统操作，用户可通过该栏了解 SPSS 当前的工作状态。对于初学者，系统状态栏务必保留，因为该栏可帮助用户了解自己对数据进行了哪些选择性的操作。

3.3.2　变量视图窗口

在数据编辑窗口的左下角，单击【变量视图】，即可切换到【变量视图】窗口。在该窗口可以对变量的名称、类型、宽度、小数位数、变量标签（标签）、变量值标签（值）、缺失值、列的宽度、对齐方式、测量标准及对角色进行设置，如图 3-10 所示。

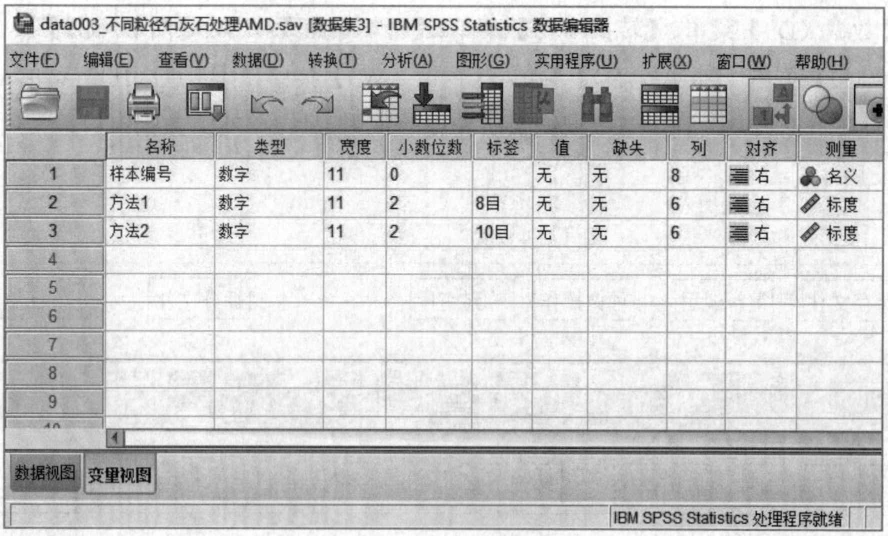

图 3-10 变量编辑窗口

3.3.3 结果输出窗口

结果输出窗口用于输出统计分析的结果或绘制的相关图表，如图 3-11 所示。其中窗口左边是导航窗口，显示输出结果的目录，单击目录前面的加号、减号可显示或隐藏相关内容；右边是显示窗口，显示所选内容的细节。

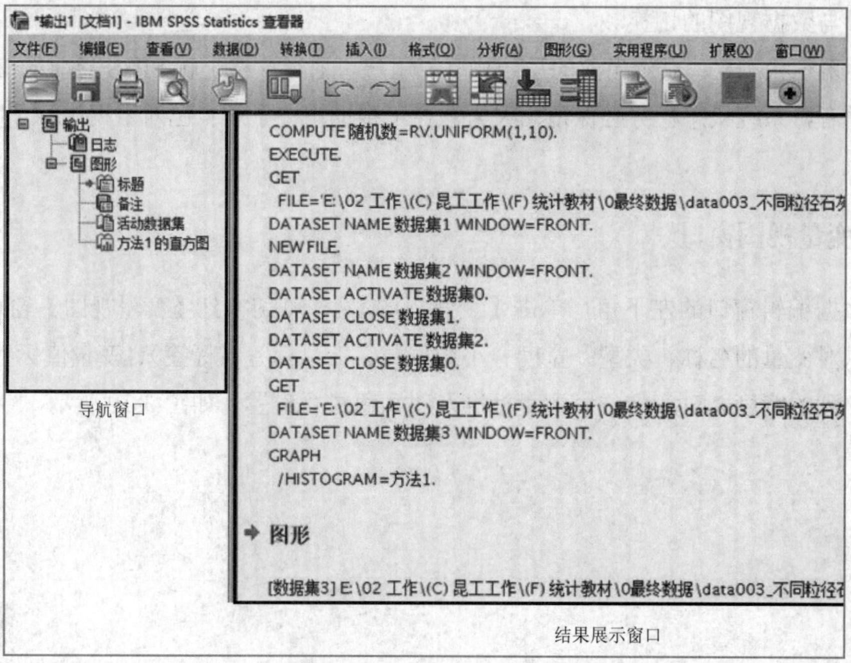

图 3-11 SPSS 26.0 的结果输出窗口

3.4　SPSS 26.0 数据库构建

SPSS 26.0 数据库构建有两种方法：①直接法，即直接在 SPSS 中新建数据库；②间接法，即利用 SPSS 去调用其他形式的数据库，可调用的文件格式有.xls、.txt 等外部数据库，大多数用户是将研究数据放入 Excel 中存储为.xls 文件格式，因此调用 Excel 数据为较常用的间接法数据库构建。间接法更为常用，但直接法是 SPSS 初学者必须掌握的方法，因为在利用间接法建数据库时，有些软件默认参数未必符合分析目的，需要进行调整，不会直接法将不知如何调整相关参数。

3.4.1　直接打开既有 SPSS 数据库

例如，双击【data003_不同粒径石灰石处理 AMD.sav】文件，可以直接打开此数据文件（图 3-12）。

图 3-12　SPSS 直接打开既有*.sav 数据文件示意

3.4.2　直接新建 SPSS 数据库

直接法数据库构建为初学者必须掌握的数据库构建方法，可以分为两个步骤：先变量后数据，即先在【变量视图】中定义数据库中的变量，然后在【数据视图】中录入相应的数据。

SPSS 操作步骤：

第 1 步：打开 SPSS 26.0 软件。

第 2 步：选择【文件】→【新建】→【数据】过程［图 3-13（a）］，打开空白 SPSS 数据文件［图 3-13（b）］，然后在【变量视图】下输入变量名称及属性，再切换至【数据视图】，录入变量值数据。（注：数据可以直接录入，也可从外部数据库中复制再粘贴至 SPSS 数据文件中。）

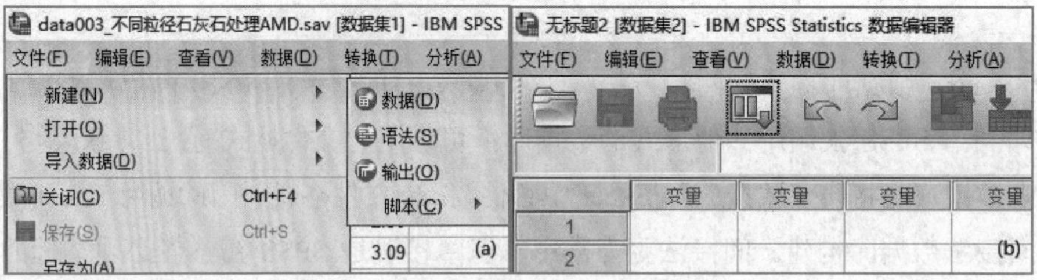

图 3-13 直接法新建 SPSS 数据文件

第 3 步：输入变量并设置变量属性。每个变量需要设置 11 项属性，其中【类型】和【测量】相对重要，如果设置出错可能会影响后续分析；其他属性设置基本仅与展示方式有关，不会影响分析。类型和测量设置的对话框如图 3-14 所示：①数据类型：初学者常用的是“数字”和“字符串”，新建变量时，SPSS 默认为“数字”类型，用户需要根据数据类型进行重置。例如，当新建变量的变量值为数值时，可直接使用默认的“数字”，但变量值为汉字、英语等字符时，应重新设置为“字符串”。变量的度量标准有“标度”“有序”和“名义”三个选项，分别对应于统计学上的计量变量（连续变量）、等级变量（有序变量）、计数变量（名义变量），用户需根据专业进行选择；②数值型变量为标准型，系统默认宽度为 8 位，小数点默认为 2 位，小数点用圆点。字符型变量其值由字符串组成，系统默认为 8 位，超过 8 位为长字符型变量，不超过 8 位为短字符型变量。字符型变量不能参与运算，且大、小写存在区别。注意 SPSS 26.0 采用 unicode 模式，每个汉字占位 4 个字符，用户需设置足够的宽度，否则将无法显示完全。

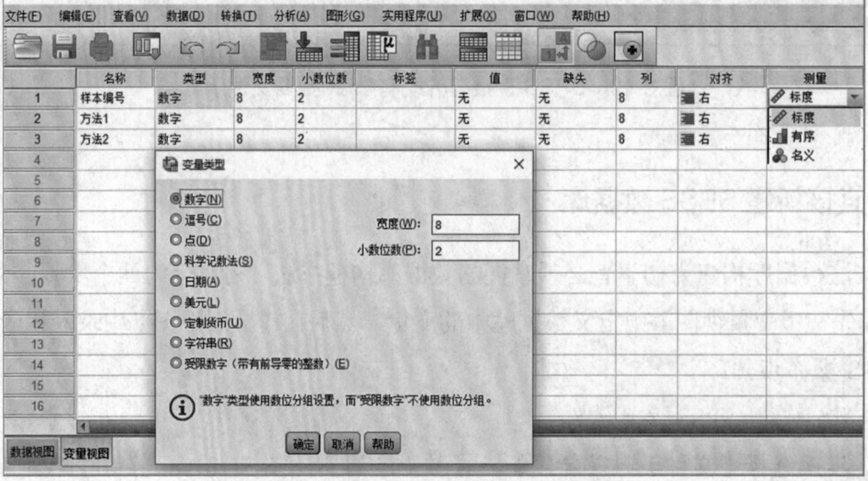

图 3-14 变量数据类型和度量标准设置

实战案例：

> 例 3.1　在 SPSS 26.0 中，以直接录入的方式，新建如图 3-12 右所示的数据文件。

SPSS 操作过程：

第 1 步：在【变量视图】中的【名称】列分别录入“样本编号”“方法 1”和“方法 2”。

第 2 步：在【类型】列分别设置变量值类型，均默认为“数字”，在【小数位数】列将“样本编号”的小数位数设置为“0”，在【测量】列下，将“样本编号”的度量标准选择为“名义”，“方法 1”和“方法 2”度量标准设置为“标度”。

第 3 步：点击左下角的【数据视图】即可进入数据编辑窗口，将每个变量的数据录入相应的位置，录入（手动或外部数据库复制粘贴）变量值，如图 3-15 所示。

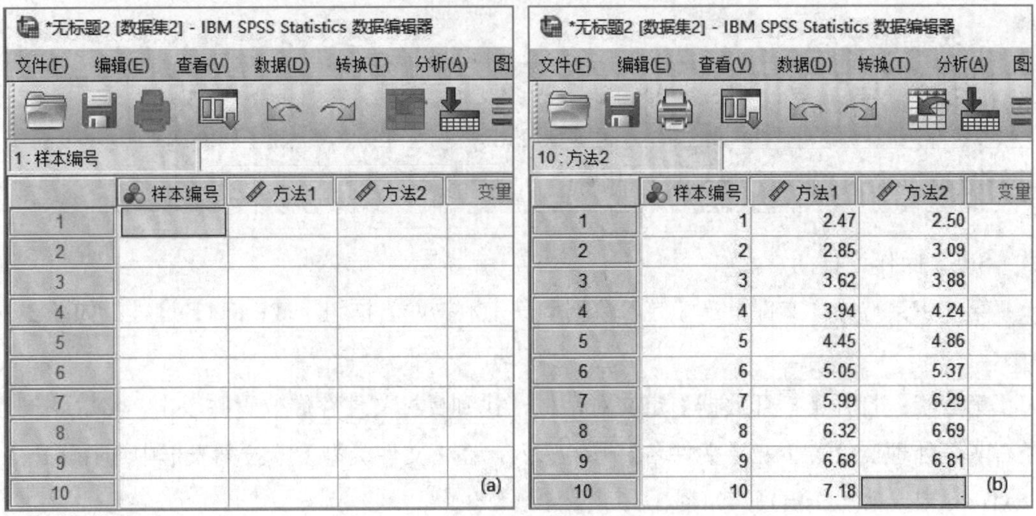

图 3-15　SPSS 直接新建数据文件过程示意图

第 4 步：完毕后保存数据库，即可完成直接法数据库的构建。

3.4.3　间接法外部数据导入

除直接法外，还可通过【文件】菜单下的【打开】或【导入数据】子菜单，导入外部数据（Excel 数据、CSV 数据、文本数据、SAS 数据、Stata 数据以及 dBase 数据等）的方式新建 SPSS 数据文件。其中，Excel 数据的导入是最为常用的外部数据导入方式（图 3-16）。

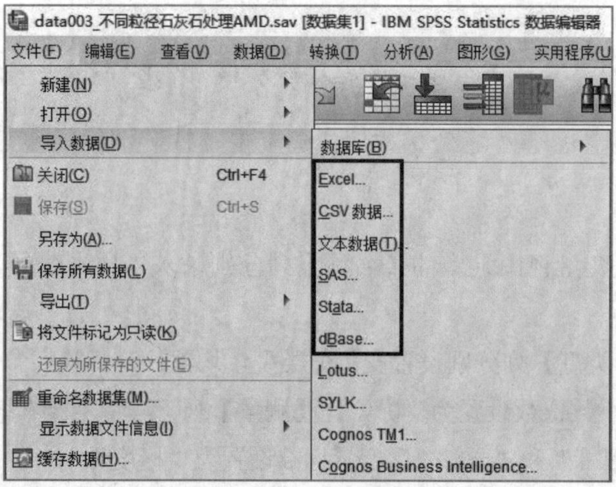

图 3-16 间接法外部数据导入过程

实战案例：

例 3.2 Excel 数据导入 SPSS

采用数据导入方式，将“不同粒径石灰石处理 AMD.xlsx”数据文件中的数据导入，并生成 SPSS 数据文件。

SPSS 操作过程：

第 1 步：选择【文件】→【导入数据】→【数据库】框组下【Excel】过程，如图 3-16 所示。

第 2 步：打开【打开数据】定义对话框，找到目标文件存储位置并双击，将“不同粒径石灰石处理 AMD.xlsx”【文件名】框中选入，在【文件类型】下拉列表框中选择【Excel（*.xls、*.xlsx 和*.xlsm）】，如图 3-17 所示。

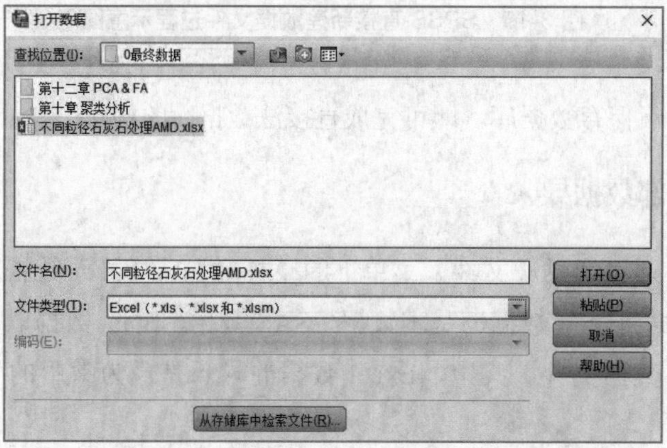

图 3-17 SPSS 导入 Excel 数据文件过程

第 3 步：单击【打开】按钮，打开【读取 Excel 文件】定义对话框，选择目标数据位置及读取范围；注意：自 SPSS 24.0 开始，读取 Excel 数据为可视化读取，用户可以可视化观察数据读取的情况，如图 3-18 所示。

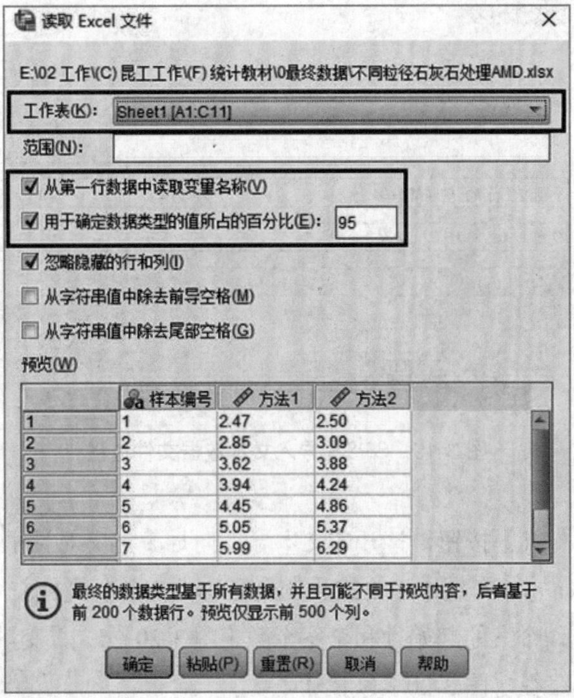

图 3-18　SPSS 读取 Excel 文件方式

第 4 步：单击【确定】按钮，即可将 Excel 数据导入 SPSS 数据库中。

实战案例：

例 3.3　文本数据导入 SPSS

采用数据导入方式，将“不同粒径石灰石处理 AMD.txt”数据文件中的数据导入，并生成 SPSS 数据文件。

SPSS 操作过程：

第 1 步：选择【文件】→【导入数据】→【数据库】→【文本数据】过程，如图 3-16 所示。

第 2 步：打开【打开数据】定义对话框，找到目标文件存储位置并双击，将“不同粒径石灰石处理 AMD.txt”【文件名】框中选入，在【文件类型】下拉列表框中选择【文本（*.txt、*.dat、*.csv 和*.tab）】，如图 3-19 所示。

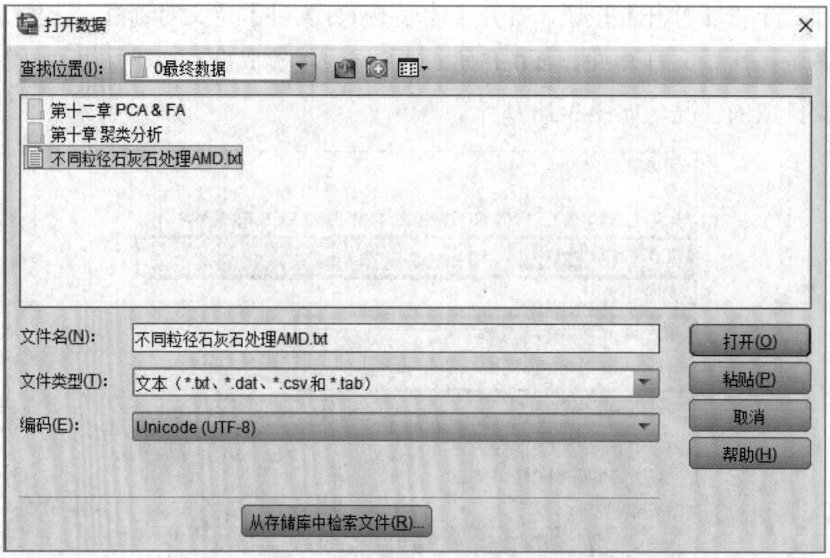

图 3-19 SPSS 导入文本数据文件过程

第 3 步：单击【打开】按钮，打开【文本导入向导】定义对话框，选择文本文件导入格式方式［图 3-20（a）］，变量排序格式、变量名称的起始行［图 3-20（b）］，变量定界符［图 3-20（c）］，导入个案的起始行和个案个数［图 3-20（d）］，变量名称［图 3-20（e）］，以及数据文件的存储路径［图 3-20（f）］。

第 4 步：单击【完成】按钮，即可将文本数据文件导入 SPSS 数据库中。

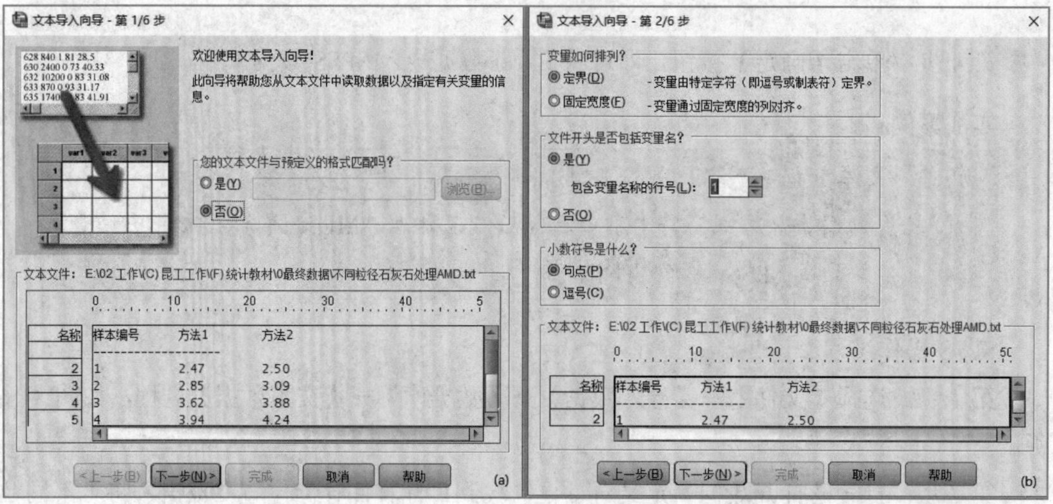

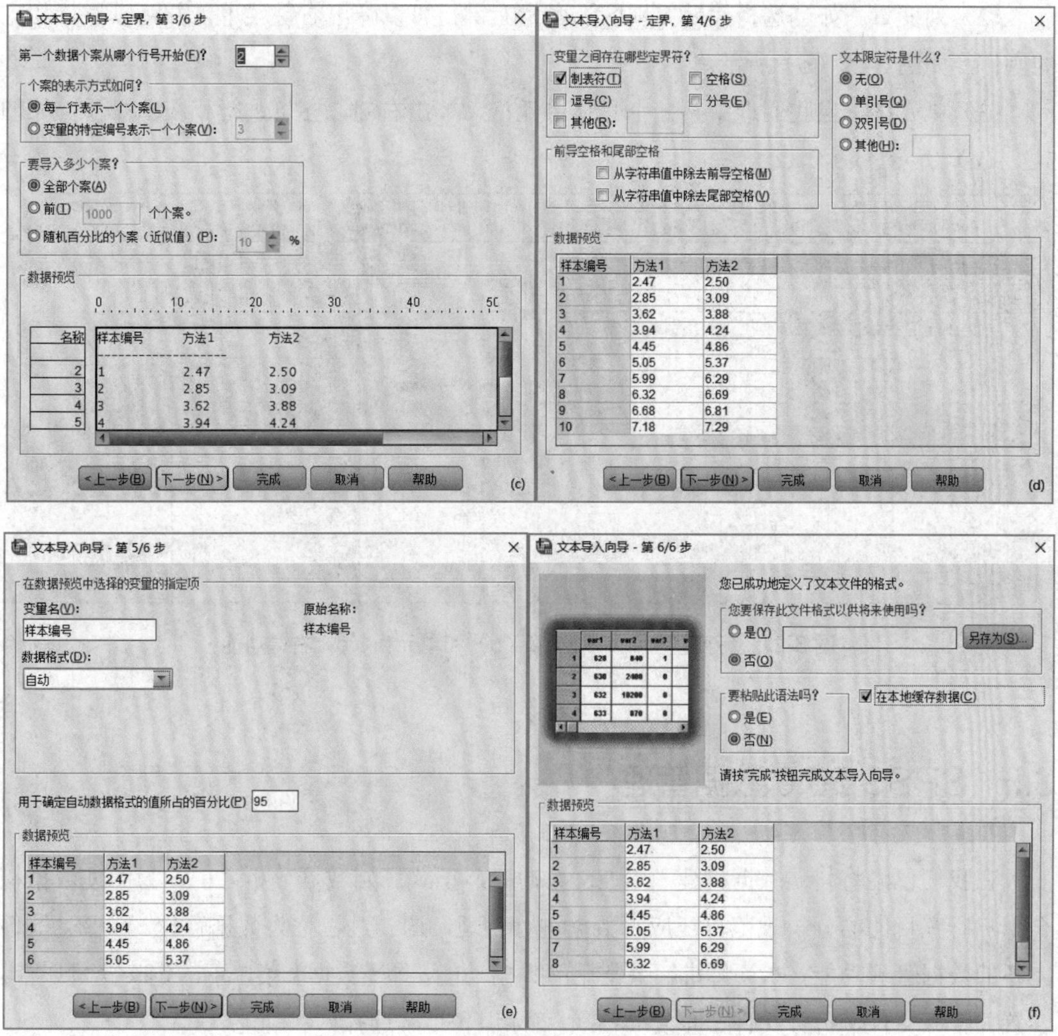

图 3-20　SPSS 文本文件导入向导

SPSS 数据库构建完毕后，根据分析需要，有时需对数据库进行整理和清洗，包括排序、选择个案、加权个案、缺失值替换、转置与重新编码等功能，具体操作步骤见本书后续章节。

3.4.4　数据编辑

数据录入完毕后，可以对数据进行相应的编辑，如修改、删除、复制、粘贴等。此处用户可将 SPSS 当作 Excel，操作与 Excel 完全一致，下面将介绍三个右键功能。

（1）行变量。当我们选中某一行，点击右键，也可进行相应的操作，如图 3-21（a）所示。

（2）列变量。如当选择“研究地区”变量右键，可以弹出右键菜单，并可以执行相应的操作，如图 3-21（b）所示。

（3）单元格。当我们选中某一个具体单元格，单击右键，亦可进行相应的操作，如图 3-21（c）所示。

图 3-21 行变量（a）、列变量（b）和单元格（c）右键功能

3.5 SPSS 26.0 数据管理

在我们已经将科研数据构建入 SPSS 数据库，正式开始数据分析之前，为了使数据符合用户研究目的的分析规范，还应将数据进行整理，这一过程称为数据管理。SPSS 具备完备的数据管理功能，本章将讲解最常用的数据功能，即【数据】菜单下的定义变量属性、转置、合并文件、拆分文件、重复/异常个案标识和个案选择六大功能。

3.5.1 定义变量属性

正确定义变量属性是进行统计分析和统计建模的基础，变量属性包括变量名称、类型、宽度等。无论是直接法还是间接法生成的 SPSS 数据文件，若未对变量属性进行定义，则可能与实际情况不符。例如，3.4.2 所述的直接新建 SPSS 数据文件法，若不对变量进行定义，则所有变量的类型均默认为“数字”性，度量标准则默认为“未知”，显然不符合对实际环境问题的描述。

实战案例：

例 3.4 以 3.4.2 新建的“data003_不同粒径石灰石处理 AMD.sav”数据为例，设置标签、测量标度等。

SPSS 操作过程：

第 1 步和第 2 步同 4.3.2。

第 3 步：选择【数据】→【定义变量属性】过程［图 3-22（a）］，打开【定义变量属性】对话框［图 3-22（b）］。

第 4 步：将【变量】框中的变量选入【要扫描的变量】框，如图 3-22 所示。

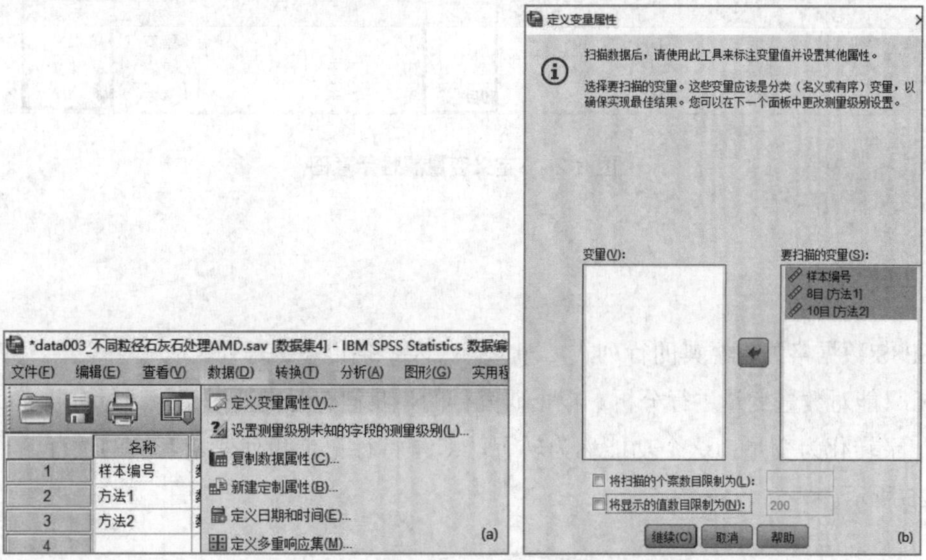

图 3-22　定义变量属性选择过程（a）和定义变量属性定义对话框（b）

第 5 步：单击【继续】按钮，打开【定义变量属性】定义子对话框，单击【已扫描变量列表】中的变量，并在右侧对变量属性如测量级别，标签、类型等进行设置，如图 3-23 所示。

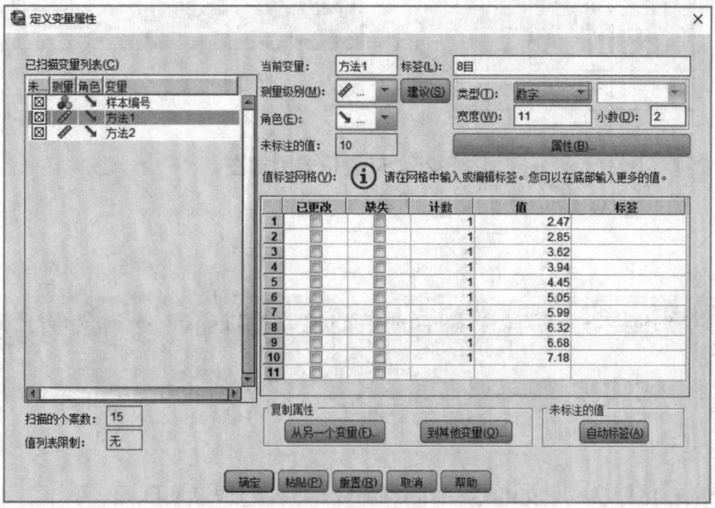

图 3-23　定义变量属性子对话框

第6步：单击【确定】按钮，完成变量属性定义。在数据视图中，可看到各变量的定义的属性特征值，如图3-24所示。

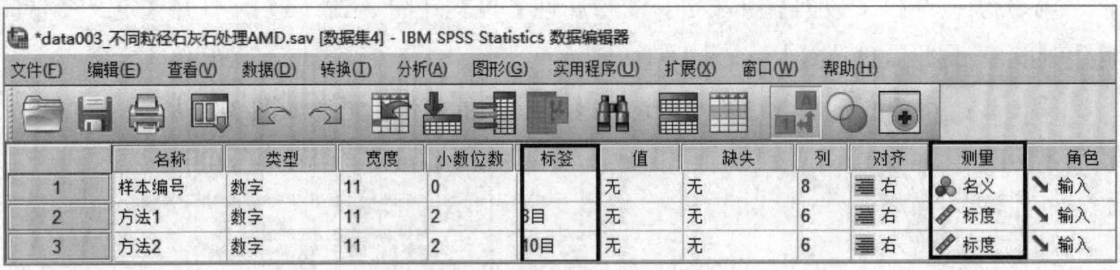

图3-24 定义变量属性示意图

3.5.2 转置

SPSS数据格式为经典的行列式，即每行代表一条记录，每列代表一个变量。SPSS统计分析只能对数量变量进行分析。根据研究目的，我们有时需要对记录进行分析，那就必须将记录转化为变量，这个功能称为转置，即是将行记录和列变量互换的过程，模式如图3-25所示。

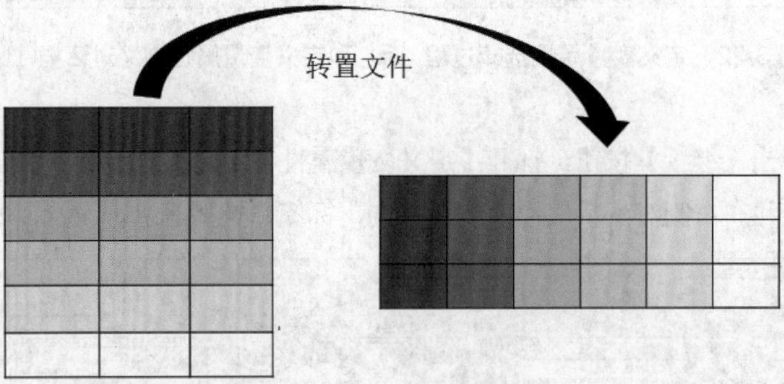

图3-25 转置模式示意图

实战案例：

例3.5 以“data003_不同粒径石灰石处理AMD.sav”数据为例，进行数据转置。

SPSS操作过程：

第1步：双击并打开“data003_不同粒径石灰石处理AMD.sav”。

第2步：【数据】→【转置】，打开转置对话框，如图3-26（a）所示。

第 3 步：将“方法 1”和“方法 2”选入【变量】框，并将【样本编号】选入【名称变量】框，如图 3-26（b）所示。

图 3-26　SPSS 转置功能选择过程（a）及转置定义对话框（b）

第 4 步：单击【确定】按钮，生成转置之后的 SPSS 数据文件，如图 3-27 所示。

第 5 步：单击左下角【变量视图】，可以发现【转置】前后，变量列表存在明显的差别，如图 3-28 所示。

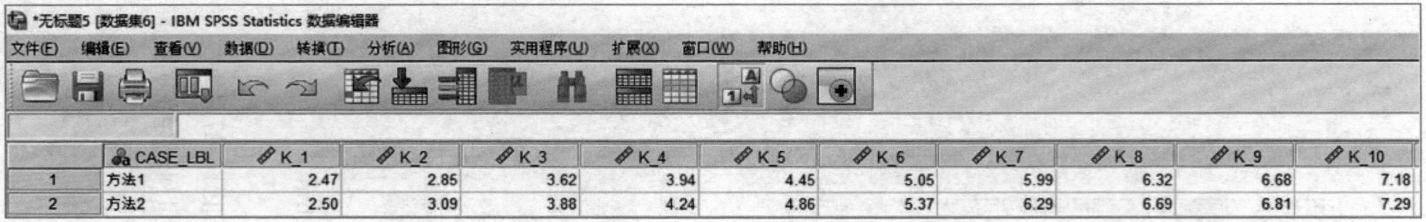
*无标题5 [数据集6] - IBM SPSS Statistics 数据编辑器
文件(F) 编辑(E) 查看(V) 数据(D) 转换(T) 分析(A) 图形(G) 实用程序(U) 扩展(X) 窗口(W) 帮助(H)
CASE_LBL K_1 K_2 K_3 K_4 K_5 K_6 K_7 K_8 K_9 K_10
1 方法1 2.47 2.85 3.62 3.94 4.45 5.05 5.99 6.32 6.68 7.18
2 方法2 2.50 3.09 3.88 4.24 4.86 5.37 6.29 6.69 6.81 7.29

图 3-27　data003_不同粒径石灰石处理 AMD 转置数据文件

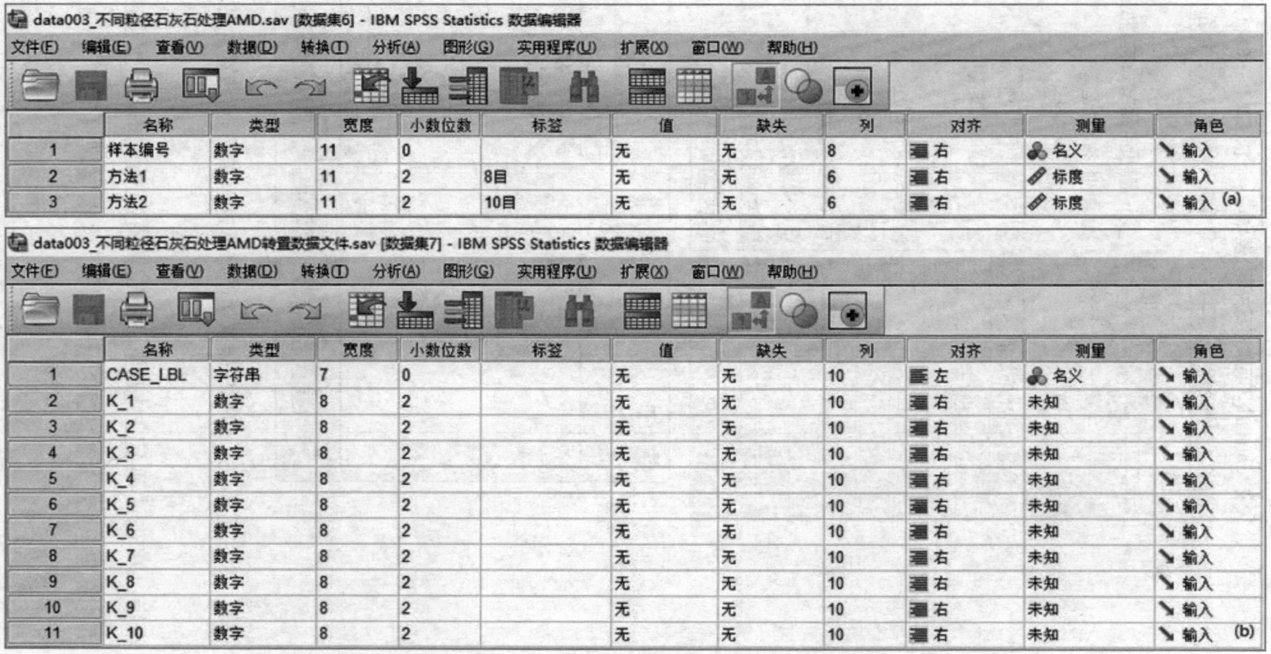
data003_不同粒径石灰石处理AMD.sav [数据集6] - IBM SPSS Statistics 数据编辑器
文件(F) 编辑(E) 查看(V) 数据(D) 转换(T) 分析(A) 图形(G) 实用程序(U) 扩展(X) 窗口(W) 帮助(H)
名称 类型 宽度 小数位数 标签 值 缺失 列 对齐 测量 角色
1 样本编号 数字 11 0 无 无 8 右 名义 输入
2 方法1 数字 11 2 8目 无 无 6 右 标度 输入
3 方法2 数字 11 2 10目 无 无 6 右 标度 输入
(a)
data003_不同粒径石灰石处理AMD转置数据文件.sav [数据集7] - IBM SPSS Statistics 数据编辑器
文件(F) 编辑(E) 查看(V) 数据(D) 转换(T) 分析(A) 图形(G) 实用程序(U) 扩展(X) 窗口(W) 帮助(H)
名称 类型 宽度 小数位数 标签 值 缺失 列 对齐 测量 角色
1 CASE_LBL 字符串 7 0 无 无 10 左 名义 输入
2 K_1 数字 8 2 无 无 10 右 未知 输入
3 K_2 数字 8 2 无 无 10 右 未知 输入
4 K_3 数字 8 2 无 无 10 右 未知 输入
5 K_4 数字 8 2 无 无 10 右 未知 输入
6 K_5 数字 8 2 无 无 10 右 未知 输入
7 K_6 数字 8 2 无 无 10 右 未知 输入
8 K_7 数字 8 2 无 无 10 右 未知 输入
9 K_8 数字 8 2 无 无 10 右 未知 输入
10 K_9 数字 8 2 无 无 10 右 未知 输入
11 K_10 数字 8 2 无 无 10 右 未知 输入
(b)

图 3-28　data003_不同粒径石灰石处理 AMD 转置（a）前和后（b）变量列表

3.5.3 合并文件

合并文件就是将两个数据合并到一个文件中的过程。根据研究目的，合并文件的方式可分为横向合并和纵向合并（图 3-29）。

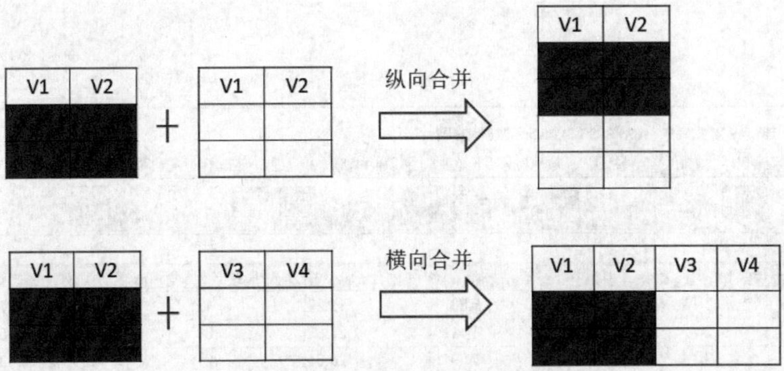

图 3-29　合并文件的两种方式

（1）纵向合并

纵向合并指增加了研究个案，数据集将变得更长，但变量个数不变。例如，某研究分别在 A 地区和 B 地区进行土壤重金属污染调查，在 A、B 两地区各采集了 10 份和 15 份土壤样品，并对土壤 pH、土壤有机质含量、土壤镉浓度、土壤汞浓度、土壤铅浓度和土壤铬浓度进行了监测，并分别保存为"A 地区土壤重金属污染.sav"和"B 地区土壤重金属污染.sav"。为了实现两地区土壤重金属污染的差异性比较，首先需要将 A、B 两地区土壤重金属污染数据进行合并。

实战案例：

例 3.6　以"A 地区土壤重金属污染.sav"和"B 地区土壤重金属污染.sav"数据为例，尝试进行纵向文件合并。

SPSS 操作过程：

第 1 步：双击打开"A 地区土壤重金属污染.sav"和"B 地区土壤重金属污染.sav"数据文件，如图 3-30 所示。

第 2 步：选择【数据】→【合并文件】→【添加个案】过程，如图 3-31 所示。

第 3 步：打开【个案添加至】定义对话框，选择【打开数据集】复选框，并选中"B 地区土壤重金属污染.sav"。注意：若"B 地区土壤重金属污染.sav"没有打开，可以选择下面外部 SPSS Statistics 数据文件的方式进行调用。

第 4 步：单击【继续】，在右侧【新的活动数据集中的变量】框中显示合并后数据集中的变量，如图 3-32 所示。注意：如果两个数据集有不同的变量或相同变量的宽度不一致时，则在左侧框中显示未成对变量。

第 5 步：单击【确定】，将“B 地区土壤重金属污染.sav”数据文件中的个案添加至“A 地区土壤重金属污染.sav”。由图 3-33 可见，合并后，个案数增加至 25 个，表明文件合并成功。

*A地区土壤重金属污染.sav [数据集1] - IBM SPSS Statistics 数据编辑器 (a)

文件(F) 编辑(E) 查看(V) 数据(D) 转换(T) 分析(A) 图形(G) 实用程序(U) 扩展(X) 窗口(W) 帮助(H)

	区内样品编号	研究地区编码	土壤pH	土壤有机质含量	土壤镉浓度	土壤汞浓度	土壤铅浓度	土壤铬浓度
1	1	A	5.83	19.26	.19	1.46	27.95	212.95
2	2	A	6.41	27.52	.66	.68	16.80	42.87
3	3	A	6.09	20.64	.21	.49	18.27	49.49
4	4	A	4.46	20.64	.31	.37	18.27	47.82
5	5	A	6.14	13.76	.35	.49	32.61	53.79
6	6	A	4.75	27.52	.31	.60	20.15	34.43
7	7	A	6.13	27.52	.95	.77	29.37	244.99
8	8	A	5.98	28.89	.43	.49	27.91	114.54
9	9	A	6.86	41.96	.51	.72	36.48	231.02
10	10	A	6.62	39.21	.82	.69	34.35	220.04

*B地区土壤重金属污染.sav [数据集2] - IBM SPSS Statistics 数据编辑器 (b)

文件(F) 编辑(E) 查看(V) 数据(D) 转换(T) 分析(A) 图形(G) 实用程序(U) 扩展(X) 窗口(W) 帮助(H)

	区内样品编号	研究地区编码	土壤pH	土壤有机质含量	土壤镉浓度	土壤汞浓度	土壤铅浓度	土壤铬浓度
1	1	B	4.11	30.23	.55	.01	25.08	140.70
2	2	B	6.82	49.53	3.44	.03	22.20	53.74
3	3	B	3.90	23.39	.50	.05	20.08	61.82
4	4	B	5.91	30.27	.47	.18	19.21	65.71
5	5	B	4.85	46.78	.79	.06	22.89	64.62
6	6	B	6.51	12.38	.29	.05	25.65	40.75
7	7	B	6.08	39.90	1.64	.03	19.99	68.54
8	8	B	6.30	33.02	.97	.26	21.56	61.15
9	9	B	5.00	30.27	.59	.07	29.81	82.65
10	10	B	6.95	57.78	1.46	.31	15.15	89.35
11	11	B	6.40	45.40	1.94	.20	38.26	33.43
12	12	B	6.19	50.90	3.44	.10	23.67	43.25
13	13	B	6.13	19.26	.32	.04	23.39	83.41
14	14	B	6.86	22.01	.70	.14	11.44	64.56
15	15	B	6.61	38.52	1.08	.19	25.56	75.97

图 3-30 A 地区（a）和 B 地区（b）土壤重金属浓度（mg/kg）

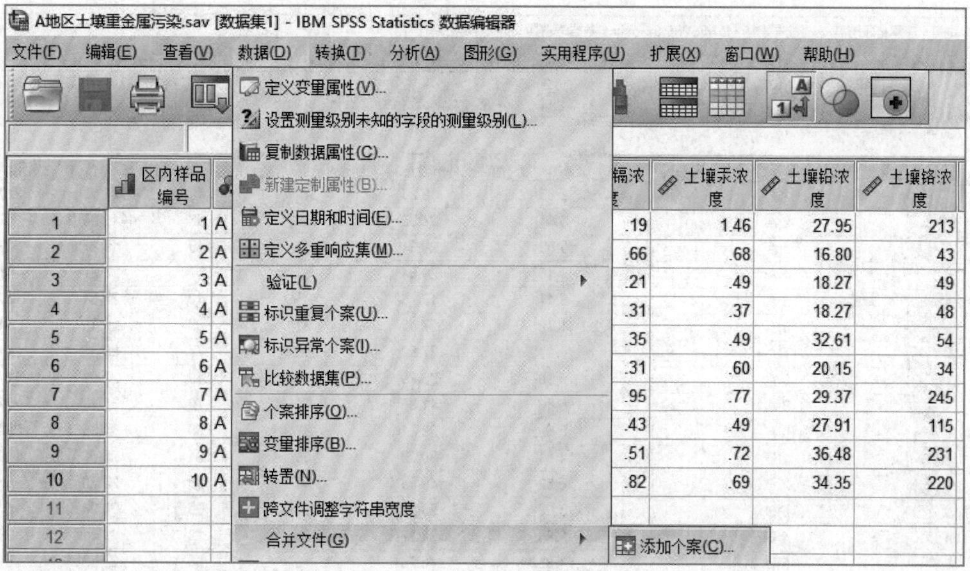

图 3-31 SPSS 纵向合并文件选择过程

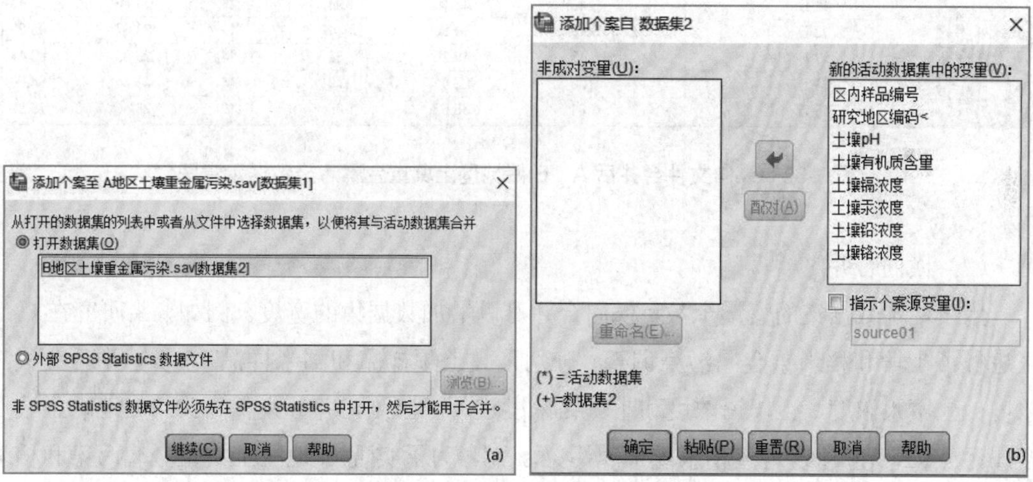

图 3-32 SPSS 纵向合并文件添加个案定义对话框

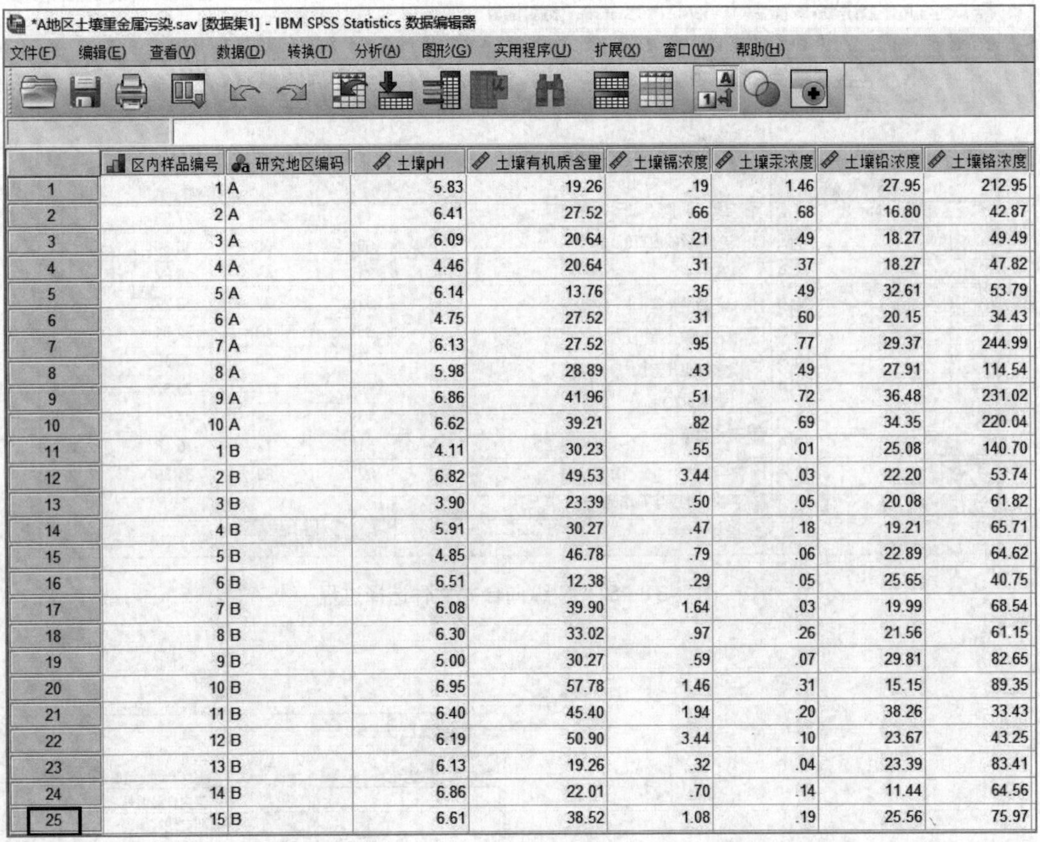

	区内样品编号	研究地区编码	土壤pH	土壤有机质含量	土壤镉浓度	土壤汞浓度	土壤铅浓度	土壤铬浓度
1	1	A	5.83	19.26	.19	1.46	27.95	212.95
2	2	A	6.41	27.52	.66	.68	16.80	42.87
3	3	A	6.09	20.64	.21	.49	18.27	49.49
4	4	A	4.46	20.64	.31	.37	18.27	47.82
5	5	A	6.14	13.76	.35	.49	32.61	53.79
6	6	A	4.75	27.52	.31	.60	20.15	34.43
7	7	A	6.13	27.52	.95	.77	29.37	244.99
8	8	A	5.98	28.89	.43	.49	27.91	114.54
9	9	A	6.86	41.96	.51	.72	36.48	231.02
10	10	A	6.62	39.21	.82	.69	34.35	220.04
11	1	B	4.11	30.23	.55	.01	25.08	140.70
12	2	B	6.82	49.53	3.44	.03	22.20	53.74
13	3	B	3.90	23.39	.50	.05	20.08	61.82
14	4	B	5.91	30.27	.47	.18	19.21	65.71
15	5	B	4.85	46.78	.79	.06	22.89	64.62
16	6	B	6.51	12.38	.29	.05	25.65	40.75
17	7	B	6.08	39.90	1.64	.03	19.99	68.54
18	8	B	6.30	33.02	.97	.26	21.56	61.15
19	9	B	5.00	30.27	.59	.07	29.81	82.65
20	10	B	6.95	57.78	1.46	.31	15.15	89.35
21	11	B	6.40	45.40	1.94	.20	38.26	33.43
22	12	B	6.19	50.90	3.44	.10	23.67	43.25
23	13	B	6.13	19.26	.32	.04	23.39	83.41
24	14	B	6.86	22.01	.70	.14	11.44	64.56
25	15	B	6.61	38.52	1.08	.19	25.56	75.97

图 3-33 纵向文件合并后 A、B 两地区土壤重金属污染数据示意图

（2）横向合并

用于增加数据集的变量个数，横向合并可以增加数据集的宽度。例如，某研究在 C 地区进行了土壤和稻米重金属污染调查，分别采集土壤样品和稻米样品 20 份，并对土壤镉浓度、土壤汞浓度、土壤铅浓度和土壤铬浓度进行了监测，并分别保存为“C 地区土壤重金属污染.sav”和“C 地区稻米重金属污染.sav”。为了实现 C 地区土壤重金属污染和稻米重金属污染的相关性分析，首先需要将 C 地区土壤和稻米重金属污染数据进行横向合并。

实战案例：

> 例 3.7 以“C 地区土壤重金属污染.sav”和“C 地区稻米重金属污染.sav”数据为例，尝试进行横向文件合并。

SPSS 操作过程：

第 1 步：双击打开“C 地区土壤重金属污染.sav”和“C 地区稻米重金属污染.sav”数据文件，如图 3-34 所示。

第 2 步：选择【数据】→【合并文件】→【添加变量】过程，如图 3-35 所示。

第 3 步：打开【变量添加至】定义对话框，选择【打开数据集】复选框，并选中“C 地区稻米重金属污染.sav”。注意：若“C 地区稻米重金属污染.sav”没有打开，可以选择下面外部 SPSS Statistics 数据文件的方式进行调用，如图 3-36 所示。

第 4 步：单击【继续】，在【合并方法】框组中，选中【基于键值的一对一合并】复选框，并在【键变量】框组中，选中“样品编码”作为匹配关键变量，如图 3-37 所示。注意：文件合并时还可以采用“基于文件顺序的一对一合并”和“基于键值的一对多合并”两种合并方法，此处不进行一一举例。

第 5 步：单击【变量】选项卡，将“研究地区编码”从【键值变量】框中除去，并观察右侧【包含的变量】框中的变量，可根据研究需求进行删减。本例选择全部案例。

第 6 步：单击【确定】，将“C 地区稻米重金属污染.sav”数据文件中的变量及个案值添加至“C 地区土壤重金属污染.sav”。如图 3-38 所示，合并后，个案数为 15 个不变，但变量个数增多。注意：横向文件合并时，相同名称的变量不重复出现。

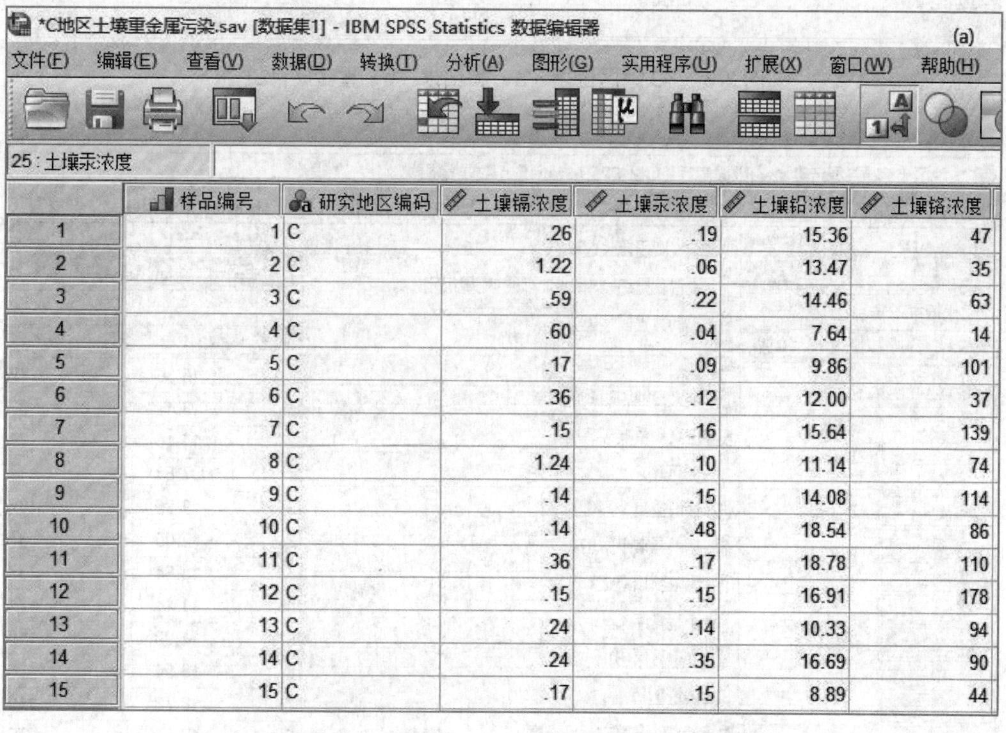

	样品编号	研究地区编码	土壤镉浓度	土壤汞浓度	土壤铅浓度	土壤铬浓度
1	1	C	.26	.19	15.36	47
2	2	C	1.22	.06	13.47	35
3	3	C	.59	.22	14.46	63
4	4	C	.60	.04	7.64	14
5	5	C	.17	.09	9.86	101
6	6	C	.36	.12	12.00	37
7	7	C	.15	.16	15.64	139
8	8	C	1.24	.10	11.14	74
9	9	C	.14	.15	14.08	114
10	10	C	.14	.48	18.54	86
11	11	C	.36	.17	18.78	110
12	12	C	.15	.15	16.91	178
13	13	C	.24	.14	10.33	94
14	14	C	.24	.35	16.69	90
15	15	C	.17	.15	8.89	44

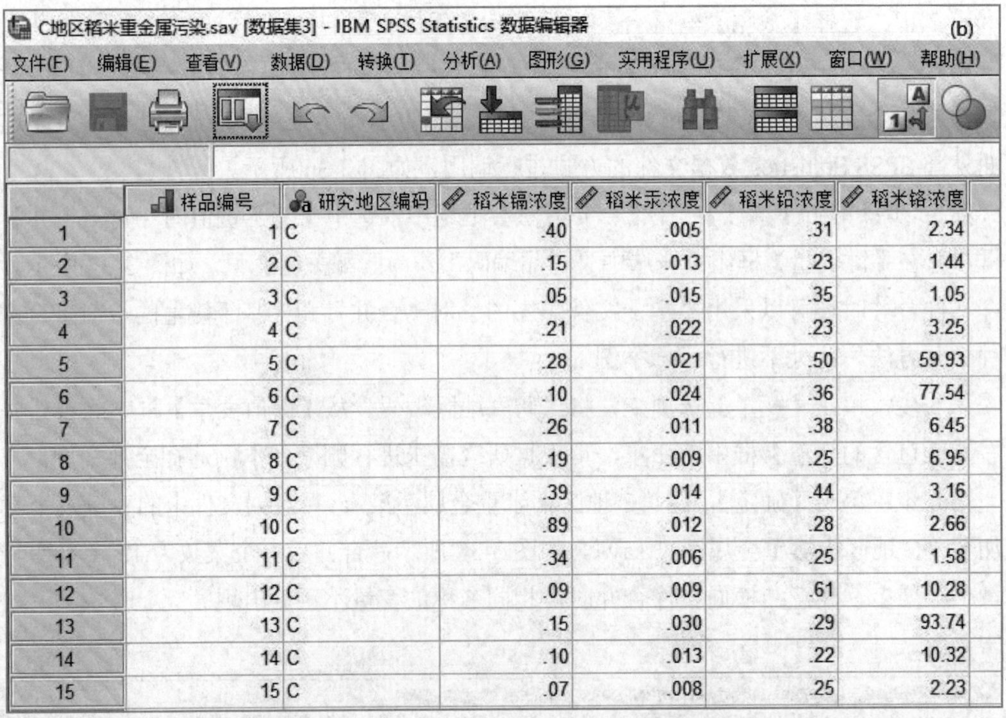

图3-34 C地区土壤（a）和稻米（b）重金属污染

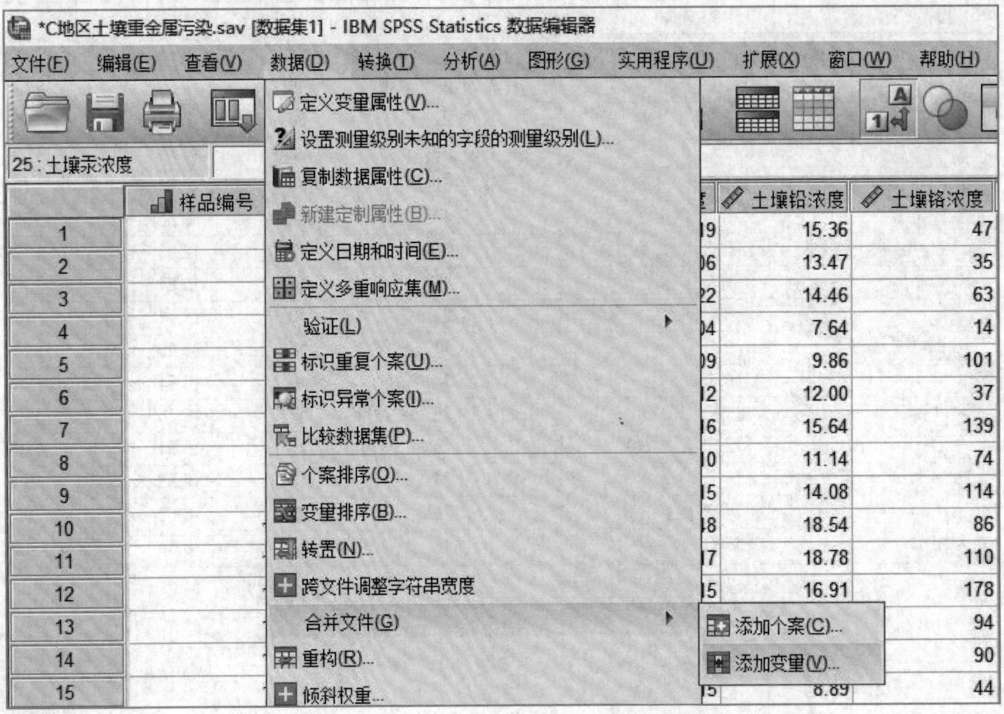

图3-35 SPSS横向合并文件选择过程

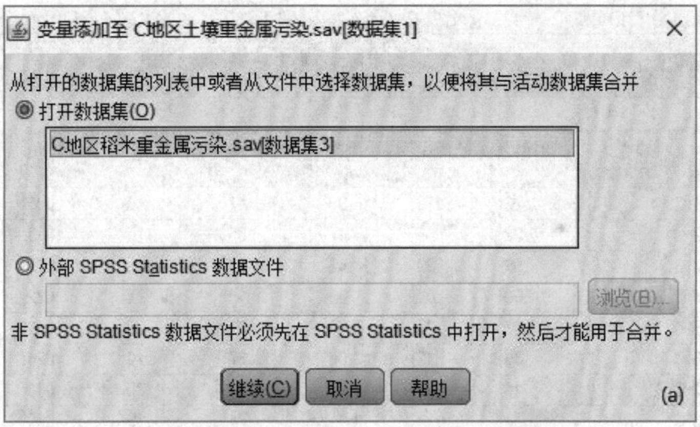

图 3-36　SPSS 横向合并文件数据集调用方式

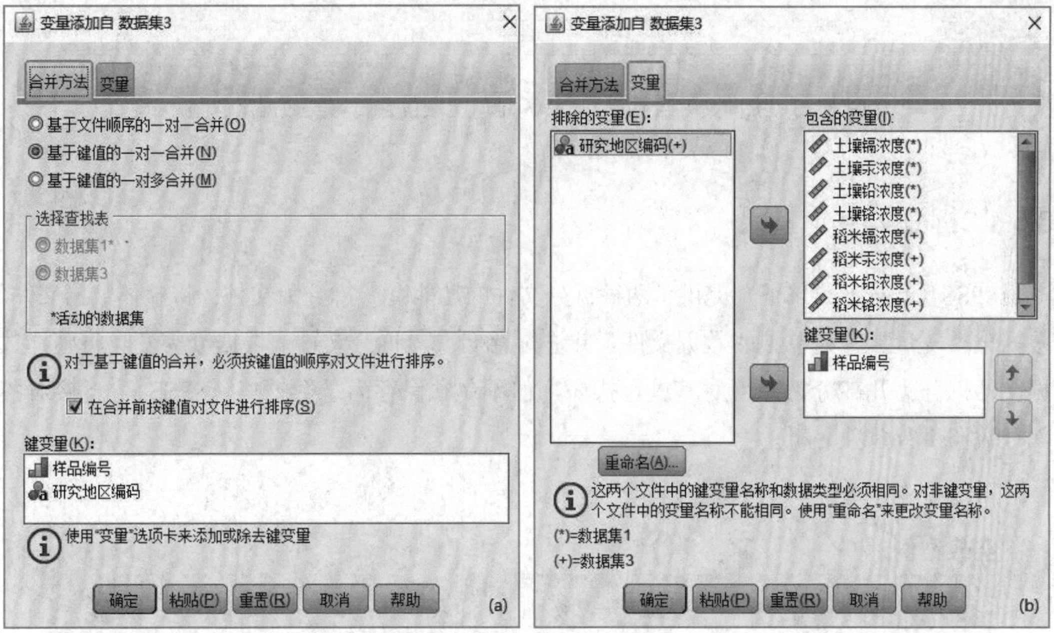

图 3-37　SPSS 横向合并文件合并方法（a）和变量（b）定义对话框

	样品编号	研究地区编码	土壤镉浓度	土壤汞浓度	土壤铅浓度	土壤铬浓度	稻米镉浓度	稻米汞浓度	稻米铅浓度	稻米铬浓度
1	1	C	.26	.19	15.36	47	.40	.005	.31	2.34
2	2	C	1.22	.06	13.47	35	.15	.013	.23	1.44
3	3	C	.59	.22	14.46	63	.05	.015	.35	1.05
4	4	C	.60	.04	7.64	14	.21	.022	.23	3.25
5	5	C	.17	.09	9.86	101	.28	.021	.50	59.93
6	6	C	.36	.12	12.00	37	.10	.024	.36	77.54
7	7	C	.15	.16	15.64	139	.26	.011	.38	6.45
8	8	C	1.24	.10	11.14	74	.19	.009	.25	6.95
9	9	C	.14	.15	14.08	114	.39	.014	.44	3.16
10	10	C	.14	.48	18.54	86	.89	.012	.28	2.66
11	11	C	.36	.17	18.78	110	.34	.006	.25	1.58
12	12	C	.15	.15	16.91	178	.09	.009	.61	10.28
13	13	C	.24	.14	10.33	94	.15	.030	.29	93.74
14	14	C	.24	.35	16.69	90	.10	.013	.22	10.32
15	15	C	.17	.15	8.89	44	.07	.008	.25	2.23

图 3-38 纵向文件合并后 A、B 两地区土壤重金属污染数据示意图

3.5.4 拆分文件

SPSS【数据】菜单下，提供了两种拆分文件的功能：①拆分为文件：将整体数据文件，根据分类变量拆分为单独的数据文件，并进行存储；②拆分文件：根据分类变量将整体数据文件拆分为几部分，并可对其进行排序，但不单独保存为子数据集。SPSS 可直接对各部分数据进行单独分析。

（1）拆分为文件

实战案例：

> 例 3.8 以“data001_土壤和稻米重金属污染.sav”数据为例，尝试根据“研究地区编码”将数据集拆分为不同研究地区的数据文件子集，并保存。

SPSS 操作过程：

第 1 步：双击打开“data001_土壤和稻米重金属污染.sav”。

第 2 步：选择【数据】→【拆分为文件】过程（图 3-39），打开【将数据集拆分为单独的文件】定义对话框（图 3-40）。

第 3 步：将“研究地区编码”选入【按以下变量拆分个案】框，并单击【选项】按钮，打开【选项】定义对话框，选中【输出文件名】框组中的【基于拆分变量值标签】复选框和【名称前缀】框组中的【使用文本作为文件名的开头部分】复选框，并在【前缀文本】框中输入“data001_土壤和稻米重金属污染”，如图 3-40 所示。

第 4 步：单击【继续】，选中【输出位置】框组中的【将输出文件写入指示的目录】，并在【输出文件目录】中定义存储位置。具体而言，单击【浏览】，找到存储路径，进行定义即可，如图 3-40 所示。

第 5 步：单击【确定】按钮，即可根据分类变量“研究地区编码”的类别生成多个独立的文件，此例为 3 个。在第 4 步定义的存储路径下，可以看到生成的独立文件，如图 3-41 所示。

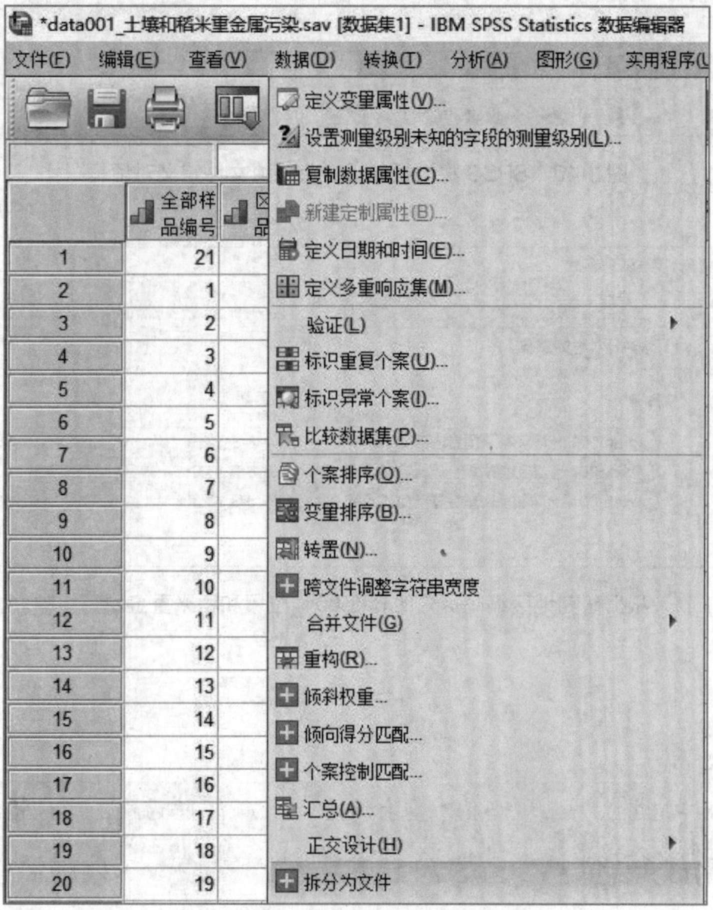

图 3-39 SPSS 拆分为文件选择过程

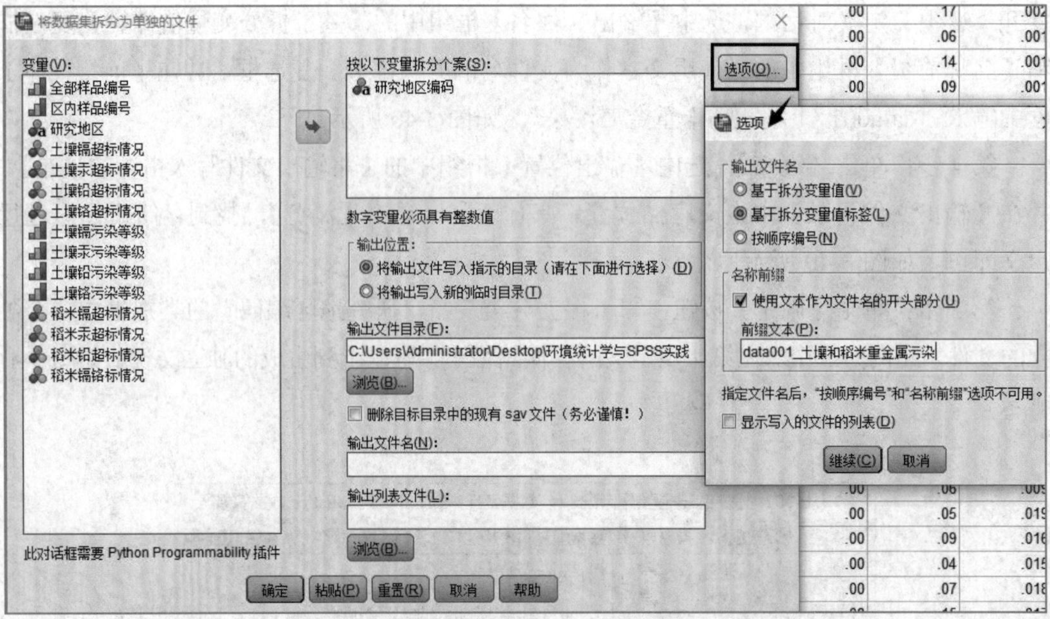

图 3-40 SPSS 将数据集拆分为单独文件定义对话框

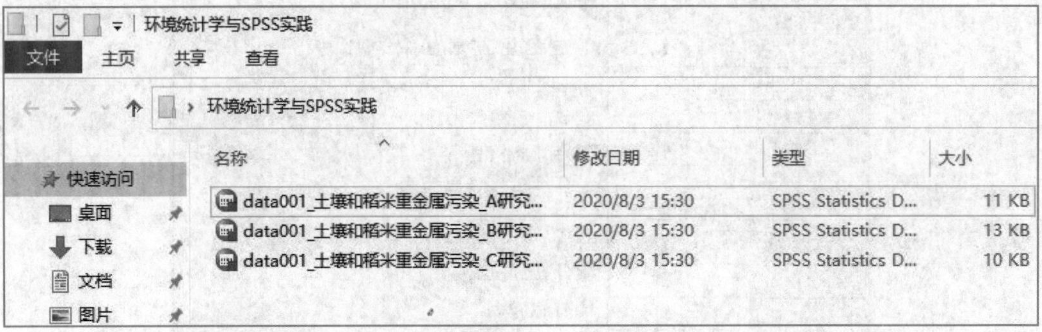

图 3-41 根据研究地区编码拆分的 data001_土壤和稻米重金属污染独立文件

（2）拆分文件

实战案例：

> 例 3.9 以“data001_土壤和稻米重金属污染.sav”数据为例，尝试根据“研究地区编码”将数据集拆分三个部分。

SPSS 操作过程：

第 1 步：双击打开“data001_土壤和稻米重金属污染.sav”。

第 2 步：选择【数据】→【拆分文件】过程（图 3-42），打开【拆分文件】定义对话框（图 3-43）。

图 3-42 SPSS 拆分文件选择过程

第 3 步：将“研究地区编码”选入【分组依据】框，并选中【按组来组织输出】和【按分组变量进行文件排序】复选框。

第 4 步：单击【确定】按钮，即完成文件拆分。若被拆分文件在拆分前已经根据“研究地区编码”进行排序，则拆分前后并未发生明显变化，但在拆分文件的右下角系统状态栏显示：“分组依据：研究地区编码”（图 3-43）。

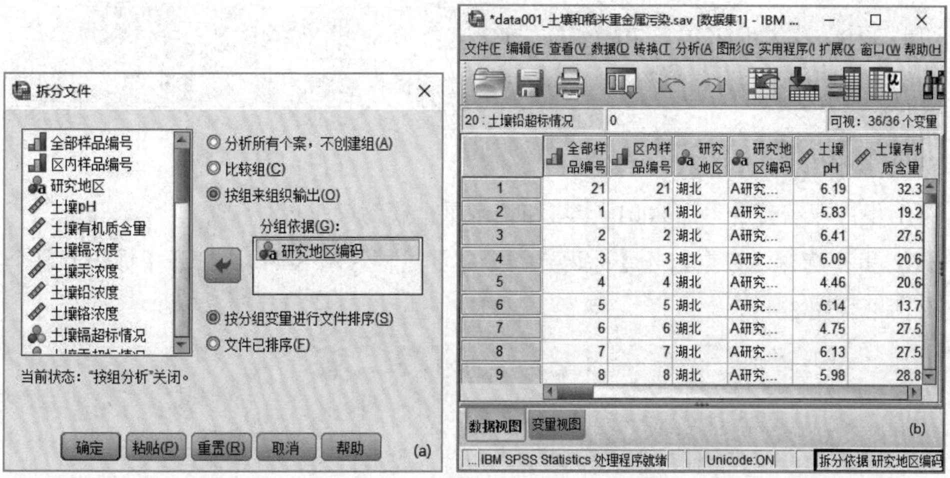

图 3-43 SPSS 拆分文件定义对话框（a）和拆分结果（b）

文件拆分是一个可逆的过程，可在【拆分文件】功能窗口中进行关闭，即选中【分析所有个案，不创建组】。此功能主要可运用于数据分组统计分析。为了更直观地了解【拆分文件】功能，此处对“data001_土壤和稻米重金属污染.sav”数据库中的土壤镉平均浓度和标准差进行统计分析，结果如表 3-1 所示。统计分析的 SPSS 操作过程将在第 4 章进行详述，此处仅给出分析结果。

表 3-1 文件拆分前后土壤镉浓度描述性统计分析结果 单位：mg/kg

	个案数	最小值	最大值	平均值	标准差
拆分前	—	—	—	—	—
土壤镉浓度	101	0.100	4.640	0.918	0.944
拆分后	—	—	—	—	—
土壤镉浓度_A 研究地区	33	0.100	1.240	0.434	0.266
土壤镉浓度_B 研究地区	40	0.170	3.440	1.122	0.923
土壤镉浓度_C 研究地区	28	0.140	4.640	1.197	1.247

3.5.5 个案标识

SPSS 中标识个案可分为标识异常个案和标识重复个案两类。

（1）标识异常个案

异常值的存在可能会影响数据统计分析结果，因此在统计分析前，需要首先对异常个案进行识别并标识，即标识出有几个并且哪几个是异常个案。

实战案例：

例 3.10 以“data001_土壤和稻米重金属污染.sav”数据为例，尝试利用标识异常个案的方法对土壤重金属浓度数据进行快速检视。

SPSS 操作步骤：

第 1 步：双击打开“data001_土壤和稻米重金属污染.sav”。

第 2 步：选择【数据】→【标识异常个案】过程（图 3-44），打开【标识异常个案】定义对话框（图 3-45）。

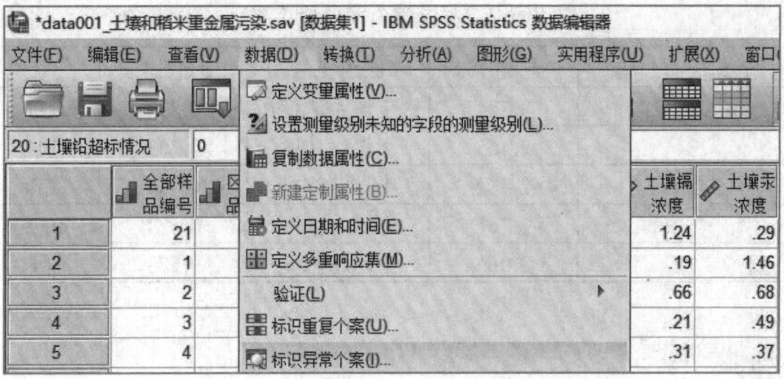

图 3-44　SPSS 标识异常个案选择过程

第 3 步：将拟分析变量“土壤镉浓度”“土壤汞浓度”“土壤铅浓度”和“土壤铬浓度”选入【分析变量】框中，并将“全部样品编号”选入【个案标识变量】框中（图 3-45）。

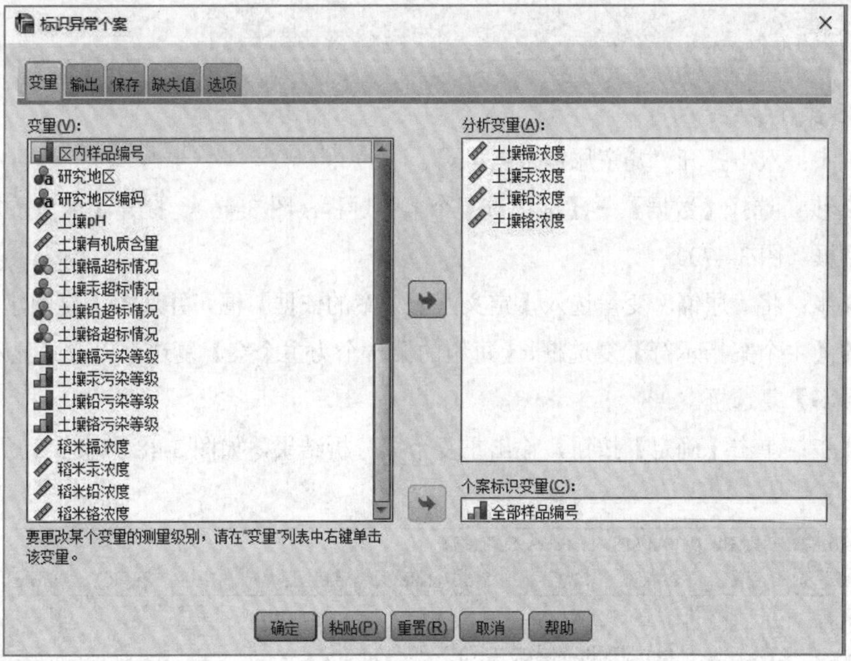

图 3-45　标识异常个案定义对话框

第 4 步：单击【确定】按钮，输出异常个案分析结果，如表 3-2 所示。

第 5 步：在 IBM SPSS Statistics 查看器中可查看结果，其解读主要是看标题，数据库有多少异常的个案，个案主要是在那些变量上体现，可结合数据集中的数据查看。

第 6 步：经过分析后，接着就是回到原始数据库，找到异常的地方，然后根据专业知识进行处理，剔除或修正。

表 3-2　异常个案分析结果

个案编码	全部样品编码	异常指标	原因变量	变量影响	变量值	变量范数
14	13	3.524	土壤汞浓度	0.599	0.90	0.472 5
34	34	2.465	土壤铬浓度	0.753	141	68.96
80	80	2.332	土壤铬浓度	0.754	139	68.96
57	57	2.261	土壤汞浓度	0.423	0.79	0.175 3
77	77	2.066	土壤铬浓度	0.573	14	68.96

（2）标识重复个案

在一些测验统计结果中，经常会出现重复个案，即用户名、选项完全相同的个案，如果不做处理，显然会影响统计结果。因此，接下来介绍如何识别并删除重复个案的方法。

实战案例：

例 3.11　以某地区 23 名“儿童尿镉数据.sav”数据为例，尝试利用标识重复个案的方法对土壤重金属浓度数据进行快速检视。

SPSS 操作步骤：

第 1 步：双击打开“儿童尿镉数据.sav”。

第 2 步：选择【数据】→【标识重复个案】过程（图 3-46），打开【标识重复个案】定义对话框（图 3-47）。

第 3 步：将“尿镉”变量选入【定义匹配个案的依据】框，并选中【要创建的变量】框组中的【主个案指示符】复选框、【每组的第一个为主个案】复选框以及【显示创建的变量的频率】复选框。

第 4 步：单击【确定】按钮，输出重复个案分析结果，如图 3-48 和表 3-3 所示。

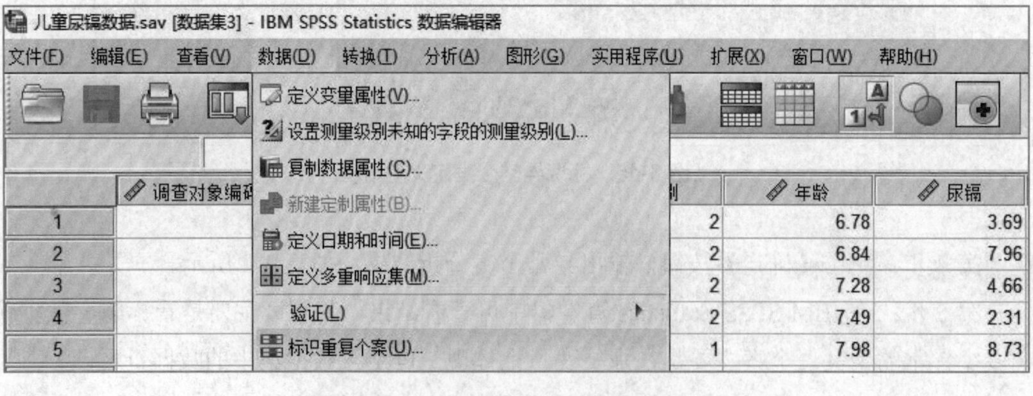

图 3-46　SPSS 标识重复个案选择过程

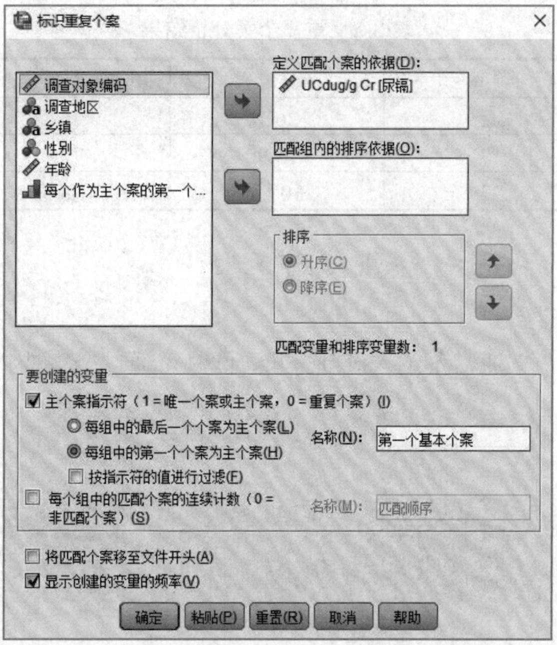

图 3-47　SPSS 标识重复个案定义对话框

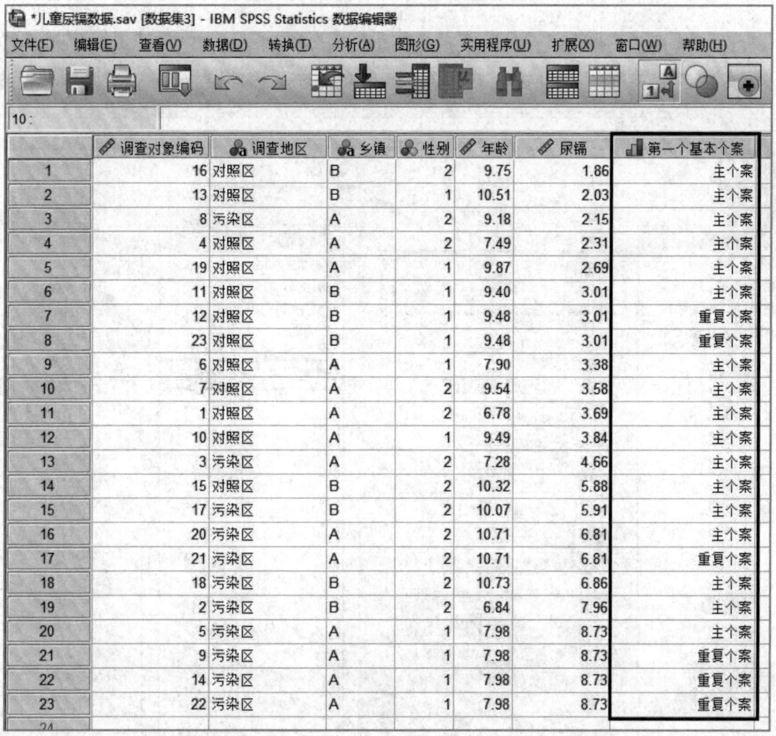

	调查对象编码	调查地区	乡镇	性别	年龄	尿镉	第一个基本个案
1	16	对照区	B	2	9.75	1.86	主个案
2	13	对照区	B	1	10.51	2.03	主个案
3	8	污染区	A	2	9.18	2.15	主个案
4	4	对照区	A	2	7.49	2.31	主个案
5	19	对照区	A	1	9.87	2.69	主个案
6	11	对照区	B	1	9.40	3.01	主个案
7	12	对照区	B	1	9.48	3.01	重复个案
8	23	对照区	B	1	9.48	3.01	重复个案
9	6	对照区	A	1	7.90	3.38	主个案
10	7	对照区	A	2	9.54	3.58	主个案
11	1	对照区	A	2	6.78	3.69	主个案
12	10	对照区	A	1	9.49	3.84	主个案
13	3	污染区	A	2	7.28	4.66	主个案
14	15	对照区	B	2	10.32	5.88	主个案
15	17	污染区	B	2	10.07	5.91	主个案
16	20	污染区	A	2	10.71	6.81	主个案
17	21	污染区	A	2	10.71	6.81	重复个案
18	18	污染区	B	2	10.73	6.86	主个案
19	2	污染区	B	2	6.84	7.96	主个案
20	5	污染区	A	1	7.98	8.73	主个案
21	9	污染区	A	1	7.98	8.73	重复个案
22	14	污染区	A	1	7.98	8.73	重复个案
23	22	污染区	A	1	7.98	8.73	重复个案
24							

注：性别列 1 和 2 分别表示男和女。

图 3-48　儿童尿镉重复个案标识结果

表3-3 重复个案分析结果

异常指标	频率	百分比/%	有效百分比/%	累积百分比/%
重复个案	6	26.1	26.1	26.1
主个案	17	73.9	73.9	100.0
总计	23	100.0	100.0	

3.5.6 个案选择

异常个案或重复个案通常不纳入统计分析，此时可通过个案选择功能对数据集中的个案数据进行筛选。

实战案例：

例3.12 以某地区23名“data007_某矿区儿童不同铅暴露水平.sav”数据为例，选择非重复的儿童尿镉数据进行分析。

SPSS操作步骤：

第1步：选择【数据】→【选择个案】过程，打开【选择个案】定义对话框［图3-49（a）］。

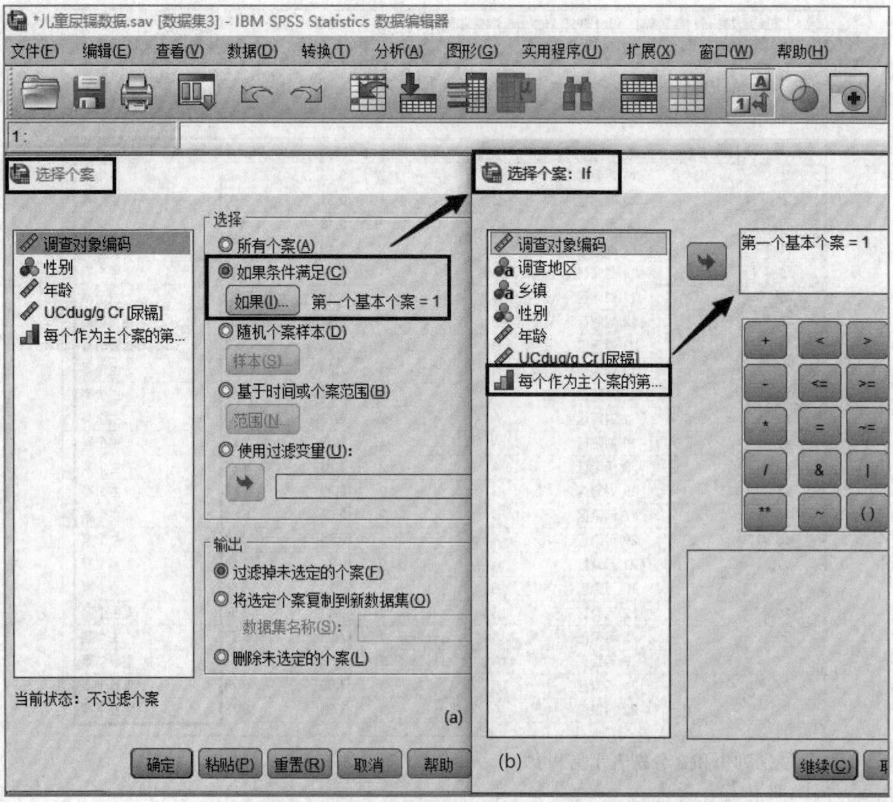

图3-49 选择个案定义对话框（a）和选择个案条件定义对话框（b）

第 2 步：选中【选择】框组中的【如果条件满足】复选框，单击【如果…】，打开【选择个案：If】条件定义对话框［图 3-49（b）］，将“每个作为主个案的第一个基本个案”选入右侧条件定义框，编辑条件函数表达式为：“第一基本个案=1”。

第 3 步：单击【继续】按钮，回到【个案选择】主对话框，选中【输出】框组中的【过滤掉未选择的个案】复选框。

第 4 步：单击【确定】按钮，输出个案选择结果（图 3-50）。

在个案选择结果的数据视图中，发现“第一个基本个案=0”（即重复个案）前面的数据库默认 ID 编号均被划去，表示该个案删除不参加后续分析。

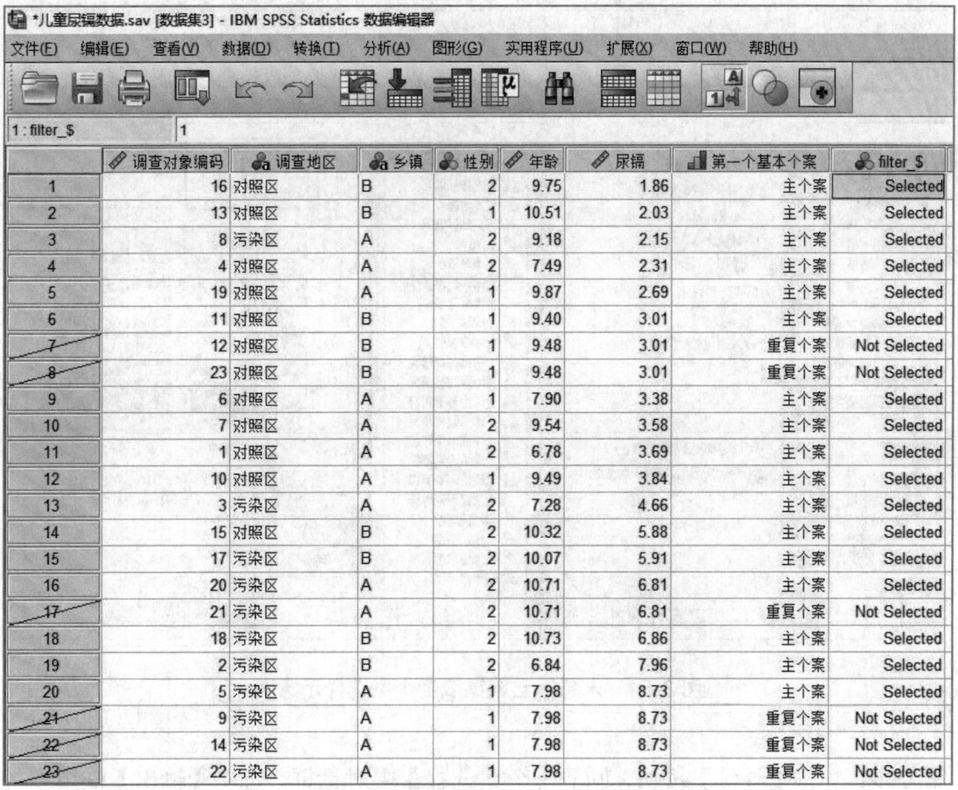

	调查对象编码	调查地区	乡镇	性别	年龄	尿镉	第一个基本个案	filter_$
1	16	对照区	B	2	9.75	1.86	主个案	Selected
2	13	对照区	B	1	10.51	2.03	主个案	Selected
3	8	污染区	A	2	9.18	2.15	主个案	Selected
4	4	对照区	A	2	7.49	2.31	主个案	Selected
5	19	对照区	A	1	9.87	2.69	主个案	Selected
6	11	对照区	B	1	9.40	3.01	主个案	Selected
7	12	对照区	B	1	9.48	3.01	重复个案	Not Selected
8	23	对照区	B	1	9.48	3.01	重复个案	Not Selected
9	6	对照区	A	1	7.90	3.38	主个案	Selected
10	7	对照区	A	2	9.54	3.58	主个案	Selected
11	1	对照区	A	2	6.78	3.69	主个案	Selected
12	10	对照区	A	1	9.49	3.84	主个案	Selected
13	3	污染区	A	2	7.28	4.66	主个案	Selected
14	15	对照区	B	2	10.32	5.88	主个案	Selected
15	17	污染区	B	2	10.07	5.91	主个案	Selected
16	20	污染区	A	2	10.71	6.81	主个案	Selected
17	21	污染区	A	2	10.71	6.81	重复个案	Not Selected
18	18	污染区	B	2	10.73	6.86	主个案	Selected
19	2	污染区	B	2	6.84	7.96	主个案	Selected
20	5	污染区	A	1	7.98	8.73	主个案	Selected
21	9	污染区	A	1	7.98	8.73	重复个案	Not Selected
22	14	污染区	A	1	7.98	8.73	重复个案	Not Selected
23	22	污染区	A	1	7.98	8.73	重复个案	Not Selected

图 3-50　儿童尿镉非重复值个案选择结果

此外，【选择个案】功能还可通过条件函数选择满足研究需求的个案进行统计分析。

实战案例：

> 例 3.13　以“data001_土壤和稻米重金属污染.sav”数据为例，以土壤镉浓度为 0.3 mg/kg 为标准，选择土壤镉浓度未超标样本的平均值和标准差。

SPSS 操作步骤：

第 1 步：双击打开“data001_土壤和稻米重金属污染.sav”数据集。

第 2 步：选择【数据】→【选择个案】过程，打开【选择个案】定义对话框，如图 3-51（a）所示。

第 3 步：选中【选择】框组中的【如果条件满足】复选框，单击【如果…】，打开【选择个案：If】条件定义对话框［图 3-51（b）］，将“土壤镉浓度”选入右侧条件定义框，编辑条件函数表达式为：土壤镉浓度＜0.3。

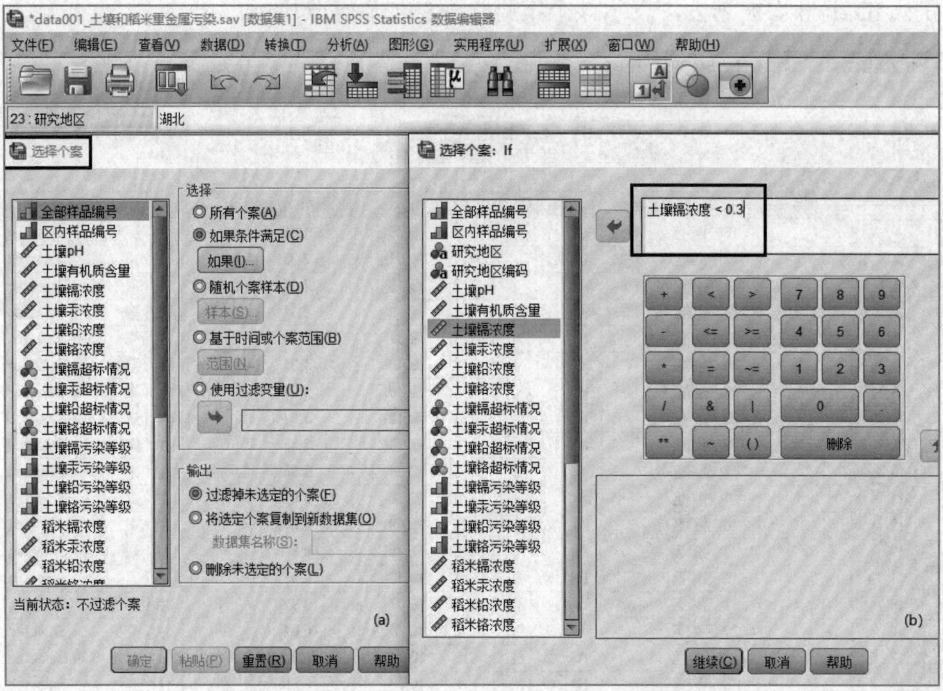

图 3-51 未超标土壤镉浓度个案选择示意图

第 4 步：单击【继续】按钮，回到【个案选择】主对话框，选中【输出】框组中的【过滤掉未选择的个案】复选框。

第 5 步：单击【确定】按钮，输出结果。数据视图中，数据集外观发生两处变化：①土壤镉浓度小于 0.3 mg/kg 的个案编码均被斜线划去，表示该个未被选择，不参加后续分析；②在数据集最右边，新增一列名为“filter_$”的二分类变量（0 = Not Selected；1 = Selected），即标签值为 Selected 表明该样本的土壤镉浓度未超标（小于 0.3 mg/kg）。SPSS 是通过产生一个过滤变量，以控制后续哪些个案参加分析。若删除这个过滤变量，则会全部参与分析。

为了更直观地了解【个案选择】功能，此处对“data001_土壤和稻米重金属污染.sav”数据集中的全部土壤样品，以及选择个案后的未超标土壤样品中镉平均浓度和标准差进行统计分析，结果如表 3-4 所示。统计分析的 SPSS 操作过程将在第 4 章进行详述，此处仅给出分析结果。

表 3-4 文件拆分前后土壤镉浓度描述性统计分析结果 单位：mg/kg

	个案数	最小值	最大值	平均值	标准差
全部个案					
土壤镉浓度	101	0.100	4.640	0.918	0.944
未超标个案					
土壤镉浓度	23	0.100	0.290	0.205	0.053

除根据函数或逻辑表达式对个案进行选择外，SPSS 中还可通过随机抽样的方法选择随机样本。

实战案例：

例 3.14 以“data001_土壤和稻米重金属污染.sav”数据为例，随机抽取 80%的数据，描述研究地区土壤镉浓度水平。

SPSS 操作步骤：

第 1 步：双击打开“data001_土壤和稻米重金属污染.sav”数据集。

第 2 步：选择【数据】→【选择个案】，打开【选择个案】定义对话框，如图 3-52 所示。

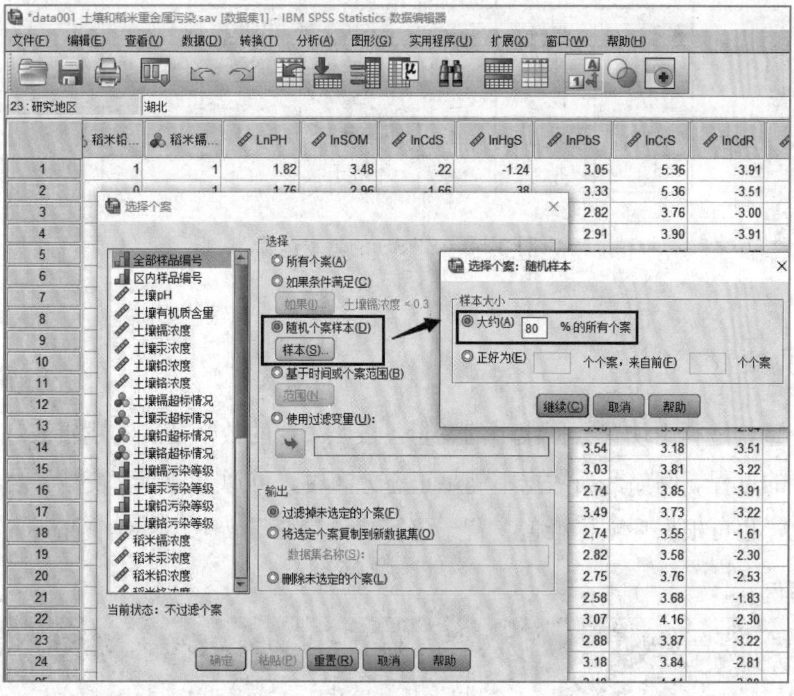

图 3-52 随机个案样本选择过程

第 3 步：选中【选择】框组中的【随机个案样本】复选框，单击【样本】按钮，打开【随机样本】定义对话框。

第 4 步：选中【样本大小】框组中的【大约】复选框，并输入“80%的所有个案”，单击【继续】按钮，回到主对话框。

第 5 步：单击【确定】按钮，完成个案选择。输出结果与上述一致，在此不做赘述。

注意：由于此过程是近似抽样，相同的操作输出结果可能不一致。

3.6 SPSS 26.0 数据预处理

3.6.1 运算表达式和函数

运算表达式是将常数、变量用算术运算符（图 3-53）和函数组合起来的算式。算术表达式的元素、变量可以从左侧的变量列表中选择；数字、运算符号可以在软键盘中选择；函数可以从右侧选择，也可以直接用键盘输入。注意，只有 SPSS 录入数据后才能使用计算功能。

算术运算符及意义		关系运算符及意义		逻辑运算符及意义	
+	加法	=	等于	&(AND)	与
-	减法	>	大于	|(OR)	或
*	乘法	<	小于	~(NOT)	非
/	除法	≥	大于等于		
**	乘幂	≤	小于等于		
()	括号	≠	不等于		

图 3-53　SPSS 的基本运算

3.6.2 计算变量

计算变量就是利用现有数据集中的变量，按照一定的数学公式与逻辑表达式，产生一个新的变量的过程。例如，当数据不满足正态分布时，可通过【计算变量】功能对数据进行对数转化，也可根据环境标准值、背景值等将计量变量转化为连续变量等。

实战案例：

例 3.15　以“C 地区稻米重金属污染.sav”数据为例，将稻米镉浓度进行自然对数转化，并参考稻米镉浓度限值（0.2 mg/kg），考察稻米超标情况。

SPSS 操作步骤：

（1）稻米镉浓度自然对数转化

第 1 步：双击打开“C 地区稻米重金属污染.sav”数据集。

第 2 步：选择【转换】→【计算变量】过程，打开【计算变量】定义对话框，并在【目标变量】框中输入目标变量名称“Ln 稻米镉浓度”，在【函数组】框中选择“算数”，在【函数和特殊变量】框中选中自然对数函数“Ln”。

第 3 步：双击“Ln”，在【数字表达式】框中显示“Ln（?）”，从左侧变量列表框中选中要转化的变量“稻米镉浓度”，双击，即在【数字表达式】框中显示“Ln（稻米镉浓度）”，如图 3-54 所示。

第 4 步：单击【确定】按钮，完成变量计算。在数据视图最右侧，新增一个变量（Ln 稻米镉浓度），如图 3-56 所示。

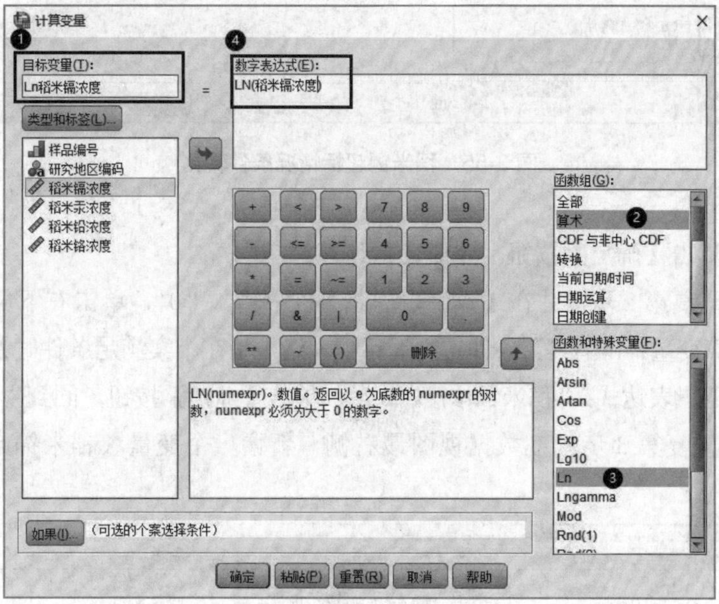

图 3-54 稻米镉浓度自然对数转化

（2）稻米镉浓度超标情况

第 1 步：双击打开“C 地区稻米重金属污染.sav”数据集。

第 2 步：选择【转换】→【计算变量】过程，打开【计算变量】定义对话框，并在【目标变量】框中输入目标变量名称“稻米镉超标情况”，并在【数字表达式】框中输入“1”，单击右下角【如果…】按钮［图 3-55（a）］，打开【计算变量：If 个案】条件定义对话框，选中【在个案满足条件时】复选框，并在下方框中输入逻辑表达式：“稻米镉浓度≥0.2”［图 3-55（b）］，单击【继续】按钮，回到主对话框。

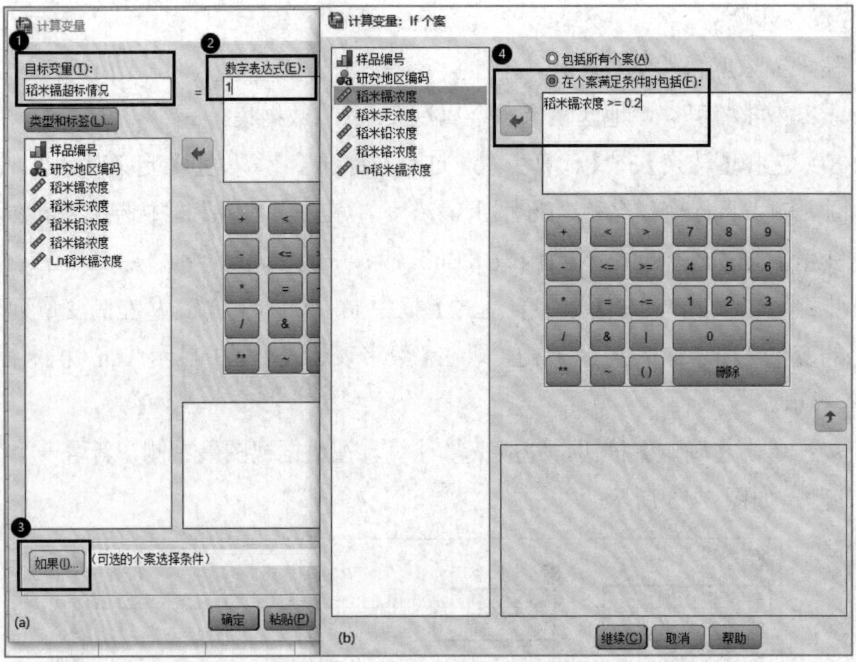

图 3-55　稻米镉超标情况条件转化

第 3 步：单击【确定】按钮，完成变量计算。

第 4 步：重复第 2 步，并在【数字表达式】框中输入“0”，单击右下角【如果…】按钮，打开【计算变量：If 个案】条件定义对话框，选中【在个案满足条件时】复选框，并在下方框中输入逻辑表达式：“稻米镉浓度＜0.2”，单击【继续】按钮，回到主对话框。

第 5 步：重复第 3 步。在数据视图最右侧，新增一个变量（稻米镉超标情况），如图 3-56 所示。

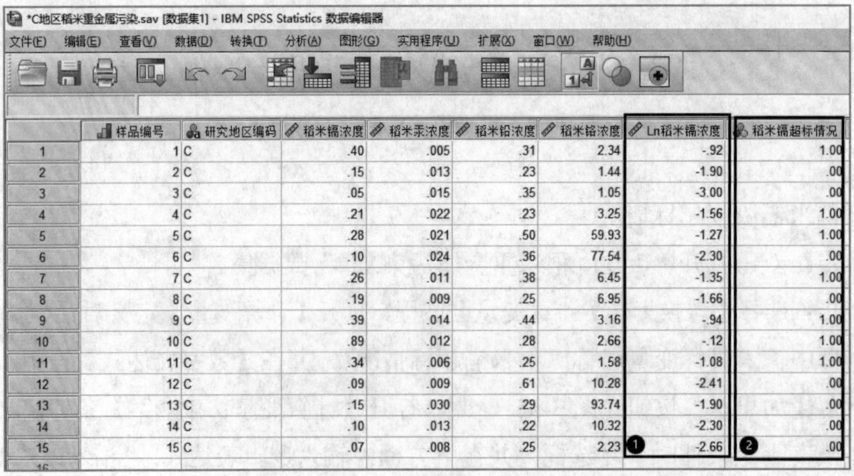

	样品编号	研究地区编码	稻米镉浓度	稻米汞浓度	稻米铅浓度	稻米铬浓度	Ln稻米镉浓度	稻米镉超标情况
1	1	C	.40	.005	.31	2.34	-.92	1.00
2	2	C	.15	.013	.23	1.44	-1.90	.00
3	3	C	.05	.015	.35	1.05	-3.00	.00
4	4	C	.21	.022	.23	3.25	-1.56	1.00
5	5	C	.28	.021	.50	59.93	-1.27	1.00
6	6	C	.10	.024	.36	77.54	-2.30	.00
7	7	C	.26	.011	.38	6.45	-1.35	1.00
8	8	C	.19	.009	.25	6.95	-1.66	.00
9	9	C	.39	.014	.44	3.16	-.94	1.00
10	10	C	.89	.012	.28	2.66	-.12	1.00
11	11	C	.34	.006	.25	1.58	-1.08	1.00
12	12	C	.09	.009	.61	10.28	-2.41	.00
13	13	C	.15	.030	.29	93.74	-1.90	.00
14	14	C	.10	.013	.22	10.32	-2.30	.00
15	15	C	.07	.008	.25	2.23	-2.66	.00

图 3-56　稻米镉浓度自然对数转化和超标情况计算结果

3.6.3 个案加权

加权个案是对频数变量赋以权重，通常用于汇总数据的在分析或者于卡方检验过程中。但在一些环境污染分析过程中，会考虑样本量大小对研究结果的影响，也会用到个案加权（Zhong 等，2017）。

实战案例：

例 3.16 Zhang 等（2015）在全国范围内收集了 99 条水田土壤镉污染平均浓度以及样本量数据。本案例基于“全国水田土壤镉污染数据.sav”数据，考虑研究样本量大小对结果可信度影响，计算全国水田土壤镉浓度加权平均浓度。

SPSS 操作步骤：

第 1 步：双击打开“全国水田土壤镉污染数据.sav”数据集。

第 2 步：选择【数据】→【个案加权】过程，打开【个案加权】定义对话框，选中【个案加权】复选框，并将“样本量”选入【频率变量】，如图 3-57（a）所示。

第 3 步：单击【确定】按钮，会在右下角系统状态栏显示：“权重开启”，如图 3-57（b）所示。

为了更直观地了解【个案加权】功能，此处计算的加权和未加权水田土壤镉平均浓度分别为 0.506 mg/kg 和 1.165 mg/kg，显然存在较大的差别。统计分析的 SPSS 操作过程将在第 4 章进行详述，此处仅给出分析结果。

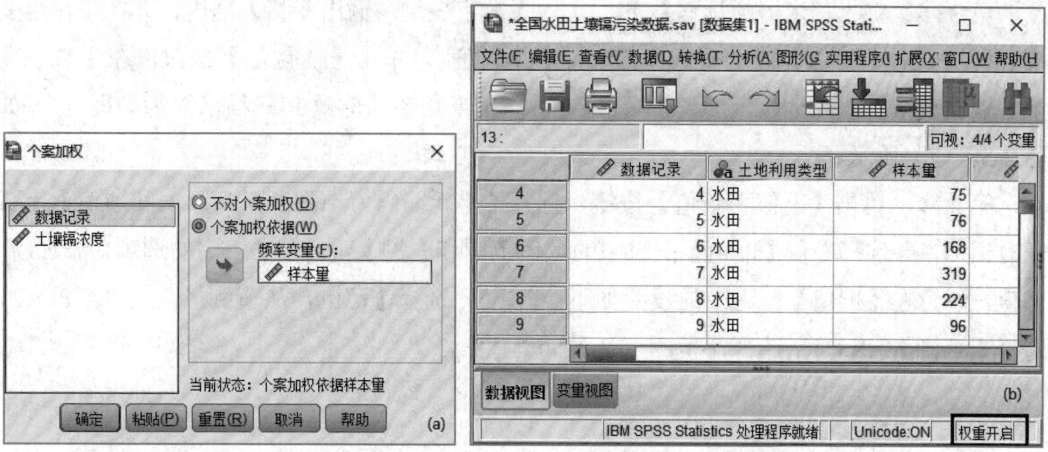

图 3-57 个案加权定义对话框（a）和个案加权结果（b）

3.6.4 重新编码变量

重新编码一般利用条件函数将连续型变量转化为分类变量。SPSS 中，重新编码变量包括【重新编码为相同变量】【重新编码为不同变量】和【自动重新编码】三项功能。其中,【重新编码为相同变量】相当于替换原始变量,【重新编码为不同变量】相当于新增一个变量。此处以【重新编码为不同变量】进行举例。

实战案例：

例 3.17 以“C 地区稻米重金属污染.sav”数据为例，根据“稻米镉超标倍数 PI”将稻米镉污染程度分为五级：

PI＜1，无污染，编码为 0;

1≤PI≤2，轻微污染，编码为 1;

2＜PI≤3，轻度污染，编码为 2;

3＜PI≤5，中度污染，编码为 3;

PI＞5，重度污染，编码为 4。

SPSS 操作步骤：

第 1 步：双击打开“C 地区稻米重金属污染.sav”数据集。

第 2 步：选择【转换】→【重新编码为不同变量】过程，打开【重新编码为不同变量】定义对话框，如图 3-58（a）所示。

第 3 步：将“稻米镉超标倍数 PI”选入【数字变量→输出变量】框内，并在【输出变量】框组内的【名称】框内输入“稻米镉污染程度”，单击【变化量】按钮，在【数字变量→输出变量】框内会显示旧、新变量名称：“稻米镉超标倍数 PI→稻米镉污染程度”，如图 3-58（a）所示。

第 4 步：单击【旧值和新值】按钮，打开【重新编码为不同变量：旧值和新值】定义子对话框，并选择左侧【旧值】框组中的取值范围和右侧【新值】框组中的选项，添加新、旧值。注意在【旧值】框组中的设置如下：PI＞5，选择【范围，从值到最高】；1≤PI≤2，选择【范围】；PI＜1，选择【范围，从最低到值】。

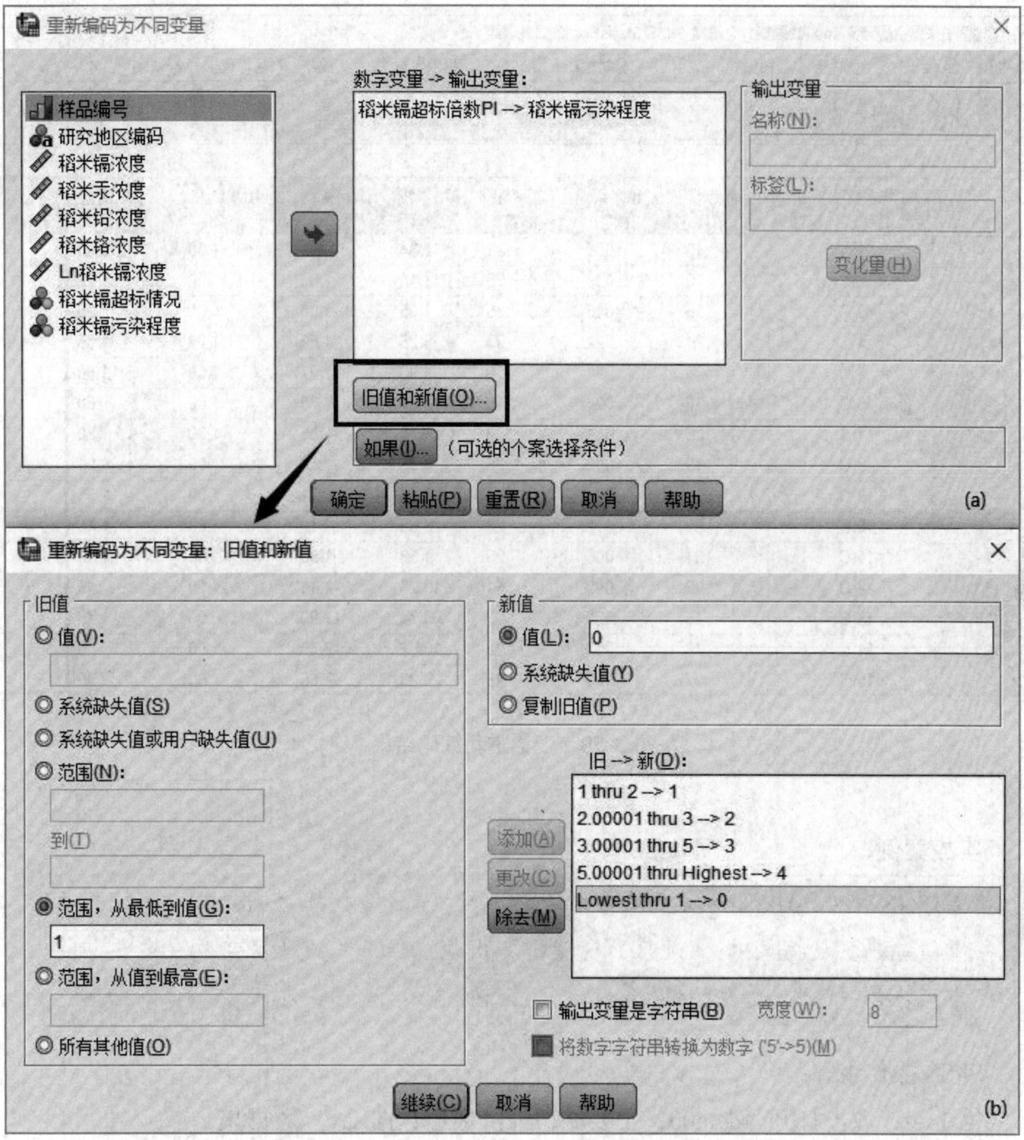

图 3-58　重新编码为不同变量定义对话框（a）和旧值新值定义子对话框（b）

第 5 步：单击【确定】按钮，完成变量重新编码，如图 3-59 所示。

自动重新编码主要用于将字符型变量进行数值化，并给予“值标签”编码。例如，进行 t 检验或曼-惠特尼 U（Mann-Whitney U）检验定义组时，变量值必须为数值，否则无法进行分析。

	样品编号	研究地区编码	稻米镉浓度	稻米汞浓度	稻米铅浓度	稻米铬浓度	Ln稻米镉浓度	稻米镉超标情况	稻米镉超标倍数PI	稻米镉污染程度
1	1	C	.40	.005	.31	2.34	-.92	1.00	2.00	1.00
2	2	C	.15	.013	.23	1.44	-1.90	.00	.75	.00
3	3	C	.05	.015	.35	1.05	-3.00	.00	.25	.00
4	4	C	.21	.022	.23	3.25	-1.56	1.00	1.05	1.00
5	5	C	.28	.021	.50	59.93	-1.27	1.00	1.40	1.00
6	6	C	.10	.024	.36	77.54	-2.30	.00	.50	.00
7	7	C	.26	.011	.38	6.45	-1.35	1.00	1.30	1.00
8	8	C	.19	.009	.25	6.95	-1.66	.00	.95	.00
9	9	C	.39	.014	.44	3.16	-.94	1.00	1.95	1.00
10	10	C	.89	.012	.28	2.66	-.12	1.00	4.45	3.00
11	11	C	.34	.006	.25	1.58	-1.08	1.00	1.70	1.00
12	12	C	.09	.009	.61	10.28	-2.41	.00	.45	.00
13	13	C	.15	.030	.29	93.74	-1.90	.00	.75	.00
14	14	C	.10	.013	.22	10.32	-2.30	.00	.50	.00
15	15	C	.07	.008	.25	2.23	-2.66	.00	.35	.00

图 3-59 变量重新编码结果

实战案例：

> 例 3.18 以“data002_主要城市经济环境数据.sav”数据为例，尝试进行自动重新编码。数据集中，“地区”变量重复出现，但是不同地区究竟有多少个城市，难以一眼看出。

SPSS 操作步骤：

第 1 步：双击打开“data002_主要城市经济环境数据.sav”数据集。

第 2 步：选择【转换】→【自动重新编码】过程，打开【自动重新编码】定义对话框，如图 3-58（a）所示。

第 3 步：将“地区”变量选入【变量→新名称】框中，显示“地区→?????”［图 3-60（a）］，并在【新名称】框中输入【地区 1】，单击【添加新名称】按钮，在【变量→新名称】框中，显示“地区→地区 1”［图 3-60（b）］。

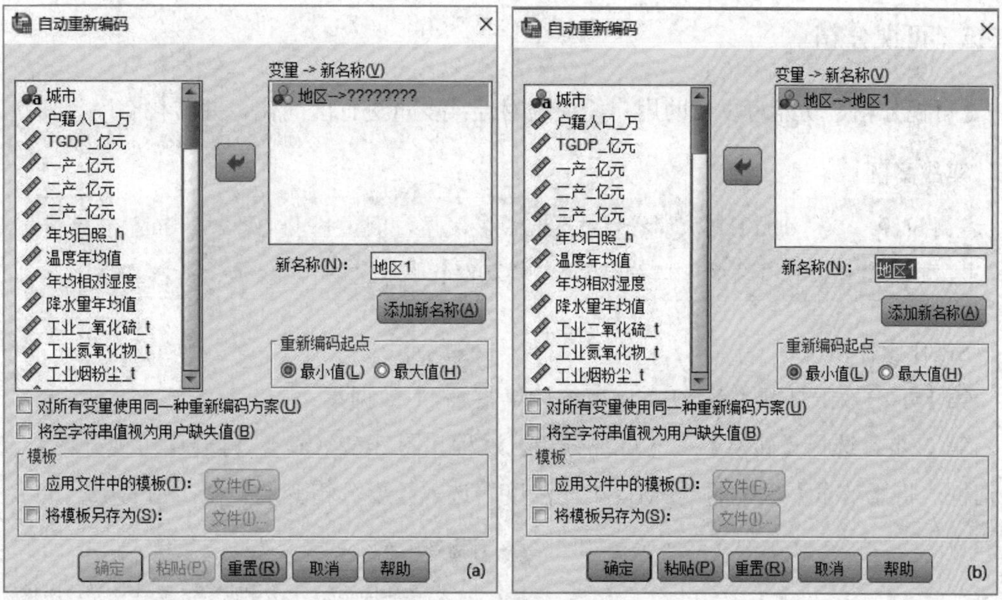

图 3-60　自动编码定义对话框

第 4 步：单击【确定】按钮，完成变量自动重新编码。在变量视图最后一行，产生一个新的变量“地区_1”，其变量取值为数字化的地区分组，在变量视图中找到地区_1 的值标签，通过变量信息可查找每个数字代表的地区，如图 3-61 所示。

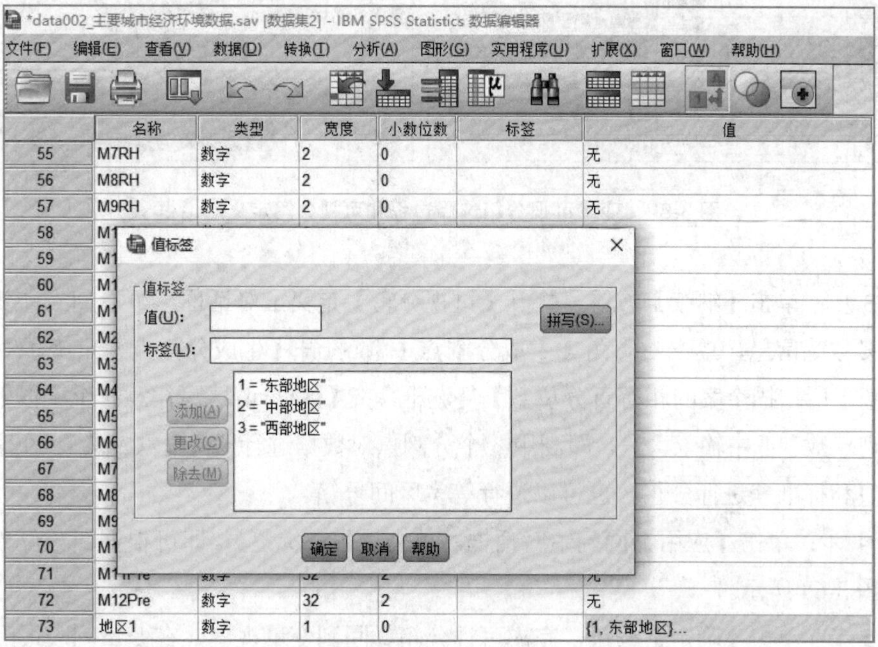

图 3-61　自动重新编码结果

3.6.5 可视分箱

【可视分箱】功能可以帮助用户便捷地对连续变量进行区间化，并转化有序型变量。

实战案例：

> 例 3.19 以“data011 城市统计年鉴.sav”数据为例，利用【可视分箱】功能按城市“$PM_{2.5}$年均浓度”四分位数，将 208 个城市分为四组。

SPSS 操作步骤：

第 1 步：双击打开“data011 城市统计年鉴.sav”数据集。

第 2 步：选择【转换】→【可视分箱】过程［图 3-62（a)］，打开【可视分箱】定义对话框，将【变量】框中的“$PM_{2.5}$年均浓度”选入【要分箱变量】框［图 3-62（b)］。

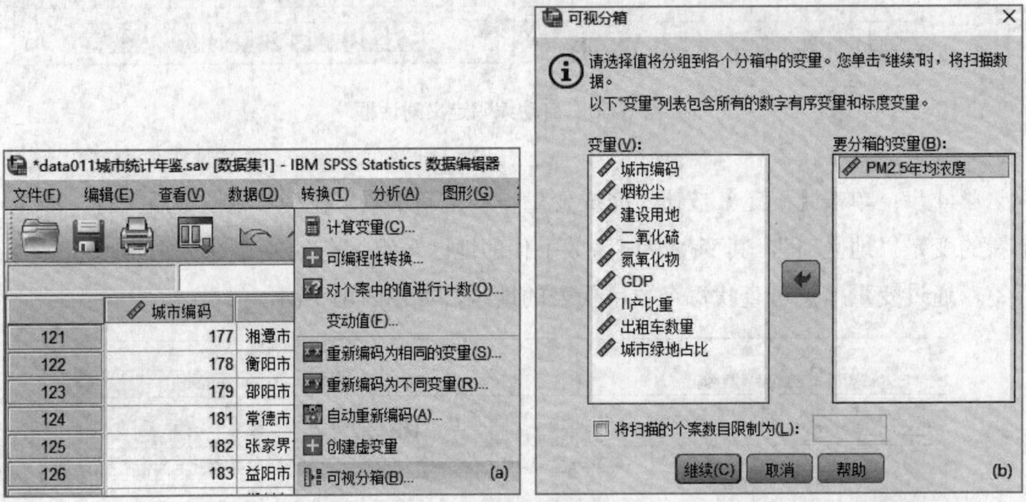

图 3-62 变量可视分箱选择过程和可视分箱定义对话框

第 3 步：单击【继续】按钮，打开【可视分箱】定义子对话框，可看到当前变量以及扫描个案数等信息，单击右下角【生成分割点…】，打开【生成分割点】定义子对话框，选中【基于所扫描个案的相等百分位数】复选框，在【区间-请填写任意一个字段】框组中的【分割点数】框中输入“3”，即利用 3 个分割点对数据进行四等分（25%）。注意：还可根据均值和标准差进行分箱，也可以进行等宽区间分箱。

第 4 步：单击【应用】回到主对话框，单击【生成标签】，即可根据四分位数生成标签，如图 3-64 所示。

第 5 步：单击【确定】按钮，完成可视分箱。回到变量视图，在变量列表最后新增一个名称为“$PM_{2.5}$年均浓度四分位分组”，值标签基于四分位数分组的变量，如图 3-65 所示。

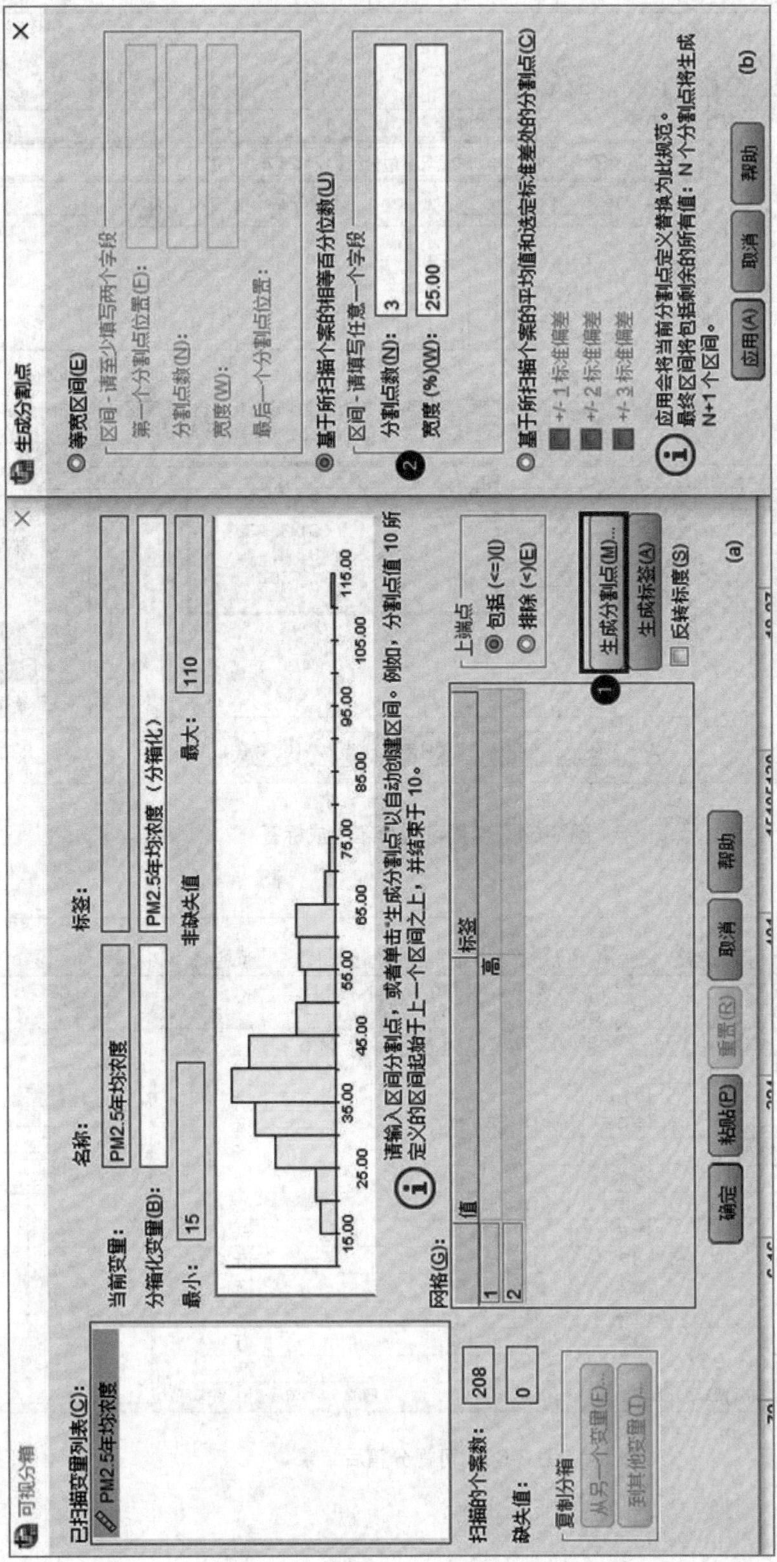

图 3-63 变量可视分箱生成分割点定义对话框

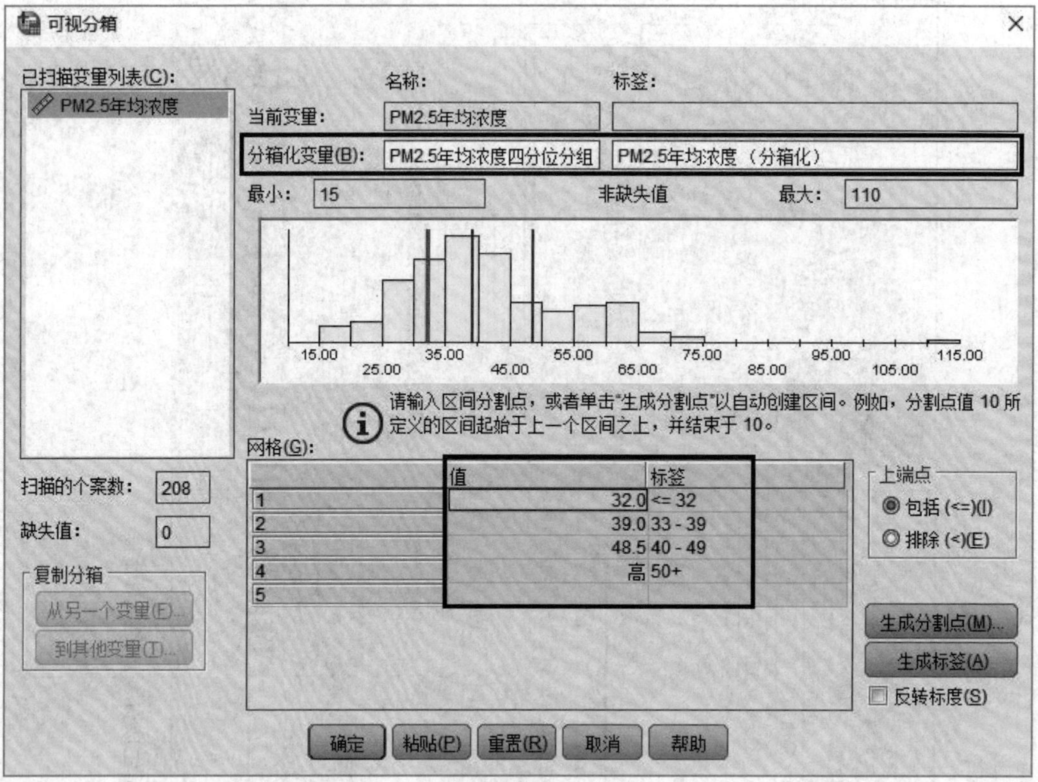

图 3-64　变量可视分箱生成标签

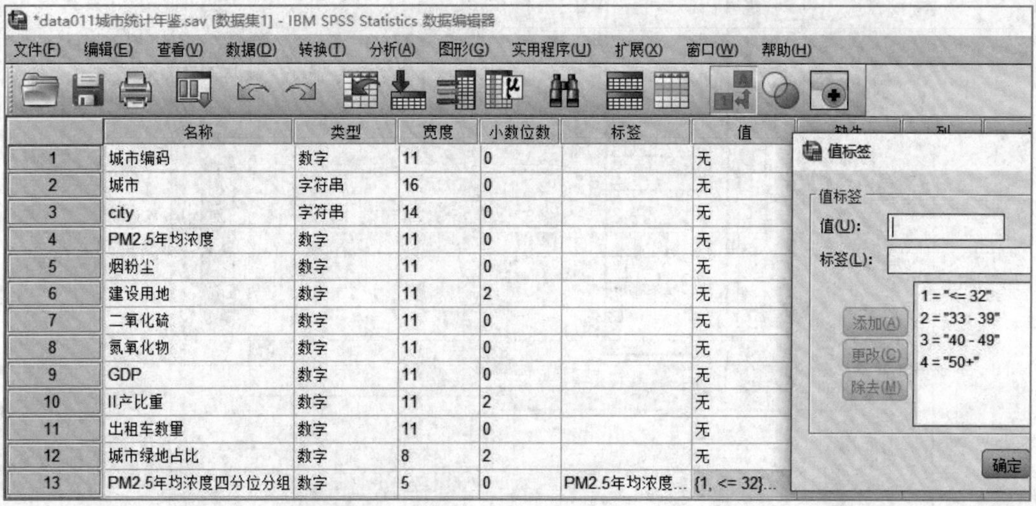

图 3-65　可视分箱后结果

3.6.6 缺失处理

在环境科学研究中，缺失值可能主要包括两大来源：①真实缺失，即数据产生过程中发生缺失；②低于方法检出限。面对缺失值，有必要分析其产生机制，对于可通过核实其他资料、重测、补充调查等方式弥补的，应对缺失值进行填补。如果数据无法获得，可根据需要采用均值插补、回归插补、极大似然估计等统计方法对缺失值进行插补。对低于方法检出限的缺失值，通常采用方法检出限的一半表征（生态环境部，2017）。

实战案例：

例 3.20 以“A 地区稻米重金属污染.sav”数据为例，对 A 地区稻米重金属浓度进行缺失数据填补。

SPSS 操作步骤：

第 1 步：双击打开“A 地区稻米重金属污染.sav”数据集。

第 2 步：选择【转换】→【替换缺失值】过程［图 3-66（a）］，打开【替换缺失值】定义对话框，逐一将右侧变量列表框中的“稻米镉浓度”“稻米汞浓度”“稻米铅浓度”和“稻米铬浓度”选入【新变量】框，并在【名称与方法】框组内的【方法】下拉列表框中选择缺失值插补方法［图 3-66（b）］。SPSS 提供了五种缺失值的替换方法：

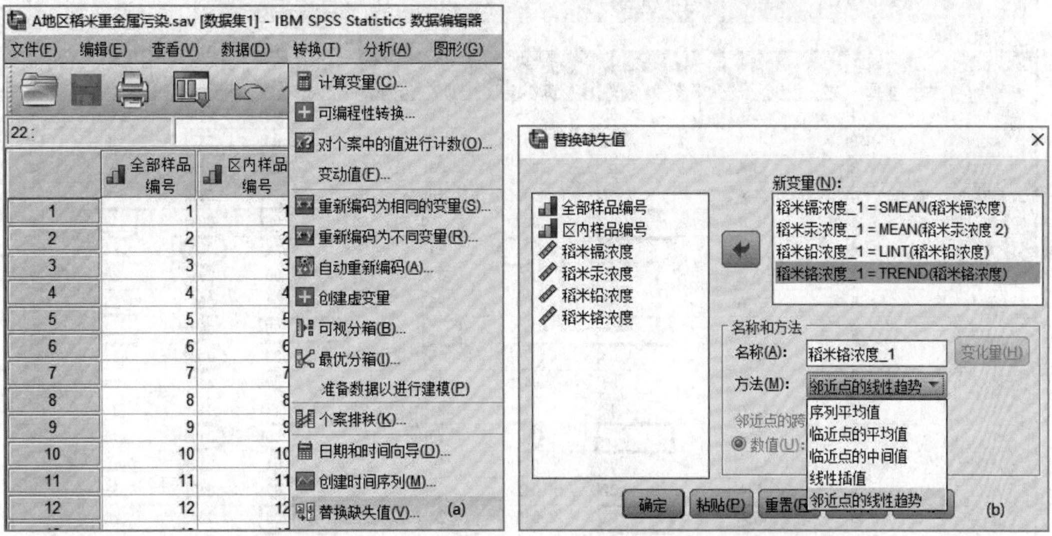

图 3-66 SPSS 替换缺失值选择过程（a）和替换缺失值定义对话框（b）

①序列平均值：是指用所有其他数据的均值，作为缺失数据的数值；

②临近点的平均值：如果数据具有序列特征，并且数据可能符合正态分布，则用临近点的均值比较合适，此时可以选择临近 2 个，还是 3 个临近点；

③临近点的中间值（中位数）：同样用于有序列特征的数据，同时数据可能不符合正态分布；

④线性插值：利用线性模型，去预测缺失值；

⑤邻近点线性趋势：也是利用线性模型，但当第一个值或者最后一个值缺失，用线性插值没法计算，线性趋势则可以。

第 3 步：单击【确定】，完成缺失替换，在结果输出窗口输出缺失值替换结果变量（表 3-5），在数据视图窗口生成新的变量（图 3-67）。

表 3-5 缺失值替换结果变量

	结果变量	替换的缺失值数	非缺失值的个案编号		有效个案数/个	创建函数
			第一个	最后一个		
1	稻米镉浓度_1	4	1	20	20	SMEAN（稻米镉浓度）
2	稻米汞浓度_1	3	1	20	20	MEAN（稻米汞浓度，2）
3	稻米铅浓度_1	2	1	20	20	LINT（稻米铅浓度）
4	稻米铬浓度_1	3	1	20	20	TREND（稻米铬浓度）

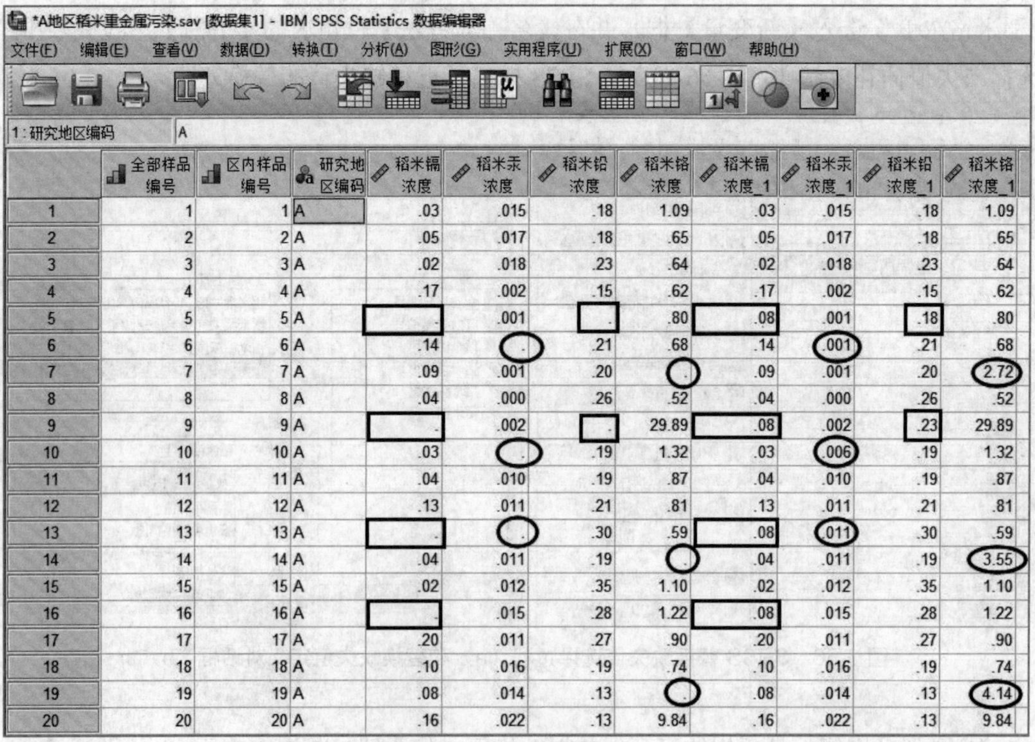
*A地区稻米重金属污染.sav [数据集1] - IBM SPSS Statistics 数据编辑器

文件(F) 编辑(E) 查看(V) 数据(D) 转换(T) 分析(A) 图形(G) 实用程序(U) 扩展(X) 窗口(W) 帮助(H)

1：研究地区编码 A

	全部样品编号	区内样品编号	研究地区编码	稻米镉浓度	稻米汞浓度	稻米铅浓度	稻米铬浓度	稻米镉浓度_1	稻米汞浓度_1	稻米铅浓度_1	稻米铬浓度_1
1	1	1	A	.03	.015	.18	1.09	.03	.015	.18	1.09
2	2	2	A	.05	.017	.18	.65	.05	.017	.18	.65
3	3	3	A	.02	.018	.23	.64	.02	.018	.23	.64
4	4	4	A	.17	.002	.15	.62	.17	.002	.15	.62
5	5	5	A	.	.001	.	.80	.08	.001	.18	.80
6	6	6	A	.14	.	.21	.68	.14	.001	.21	.68
7	7	7	A	.09	.001	.20	.	.09	.001	.20	2.72
8	8	8	A	.04	.000	.26	.52	.04	.000	.26	.52
9	9	9	A	.	.002	.	29.89	.08	.002	.23	29.89
10	10	10	A	.03	.	.19	1.32	.03	.006	.19	1.32
11	11	11	A	.04	.010	.19	.87	.04	.010	.19	.87
12	12	12	A	.13	.011	.21	.81	.13	.011	.21	.81
13	13	13	A	.	.	.30	.59	.08	.011	.30	.59
14	14	14	A	.04	.011	.19	.	.04	.011	.19	3.55
15	15	15	A	.02	.012	.35	1.10	.02	.012	.35	1.10
16	16	16	A	.	.015	.28	1.22	.08	.015	.28	1.22
17	17	17	A	.20	.011	.27	.90	.20	.011	.27	.90
18	18	18	A	.10	.016	.19	.74	.10	.016	.19	.74
19	19	19	A	.08	.014	.13	.	.08	.014	.13	4.14
20	20	20	A	.16	.022	.13	9.84	.16	.022	.13	9.84

图 3-67 缺失值替换结果

根据表 3-5 和图 3-67 可知，采用不同缺失值替换方法，替换的值不同。针对“稻米镉浓度”数据，共有 4 个缺失值，采用序列平均值——“SMEAN（稻米镉浓度）”对缺失值进行替换，所有缺失值皆采用非缺失序列数据的均值（0.08）进行替换；针对“稻米汞浓度”，共有 3 个缺失数据，采用 2 个邻近点的平均值——MEAN（稻米汞浓度，2）对缺失值进行替换，由于邻近点数据不同，替换值也不同；针对“稻米铅浓度”，共有 2 个缺失数据，采用线性插值——LINT（稻米铅浓度）对缺失值进行替换，替换值也不同；针对“稻米铬浓度”，共有 3 个缺失数据，采用邻近点的线性趋势——TREND（稻米铬浓度）对缺失值进行替换，由于邻近点数据及趋势不同，替换值也不同。

第二部分

描述性与推断性统计篇

第 4 章　环境数据的统计描述

4.1　描述性统计概述

描述性统计分析（descriptive statistics）旨在提供简明、易于理解的特点汇总数据集。对于多数环境问题，汇总数据比原始数据能更清楚地反映问题。然而，以统计参数描述原始数据，会损失一些信息。因此，在实际环境研究和环境工作中，必须慎用统计学方法，正确理解环境数据的统计学意义。

常见的环境变量的信息表达方式有两种：以图形为基础的统计描述和以数值或定量参数为基础的统计描述。以图形为基础的统计描述可以展示图形的分布特征（如直方图、箱线图等）、比较分布特征（如 P—P 图，Q—Q 图）或展示变量的依存关系（如散点图）；以数值为基础的统计描述可以测量变量数据的中心趋势（如均值、中位数和众数等）、离散程度或变异（如极差、方差、标准差、变异系数等）、形状或相对位置（如偏度、峰度）。

分析环境问题，需根据变量数据的测量层次，选择适当的描述性统计量。统计计算过程和结果与环境采样方式、数据是否分类（有无加权）等密切相关。注意，针对具备空间特征的环境数据的描述性统计受空间位置和空间关系的影响。

4.2　以图形为基础的统计描述

4.2.1　展示分布的图形

用图形方式展示分布是检验正态分布假设最常用的手段，常用两种方法包括直方图（histogram）和箱线图（boxplot）。

（1）直方图

直方图是一种常用于探索变量分布类型的统计图，用于描绘单个连续变量的频数分布。直方图可以直接根据连续变量的原始数据绘制，也可以根据频数表资料进行绘制，但值得注意的是，直方图的形状依赖于分组个数。例如，图 4-1（a）和图 4-1（b）给出的两个直方图，数据完全一致，唯一的区别在于分组区间数量不同。

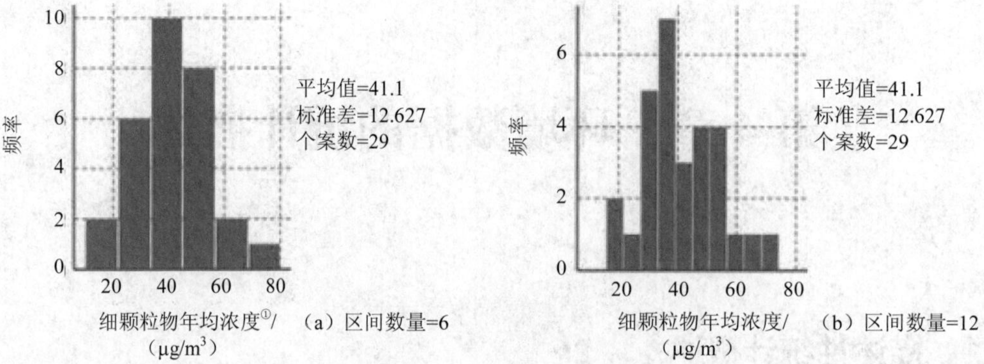

注：（a）和（b）仅仅为分组区间数不同

图 4-1　主要城市细颗粒物年均浓度

实战案例：

例 4.1　以“data002_主要城市经济环境数据.sav”数据为例，描述 29 个主要城市“细颗粒物年均浓度”的频数分布。

SPSS 操作步骤：

第 1 步：双击打开“data002_主要城市经济环境数据.sav”数据集。

第 2 步：选择【图形】→【旧对话框】→【直方图】过程［图 4-2（a）］。

第 3 步：打开【直方图】定义对话框，将变量“细颗粒物年均浓度”放入【变量】框，选中【显示正态曲线】选项，其他变量不变［图 4-2（b）］。

图 4-2　直方图选择过程（a）和定义对话框（b）

① 以μg/m³ 为单位的浓度实为质量浓度，下同。

第 4 步：单击【确定】按钮，生成细颗粒物浓度的直方图，如图 4-3 所示。若要对东部、中部和西部地区分别绘制细颗粒物年均浓度的直方图，可将“区域”变量选入【面板划分依据】中的“行”或“列”。

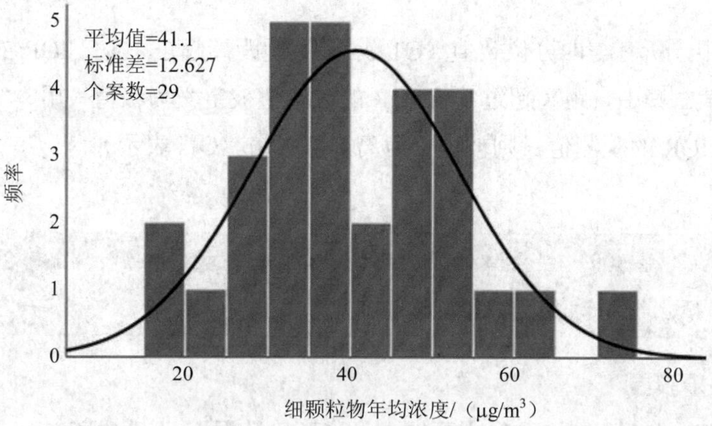

图 4-3 细颗粒物年均浓度直方图

（2）箱线图

不同于直方图描绘随机连续变量 X 分布的总体形状，箱线图着重展示具体统计量，包括中位数（和/或均值）、第 25 和 75 分位数、外部两端的相邻值以及异常值和极值，如图 4-4 所示。根据中位数的位置，可以直观判别分布是否近似对称，但无法用于正态性检验。

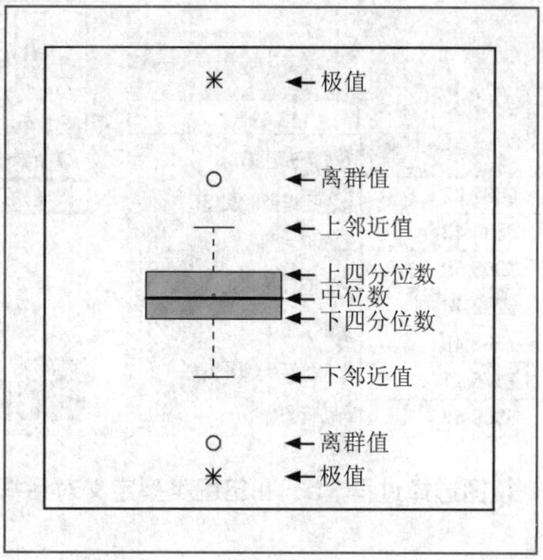

图 4-4 箱线图的解释

由图 4-4 可知，每个箱线图都由最中间的粗线，一个方框、两条外延出来的细线组成，且最外端可能存在单独的散点。方框中间的粗线表示当前连续变量的中位数（median，M_e），方框两端分别代表上、下四分位数（即Q1和Q3），两者间的距离为四分位间距（inter quartile range，IQR），由此可见，方框内涵盖了第25%百分位的数到75%百分位的数之间50%样本数据的分布范围。方框界外上、下两条横细线分别表示除去异常值（outliers）后的最大值和最小值。

在箱线图中，所有与四分位数值（Q1或Q3）的距离超过1.5倍IQR的观测值，均会被定义为异常值。其中，距离超过3倍IQR的观测值被定义为极值（用“*”表示），距离介于1.5～3倍IQR的观测值，则被定义为离群值（用“O”表示）。

实战案例：

例4.2 以“data002_主要城市经济环境数据.sav”数据为例，描述29个主要城市“细颗粒物年均浓度”的频数分布。

SPSS操作步骤：

第1步：双击打开“data002_主要城市经济环境数据.sav”数据集。

第2步：选择【图形】→【旧对话框】→【箱图】过程［图4-5（a）］→打开【箱图】类型选择定义对话框［图4-5（b）］，选择【简单】选项卡，以及【图表中的数据为】框组内的【单独变量的摘要】。

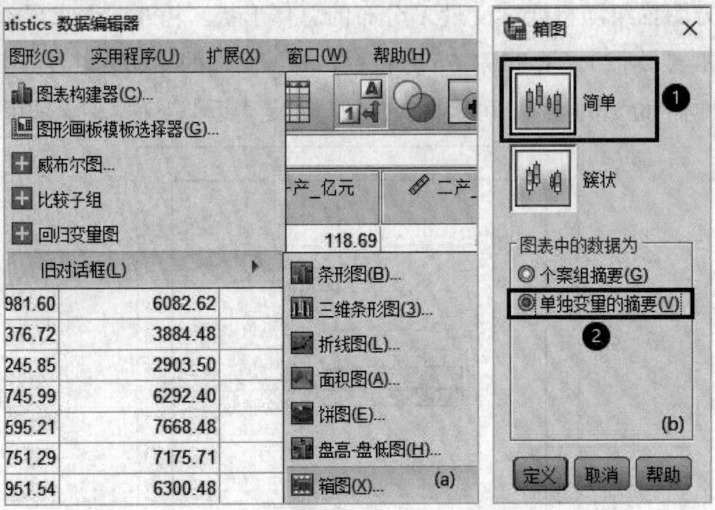

图4-5 箱图选择过程（a）和箱图类型定义对话框（b）

第3步：单击图4-5（b）中的【定义】按钮，打开【定义简单箱图：单独变量的摘要】定义对话框，将“细颗粒物年均浓度”选入【箱表示】框，如图4-6（a）所示，单击【确定】按钮，生成29个主要城市细颗粒物年均浓度的简单箱图［图4-7（a）］。

注意：若要对东、中、西地区分别绘制“细颗粒物年均浓度”的箱图，选择图4-5（b）

中的【简单】和【个案组摘要】选项，打开【定义简单箱图：个案组摘要】，将“细颗粒物年均浓度”和“地区”变量分别选入【变量】框和【类别轴】框［图 4-6（b）］，单击【确定】按钮，生成东、中、西三个地区细颗粒物年均浓度的箱线图［图 4-7（b）］。

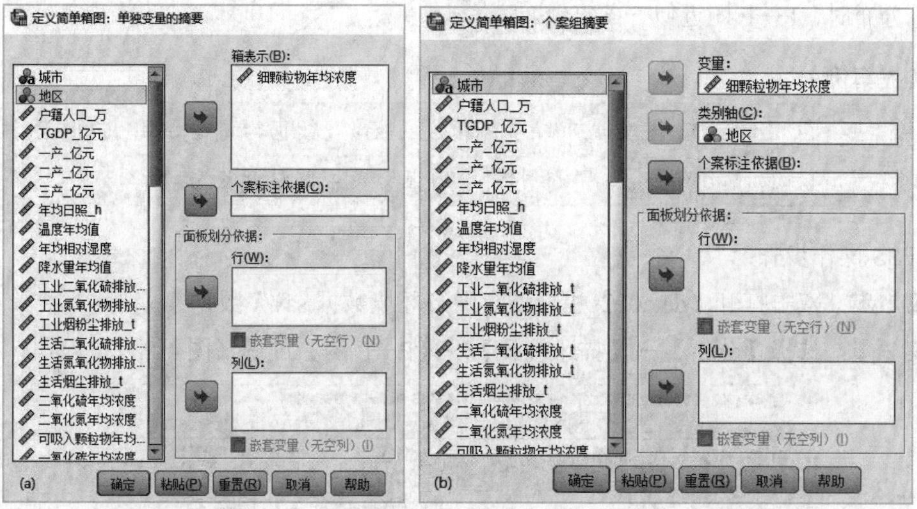

图 4-6　简单箱图定义对话框：（a）单独变量的摘要和（b）个案组摘要

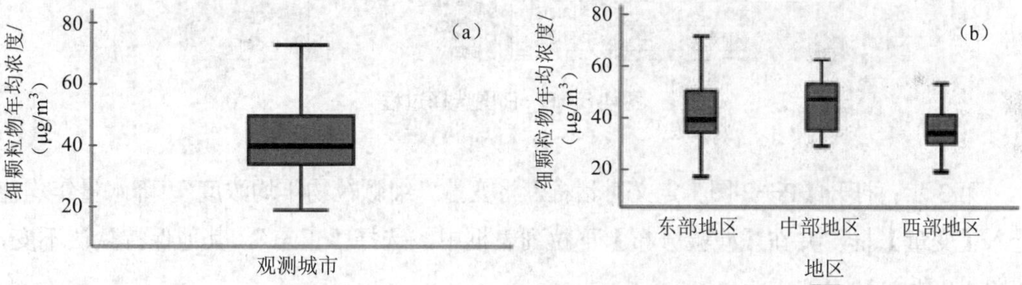

图 4-7　2018 年 29 个观测城市（a）和东、中、西地区观测城市（b）细颗粒物年均值箱线

4.2.2　比较分布的图形

直方图虽常用于考察观测数据分布，但直方图无法直接描述观测数据分布与假定理论值的差距，为此概率—概率图（P—P 图）或分位数—分位数（Q—Q 图）常被用作考察观测数据是否服从某种特定分布的工具。P—P 图或 Q—Q 图最常用于判断观测变量是否服从正态分布，但也可以用于考察其他分布，包括 Beta（β）分布、卡方分布、指数分布、Gamma（γ）分布、半正态分布、拉普拉斯的分布、Logistic 分布、对数正态分布、帕累托分布、学生 t 分布、威布尔分布和均匀分布。

（1）P—P 图

P—P 图是根据观测变量的实际累积概率与其假定理论分布累积概率所绘制的散点图，可直观地反映观测变量数据是否服从所考察的理论分布类型。当观测变量数据分布服从假定理论分布时，P—P 图近似一条直线。

实战案例：

例 4.3 以“data002_主要城市经济环境数据.sav”数据为例，试用 P—P 图考察“细颗粒物年均浓度”和“降水量年均值”是否服从正态分布。

SPSS 操作步骤：

第 1 步：双击打开“data002_主要城市经济环境数据.sav”数据集。

第 2 步：选择【分析】→【描述统计】→【P—P 图】过程（图 4-8）。

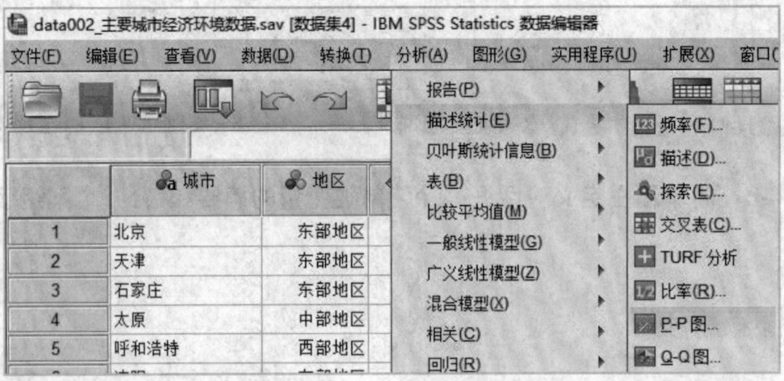

图 4-8 P—P 图选择过程

第 3 步：打开【P—P 图】定义对话框，将变量“细颗粒物年均浓度”“降水量年均值”选入【变量】框，并在【检验分布】下拉列表框中，选择“正态”，其他保持默认不变，如图 4-9 所示。

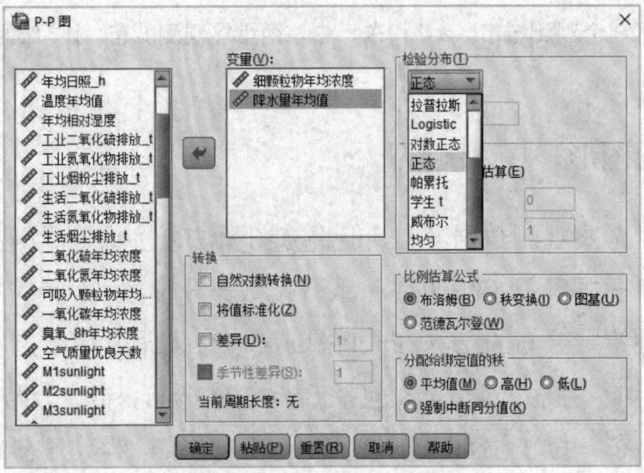

图 4-9 P—P 图定义对话框

第 4 步：单击图 4-9 中的【确定】按钮，分别生成“细颗粒物年均浓度”和“降水量年均值”的 P—P 图分析结果，如图 4-10 所示。

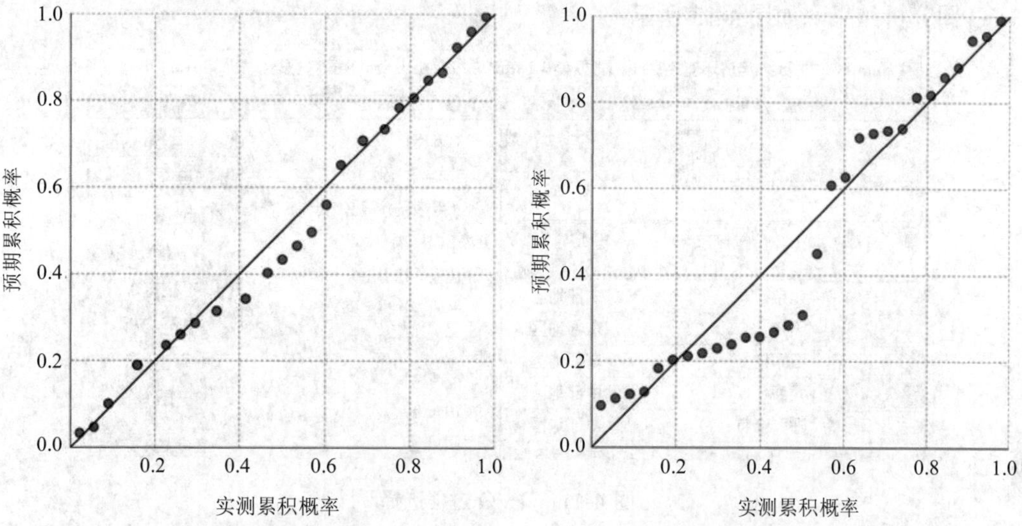

（a）细颗粒物年均浓度的正态 P—P 图　　（b）降水量年均值的正态 P—P 图

图 4-10　2018 年 29 个城市细颗粒物年均浓度和年均降水量 P—P 图

结果解析：

若变量观测数据服从正态分布，则 P—P 图中数据点和理论直线（对角线）基本重合，由图 4-10（a）可知，“细颗粒物年均浓度”的观测值近似服从正态分布，但由图 4-10（b）可知“降水量年均值”散点与理论直线的偏差较大，不服从正态分布。

（2）Q—Q 图

Q—Q 图的基本原理与 P—P 图相似，均是通过比较变量观测数据实际分布与假定理论分布是否一致，来判断观测变量是否服从假设部分，与 P—P 图不同之处在于，Q—Q 图是根据变量观测数据的实际分位数与对应的假定理论分布的分位数绘制散点图。

实战案例：

例 4.4　以“data002_主要城市经济环境数据.sav”数据为例，试用 Q—Q 图考察“细颗粒物年均浓度”和“降水量年均值”是否服从正态分布。

SPSS 操作步骤：

第 1 步：双击打开“data002_主要城市经济环境数据.sav”数据集。

第 2 步：选择【分析】→【描述统计】→【Q—Q 图】过程（图 4-11）。

第 3 步：打开【Q—Q 图】定义对话框，将变量“细颗粒物年均浓度”“降水量年均值”选入“变量”框，并在“检验分布”下拉列表框中，选择“正态”，其他保持默认不变，如图 4-12 所示。

第 4 步：单击【确定】按钮，分别生成“细颗粒物年均浓度”和“降水量年均值”的 Q—Q 图分析结果，如图 4-13 所示。

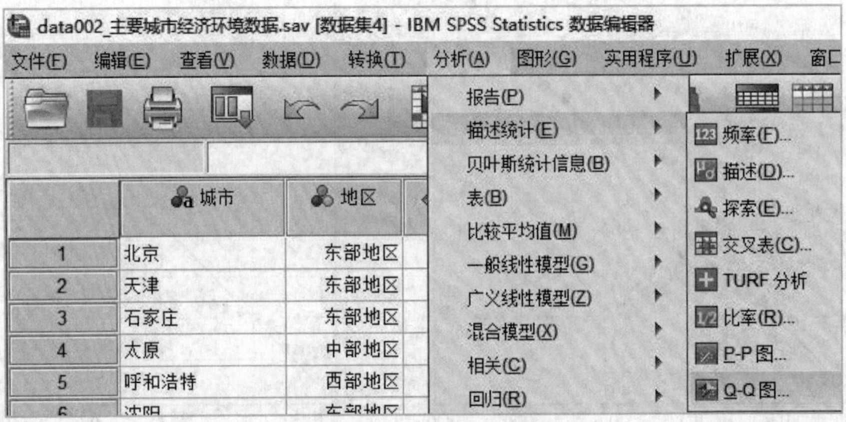

图 4-11 Q—Q 过程选择

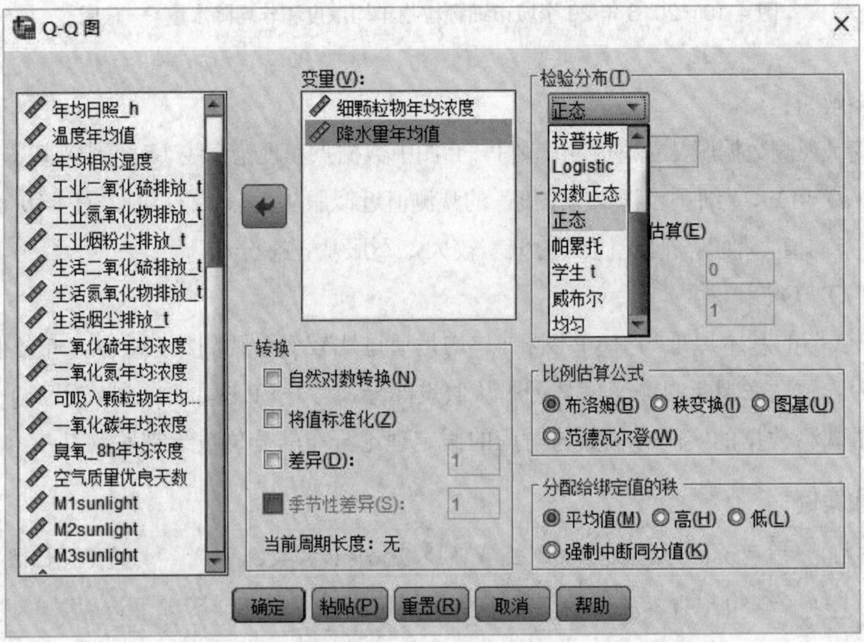

图 4-12 Q—Q 图定义对话框

结果解析：Q—Q 图是根据变量观测数据的实际分位数与对应的假定理论分布的分位数所绘制的散点图，由图 4-13 可知，“细颗粒物年均浓度”的观测值近似服从正态分布，但“降水量年均值”散点与理论直线的偏差较大，不服从正态分布，结果与 P—P 图一致。

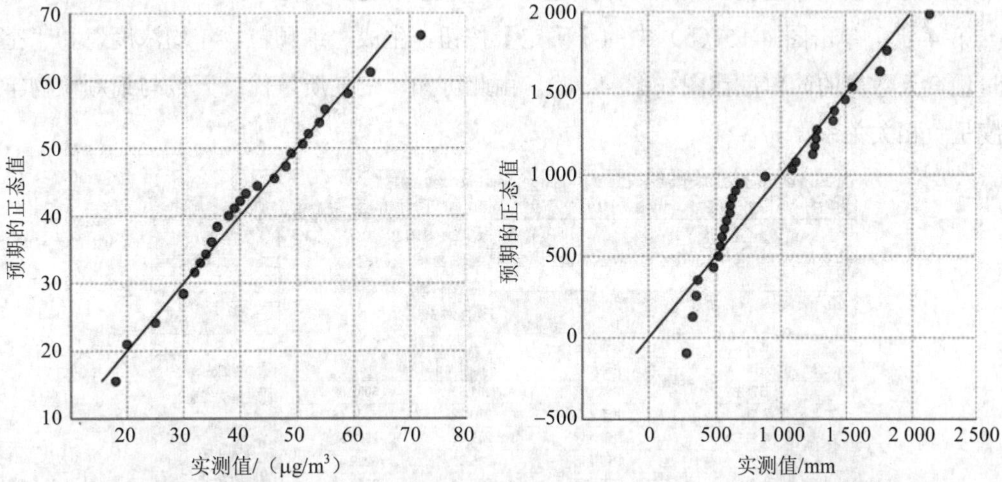

（a）细颗粒物年均浓度的正态 Q—Q 图　　（b）降水量年均值的正态 Q—Q 图

图 4-13　2018 年 29 个城市细颗粒物年均浓度和年均降水量 Q—Q 图

4.2.3　识别变量间依存关系的图形

散点图是展示变量依存关系最常用的图形工具，通常用点的密集程度和趋势反映两个连续变量之间的相关关系和变化趋势。在进行相关或回归分析前，有必要先绘制合适的散点图，对两个或多个连续变量间的相关关系及变化趋势进行考察。在 SPSS 中，常用的散点图有五种：用于描述双变量关系的简单散点图、分组散点图、多个变量间两两关系的散点图矩阵、多个自变量与一个因变量或多个因变量与一个自变量之间关系的重叠分布散点图，以及描述三个变量间综合关系的三维散点图。

（1）简单散点图

简单散点图主要用于描述双变量的依存关系。

实战案例：

> 例 4.5　以“data002_主要城市经济环境数据.sav”数据为例，试用简单散点图考察细颗粒物年均浓度和空气质量优良天数的关联趋势。

SPSS 操作步骤：

第 1 步：双击打开“data002_主要城市经济环境数据.sav”数据集。

第 2 步：选择【图形】→【旧对话框】→【散点图/点图】过程（图 4-14），打开【散点图】类型定义对话框，选择【简单散点图】[图 4-15（a）]。

第 3 步：单击【定义】按钮，打开【简单散点图】定义对话框，将变量“细颗粒物年均浓度”和“空气质量优良天数”分别选入【X 轴】和【Y 轴】[图 4-15（b）]。

第 4 步：单击图 4-15（b）中的【确定】按钮，生成“细颗粒物年均浓度”和“空气质量优良天数”的简单散点图（图 4-16）。由此可知，空气质量优良天数与细颗粒物年均浓度呈负相关关系。

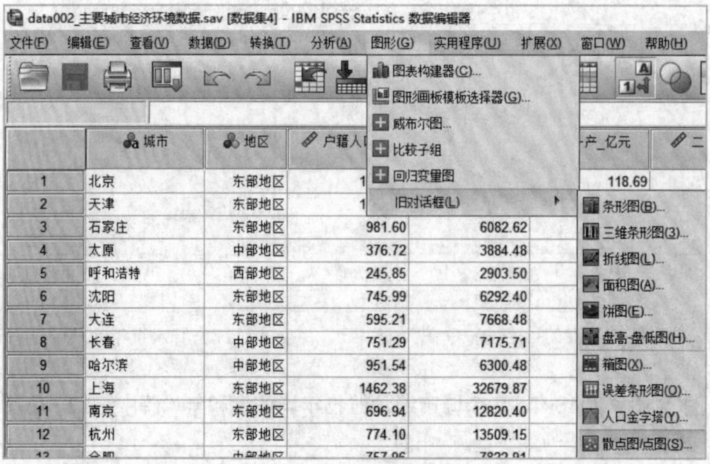

图 4-14 散点图/点图选择过程

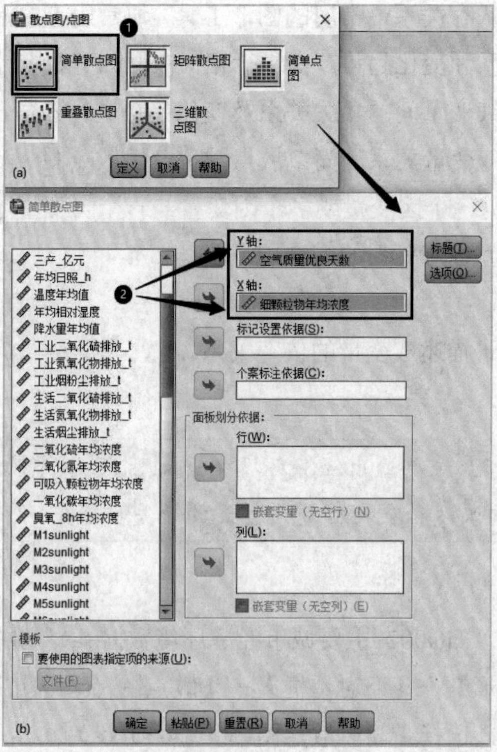

图 4-15 散点图类型定义框（a）和简单散点图定义对话框（b）

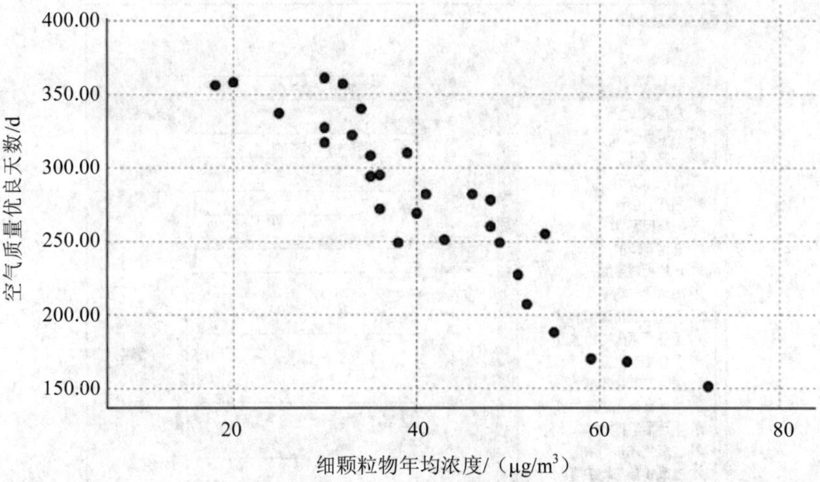

图 4-16　2018 年 29 个城市细颗粒物年均浓度和空气质量优良天数简单散点图

（2）分组散点图

有时根据研究需要，需将不同分组变量的散点图绘制在同一张图中，以便更直观地比较变量间的相关关系。此时，可以考虑分组散点图。

实战案例：

> 例 4.6　以“data002_主要城市经济环境数据.sav”数据为例，试用简单散点图考察不同地区细颗粒物年均浓度对空气质量优良天数的影响。

SPSS 操作步骤：

第 1 步：双击打开“data002_主要城市经济环境数据.sav”数据集。

第 2 步：选择【图形】→【旧对话框】→【散点图/点图】过程（图 4-14），打开【散点图】类型定义对话框，选择【简单散点图】[图 4-15（a）]。

第 3 步：单击【定义】按钮，打开【简单散点图】定义对话框，将变量“细颗粒物年均浓度”和“空气质量优良天数”分别选入【X 轴】和【Y 轴】，并将“地区”选入【标记设置依据】（图 4-17）。

第 4 步：单击图 4-17 中的【确定】按钮，生成东部、中部和西部地区“细颗粒物年均浓度”和“空气质量优良天数”的散点图（图 4-18）。由此可知，空气质量优良天数与细颗粒物年均浓度呈负相关关系。

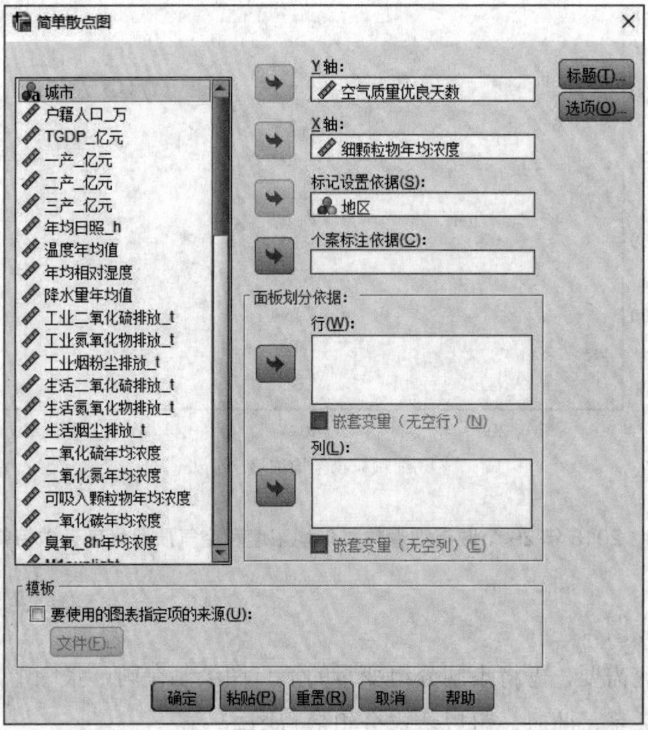

图 4-17　分组散点图定义对话框

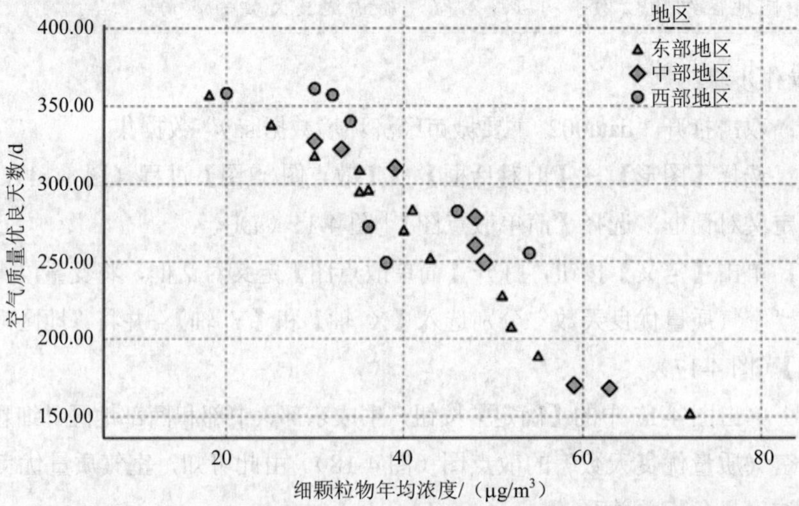

图 4-18　东部、中部和西部地区细颗粒物年均浓度和年均降水量关联趋势

（3）重叠分布散点图

想要考察因变量与一组自变量或一个因变量与一组因变量之间的关系时，若一一绘制简单散点图，十分麻烦，此时可以考虑重叠分布散点图。

实战案例：

例 4.7 以“data002_主要城市经济环境数据.sav”数据为例，试用重叠散点图考察细颗粒物年均浓度、二氧化氮浓度和臭氧浓度对空气质量优良天数的影响。

SPSS 操作步骤：

第 1 步：双击打开“data002_主要城市经济环境数据.sav”数据集。

第 2 步：选择【图形】→【旧对话框】→【散点图/点图】过程（图 4-14），打开【散点图】类型定义对话框，选择图 4-15（a）中的【重叠散点图】。

第 3 步：单击【定义】按钮，打开【重叠散点图】定义对话框，在【配对】框组内的【Y 变量】和【X 变量】框组中选入配对组：“空气质量优良天数—细颗粒物年均浓度”“空气质量优良天数—二氧化氮年均浓度”和“空气质量优良天数—臭氧_8 h 年均浓度”，如图 4-19 所示。

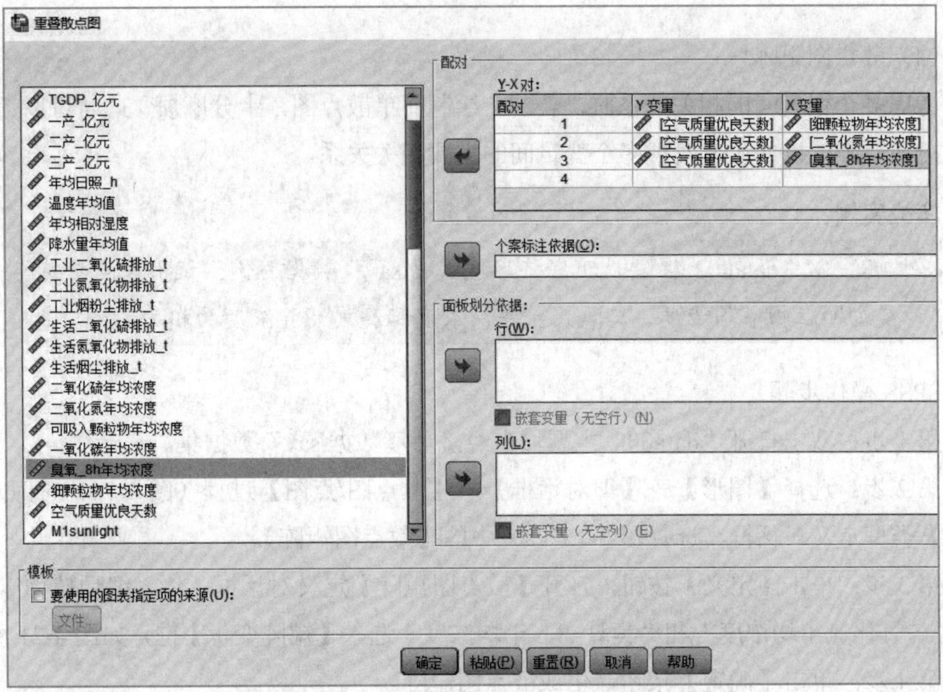

图 4-19 重叠分布散点图定义对话框

第4步：单击【确定】按钮，生成重叠散点图。

结果解析：由图4-20可见，空气质量优良天数与细颗粒物年均浓度、二氧化氮年均浓度、臭氧_8 h均呈负相关关系。

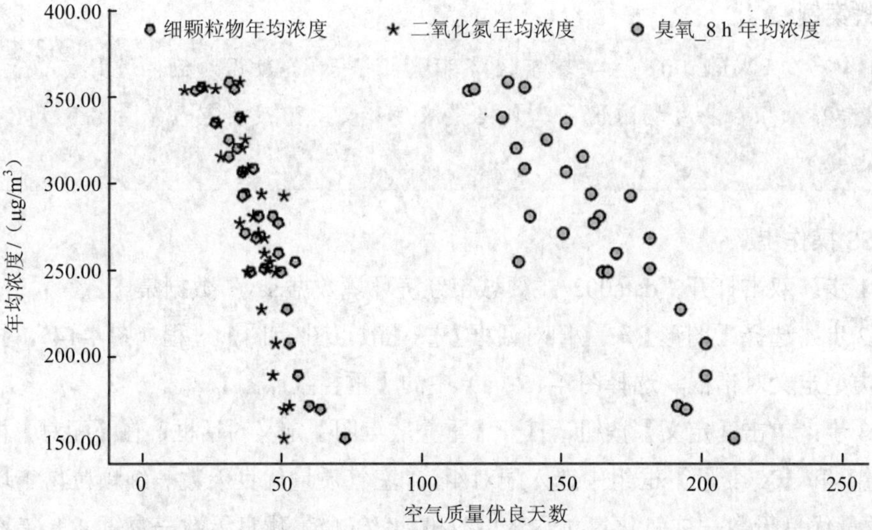

图4-20 空气质量优良天数与细颗粒物、二氧化氮和臭氧_8 h年均浓度重叠散点图

（4）散点图矩阵

考虑多个变量间的相关关系时，若一一绘制简单散点图，十分麻烦，此时可以考虑使用散点图矩阵，以便快速发现多个变量间的主要相关关系。

实战案例：

例4.8 以“data002_主要城市经济环境数据.sav”数据为例，试用散点图矩阵考察细颗粒物年均浓度、二氧化氮年均浓度和臭氧_8 h浓度的相关关系。

SPSS操作步骤：

第1步：双击打开“data002_主要城市经济环境数据.sav”数据集。

第2步：选择【图形】→【旧对话框】→【散点图/点图】过程（图4-14），打开【散点图】类型定义对话框，选择图4-15（a）中的【散点图矩阵】。

第3步：单击【定义】按钮，打开【散点图矩阵】定义对话框，将“细颗粒物年均浓度”“二氧化氮年均浓度”和“臭氧_8 h年均浓度”选入【矩阵变量】框，如图4-21所示。

第4步：单击【确定】按钮，生成散点图矩阵。

结果解析：由图4-22可见细颗粒物年均浓度、二氧化氮年均浓度、臭氧_8 h之间的正负相关关系。

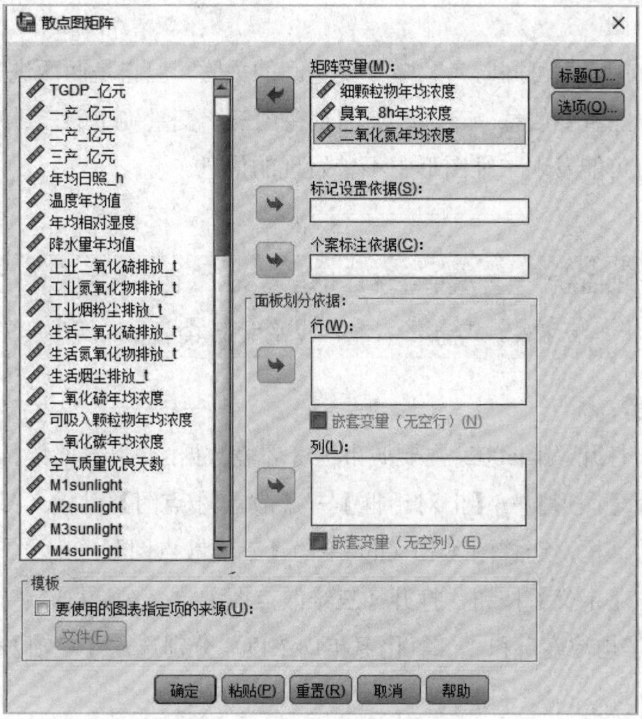

图 4-21　散点图矩阵定义对话框

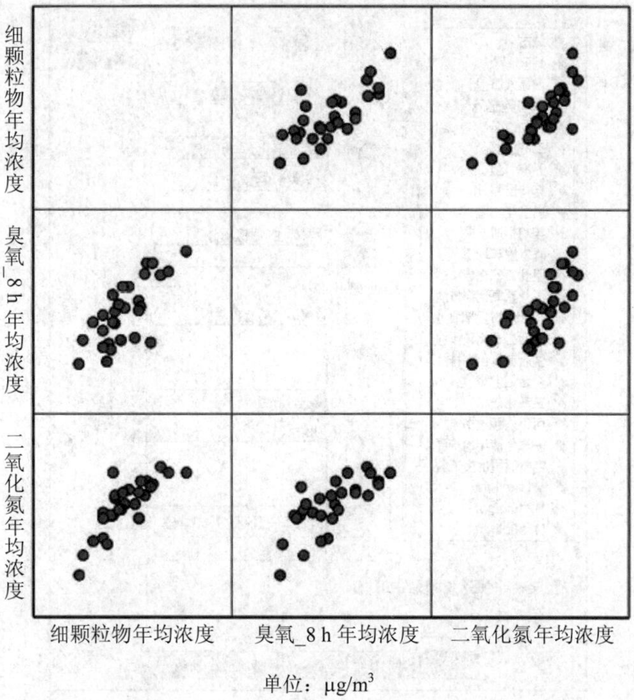

图 4-22　细颗粒物年均浓度、二氧化氮年均浓度和臭氧_8 h 年均浓度散点图矩阵

（5）三维散点图

在散点图矩阵中，虽可同时考察多个变量间的关联，但它是两两进行平面散点图的观察，有可能漏掉一些重要信息。三维散点图是在由三个变量确定的三维空间内探索研究变量之间的关系，有可能发现二维图形中不曾发现的信息。

实战案例：

例 4.9　以“data002_主要城市经济环境数据.sav”数据为例，试用三维散点图考察细颗粒物年均浓度、二氧化氮年均浓度和臭氧_8 h 浓度的相关关系。

SPSS 操作步骤：

第 1 步：双击打开“data002_主要城市经济环境数据.sav”数据集。

第 2 步：选择【图形】→【旧对话框】→【散点图/点图】过程（图 4-14），打开【散点图】类型定义对话框，选择图 4-15（a）中的【三维散点图】。

第 3 步：单击【定义】按钮，打开【三维散点图】定义对话框，将“细颗粒物年均浓度”“臭氧_8 h 年均浓度”和“二氧化氮年均浓度”分别选入【Y 轴】【X 轴】和【Z 轴】框，如图 4-23 所示。

第 4 步：单击【确定】按钮，生成三维散点图，如图 4-24 所示。

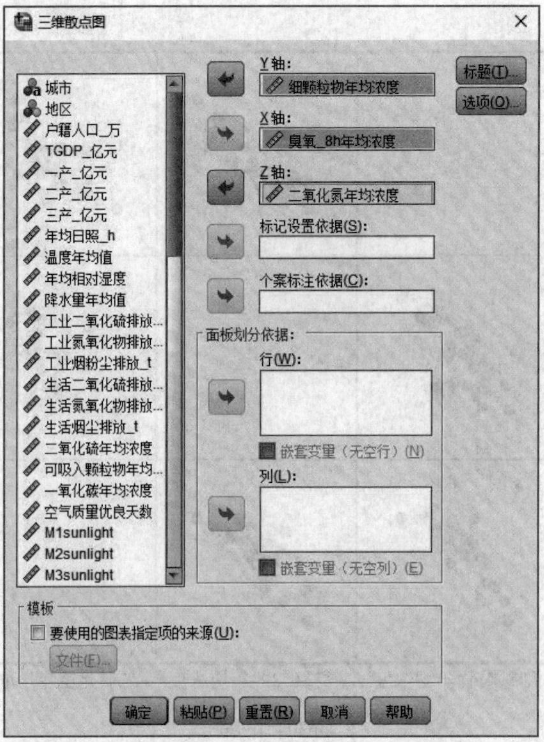

图 4-23　三维散点图矩阵定义对话框

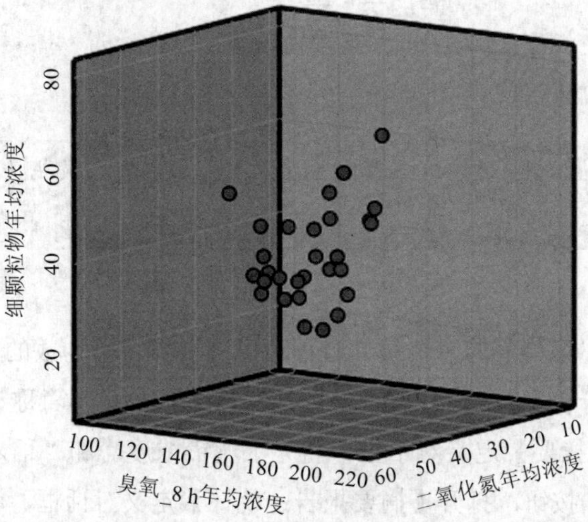

图 4-24　细颗粒物、二氧化氮和臭氧_8 h 年均浓度三维散点图

4.3　以数值为基础的描述性统计

对观测变量进行描述性统计分析时，至少需要表现三方面的特征：集中趋势（central tendency）、离散趋势（dispersion tendency）、分布特征（distribution tendency）。

4.3.1　集中趋势的描述指标

在统计学中，集中趋势是指一组数据向分布中心位置靠拢的程度，反映数据分布中心位置所在。通常，描述数据中心点位置的统计量被称为位置统计量（location statistics）。针对不同分布的观测数据，描述集中趋势的代表值包括两类：数值平均数和位置平均数。

（1）数值平均数

数值平均数是指从总体各单位变量值中抽象出能反映总体各单位一般水平的量，通常包括算术平均数、几何平均数、调和平均数和截尾平均数等形式。

①算术平均数

算术平均数（arithmetic mean，AM）是描述数据分布集中趋势最常用的统计指标，但算术平均数并不适用于描述严重偏态分布的变量。通常，算术平均数只适用于单峰或基本对称的分布资料。对于一组观测数据 $X_1, X_2, ..., X_n$，算术平均数通过各观测据直接加和，再除以观察样本例数 n 计算。一般而言，总体均数用希腊字母 μ 表示，样本均数常用 $\overline{X}$ 表示。算术平均数的计算公式为

$$\overline{X}=\sum_{i=1}^{n}X_i/n \tag{4-1}$$

实战案例：

> 例 4.10 以“data001_土壤和稻米重金属污染状况.sav”数据为例，计算土壤和稻米镉的均值。

SPSS操作步骤：

SPSS中，【分析】菜单下的多个统计过程可以实现算术平均数的计算。

方法1：选择【分析】→【报告】→【个案摘要】过程（简称【个案摘要】过程，图4-25），打开【个案摘要】定义对话框，将“土壤镉浓度”和“稻米镉浓度”选入【变量】框，单击【统计】按钮，打开【摘要报告：统计】定义对话框，将【统计】列表框中的【均值】等统计量选入【单元格统计】框，单击【继续】按钮，回到主对话框后，单击【确定】按钮，输出统计结果（表4-1）。

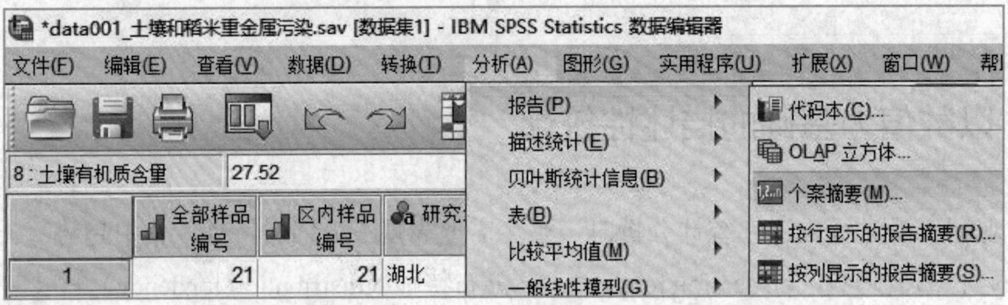

图4-25 个案摘要选择过程

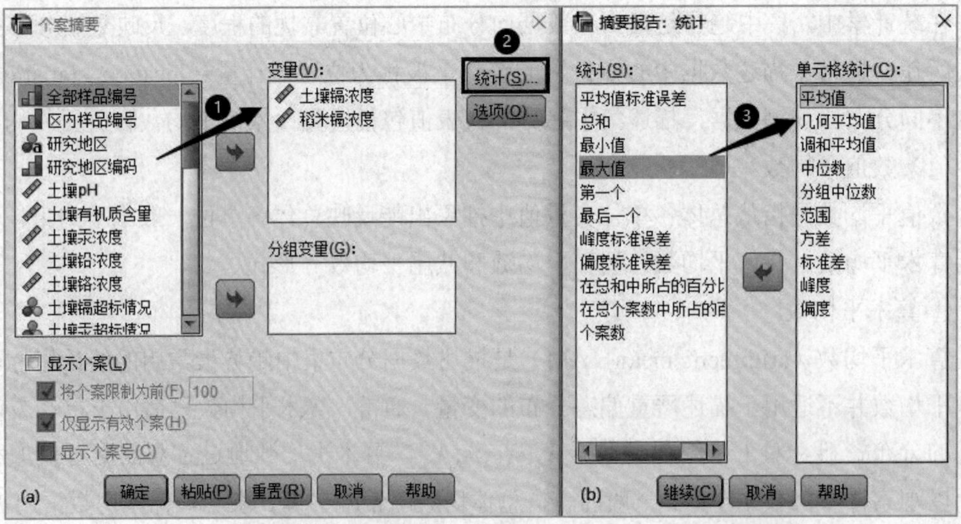

图4-26 个案摘要定义对话框：（a）主对话框和（b）统计定义对话框

表 4-1　土壤镉浓度[①]和稻米镉浓度个案摘要过程统计结果　　单位：mg/kg

	土壤镉浓度	稻米镉浓度
平均值	0.918	0.290
几何平均值	0.605	0.130
调和平均值	0.425	0.065
中位数	0.550	0.100
分组中位数	0.550	0.105
范围	4.540	1.800
方差	0.891	0.154
标准偏差	0.944	0.392
峰度	3.147	4.053
偏度	1.892	2.093

方法 2：选择【分析】→【描述统计】→【描述】过程（简称【描述】过程，图 4-27），打开【描述】定义对话框，将“土壤镉浓度”和“稻米镉浓度”选入【变量】框［图 4-28（a）］，单击【选项】按钮，打开【描述：选项】定义对话框，选中【平均值】等统计量［图 4-28（b）］，单击【继续】按钮，回到主对话框后，单击【确定】按钮，输出统计结果（表 4-2）。

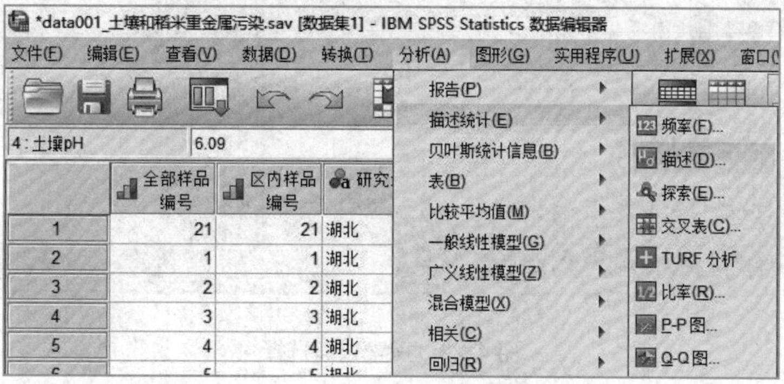

图 4-27　描述过程选择

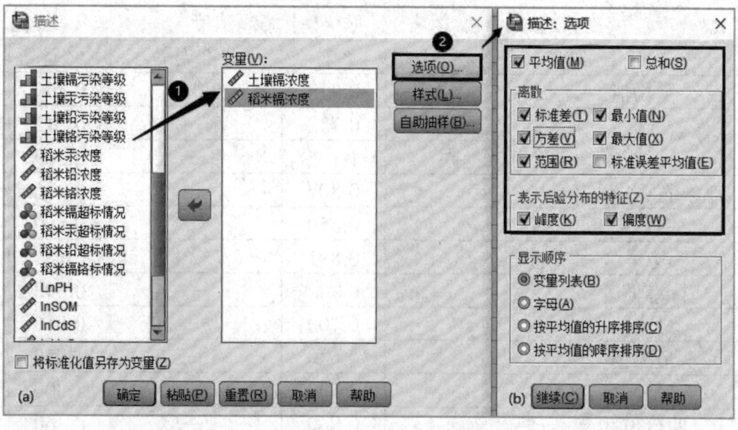

图 4-28　描述过程定义对话框：（a）主对话框和（b）统计定义对话框

① 单位为 mg/kg 的浓度实为质量分数，下同。

表 4-2 土壤镉浓度和稻米镉浓度描述过程统计结果 单位：mg/kg

	范围	均值	标准偏差	方差	偏度		峰度	
	统计	统计	统计	统计	统计	标准错误	统计	标准错误
土壤镉浓度	4.540	0.918	0.944	0.891	1.892	0.240	3.147	0.476
稻米镉浓度	1.800	0.290	0.392	0.154	2.093	0.240	4.053	0.476

方法 3：选择【分析】→【描述统计】→【探索】过程（简称【探索】过程，图 4-27），打开【探索】定义对话框，将“土壤镉浓度”和“稻米镉浓度”选入【变量】框［图 4-29（a)］，单击【统计】按钮，打开【探索：统计】定义对话框，选中【描述】选项［图 4-29（b)］，单击【继续】按钮，回到主对话框后，单击【确定】按钮，输出统计结果（表 4-3）。

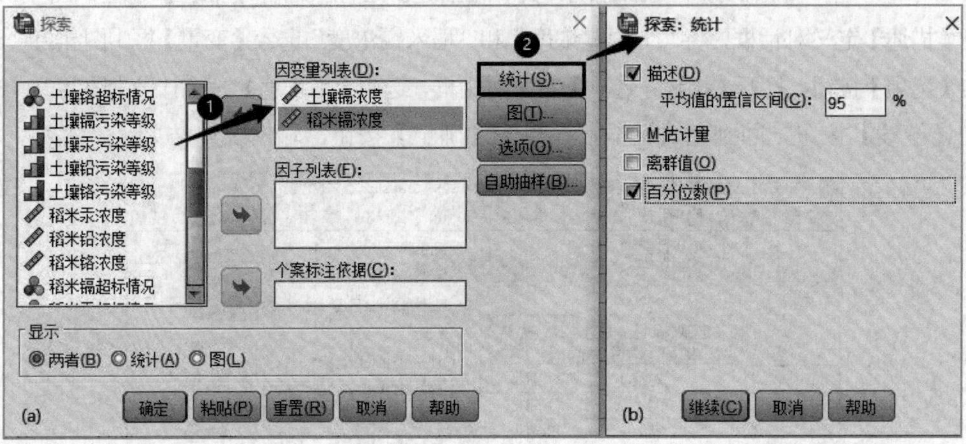

图 4-29 探索过程选择

表 4-3 土壤镉浓度和稻米镉浓度探索过程统计结果 单位：mg/kg

		土壤镉浓度		稻米镉浓度	
		统计	标准误差	统计	标准误差
平均值		0.918	0.094	0.290	0.039
平均值的 95%置信区间	下限	0.732	—	0.212	—
	上限	1.105	—	0.367	—
5%剪除后平均值		0.807	—	0.236	—
中位数		0.550	—	0.100	—
方差		0.891	—	0.154	—
标准偏差		0.944	—	0.392	—
最小值		0.100	—	0.010	—
最大值		4.640	—	1.810	—
范围		4.540	—	1.800	—
四分位距		0.860	—	0.360	—
偏度		1.892	0.240	2.093	0.240
峰度		3.147	0.476	4.053	0.476

方法 4：选择【分析】→【表】→【定制表】过程（简称【定制表】过程，图 4-30），打开【定制表】定义对话框，将“土壤镉浓度”和“稻米镉浓度”选入【行】列表（图 4-31），单击变量名“土壤镉浓度”，激活并单击【定义】框组内的【摘要统计】按钮，打开【摘要统计】定义对话框，选择【平均值】等统计量（图 4-32），单击【应用于全部】，将统计方案应用于全部变量，单击【关闭】按钮，回到主对话框后，单击【确定】按钮，输出统计结果（表 4-4）。

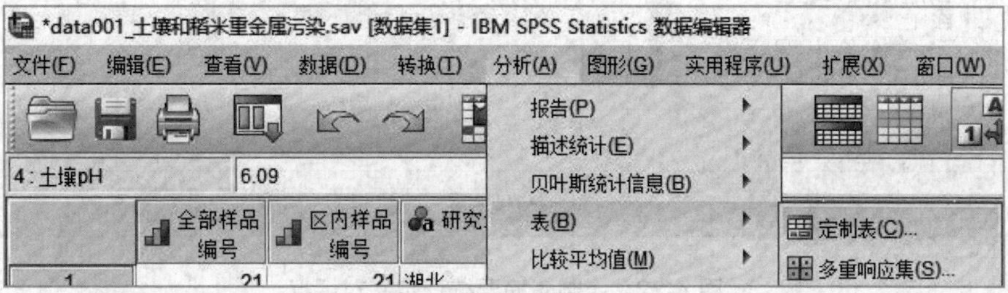

图 4-30　定制表过程选择

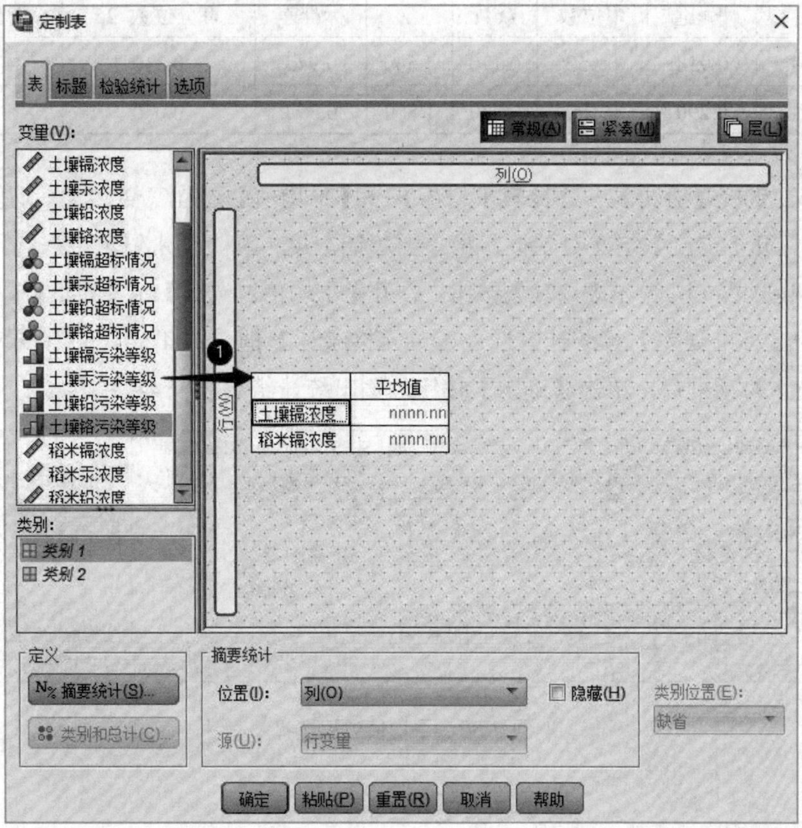

图 4-31　定制表定义对话框

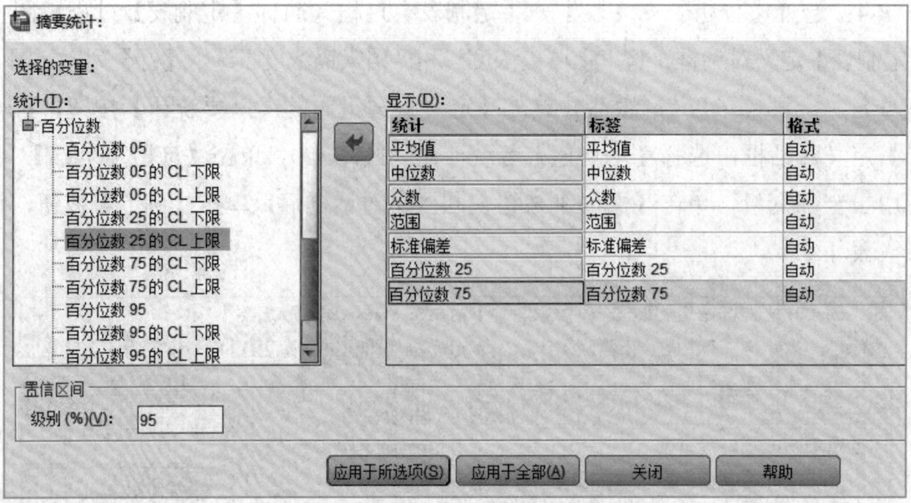

图 4-32　定制表摘要统计定义对话框

表 4-4　土壤镉浓度和稻米镉浓度定制表过程统计结果　　单位：mg/kg

	平均值	中位数	众数	全距	标准差	百分位数 25	百分位数 75
土壤镉浓度	0.918	0.550	0.170	4.540	0.944	0.310	1.140
稻米镉浓度	0.290	0.100	0.030	1.800	0.392	0.040	0.390

方法 5：选择【分析】→【比较平均值】→【平均值】过程（简称【平均值】过程，图 4-33），打开【定制】定义对话框，将“土壤镉浓度”和“稻米镉浓度”选入【因变量列表】[图 4-34（a)]，单击【选项】按钮，打开【平均值：选项】定义对话框，将【统计】列表框中的【标准误差】等统计量选入【单元格统计】框 [图 4-34（b)]，单击【继续】按钮，回到主对话框后，单击【确定】按钮，输出统计结果（表 4-5)。

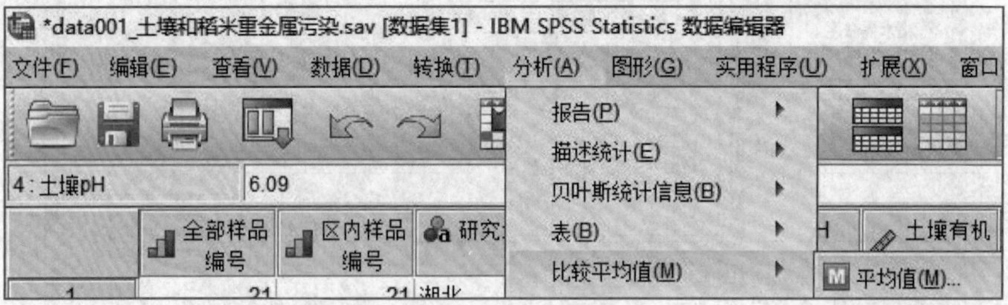

图 4-33　平均值过程选择

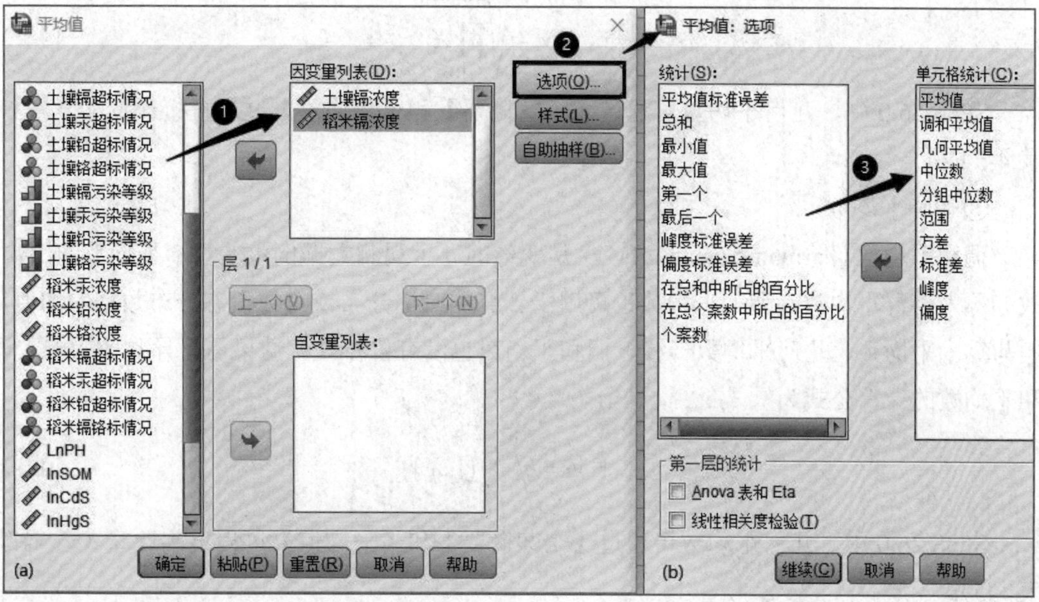

图 4-34　平均值定义对话框：（a）主对话框和（b）选项定义对话框

表 4-5　土壤镉浓度和稻米镉浓度平均值过程统计结果　　单位：mg/kg

	土壤镉浓度	稻米镉浓度
平均值	0.918	0.290
调和平均值	0.425	0.065
几何平均值	0.605	0.130
中位数	0.550	0.100
分组中位数	0.550	0.105
范围	4.540	1.800
方差	0.891	0.154
标准偏差	0.944	0.392
峰度	3.147	4.053
偏度	1.892	2.093

②几何平均数

几何平均数（geometric mean，GM）通常用于描述对数正态分布、近似对数正态分布资料或等比级数资料的集中趋势，但不能用于计算包含负值的数据。一般而言，环境监测数据多服从对数/近似对数正态分布（Hsu 等，2006；Ikeda 等，1989）。几何均值其实质是对数转化后的数据的算数平均 $\overline{X}$ 反对数，即 EXP$\overline{X}$ 。对于一组观测数据 $X_1, X_2, \cdots, X_n$，几何平均数通过各观测数据连乘积，开 n 次方计算。几何平均数的计算公式为

$$GM = \sqrt[n]{\prod_{i=1}^{n} X} \tag{4-2}$$

SPSS 26.0 中，几何平均数可通过【个案摘要】和【平均值】过程直接计算（表 4-1，表 4-5）。

③调和平均数

调和平均数（harmonic mean，HM），是变量的 n 个观测数据倒数的算术平均数的倒数，故亦称为倒数平均数。调和平均数也可用于计算非对称分布或对数正态分布数据的均值，但与算术平均数、几何平均数一样，调和平均数也没有鲁棒性，结果易受异常值影响。调和平均数的计算公式为

$$HM = n \Big/ \sum_{i=1}^{n} (1/X) \tag{4-3}$$

SPSS 26.0 中，几何平均数可通过【个案摘要】和【平均值】过程直接计算（表 4-1，表 4-5）。

④截尾平均数

截尾平均数（trimmed mean，TM）通常用于消除两端极值对数值平均数的影响，即按一定比例剔除最两端的数据后，再计算数值平均数。若截尾平均数与原均数相差不大，说明观测数据不存在极端值，或者两端极值的影响正好相互抵消。5%截尾平均数是最常用的截尾平均数，即观测数据两端各剔除 5%的观测数据。剔除部分极端数值后，截尾平均数是一种具有非常鲁棒性、不受异常值影响的均值。然而截尾平均数不一定适用于环境数据的处理，因为环境数据中的异常值可能本身具有重要的环境信息，剔除异常值可能造成信息损失。

SPSS 26.0 中，截尾平均数只可通过【探索】过程获得，如表 4-3 所示。

（2）位置平均数

位置平均数是根据观测总体中处于特定位置上的某个单位或某些单位的标志值来描述分布集中趋势的代表值，相对数值平均数更直观。常用的位置平均数为中位数和众数。

①中位数

中位数（median，M_e）是一组观测数据按小到大顺序排列，处于居中位置的那个观测值。例如，一组土壤 pH 观测数据为 6.09、6.10、6.11、6.13、6.29，其中位数为 6.11。但当观测样本数为偶数时，中位数为位置居中的两个观测值的平均值。例如，土壤 pH 观测数据 6.09、6.10、6.11、6.13、6.29、6.41 的中位数为（6.11+6.13）/2=6.12。中位数的计算公式为

当观测样本个数 n 为奇数时，$M_e = X_{(n+1)/2}$；

当观测样本个数 n 为偶数时，$M_e = \left(X_{n/2} + X_{n/2+1}\right)/2$。

由于中位数为位置平均数，虽然异常值的存在会影响中位数的排序结果，但不影响中位数的绝对大小，在包含极大值或极小值的分布数据中，中位数比平均数更具有代表性。也正因为中位数只考虑居中位置，未充分考虑原始数据的信息，在观测数据样本量较小时，数值不太稳定。总之，一组观测数据符合对称分布时，优先考虑用数值平均数，否则考虑使用中位数。

SPSS 26.0 中，【个案摘要】【探索】【定制表】和【平均值】过程均可计算中位数，如表 4-1、表 4-3～表 4-5 所示。

② 众数

众数（mode）是指观测总体中出现频次最大的观测数据。一组观测数据中，可能没有众数，但也可能出现一个或多个众数。众数作为位置平均数，不受极端值影响。环境统计学中较少使用众数。

SPSS 26.0 中，仅可通过【定制表】过程，计算获得一组观测数据的众数，如表 4-4 所示。

注意：为了准确表征环境变量的分布特征，需选择合理的集中趋势参数。

（1）环境数据集为单众数、对称分布时，则算术平均数、中位数和众数位置基本重合，如正态分布。

（2）环境数据呈有偏分布时，不同集中趋势统计量将落在不同的位置：①右偏：算术平均数＞中位数＞众数；② 左偏：算术平均数＜中位数＜众数。

（3）环境数据集为多众数（≥2）时，众数比算术平均数和中位数能更好地描述集中趋势。

（4）环境数据集有极端值（异常值）时，算术平均数会受异常值影响而波动，中位数是描述集中趋势更优的统计参数。

4.3.2 离散趋势的描述指标

每个硬币皆有两面性，有集中就有离散。4.3.1 节介绍了描述计量数据集中趋势的统计指标，与之对应的，也有特定的统计指标对数据分布的离散趋势进行描述。

（1）全距

全距，也称为范围，是一组观测数据中极大值和极小值的差值，故亦称为极差。全距反映了观测数据最大幅度的变异，但易受两端极值的影响，极不稳定，通常用于预备性检验。

SPSS 26.0 中，【分析】菜单下的【个案摘要】【描述】【探索】【定制表】和【平均值】

过程均可计算全距，如表 4-1～表 4-5 所示，操作过程在此不进行重复描述。

（2）方差

对于每个观测值而言，其离散程度取决于观测值与均值的差值，简称离均差（$\Delta = X_i - \mu$）。然而，一组观测数据的离均差会因为正负抵消，导致离均差和总是等于 0，无法进行横向比较。因此，为了消除正负抵消产生的影响，对公式进行改进，对离均差进行平方，再求和，即计算离均差平方和（sum of square，SS）。

$$\mathrm{SS} = \sum (X - \mu)^2 \tag{4-4}$$

然而，离均差平方和大小依赖于观测数据例数。例如，一组观测数据为 100 个，另一组为 10 个，观测例数大的数据组，计算所得离均差平方和肯定要大。因此，为了消除样本量的影响，总体方差就将离均差平方和除以观测例数 n：

$$\sigma^2 = \sum (X - \mu)^2 / n \tag{4-5}$$

对样本数据而言，方差（variance）的计算公式略有不同，根据离均差平方和除以自由度（degree of freedom，df）计算，其中 $\mathrm{df} = n - 1$：

$$s^2 = \sum (X - \overline{X})^2 / (n - 1) \tag{4-6}$$

SPSS 26.0 中，【分析】菜单下的【个案摘要】【描述】【探索】【定制表】和【平均值】过程均可计算方差，如表 4-1～表 4-5 所示，在此不做赘述。

（3）标准差

方差考虑了每个观测数据的离散趋势，排除了负号和样本量的影响，但因其采用平方的方式去消除负号，导致离散趋势被夸大。为此，再对方差进行开平方，也就是所谓的标准差（standard deviation，SD），总体和样本标准差分别用 σ 和 s 表示，即

$$\sigma = \sqrt{\sum (X - \mu)^2 / n} \tag{4-7}$$

$$s = \sqrt{\sum (X - \overline{X})^2 / (n - 1)} \tag{4-8}$$

由于标准差和方差考虑了每一个观测数据的离散趋势，所以它们反映的离散趋势在所有离散趋势描述指标中是最完备的，因为标准差和方差的计算涉及每一个观测数据，所以易受到极端值的影响，故当观测数据存在明显的极端值时，不宜使用标准差和方差描述观测数据的离散趋势。事实上，标准差和方差适用于描述对称或正态分布数据的离散趋势。SPSS 26.0 中，【分析】菜单下的【个案摘要】【描述】【探索】【定制表】和【平均值】过程均可计算标准差，如表 4-1～表 4-5 所示，在此不做赘述。

（4）变异系数

当需要比较两组数据的离散程度大小时，一些特殊情况下，并不适合用标准差直接进行比较。

① 测量尺度相差较大：例如欲比较空气中 $PM_{2.5}$ 浓度（$\mu g/m^3$）和大气铅浓度（$\mu g/m^3$）的变异。

② 测量数据的量纲不一致：例如欲比较研究区土壤镉浓度（mg/kg）和饮用水镉浓度（mg/L）的变异，二者的量纲分别为 mg/kg 和 mg/L。究竟 1 mg/kg 大，还是 0.5 mg/L 大，是无法比较的。

据此，为了消除测量尺度和量纲的影响，利用不同观测数据组各自的离散趋势标准差除以各自的均数，计算的变异系数（coefficient of variation，CV），可以比较客观地进行比较。SPSS 26.0 中，无法直接输出变异系数，需要根据标准差和算术平均数计算，即

$$\mathrm{CV}(\%)=\frac{s}{\overline{X}}\times 100\% \tag{4-9}$$

（5）四分位间距

面对环境观测数据不符合对称或正态分布，且全距易受极值影响的困境，该如何描述数据分布的离散程度呢？有人将数据平均分为四等份，用上四分位数（P_{75}）和下四分位数（P_{25}）（图 4-4）之差，来反映数据的离散程度，就是所谓的四分位间距（inter quartiles range，IQR）。那么，P_{75} 和 P_{25} 如何计算呢？这就需要引出百分位数的概念。

百分位数（percentile，P_x）是指将一组观测数据从小到大排序，位居第 x%位的数。例如，某研究区 100 个采样点的土壤镉浓度从低到高排序，ID10 号土壤样品镉浓度为 0.56 mg/kg，排在第 75 位，则该研究区土壤镉浓度的 P_{75} 为 0.56 mg/kg。

虽然，四分位间距比全距稳定，但由于未考虑全部观测数据的信息，不论样本量多大，仅用 P_{75} 和 P_{25} 这两个观测值表征一组观测数据的离散趋势，难以避免会犯管中窥豹、以偏概全的错误。因此。当观测数据符合对称或正态分布时，优先考虑用标准差或变异系数描述离散趋势，不得已的情况下，再使用四分位间距。

SPSS 26.0 中，可通过【探索】过程，直接输入【四分位距】，还可通过【探索过程】和【定制表】过程，先计算 P_{25} 和 P_{75}，并进一步计算四分位间距。

4.3.3　分布特征的描述指标

除上述两大基本趋势外，研究者通常会假设认为观测数据所在的总体服从某种分布。据此，针对每一种分布类型，都可以由一系列的指标来描述观测数据偏离假定理论分布的程度。就正态分布而言，偏度系数（skewness）和峰度系数（kurtosis）被用于表征观测数据偏离正态分布的程度。当假定理论分布类型不同时，所使用的分布特征描述指标不尽相

同，此处简单介绍和正态分布有关的偏度系数和峰度系数的概念和SPSS实践过程。

（1）偏度系数

偏度系数是用于描述变量观测值分布形态的统计量（记为η），反映分布不对称的方向和程度。当$\eta>0$时，观测数据分布为正偏（或右偏），即长尾在右，峰尖偏左；$\eta<0$时，观测数据分布为负偏（或左偏），即长尾在左，峰尖偏右；$\eta=0$时，则观测数据为对称分布。

SPSS 26.0中，【分析】菜单下的【个案摘要】【描述】【探索】和【平均值】过程均可计算偏度系数，如表4-1～表4-5所示，在此不进行重复描述。

（2）峰度系数

峰度系数是用于描述变量观测值分布形态陡缓程度的统计量（记为κ），反映分布图形的尖峭程度或峰凸程度。峰度系数是与正态分布对比而言的统计量：当$\kappa>0$时，观测数据分布峰的形状比正态分布峰尖峭；$\kappa<0$时，观测数据分布峰的形状比正态分布峰平坦；$\kappa=0$时，则观测数据为正态分布。

SPSS 26.0中，【分析】菜单下的【个案摘要】【描述】【探索】和【平均值】过程均可计算峰度系数，如表4-1～表4-5所示，在此不进行重复描述。

第5章　环境数据常见的理论分布类型及其检验

5.1　环境变量的分布类型

5.1.1　连续环境变量的理论分布

概率密度函数（probability density function）是描述确定事件发生概率的重要形式之一。其中，概率密度定义为随机变量 X 等于某指定 x 时的概率，全样本的概率总和为 1；累积分布函数，是假定随机变量 X 的数值小于或等于某指定 x 时的概率。用于描述连续变量理论概率的分布类型有正态分布、对数正态分布、均匀分布、指数分布、Gamma 分布、χ^2 分布、Weibull 分布、β 分布和多元正态分布。此部分内容重点介绍正态分布、对数正态分布、均匀分布和指数分布。

（1）正态分布

对连续随机变量 X，若 P=0.5（对称、无偏），且 n 趋于无穷大，则 X 具有均值 μ 和标准差 σ 的正态分布（normal distribution），亦称高斯分布（Gaussian distribution），其概率密度函数为

$$f(x)=\frac{1}{\sqrt{2\pi}\sigma}\mathrm{e}^{-\frac{1}{2}\left(\frac{x-\mu}{\sigma}\right)^2},\quad -\infty<x<+\infty \tag{5-1}$$

式中，$-\infty<\mu<+\infty$，σ 为>0 的常数，记为 $X\sim N(\mu,\sigma^2)$。当 $x=\mu$ 时，$f(x)$ 取值最大，随着 x 与 μ 的距离增大，概率 $f(x)$ 取值逐渐减小。$x=\mu\pm\sigma$ 是 $f(x)$ 的曲线拐点，曲线以 x 轴为渐近线：①当 μ 一定时，改变 σ。σ 越大，说明数据越分散，曲线越平坦，即 $f(x)$ 越小；反之，说明数据越集中，曲线越陡峭，即 $f(x)$ 越大［图 5-1（a）］。②当 σ 一定时，改变 μ。μ 越大，曲线越向右移动，反之曲线向左移动［图 5-1（b）］。

当 μ=0，σ=1 时，连续随机变量 X 服从标准正态分布，相应概率密度函数为

$$f(x)=\frac{1}{\sqrt{2\pi}}\mathrm{e}^{-\frac{x^2}{2}} \tag{5-2}$$

令 $z=\frac{x-\mu}{\sigma}$，z 的正态分布概率密度函数为：$f\left(x\right)=\frac{1}{\sqrt{2\pi}}\mathrm{e}^{-\frac{z^2}{2}}$，这种正态分布称为 z-分布。正态分布的均值为 μ，方差为 σ^2，偏度 η 为 0，峰度 κ 为 3。

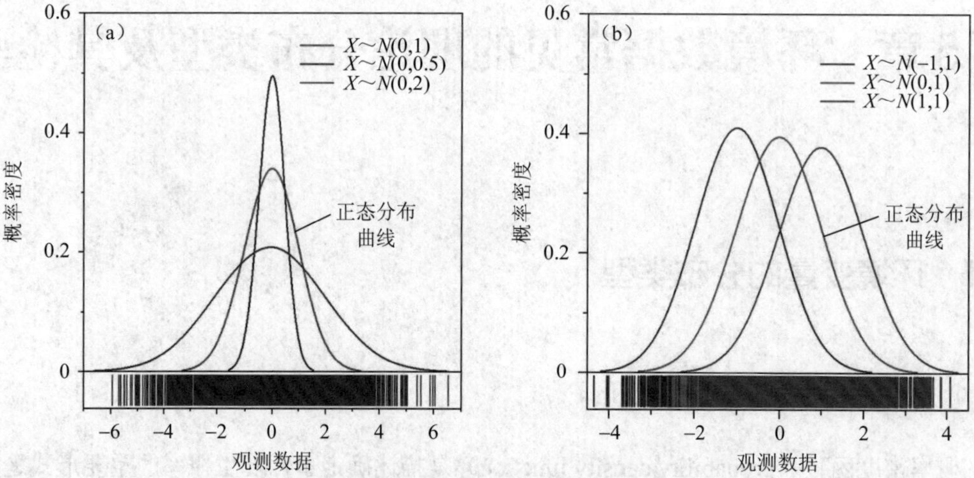

图 5-1 正态分布随机数据概率密度分布与分布参数的关系

（2）对数正态分布

正态分布是最重要、最常用的一种连续型随机变量分布，其在统计和抽样的理论与应用中占有重要的地位，如传统工业产品规格、人群生理参数等。然而，环境总体往往不服从正态分布，尤其是环境质量监测数据，因为环境质量多数情况下是好的，只有少数是严重污染的，很难获得“钟型”对称分布的环境数据。因此，在环境统计学领域，常引入对数正态分布（logarithmic normal distribution）表征偏态分布问题，如环境污染、降水等。其概率密度函数为

$$f\left(x\right)=\frac{1}{\sqrt{2\pi}\sigma x}\mathrm{e}^{-\frac{1}{2}\left(\frac{\ln t-\mu}{\sigma}\right)^2},\quad x>0 \tag{5-3}$$

当 $x>0$ 时，对数正态分布均值 $\mu=\mathrm{e}^{\left(\mu+\sigma^2/2\right)}$，方差 $\sigma^2=\mathrm{e}^{\left(2\mu+\sigma^2\right)}\left(\mathrm{e}^{\sigma^2}-1\right)$，偏度 $\eta=\mathrm{e}^{\left(\sigma^2+2\right)}\sqrt{\mathrm{e}^{\sigma^2}-1}$，峰度 $\kappa=\mathrm{e}^{4\sigma^2}+2\mathrm{e}^{3\sigma^2}+3\mathrm{e}^{2\sigma^2}$。

以“data001_土壤和稻米重金属污染.sav”数据为例，考察“土壤镉”数据绘制概率密度分布如图 5-2 所示。

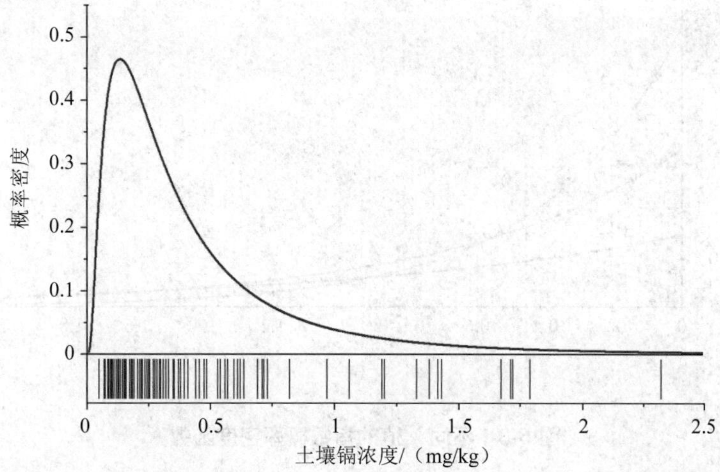

图 5-2　对数正态概率密度函数分布

（3）指数分布

指数分布（exponential distribution）是一种特定的 Gamma 分布形式，即 Gamma 分布的形状参数 α=1 的情形。一般指数分布用于模拟直到某事件发生的事件量，或模拟独立事件之间的时间。指数概率密度函数为

$$f(x)=\lambda e^{-\lambda x} \qquad (5\text{-}4)$$

式中，$\lambda>0$ 是分布的一个参数，表示单位时间内发生某事件的次数，通常称之为率参数；$x \geqslant 0$，是给定的时间；e＝2.718 28。

指数随机变量的均值和方差分别为 $\mu=1/\lambda$，$\sigma^2=1/\lambda^2$。偏度 $\eta=2$ 和峰度 $k=9$。

指数随机变量的累积分布函数是

$$F(x)=\begin{cases} 1-e^{-\lambda x}, x \geqslant 0 \\ 0 \quad , x<0 \end{cases} \qquad (5\text{-}5)$$

指数概率密度函数和累积分布函数曲线与 λ 取值密切相关，不同 λ 取值，决定了分布曲线的变化梯度（图 5-3）。

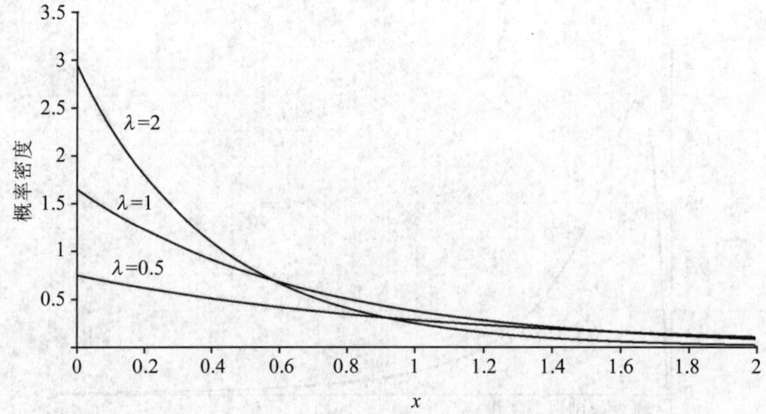

图 5-3 不同λ值的指数概率密度函数

（4）χ^2分布

χ^2分布是由 Friedrinch 和 Karl Pearson 提出，是$\lambda=0.5$，$t=\Phi/2$的 Gamma 分布特例。χ^2分布常用于推导样本变化的分布，是统计分析中重要的拟合检验方式。在统计分析中，χ^2分布不用于分布拟合，而作为统计假设检验，即χ^2检验。

χ^2分布的概率密度函数为

$$f(x)=\frac{1}{2^{\frac{\Phi}{2}}\Gamma\left(\frac{\Phi}{2}\right)}x^{\frac{\Phi}{2}}\mathrm{e}^{-\frac{x}{2}} \tag{5-6}$$

式中，$x>0$，否则$f(x)=0$。Φ是自由度，Γ是 Gamma 函数，χ^2分布是 Gamma 分布的尺度函数$\beta=2$的情形。

χ^2分布随机变量的累积分布函数是

$$F(x)=\int_0^x\frac{t^{(\Phi-2)/2}}{2^{\left(\frac{\Phi}{2}\right)}\Gamma\left(\frac{\Phi}{2}\right)}\mathrm{e}^{-\frac{t}{2}}\mathrm{d}t \tag{5-7}$$

χ^2分布的均值$\mu=\Phi$，方差$\sigma^2=2\Phi$，偏度$\eta=2\sqrt{2/\Phi}$，峰度$K=3+\frac{12}{\Phi}$。χ^2分布在正态采样理论中有重要的地位。若n个观测服从方差为σ^2的正态分布，样本s^2与σ^2满足：

$$\frac{(n-1)s^2}{\sigma^2}=\chi^2(n-1) \tag{5-8}$$

（5）t分布

t分布（student’s distribution）是 William Gossett 提出的小样本分布。根据定义可知，t分布曲线的形态与n（确切地说是自由度 df ）的大小有关。与标准正态分布曲线相比，自由度df越小，t分布曲线越平坦，曲线峰度越低，曲线双侧尾部越峭；反之，自由度df越大，t分布曲线越接近正态分布曲线，当df $\to\infty$时，t分布曲线为标准正态分布曲线。

t分布的概率密度函数为

$$f(x)=\frac{\Gamma\left(\frac{\Phi+1}{2}\right)}{\Gamma\left(\frac{\Phi}{2}\right)}\frac{1}{\sqrt{\Phi\pi}}\frac{1}{\left(1+\frac{x^2}{\Phi}\right)^{\frac{\Phi+1}{2}}} \tag{5-9}$$

式中，Γ是Gamma函数。

当$x>0$，t分布的单变量Φ是自由度。在单变量分析中，方差$\Phi=n-1$，n是样本量大小。当$\Phi\to\infty$，t分布收敛为标准正态分布。由于$\Phi>30$时，t分布接近正态分布，所以t分布不用于分布拟合，而是用于假设检验中的t检验。

t分布的均值$\mu=0$，自由度$\Phi\geqslant 2$。方差$\sigma^2=\frac{\Phi}{\Phi-2}$，$\Phi\geqslant 3$，偏度$\eta=0$，峰度$K=3+\frac{6}{\Phi-4}$，$\Phi\geqslant 5$。

t分布的累积分布函数为

$$F(x)=\int_{-\infty}^{x}\frac{\Gamma\left(\frac{\Phi+1}{2}\right)}{\Gamma\left(\frac{\Phi}{2}\right)}\frac{1}{\sqrt{\Phi\pi}}\frac{1}{\left(1+\frac{x^2}{\Phi}\right)^{\frac{\Phi+1}{2}}}\mathrm{d}t \tag{5-10}$$

（6）F分布

F分布为纪念英国统计学家Ronald A.Fisher（1890—1962）而得名，以其姓氏首字母命名。F-检验在方差分析、回归方程的显著性检验中均具有重要作用。F分布的概率密度函数相对复杂，如式（5-11）所示：

$$f(x)=\frac{\Gamma\left(\frac{\Phi_1+\Phi_2}{2}\right)\left(\frac{\Phi_1}{\Phi_2}\right)^{\frac{\Phi_1}{2}}}{\Gamma\left(\frac{\Phi_1}{2}\right)\Gamma\left(\frac{\Phi_2}{2}\right)}x^{\frac{\Phi_1-2}{2}}\left(1+\frac{\Phi_1}{\Phi_2}\right)-\frac{(\Phi_1+\Phi_2)}{2} \tag{5-11}$$

式中，Γ是Gamma函数，两个参数Φ_1和Φ_2是自由度。F分布和χ^2分布有关，假设随机变量X_1和X_2服从χ^2分布，则F分布统计量有

$$F(\Phi_1,\Phi_2)=\frac{\chi_1}{\Phi_1}\Big/\frac{\chi_2}{\Phi_2} \tag{5-12}$$

F分布的均值$\mu=\frac{\Phi_1}{\Phi_2-2}$，$\Phi_2\geqslant 3$。方差$\sigma^2=\frac{2\Phi_2^2(\Phi_1+\Phi_2-2)}{\Phi_1(\Phi_2-2)^2(\Phi_2-4)^2}$，$\Phi_2\geqslant 5$。

F分布的累积分布函数为

$$F(x)=\int_0^x \frac{\Gamma\left(\frac{\Phi_1+\Phi_2}{2}\right)}{\Gamma\left(\frac{\Phi_1}{2}\right)\Gamma\left(\frac{\Phi_2}{2}\right)}\left(\frac{\Phi_1}{\Phi_2}\right)\frac{t^{\frac{\Phi_1-2}{2}}}{\left[1+\left(\frac{\Phi_1}{\Phi_2}\right)t\right]^{\frac{\Phi_1+\Phi_2}{2}}}\mathrm{d}t \tag{5-13}$$

5.1.2 离散环境变量的理论分布

（1）Bernoulli 分布和二项分布

Bernoulli 分布名称源自瑞士科学家 James Bernulli（1654—1705）。其试验只有一次，结果只有成功和失败，以 p 表示每次试验成功概率。概率密集函数中随机变量 X（满足 $0<p<1$）称为 Bernoulli 随机变量。Bernoulli 分布是二项分布的特定情形（n=1），二项分布（binomial distibution）是 Bernoullil 分布的扩展情形（$n>1$）。

环境中，事件结果也可以表示为污染和非污染两种情形，它们属于独立离散型概率事件。以 X=1 表示环境污染，X=0 表示环境非污染，则 Bernoulli 概率密集函数（probability mass function）为

$$f(0)=P(x=0)=1-p=q\text{，}\ f(1)=P(x=1)=p \tag{5-14}$$

或表示为

$$f(x)=p^x q^{1-x}\text{，}\ x=0,1 \tag{5-15}$$

式中，p 表示污染发生的概率。均值 $\mu=p$，方差 $\sigma^2=pq$，偏度 $\eta=(1-2p)/\sqrt{pq}$，峰度 $K=3+(1-6pq)/(pq)$。

针对 $n(\geqslant 2)$ 次独立随机实验中，每次得到的结果只有两种情况，每次成功概率是常数，则事件 A 恰好发生 $x(0\leqslant x\leqslant n)$ 次的离散概率，以 p 表示每次试验中成功概率，二项分布概率密集函数为

$$p_n(k)=\binom{n}{x}p^x(1-p)^{n-x}\text{，}\ x=0,1,\cdots,n \tag{5-16}$$

由此可见，二项分布取决于参数 n 和 p。注意：$\binom{n}{x}p^x(1-p)^{n-x}$ 正好是 $(p+q)^n$ 展开式中的第 $n+1$ 项，故称随机变量 X 服从参数为 n 和 p 的二项分布，记为 $X\sim B(n,p)$。其累积分布函数为

$$F(x)=\sum_{i=1}^{x}\binom{n}{i}p^i(1-p)^{n-i}\text{，}\ \binom{n}{i}=\frac{n!}{i!(n-1)!} \tag{5-17}$$

当 $n=1$ 时，二项分布就是 Bernoulli 分布（0～1 分布），表达式为

$$p(X=x)=p^x(1-p)^{1-x}, \quad x=0,1 \tag{5-18}$$

二项分布均值 $\mu=np$，方差 $\sigma^2=pq(1-p)$，偏度 $\eta=(1-2p)/\sqrt{npq}$，峰度 $K=3+(1-6pq)/(npq)$。

（2）Poisson 分布

当随机实验次数 $n\to\infty$，成功概率 $p\to 0$ 时，Bernoulli 分布变为泊松（Poisson）分布。Poisson 分布有且仅有 1 个参数，$\lambda=np$，并用单一参数 λ 描述分布的均值和方差。据此，Possion 分布是小概率发生过程，如地质灾害、癌症等，部分环境事件也可能服从 Poisson 分布。

Poisson 分布概率密集函数为

$$\lim_{x\to\infty}P(X_n=x)=\frac{\lambda^x e^{-\lambda}}{x!}, \quad x=0,1,\cdots \tag{5-19}$$

累积分布函数为

$$F(x)=\sum\frac{\lambda^x e^{-\lambda}}{x!}, \quad x=0,1,\cdots \tag{5-20}$$

Poisson 分布均值 μ 和方差 σ^2 都为 λ，偏度 $\eta=1/\lambda$，峰度 $K=3+1/\lambda$。由此可见，Poisson 分布近似二项分布。当 n 足够大，p 足够小，np 就适中，即可用 Poisson 随机变量参数 $\lambda=np$ 来近似表述事件成功发生的情形：

$$\binom{n}{x}p^x(1-p)^{1-x}\approx\frac{\lambda^x e^{-\lambda}}{x!} \tag{5-21}$$

（3）离散均匀分布

离散均匀分布用于描述随机变量 X 有等概率的 n 个取值。离散均匀分布概率密集函数为

$$f(x)=1/n, \quad x=0,1,\cdots n \tag{5-22}$$

离散均匀分布均值 $\mu=(n+1)/2$，方差 $\sigma^2=(n^2-1)/12$，偏度 $\eta=0$，峰度 $K=\frac{3}{5}\left(3-\frac{4}{n^2-1}\right)$。

5.2　统计假设检验的原理和基本思想

5.2.1　统计假设检验的基本原理

假设检验（hypothesis testing），又称为统计假设检验，是用来判断样本与样本、样本与总体的差异是由抽样误差引起，还是由本质差别造成的统计推断方法。显著性检验是假设检验中最常用的一种方法，也是一种最基本的统计推断形式，其基本原理是先对总体的特征做出某种假设，然后通过抽样研究的统计推理，对此假设应该被拒绝还是接受做出推断（图5-4）。常用的假设检验方法有 Z 检验、t 检验、χ 检验、F 检验等。

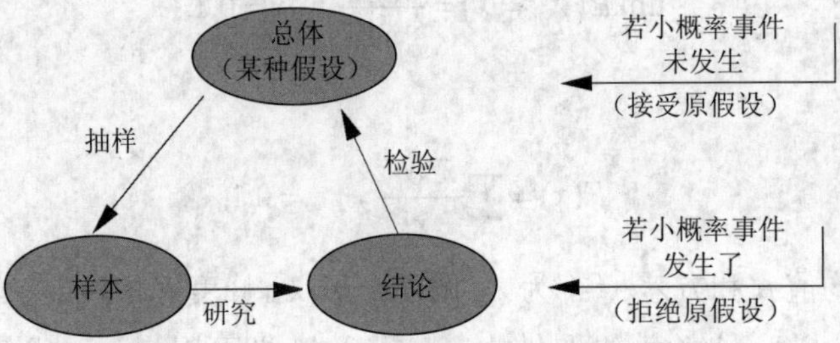

图5-4　统计假设检验基本原理示意图

假设检验的基本原理包括抽样原理、总体推断原理、反证法原理、小概率原理和误差控制原理。

（1）抽样原理

在环境科学研究中，对某一环境总体进行调查，往往是不必要的，也是难以实现的，因此通常从研究总体中抽取一部分样本进行研究，进而根据样本推断总体。抽取“一部分”样本，对有限的环境样本进行研究，从而根据样本统计量，推断总体情况。

（2）总体推断原理

由于环境采样过程中，抽样误差必然存在，这就导致样本统计量与总体参数不等，但会与总体参数比较接近。因此，在一定误差控制下，可以通过样本统计量去推断总体参数，如采用点估计法或区间估计法。

（3）反证法原理

反证法原理就是先将我们研究的环境问题分为两种可能A和B。然后，想要证明A=B，首先假设A≠B，然后根据已知条件进行演绎推理，推到一定程度，就会出现一种矛盾结果——或者和已知条件相矛盾，或者和已有的结论、定理、公理相矛盾，问题出在哪里？

原来是我们的结论 A≠B 不成立，因此，就证明了 A=B。

（4）小概率原理

根据大数定律，在大量重复试验中事件出现的频率接近于它们的概率，倘若某事件 A 出现的概率 α 甚小，则它在大量重复试验中出现的频率应该很小。例如，若 $\alpha = 0.05$，则大体上在 100 次试验中 A 才出现 5 次。因此，概率很小的事件实际在一次试验中很少出现，在概率论的应用中，称这样的事件为实际不可能事件。实际不可能事件在一次试验中是不会出现的，即所谓的小概率原理。小概率原理统计假设检验决定推翻还是接受假设的依据，也是人们在实践中总结出来而被广泛应用的一个原理。

（5）误差控制原理

尽管遵循小概率原理进行统计推断，在一定程度上保证了推论的准确性，若整个实验、试验或调查没有进行良好的质量控制，基于此开展的统计推论毫无意义。因此，实验设计还必须遵循误差控制原理。

5.2.2　统计假设检验的一般过程

假设检验从问题陈述到环境决策，一般包括六个步骤。

（1）陈述零假设（null hypothesis，H_0）和备择假设（alternate hypothesis，H_1）

假设检验中，零假设（H_0）和备择假设（H_1）是一对互补假设。具体而言：接受 H_0，则拒绝 H_1；拒绝 H_0，则接受 H_1。通常零假设 H_0 是参数与某一具体值相同，其差值为 0。以总体均值 μ 为例，假定 μ 为某一具体值 μ_1，则：

H_0：$\mu = \mu_1$；或者 $\mu - \mu_1 = 0$。

备择假设（H_1）与零假设相反，可能出现两种情形：无方向的不相等或有方向的大小，故备择假设 H_1 为

H_1：$\mu \neq \mu_1$（无方向）；或 $\mu < \mu_1$（有方向），$\mu > \mu_1$（有方向）。

H_1 选择取决于如何陈述假设的差异。在假设检验中，结论是拒绝或不拒绝零假设。这种基于单样本的决策，可能会因为测量机会或概率导致决策错误，或得到错误结论。决策错误的原因可能来自两种可能：Ⅰ型错误（拒真）或Ⅱ型错误（取伪）。详见本书 5.2.3。

（2）选择适当的统计检验方法

根据零假设和备择假设选择合适的检验方法。Zwillinger 和 Kokoska（2000）总结和归纳了单样本（图 5-5）和双样本检验（图 5-6）的内容。

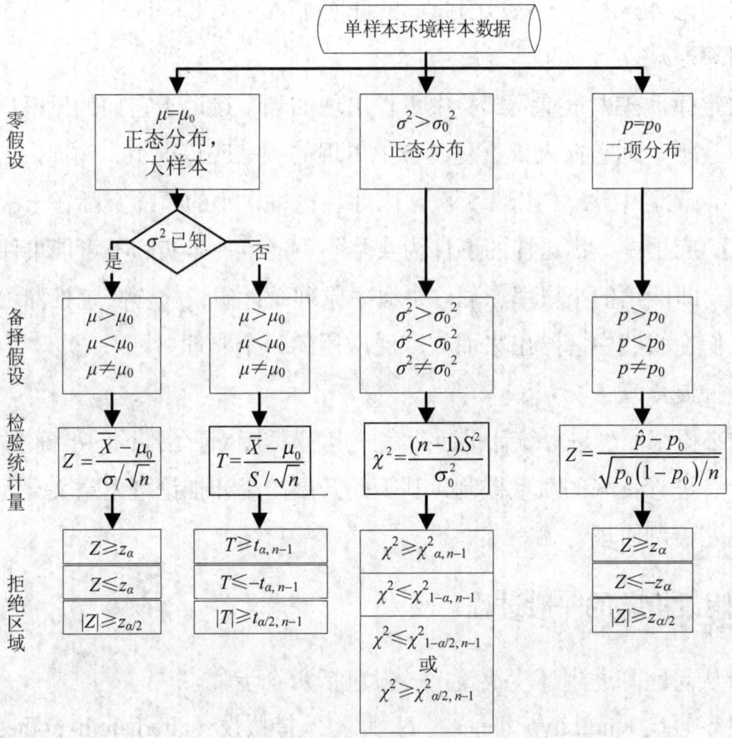

图 5-5 单样本假设检验

（3）选择显著性水平α：一般取$\alpha=5\%$，有时也取$\alpha=1\%$或$\alpha=10\%$。

（4）描绘拒绝和接受零假设范围：选择显著性水平α后，即可根据α创建和接受零假设区域。针对有方向和无方向两种情形：① H_1无方向，故拒绝H_0的区域均匀分布在两个$\alpha/2$尾部［图 5-7（a）］；② H_1有方向，则拒绝H_0的区域仅分布在单侧α的尾部［图 5-7（b）］。根据统计分布类型，可以计算确定显著性水平下，对应的统计临界的z值或t值。

（5）计算检验统计量：以z检验为例，计算样本z值：$z=\frac{\overline{x}-\mu}{\sigma/\sqrt{n}}$。

（6）决策，确认零假设还是备择假设：比较样本计算的z值和统计值之间的关系，若z值落在临界值范围内，则不拒绝零假设，否则拒绝零假设。常见的μ统计值如表 5-1 所示。

表 5-1 常用μ值

显著性水平	参考区域/%	单侧界值	双侧界值
0.20	80	0.842	1.282
0.10	90	1.282	1.645
0.05	95	1.645	1.960
0.01	99	2.232	2.576

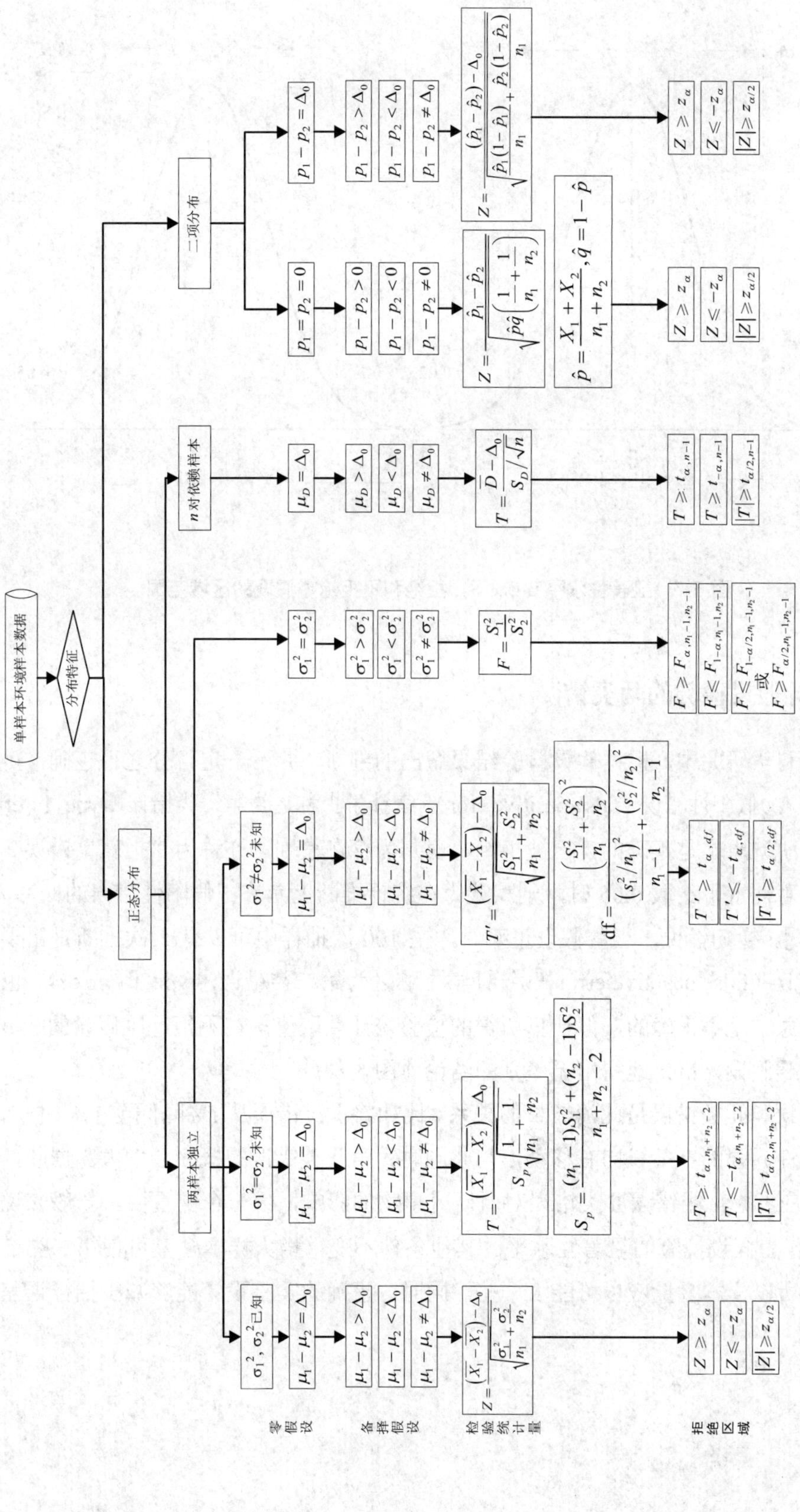

单样本环境样本数据
分布特征
正态分布
二项分布
两样本独立
n对依赖样本
σ_1^2,σ_2^2已知
$\sigma_1^2=\sigma_2^2$未知
$\sigma_1^2\neq\sigma_2^2$未知
零假设
备择假设
检验统计量
拒绝区域
$\mu_1-\mu_2=\Delta_0$
$\mu_1-\mu_2>\Delta_0$
$\mu_1-\mu_2<\Delta_0$
$\mu_1-\mu_2\neq\Delta_0$
$\sigma_1^2=\sigma_2^2$
$\sigma_1^2>\sigma_2^2$
$\sigma_1^2<\sigma_2^2$
$\sigma_1^2\neq\sigma_2^2$
$\mu_D=\Delta_0$
$\mu_D>\Delta_0$
$\mu_D<\Delta_0$
$\mu_D\neq\Delta_0$
$p_1-p_2=0$
$p_1-p_2>0$
$p_1-p_2<0$
$p_1-p_2\neq0$
$p_1-p_2=\Delta_0$
$p_1-p_2>\Delta_0$
$p_1-p_2<\Delta_0$
$p_1-p_2\neq\Delta_0$
$Z=\frac{(\overline{X_1}-\overline{X_2})-\Delta_0}{\sqrt{\frac{\sigma_1^2}{n_1}+\frac{\sigma_2^2}{n_2}}}$
$T=\frac{(\overline{X_1}-\overline{X_2})-\Delta_0}{S_p\sqrt{\frac{1}{n_1}+\frac{1}{n_2}}}$
$S_p=\frac{(n_1-1)S_1^2+(n_2-1)S_2^2}{n_1+n_2-2}$
$T'=\frac{(\overline{X_1}-\overline{X_2})-\Delta_0}{\sqrt{\frac{S_1^2}{n_1}+\frac{S_2^2}{n_2}}}$
$\mathrm{df}=\frac{\left(\frac{S_1^2}{n_1}+\frac{S_2^2}{n_2}\right)^2}{\frac{(S_1^2/n_1)^2}{n_1-1}+\frac{(S_2^2/n_2)^2}{n_2-1}}$
$F=\frac{S_1^2}{S_2^2}$
$T=\frac{\overline{D}-\Delta_0}{S_D/\sqrt{n}}$
$Z=\frac{\hat{p}_1-\hat{p}_2}{\sqrt{\hat{p}\hat{q}\left(\frac{1}{n_1}+\frac{1}{n_2}\right)}}$
$\hat{p}=\frac{X_1+X_2}{n_1+n_2},\hat{q}=1-\hat{p}$
$Z=\frac{(\hat{p}_1-\hat{p}_2)-\Delta_0}{\sqrt{\frac{\hat{p}_1(1-\hat{p}_1)}{n_1}+\frac{\hat{p}_2(1-\hat{p}_2)}{n_1}}}$
$Z\geqslant z_\alpha$
$Z\leqslant -z_\alpha$
$|Z|\geqslant z_{\alpha/2}$
$T\geqslant t_{\alpha,n_1+n_2-2}$
$T\leqslant -t_{\alpha,n_1+n_2-2}$
$|T|\geqslant t_{\alpha/2,n_1+n_2-2}$
$T'\geqslant t_{\alpha,df}$
$T'\leqslant -t_{\alpha,df}$
$|T'|\geqslant t_{\alpha/2,df}$
$F\geqslant F_{\alpha,n_1-1,n_2-1}$
$F\leqslant F_{1-\alpha,n_1-1,n_2-1}$
$F\leqslant F_{1-\alpha/2,n_1-1,n_2-1}$ 或 $F\geqslant F_{\alpha/2,n_1-1,n_2-1}$
$T\geqslant t_{\alpha,n-1}$
$T\geqslant t_{-\alpha,n-1}$
$|T|\geqslant t_{\alpha/2,n-1}$

图 5-6 双样本假设检验

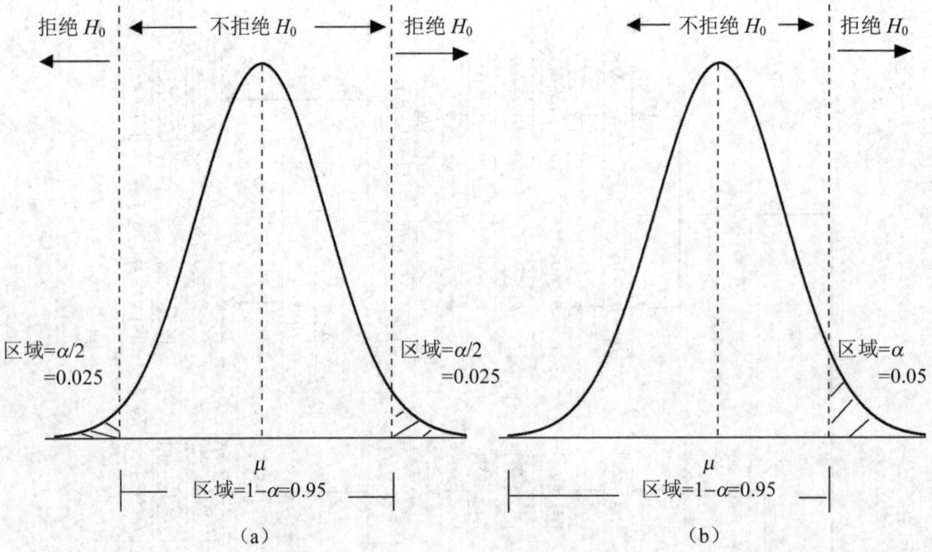

图 5-7 显著性水平 0.05 下，拒绝和不拒绝零假设的区域范围

5.2.3 统计假设检验的两类错误

在环境科学研究中，根据假设检验结果做出的判断，并不一定百分之百正确，可能会犯两类错误。①假阳性错误（false positive eror），统计学上称之为第一类错误（type Ⅰ error），即零假设（H_0）原本是正确的，但被拒绝，误判为存在差别，亦称为“拒真”错误。具体而言，当显著性水平 α 取 0.05 时，则默认为在统计推断上允许犯假阳性错误的概率为 5%［图 5-8（a）］。换句话说，当零假设正确时，在 100 次抽样中可以有 5 次推断是错误的。②假阴性错误（false negetive error），统计学上称之为第二类错误（type Ⅱ error）。也就是说，零假设原本是不正确的，但计算所得的检验统计量取值落在不拒绝零假设的区域内，从而接受了零假设，错误地得出无差别的结论［图 5-8（b）］。

Ⅰ类错误和Ⅱ类错误是此消彼长的关系。比如将Ⅰ类错误从 5%降低至 1%，相当于将统计学显著性界限的一条线向右移动，与此同时，第Ⅱ类错误的概率会增大。据此，选择 α 取值时，应考虑Ⅰ类错误Ⅱ类错误对所研究事物的影响，哪一个更重要。一般来说，选取 $\alpha = 0.05$ 作为假设检验的显著性水平。其他条件不变，增大样本含量可使第二类错误的概率减小，所以样本含量应尽可能大一些。同时，正确的实验设计能够减少抽样误差，提高检验效能。

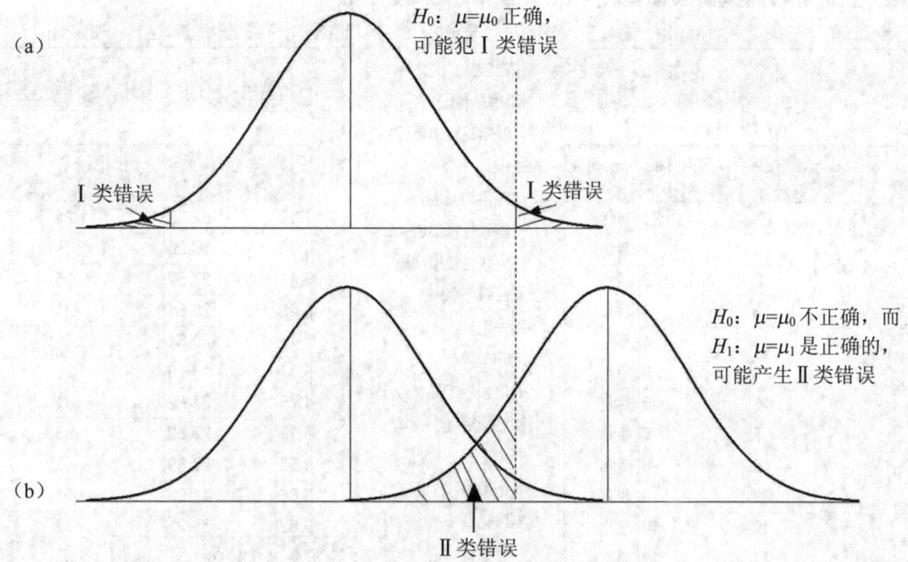

图 5-8　假设检验中的两类错误示意图

5.3　环境数据的分布假设检验

5.3.1　随机分布检验

倘若样本并非从总体中随机抽取获得，则所做的任何统计推断都将失去意义。游程检验（runs test）的用途便是考察一组观测数据是否符合随机分布。游程检验是对二分变量的随机检验，用于判定一个变量中两个值出现的顺序是否随机。根据游程检验，游程数过多，则表明周期性特征明显，游程过少则说明数据存在聚集。对于连续变量，通常以中位数、众数、均数或某特定值为截断点，将数据转化为二分变量进行检验。

实战案例：

例 5.1：以“data001_土壤和稻米重金属污染.sav”数据为例，分别考察连续变量“土壤镉浓度”和二分变量“米镉超标情况”是否服从随机分布。

SPSS 操作步骤：

①采用众数考察连续变量“土壤镉浓度”是否服从随机分布？

第 1 步：双击打开“data001_土壤和稻米重金属污染.sav”数据集。

第 2 步：选择【分析】→【非参数检验】→【旧对话框】→【游程】过程（图 5-9）。

图 5-9 游程检验过程选择

第 3 步：打开【游程检验】定义对话框，选中【分割点】框组内的【众数】复选框，并将“土壤镉浓度”变量放入【检验变量列表】框［图 5-10（a）］，单击【确定】按钮，执行游程检验，输出检验结果（表 5-2）。由表 5-2 可知，“土壤镉浓度”数据服从随机分布。

②考察二分变量“米镉超标”是否服从随机分布？

第 1 步：选择【分析】→【非参数检验】→【旧对话框】→【游程】过程（图 5-9）。

第 2 步：打开【游程检验】定义对话框，将“稻米镉超标情况”选入【检验变量列表】框内，并选中【分割点】框组内的【定制】复选框，在右侧框中输入“0.5”［图 5-10（b）］，单击【确定】按钮，执行游程检验，输出检验结果（表 5-3）。由表 5-3 可知，“稻米镉超标情况”不服从随机分布。

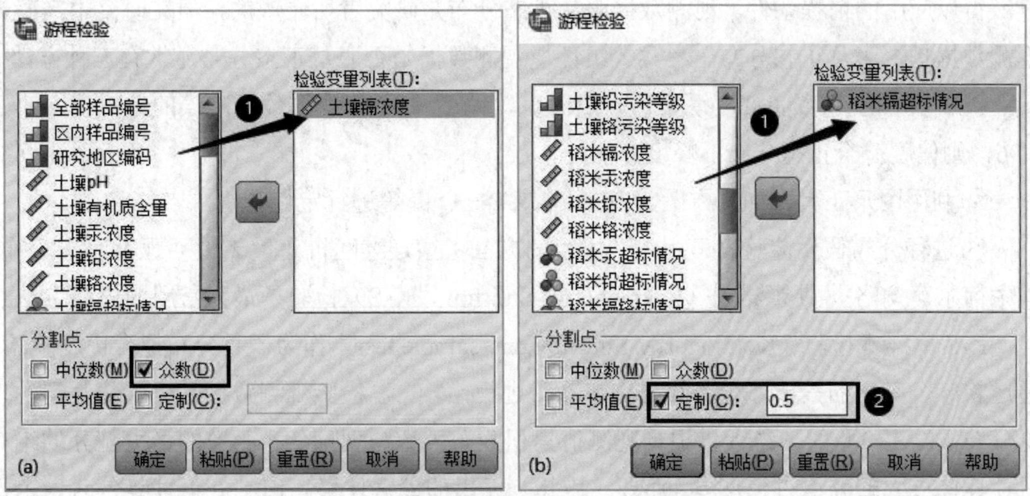

图 5-10 土壤镉浓度和稻米镉超标情况游程检验

表 5-2 土壤镉浓度游程检验结果

	土壤镉浓度/（mg/kg）
检验值[a]	0.17
个案数＜检验值	5
个案数≥检验值	96
总个案数	101
游程数	9
Z	−1.674
渐近显著性（双尾）	0.094

a 众数

表 5-3 稻米镉超标情况游程检验结果

	稻米镉超标情况
检验值[a]	0.50
总个案数	101
游程数	26
Z	−4.777
渐近显著性（双尾）	0.000

注：a 由用户指定。由于稻米超标情况是参考国家标准，根据稻米镉浓度是否高于 0.2 mg/kg 将数据转化为二分变量，故此处无量纲。

5.3.2 连续随机变量的正态分布检验

正态分布是统计分析中最重要的分布，是 Z 检验、t 检验、方差分析等经典假设检验方法得以应用的前提条件。观测数据服从正态分布是研究者所希望的，但在研究中需确认观测数据是否服从正态分布。考察一组环境观测数据是否服从正态分布通常有三种方法。

①计算偏度系数和峰度系数。一般而言，偏度系数/偏度系数标准误的绝对值，小于1.96，则偏度符合正态分布；峰度亦然。

②利用图形工具，如直方图、P—P图或Q—Q图等进行定性分析。

③进行分布假设检验。可用统计检验的方法考察连续随机变量X是否服从正态分布，其中柯尔莫戈洛夫-斯米诺夫（Kolmogorov-Smirnov，K-S）检验是最为常用的检验方法。

K-S单样本检验（Kolmogorov-Smirnov one-sample test）作为一种分布拟合优度检验，通过将一个变量的累计分布函数与特点分布进行比较，以检验观测数据是否服从假定的理论分布。K-S检验的Z统计量根据观测值累积分布函数与理论分布函数的最大差分的绝对值计算，对应的p值可根据Smirnov（1948）提出的公式计算。由于p值计算公式繁杂，此处省略。此外，如4.4.2所示，可根据P—P图和Q—Q图考察观测数据是否服从正态分布。当观测数据服从正态分布时，P—P图和Q—Q图中各点近似呈一条直线。

实战案例：

例5.2：以“data001_土壤和稻米重金属污染.sav”数据为例，分别考察“土壤镉浓度”“土壤有机质含量”和“稻米镉浓度”是否服从正态分布。

SPSS操作步骤：

方法1：计算偏度和峰度系数

根据4.3.3中描述的统计过程，计算偏度和峰度系数，结果输出如表5-4所示的偏度和峰度的统计量和标准误。进一步利用统计量/标准误的绝对值与1.96进行比较，结果发现土壤镉和米镉的偏度和峰度均不符合正态分布，但土壤有机质偏度和峰度均符合正态分布。

表5-4　偏度和峰度描述统计分析结果

变量	偏度			峰度		
	统计量	标准误	统计量/标准误	统计量	标准误	统计量/标准误
土壤镉浓度/（mg/kg）	1.892	0.240	7.883	3.147	0.476	6.611
土壤有机质/（g/kg）	0.230	0.240	0.958	−0.800	0.476	1.681
稻米镉浓度/（mg/kg）	2.093	0.240	8.721	4.503	0.476	9.460

方法2：绘制P—P图为例

根据4.4.2中所述的描述统计过程，绘制土壤镉、土壤有机质和米镉的P—P图（图5-11）。结果显示，仅有土壤有机质的大部分观测数据都落在对角线上，表明土壤有机质整体近似服从正态分布。

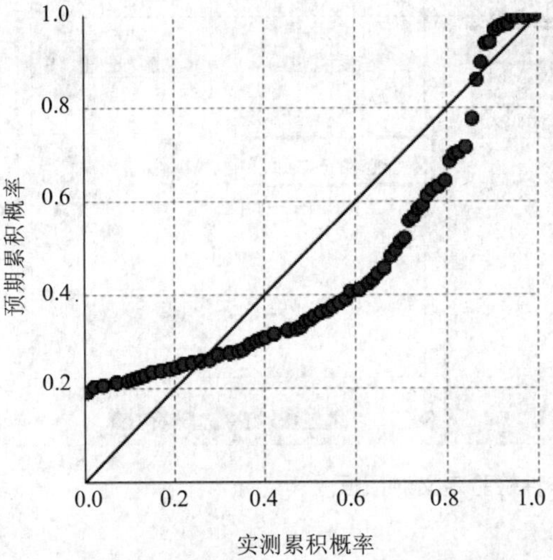

（a）土壤镉浓度的正态 P—P 图

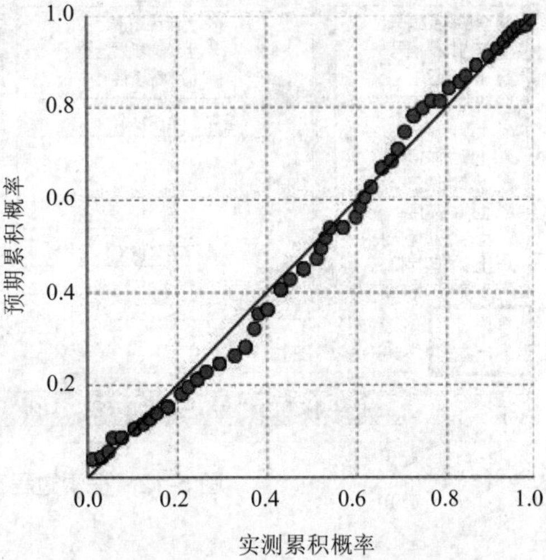

（b）土壤有机质含量的正态 P—P 图

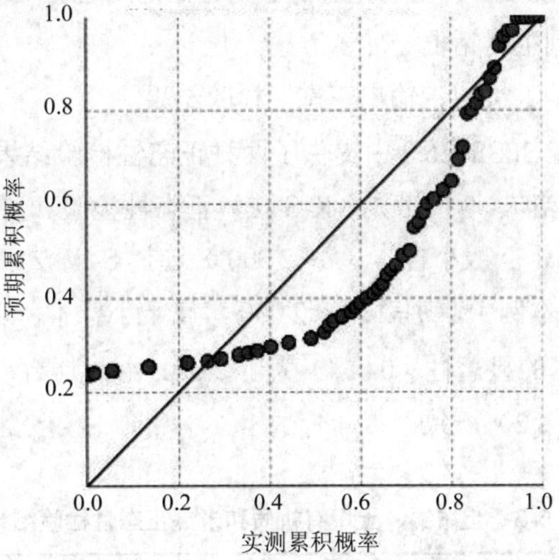

（c）稻米镉浓度的正态 P—P 图

图 5-11　土壤镉浓度（a）、土壤有机质含量（b）和稻米镉浓度（c）正态 P—P 图

方法 3：统计检验法

①【探索】过程下的正态检验

第 1 步：选择【分析】→【描述统计】→【探索】过程（图 4-29），打开【探索】定义对话框，将“土壤镉浓度”“土壤有机质含量”和“稻米镉浓度”选入【因变量列表框】[图 5-12（a）]。注意：在【显示】框组中需选中【两者】复选框，否则不能同时输出直方图以及 K-S 或 S-W 检验结果。

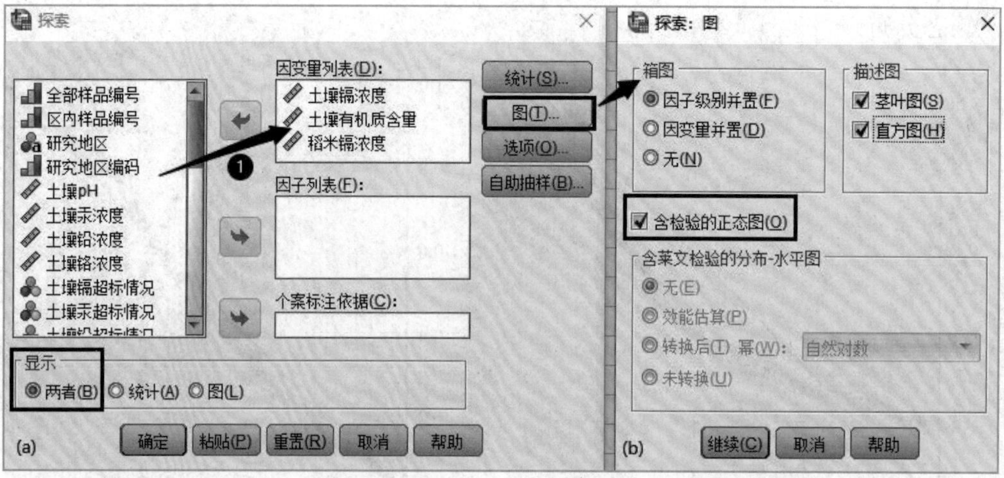

图 5-12　探索过程正态性检验定义对话框

第2步：单击图5-12（a）中【图】按钮，打开【探索：图】，选择【描述图】框组内的【直方图】复选框，以及【含检验的正态图】复选框，其他选项默认不变［图5-12（b）］，单击【继续】按钮，回到主对话框。

第3步：单击【确定】按钮，输出正态性检验结果。

根据表5-5可知，在SPSS 26.0中提供了两种正态性检验结果（统计量、自由度和显著性），分别是柯尔莫戈洛夫-斯米诺夫（K-S法）正态性检验和夏皮洛-威尔克（S-W法）正态性检验。在SPSS中，一般小样本（n<2 000）选择S-W法，否则选用K-S法，检验结果关键看"显著性"。本例中，$n=101 \ll 2\,000$，属于小样本，以S-W检验结果为准，仅有"土壤有机质含量"的显著性（0.054）大于0.05。由此判断，土壤有机质服从正态分布，检验结果与（1）和（2）一致。

表 5-5　土壤镉、土壤有机质和米镉正态性检验结果

变量	柯尔莫戈洛夫-斯米诺夫（K-S）检验			夏皮洛-威尔克（S-W）检验		
	统计量	自由度	显著性	统计量	自由度	显著性
土壤镉浓度/（mg/kg）	0.215	101	0.000	0.749	101	0.000
土壤有机质含量/（g/kg）	0.084	101	0.074	0.976	101	0.054
稻米镉浓度/（mg/kg）	0.238	101	0.000	0.700	101	0.000

②非参数K-S单样本正态性检验过程

选择【分析】→【非参数检验】→【旧对话框】→【单样本 K-S】过程（图 5-13），打开【柯尔莫戈洛夫-斯米诺夫检验】定义对话框，将"土壤镉浓度""土壤有机质含量"和"稻米镉浓度"选入【因变量列表框】（图5-14），在【检验分布】框组内选中【正态】

复选框，单击【确定】按钮，执行单样本 K-S 检验，输出检验结果（表 5-6）。

结果解析：由表 5-6 可知，非参数 K-S 法检验结果与描述性统计中［含检验的正态图］过程给出的 K-S 检验结果完全一致。根据 SPSS 中小样本数据采用 S-W 检验的原则，通常环境数据的正态性检验多采用描述统计过程中的正态检验过程实现。此外，由表 5-6 可知，非参数 K-S 单样本检验过程，还可进行均匀分布、泊松分布和指数分布的检验。

图 5-13 单样本非参数检验 K-S 过程选择

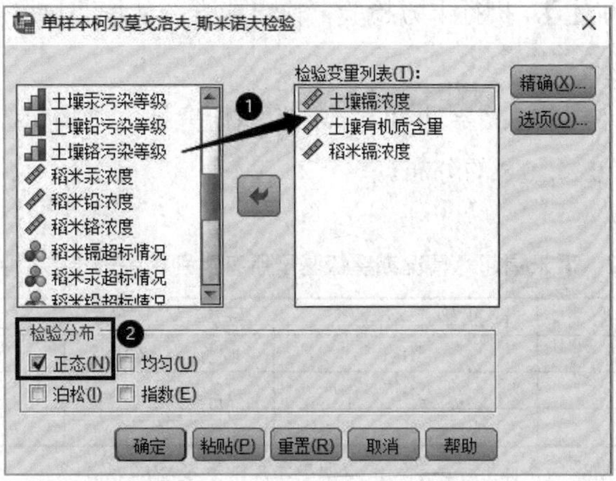

图 5-14 非参数柯尔莫戈洛夫-斯米诺夫检验定义对话框

表 5-6 非参数柯尔莫戈洛夫-斯米诺夫检验结果

		土壤镉浓度/（mg/kg）	土壤有机质含量/（g/kg）	稻米镉浓度/（mg/kg）
个案数		101	101	101
正态参数[a]	平均值	0.918	29.048	0.290
	标准偏差	0.944	12.206	0.392
最极端差值	绝对	0.215	0.084	0.238
	正	0.215	0.084	0.224
	负	−0.195	−0.068	−0.238
检验统计		0.215	0.084	0.238
渐近显著性（双尾）		0.000[b]	0.074[b]	0.000[b]

a 检验分布为正态分布，根据数据计算；b 里利氏显著性修正。

5.3.3 连续随机变量的 χ^2 检验

卡方检验（chi-square test）一方面可用于分组计量资料是否符合特定的分布；另一方面可用于单样本方差同质性检验。在 SPSS 26.0 中，仅能实现第一种情况的检验。

实战案例：

例 5.3：以“data001_土壤和稻米重金属污染.sav”数据为例，考察“稻米镉超标情况”（≥0.2 mg/kg）是否符合 1∶1 分布，或者是否符合 0.2∶0.8 分布。

SPSS 操作步骤：

第 1 步：选择【分析】→【非参数检验】→【旧对话框】 →【卡方】过程（图 5-15），打开【卡方检验】定义对话框，将“稻米镉超标情况”放入【检验变量列表】框，并在【期望值】框组内选择：“所有类别相等”［即 1∶1，图 5-16（a）］或值［输入 0.2∶0.8 具体比值，图 5-16（b）］。

第 2 步：单击【确定】，执行卡方检验，输出卡方统计量、自由度和显著性，如表 5-7 和表 5-8 所示。

结果解析：由表 5-7 和表 5-8 可知，长江流域研究地区“稻米镉超标情况”既不服从 1∶1 分布，也不服从 0.2∶0.8 的分布。

表 5-7 稻米镉超标情况期望值基于所有类别相等的卡方检验结果

	实测个案数/个	期望个案数/个	残差	卡方	自由度	渐近显著性
0	63	50.5	12.5	6.188	1	0.013
1	38	50.5	−12.5			
总计	101					

注：0 个单元格（0.0%）的期望频率低于 5。期望的最低单元格频率为 50.5。

表 5-8　稻米镉超标情况期望值基于特定比例卡方检验结果

	实测个案数/个	期望个案数/个	残差	卡方	自由度	渐近显著性
0	63	20.2	42.8	113.356	1	0.000
1	38	80.8	−42.8			
总计	101					

注：0 个单元格（0.0%）的期望频率低于 5。期望的最低单元格频率为 20.2。

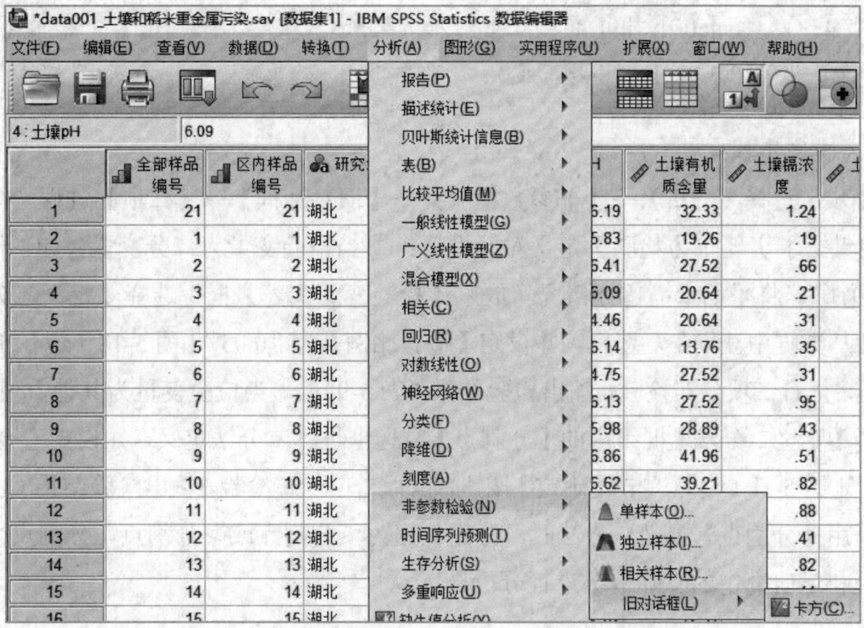

图 5-15　单样本非参数检验卡方检验过程选择

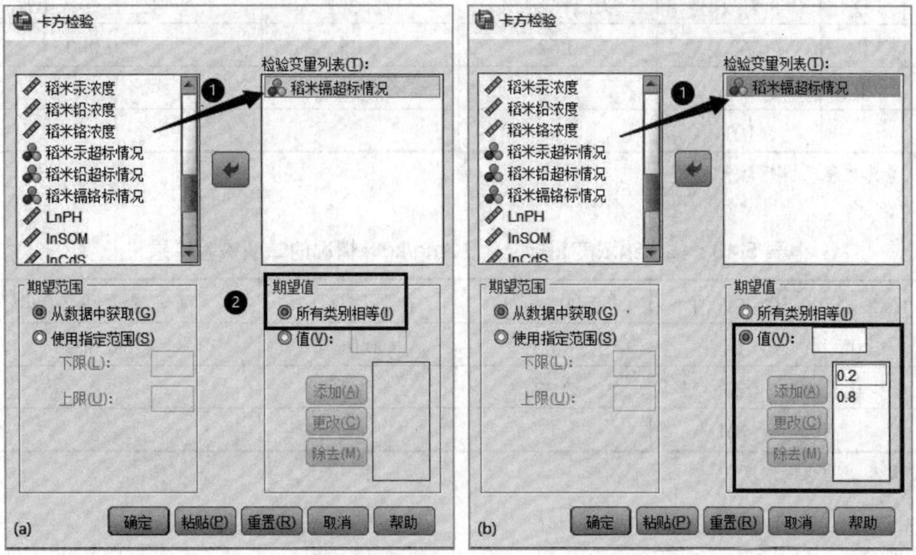

图 5-16　单样本卡方检验定义对话框

5.3.4 离散型随机变量的二项分布检验

二项分布检验（binomial test）用于二分变量的拟合优度检验，用于考察每个类别中观测值的频数与指定二项分布的预期频数间是否存在统计学差异。

实战案例：

例 5.4：以“data001_土壤和稻米重金属污染.sav”数据为例，考察“稻米镉超标情况”（≥0.2 mg/kg），是否服从二项分布。

SPSS 操作步骤：

第 1 步：选择【分析】→【非参数检验】→【旧对话框】→【二项】过程（图 5-15）。

第 2 步：打开【卡方检验】定义对话框后：①当检验变量为二分变量（如“稻米镉超标情况”）时，将“稻米镉超标情况”放入【检验变量列表】框，选择【定义二分法】框组内的【从数据中获取】复选框，并设定【检验比例】为“0.05”[图 5-18（a）]，单击【确定】按钮，执行二项分布检验，输出检验结果（表 5-9）；②当检验变量为其他数值变量时，通过选择【定义二分法】框组内的【分割点】复选框进行二分法定义，并设定【检验比例】为“0.05”[图 5-18（b）]，单击【确定】按钮，执行二项分布检验，输出检验结果（表 5-10）。注意：采用【分割点】定义二分法时，分组依据为≤分割点或>分割点，分割点大小需要根据环境科学研究中的实际情况进行分析。

表 5-9 稻米镉超标情况的二项检验结果 [a]

	类别	个案数/个	实测比例/%	检验比例/%	精确显著性（单尾）
组 1	0	63	0.62	0.05	0.000
组 2	1	38	0.38		
总计		101	1		

a 检验变量为“稻米镉超标情况”。

表 5-10 稻米镉浓度超标（≥0.2mg/kg）情况的二项检验结果 [a]

	类别	个案数/个	实测比例/%	检验比例/%	精确显著性（单尾）
组 1	≤0.2	64	0.63	0.05	0.000
组 2	>0.2	37	0.37		
总计		101	1		

a 检验变量为“稻米镉浓度”。

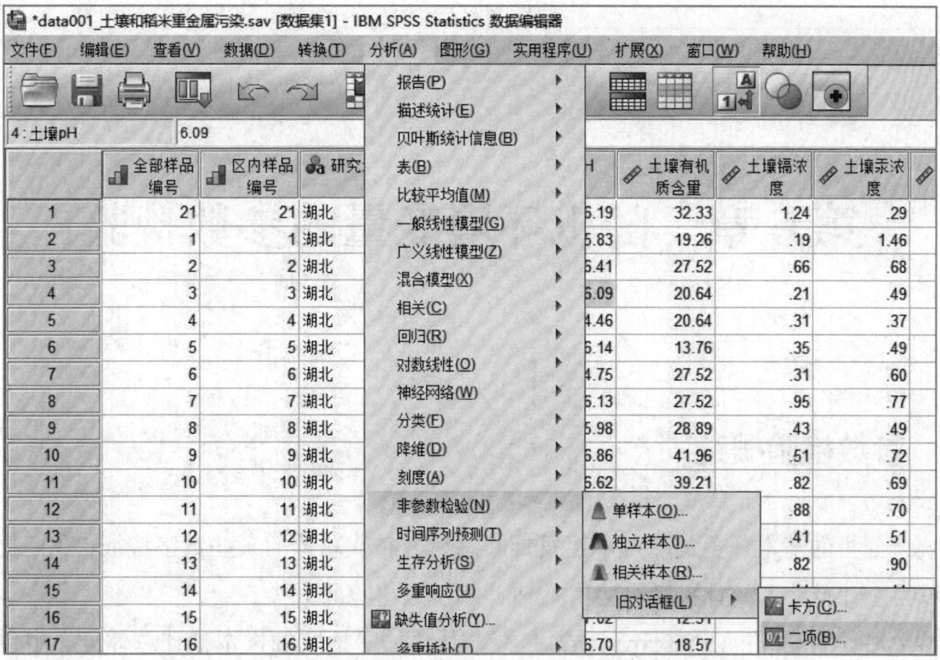

图 5-17　单样本非参数检验二项分布检验过程选择

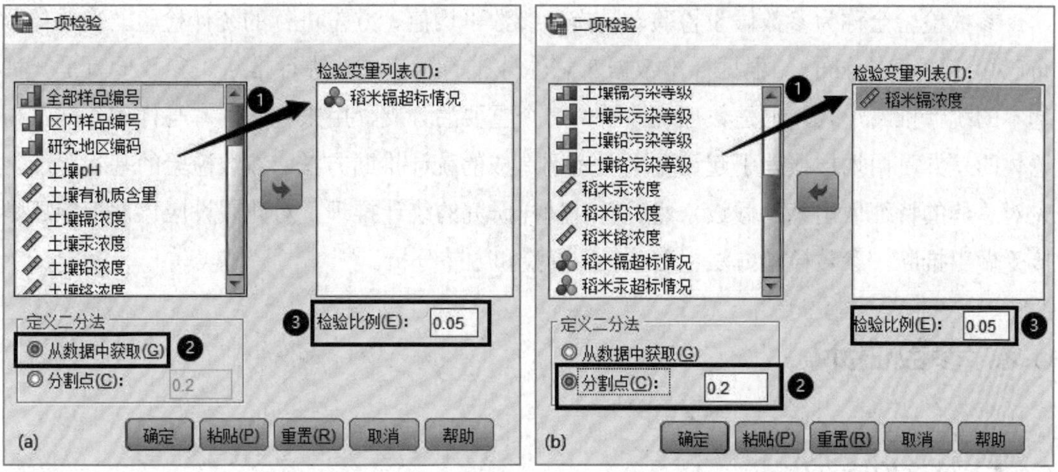

图 5-18　二项检验定义对话框：（a）二分变量和（b）其他数值变量

第 6 章　随机环境变量的参数检验

6.1　参数检验概述

统计分析的基本任务是从样本出发推断总体分布或总体的某些数字特征，我们把这个过程称为统计推断。统计推断分为参数估计和参数检验两大类。

参数估计（parameter estimation）是根据从总体中抽取的样本估计总体分布中包含的未知参数的方法，并根据已有数据分析或推断数据反映的本质规律。它是统计推断的一种基本形式，分为点估计和区间估计。

参数检验全称为参数假设检验，是指对参数平均值、方差进行的统计检验。当总体分布已知（如正态分布），根据样本数据对总体分布的统计参数进行推断。参数检验是一种基本的统计推断形式，也是数理统计学的一个重要的分支，用来判断样本与样本、样本与总体的差异是由抽样误差引起还是本质差别造成的统计推断方法。参数检验的基本原理是先对总体的特征做出某种假设，然后通过抽样研究的统计推理，对此假设应该被拒绝还是接受做出推断。参数检验方法主要包括 t 检验和方差分析。

6.2　参数估计

6.2.1　总体均值点估计

总体均值点估计就是选定一个适当的样本均值作为总体均数的点估计值。估计量是否准确通过无偏性、有效性和相合性（一致性）三个准则评估。

①无偏性：估计值在总体均值的真值附近上下摆动。

②有效性：估计值在真值附近摆动尽可能小，方差越小估计量越有效。

③相合性（一致性）：当样本量增大时，样本所包含的总体的信息增多，估计值与总体均值的真值差异应当越小，估计值基本等于总体均数的真值。

总体均值的点估计方法有矩估计法和最大似然估计法两种。

（1）矩估计法

矩估计法，也称矩法（method of moments）是 K.Pearson 在 20 世纪初的文章中引进的一种寻找估计量的简单易算的方法。该法的基本原理是用样本矩去估计相应的总体矩。例如，样本均数是相应总体均值的矩估计量。

（2）最大似然估计法

最大似然估计法（maximum likelihood estimation）是 Fisher 在 1912 年提出的一种参数估计方法，此法充分利用总体分布函数的信息，估计量能够满足无偏性和有效性。该法的基本思想是在已知总体分布，但未知其总体均值时，在待估总体均值的可能取值范围内进行搜索，能使概率最大化的那个数值即为最大似然估计值。

6.2.2 总体均值区间估计

在实际应用中，仅有总体均值的点估计是不够的，此时需对真值可能的范围进行估计。区间估计（interval estimation）是参数估计的一种形式，置信区间是区间估计理论中最基本的概念，在区间估计中，由样本统计量所构造的均值的估计区间称为总体均值置信区间，设 θ 为总体分布的一个未知参数，θ 属于参数空间，$x_1,x_2,\cdots,x_n$ 为来自总体 X 的样本，若给定常数 $\alpha(0<\alpha<1)$，存在两个统计量 $\hat{\theta}_1(x_1,x_2,\cdots,x_n)$，$\hat{\theta}_2(x_1,x_2,\cdots,x_n)$ 满足 $p(\hat{\theta}_1<\theta<\hat{\theta}_2)=1-\alpha$，则称$(\hat{\theta}_1,\hat{\theta}_2)$为 θ 的置信度为 $1-\alpha$ 的置信区间，区间最大值 $\hat{\theta}_1$ 称为置信下限，最小值 $\hat{\theta}_2$ 称为置信上限，α 为置信水平。评价置信区间的好坏有置信度和准确度两个标准，但区间估计的置信度和准确度是相互制约的，当样本容量固定时，准确度与置信度不能同时提高，为此 Neyman 提出先选定置信度 $1-\alpha$，然后再通过增加样本容量来提高准确度。

（1）单样本置信区间估计

当研究单样本总体均值时，根据总体方差是否已知及样本量大小可分为以下两种情况：

①若总体方差已知、大样本数量 $n>30$ 且服从正态分布，则置信区间可表示为

$$\bar{x} \pm z_{\alpha/2}\frac{\sigma}{\sqrt{n}} \tag{6-1}$$

②若总体方差未知和小样本数量 $n<30$ 且服从正态分布，则置信区间可表示为

$$\bar{x} \pm t_{\alpha/2}\frac{s}{\sqrt{n}} \tag{6-2}$$

在实际环境问题中对总体方差未知的情况应用较广泛。根据中心极限定理，当样本量足够大，即使原数据不符合正态分布，其样本均值的抽样分布仍然是正态的，此时可用样本方差代替总体方差来求总体均值的置信区间。

（2）双样本置信区间估计

在实际环境问题中，由于处理材料、工艺流程等因素的差异引起对某个污染物的处理效果 X 的变化，若 X 服从正态分布，此时需对两个正态总体的均值之差 $\mu_1-\mu_2$ 的置信区间进行研究。根据两个总体方差是否已知及样本量大小，可分为以下情况：

①若两个总体方差都已知，则均值之差 $\mu_1-\mu_2$ 的置信区间可表示为

$$(\overline{x_1}-\overline{x_2})\pm z_{\alpha/2}\sqrt{\frac{\sigma_1^2}{n_1}+\frac{\sigma_2^2}{n_2}} \tag{6-3}$$

②若两个总体方差均未知但 $\sigma_1=\sigma_2$ 且为小样本时（n＜30），考虑 t 统计量的形式，则均值之差 $\mu_1-\mu_2$ 的置信区间可表示为：

$$(\overline{x_1}-\overline{x_2})\pm t_{\alpha/2},\ n_1+n_2-S_P{}^2\sqrt{\frac{1}{n_1}+\frac{1}{n_2}} \tag{6-4}$$

式中，$S_P^2=\dfrac{(n_1-1)S_1^2+(n_2-1)S_2^2}{n_1+n_2-2}$。

③若两个总体方差均未知相等且 $\sigma_1\neq\sigma_2$ 且为大样本时（n＞30），用样本方差代替总体方差，则均值之差 $\mu_1-\mu_2$ 的置信区间可表示为

$$(\overline{x_1}-\overline{x_2})\pm z_{\alpha/2}\sqrt{\frac{S_1^2}{n_1}+\frac{S_2^2}{n_2}} \tag{6-5}$$

实战案例：

例 6.1：以“data002_主要城市经济环境数据.sav”数据为例，对全国 29 个主要城市“二氧化氮浓度”进行参数估计。

SPSS 操作步骤：

第 1 步：双击打开数据文件“data002_主要城市经济环境数据.sav”。

第 2 步：选择【分析】→【描述统计】→【探索】过程，如图 6-1 所示。

图 6-1 数据探索过程选择

第 3 步：打开【探索】定义对话框，将“二氧化氮年均浓度”选入【因变量列表】框。

第 4 步：单击【统计】按钮，打开【统计】子对话框，选中【描述】复选框，默认自

动选中，并选中【显示】框组中的【统计】复选框，如图 6-2 所示。注：本例旨在对参数进行区间估计，故只关注探索性统计分析结果，对其基本统计量的描述及 Q—Q 图，P—P 图及直方图等不进行详述，此部分内容可参见本书 4.2 节及 4.3 节。

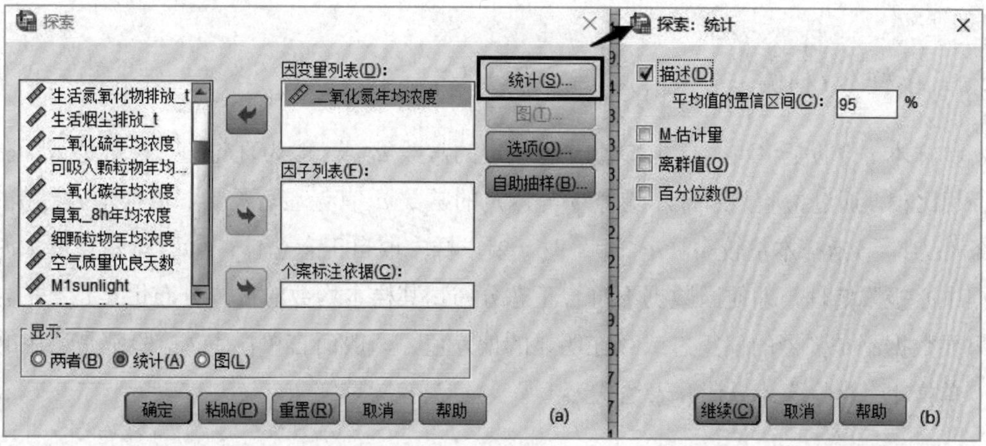

图 6-2　二氧化氮年均浓度探索分析定义对话框

第 5 步：单击【确定】，输出描述性统计分析结果（表 6-1），“二氧化氮浓度”均值为 38.48 μg/m^3，标准误差为 1.715，均值的 95%置信区间上限和下限分别为 34.97 和 42.00，即均值的 95%置信区间为（34.97，42.00）。

表 6-1　二氧化氮描述性统计分析结果　　单位：μg/m^3

			统计	标准误差
二氧化氮	平均值		38.48	1.715
	平均值的 95%置信区间	下限	34.97	
		上限	42.00	

6.3　*t* 检验

t 检验是针对连续变量的统计推断方法中最基本的检验方法，是用 *t* 分布理论来推断差异发生的概率，据此比较两个样本的均值差异是否显著。它是由 William Gossett 发表的关于小样本分布 *t* 分布的论文提出的。*t* 检验包含单样本 *t* 检验、两独立样本 *t* 检验及配对样本 *t* 检验三种设计类型。单样本 *t* 检验主要是检验一个样本的均值与已知总体均值的差异是否显著；两个独立样本 *t* 检验用于检验两组独立样本均值是否存在显著差异；配对样本 *t* 检验用于检验两组匹配样本均值或同组样本在不同条件下均值差异性是否显著。在进行 *t*

检验时，需区分单侧检验和双侧检验，单侧检验的界值小于双侧检验的界值，更容易拒绝，犯第一类错误的可能性更大。t 检验中的 P 值是接受两样本均值存在差异这个假设犯错的概率，P 越小，说明两样本均值的差异越显著，当 $P<0.05$ 时，说明两样本均值的差异显著。

6.3.1 单样本 t 检验

单样本 t 检验是将单个样本均值 μ 与假定的常数 μ_0（一般为理论值、标准值或经验值等）相比较，通过检验判断样本均值 μ 与假定的常数 μ_0 有无显著差异。单样本 t 检验的适用条件为：①当样本量较小（$n<30$）时，要求样本取自正态总体；②样本量足够大时，根据中心极限定理，即便原数据不符合正态分布，其样本均数的抽样分布仍是正态的，因此只要数据不是强烈的偏正态或存在明显的偏差值，一般而言单样本 t 检验都是适用的。

单样本 t 检验统计量计算表达式为

$$\mathrm{t}=\frac{\bar{x}-\mu}{\frac{\sigma_x}{\sqrt{n-1}}} \tag{6-6}$$

式中，$\bar{x}$ 为样本均值，σ_x 为样本标准差，n 为样本数。该统计量 t 在零假设 $\mu=\mu_0$ 为真的条件下服从自由度为 $n-1$ 的 t 分布。

实战案例：

> 例 6.2：假设全国细颗粒物年均浓度为 41 μg/m^3，现以“data002_主要城市经济环境数据.sav”数据为例，试用单样本 t 检验考察案例中 29 个省（区、市）的“细颗粒物年均浓度”与全国年均浓度是否存在差异。

SPSS 操作步骤：

第 1 步：双击打开“data002_主要城市经济环境数据.sav”。

第 2 步：单样本 t 检验要求样本服从正态分布，对 29 个省（区、市）的细颗粒物年均浓度进行分布检验判断其是否服从正态分布（参见 5.3.2 节）。由于此例观测样本数 $n=29$，属于小样本数据，参考 S-W 检验法的结果，如表 6-2 所示。根据显著性 $P=0.834>0.05$ 可知，29 个省市“细颗粒物年均浓度”呈正态分布。

表 6-2 细颗粒物年均浓度（μg/m^3）正态性检验结果

柯尔莫戈洛夫-斯米诺夫（K-S）检验			夏皮洛-威尔克（S-W）检验		
统计	自由度	显著性	统计	自由度	显著性
0.105	29	0.200	0.980	29	0.834

第 3 步：选择【分析】→【比较均值】→【单样本 *t* 检验】过程，如图 6-3（a）所示。

第 4 步：打开【单样本 t 检验】对话框，将“细颗粒物年均浓度”选入【检验变量】框，并在【检验值】中输入“41”，如图 6-3（b）所示。

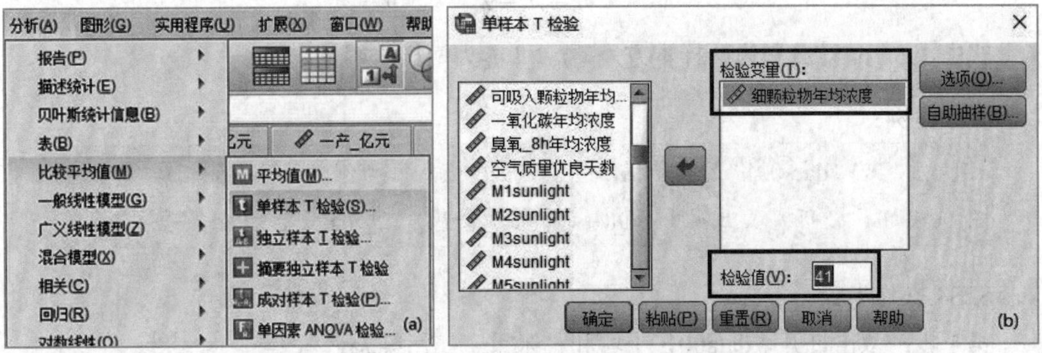

图 6-3　单样本 *t* 检验过程选择（a）和细颗粒物年均浓度单样本 *t* 检验定义对话框（b）

第 5 步：单击【确定】，输出单样本 *t* 检验结果（表 6-3、表 6-4）。表 6-3 为检验变量基本统计量描述，本例样本个案数 N=29，样本细颗粒物年均浓度的均值为 41.10 μg/m^3，标准偏差为 12.627，标准误差平均值为 2.345。表 6-4 为单样本 *t* 检验结果，自由度 df=28，样本均值与假定总体均值 41μg/m^3 的平均值差值为 0.103，t=0.044，P（双尾）=0.965>0.05，表明样本细颗粒物年均浓度的均值与假设的总体均值之间的差异不显著。

表 6-3　细颗粒物年均浓度（μg/m^3）单样本统计

个案数/个	平均值	标准偏差	标准误差平均值
29	41.10	12.627	2.345

表 6-4　细颗粒物年均浓度（μg/m^3）单样本检验

检验值= 41					
t	自由度	Sig.（双尾）	平均值差值	差值 95%置信区间	
				下限	上限
0.044	28	0.965	0.103	−4.70	4.91

6.3.2　两独立样本 *t* 检验

在实际问题中往往会碰到两个总体均值的比较问题，此时可以考虑使用两独立样本 *t* 检验进行分析。两独立样本 *t* 检验也称成组 *t* 检验，用来推断来自两个总体的独立样本的均值是否存在显著差异。两独立样本 *t* 检验的适用条件为：①独立性：两个样本相互独立；②正态性：样本均来自正态分布的总体；③方差齐：各样本所在总体方差相等。

两独立样本 t 检验统计量为：

$$t=\frac{\overline{x_1}-\overline{x_2}}{\sqrt{\frac{(n_1-1)S_1^2+(n_2-1)S_2^2}{n_1+n_2-2}\left(\frac{1}{n_1}+\frac{1}{n_2}\right)}} \tag{6-7}$$

式中，S_1^2 和 S_2^2 分别为两样本方差，n_1 和 n_2 为两样本容量。

实战案例：

例 6.3：以“data001_土壤和稻米重金属污染.sav”为例，试用两独立样本 t 检验考察 B、C 研究区土壤中 SOM（有机质含量）的均值是否存在显著差异。

SPSS 操作步骤：

第 1 步：双击打开“data001_土壤和稻米重金属污染.sav”。

第 2 步：两独立样本 t 检验要求样本均来自正态分布的总体，对研究区域土壤有机质浓度进行分布检验判断其是否服从正态分布（参见 5.3.2 节）。此案例中，样本量介于 28～40，属于小样本数据，参考 S-W 检验法的结果，如表 6-5 所示。根据夏皮洛-威尔克显著性可知，P_A=0.036＜0.05 可知，A 研究地区土壤有机质含量不服从正态分布；P_B=0.859＞0.05 和 P_C=0.530＞0.05，表明 B、C 两个研究地区土壤有机质含量均服从正态分布，接下来对 B、C 两研究地区的土壤有机质进行两个独立样本 t 检验。

表 6-5 研究区域土壤有机质含量（mg/kg）正态性检验

	研究地区	柯尔莫戈洛夫-斯米诺夫（K-S）检验			夏皮洛-威尔克（S-W）检验		
		统计	自由度	显著性	统计	自由度	显著性
土壤有机质含量	A 研究地区	0.181	33	0.008	0.931	33	0.036
	B 研究地区	0.073	40	0.200*	0.985	40	0.859
	C 研究地区	0.085	28	0.200*	0.968	28	0.530

第 3 步：选择【分析】→【比较均值】→【独立样本 T 检验】过程，如图 6-4（a）所示。

第 4 步：打开【独立样本 T 检验】定义对话框，将“土壤有机质含量”选入【检验变量】框，并将“研究地区编码”选入【分组变量】框，单击【定义组】，根据分组变量为“组 1”和“组 2”设置数值或相应的数值，本案例设置“组 1”为 2（B 研究地区），“组 2”为 3（C 研究地区），如图 6-4（b）所示。

第 5 步：单击【确定】，输出两独立样本 T 检验结果（表 6-6、表 6-7）。

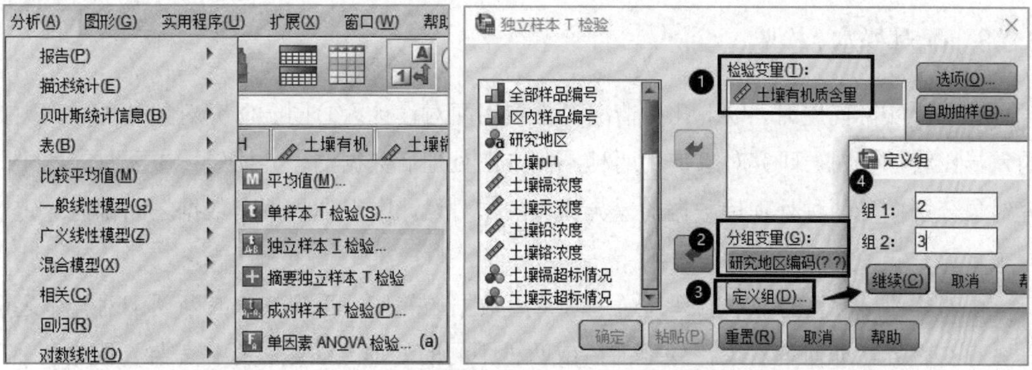

图 6-4　独立样本 *T* 检验过程选择（a）和土壤有机质含量 *T* 检验定义对话框（b）

表 6-6 给出了两组检验变量的描述性统计结果（平均值、标准偏差及标准误差平均值）。由此可见，B 研究地区土壤有机质含量（32.27±12.06）略高于 C 研究地区（31.53±13.23），但二者的差异是否具有统计学显著性需要进一步分析。

表 6-7 为方差齐性检验及 *t* 检验分析结果。表格第一部分为莱文方差齐性检验，用来判断两个独立样本的方差是否齐。本例检验结果为 F=0.003，P =0.560>0.05，表明 B、C 两个研究地区土壤有机质含量方差齐；表格第二部分给出满足和不满足方差齐性条件下，*t* 检验结果。本例选用"假定等方差"的 *t* 检验结果，t=0.238，P=0.812>0.05，表明 B、C 两个研究地区土壤有机质含量差异无统计学显著性。注意：当两个独立样本不满足方差齐性时，需根据两样本的方差情况对自由度进行校正，得到校正后 *t* 检验的结果，以及假定等方差条件下的 *t* 检验结果。

表 6-6　B 和 C 研究地区土壤有机质含量（mg/kg）分组统计分析结果

研究地区	个案数/个	平均值	标准偏差	标准误差平均值
B 研究地区	40	32.27	12.06	1.91
C 研究地区	28	31.53	13.23	2.51

表 6-7　独立性检验结果

	莱文方差等同性检验		平均值等同性 *t* 检验					差值 95%置信区间	
	F	显著性	*t*	自由度	Sig.（双尾）	平均值差值	标准误差差值	下限	下限
假定等方差	0.343	0.560	0.238	66	0.812	0.739	3.099	−5.448	6.926
不假定等方差			0.234	54.542	0.816	0.739	3.153	−5.581	7.059 6

6.3.3 配对样本 t 检验

在解决实际问题时，以下几种情况通常要用配对设计：①同一研究对象处理先后数据的差异比较；②同一研究对象使用两种不同方法处理后数据的差异比较；③配对的两个研究对象分别接受两种处理后数据的差异比较。配对设计中得到的每对数据之间都有一定的相关。

配对样本 t 检验的基本原理是通过求每组数据的差值是否为 0 来判断两配对样本之间是否存在差异，即研究对象在处理前后或两种不同的处理方法是否存在差异。配对样本 t 检验的适用条件为：①各个样本均来自正态分布的总体且配对；②两样本所属总体方差齐。

若两组配对样本 x_{1i} 与 x_{2i} 之差为 $d_i = x_{i1} - x_{2i}$ 独立且来自正态分布，则 d_i 的总体期望值 μ 是否为 μ_0 可利用以下统计量判断：

$$t = \frac{\overline{d} - \mu_0}{S_d / \sqrt{n}} \tag{6-8}$$

式中，$i = 1, \cdots, n$；$\overline{d} = \sum_{i=1}^{n} d_i \Big/ n$ 为配对样本差值的平均数；$S_{\mathrm{d}} = \sqrt{\sum_{i=1}^{n} (d_i - \overline{\mathrm{d}})^2 \Big/ (n-1)}$ 为配对样本差值的标准误差；n 为配对样本数。该统计量 t 在零假说 $\mu = \mu_0$ 为真的条件下服从自由度为 $n-1$ 的 t 分布。

实战案例：

> 例 6.4：以“data003_不同粒径石灰石处理 AMD.sav”为例，试用配对样本 t 检验考察分别用粒径为 8 目和 10 目的石灰石处理酸性矿山废水（AMD）后 pH 的变化是否存在显著差异。

SPSS 操作过程：

第 1 步：双击打开数据文件“data003_不同粒径石灰石处理 AMD.sav”。

第 2 步：配对样本 t 检验要求样本均来自正态分布的总体，对“pH/8 目”和“pH/10 目”进行分布检验判断其是否服从正态分布（参见 5.3.2 节）。此例样本量为 10，属于小样本数据，选用 S-W 检验结果，如表 6-8 所示。根据夏皮洛-威尔克检验结果，“pH/8 目”和“pH/10 目”的显著性 P 值分别为 0.658 和 0.624，均大于 0.05，表明两样本数据均服从正态分布。

表 6-8 矿山周边土壤 pH 正态性检验结果

目数	柯尔莫戈洛夫-斯米诺夫（K-S）检验			夏皮洛-威尔克（S-W）检验		
	统计	自由度	显著性	统计	自由度	显著性
8 目	0.154	10	0.200	0.949	10	0.658
10 目	0.163	10	0.200	0.946	10	0.624

第 3 步：配对样本 t 检验要求样本满足方差齐性假设，进一步对“pH/8 目”和“pH/10 目”进行方差齐性检验判断其方差是否齐（参见 6.4.1 节），检验结果如表 6-9，F=0.111，P=0.742＞0.05，则两种配对样本“pH/8 目”和“pH/10 目”方差齐。

表 6-9　土壤 pH ANOVA 分析结果

	平方和	自由度	均方	F	显著性
组间	0.305	1	0.305	0.111	0.742
组内	49.266	18	2.737		
总计	49.571	19			

第 4 步：选择【分析】→【比较平均值】→【成对样本 T 检验】过程，如图 6-5（a）所示。

第 5 步：打开【配对样本 t 检验】定义对话框，【配对变量】需设置定距或定比变量，可选择 1 对及以上配对变量，当有多个配对变量时，可重复选择，每对样本会输出一个 t 检验结果。本例只有 1 对配对变量——“pH/8 目”和“pH/10 目”，如图 6-5（b）所示。

第 6 步：单击【确定】，输出配对样本 t 检验结果（表 6-10～表 6-12）。

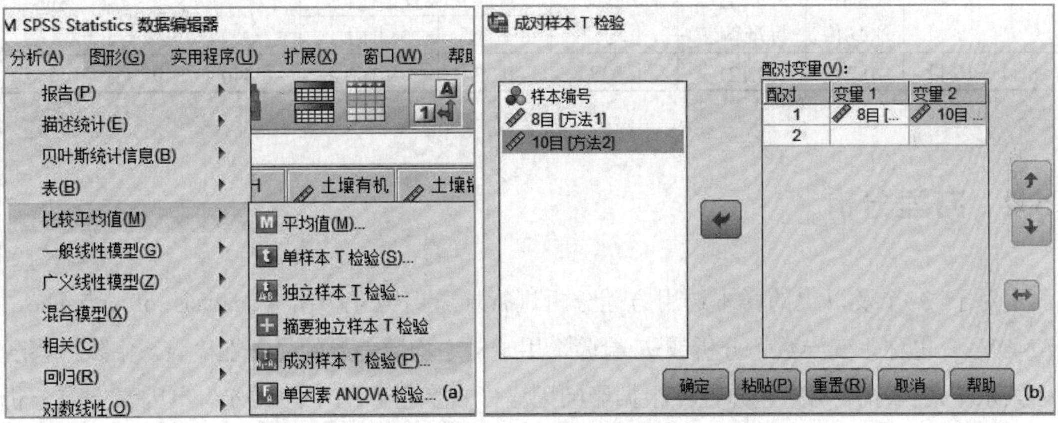

图 6-5　成对样本 T 检验过程选择（a）和配对样本 T 检验定义对话框（b）

表 6-10 分别为两组检验变量的基本统计量描述（平均值、标准偏差及标准误差平均值），由此可知，小粒径（8 目）石灰石处理后酸性矿山废水 pH 平均值（4.855）低于大粒径（10 目）石灰石处理后酸性矿山废水（5.102），但差异是否具有显著性，需要进一步进行参数检验。

表 6-11 为两配对样本相关性，结果显示本例配对样本的相关系数为 0.997，P＜0.001，可认为用粒径为 8 目的石灰石和粒径为 10 目的石灰石处理酸性矿山废水后 pH 存在相关性。

表 6-12 为配对样本 t 检验结果，本例自由度 df=9，两配对样本差值的平均值为−0.247，标准偏差为 0.121，标准误差平均值为 0.038；t=−6.440，P=0.000<0.05，因此可以认为两种不同的方法（即用粒径为 8 目的石灰石和粒径为 10 目的石灰石）处理酸性矿山废水，对其 pH 的影响具有显著差异，因为配对差值平均值为−0.247<0，可以认为粒径为 10 目的石灰石处理酸性矿山废水其 pH 提升效果高于粒径为 8 目的石灰石。

表 6-10 配对样本统计

	个案数/个	平均值	标准偏差	标准误差平均值
8 目	10	4.855	1.648	0.521
10 目	10	5.102	1.661	0.525

表 6-11 配对样本相关性

	个案数/个	相关性	显著性
8 目—10 目	10	0.997	0.000

表 6-12 配对样本检验

	差值平均值	差值标准偏差	标准误差平均值	差值 95%置信区间		t	自由度	Sig.（双尾）
				下限	上限			
8 目—10 目	−0.247	0.121	0.038	−0.334	−0.160 4	−6.440	9	0.000

6.4 方差分析

对于 3 个及以上的样本选用方差分析进行检验。方差分析（analysis of variance，ANOVA）也称“变异数”分析或 F 检验，用于样本均数差异的显著性检验，主要考察各因素水平对因子影响的差异性。根据影响因素（自变量）的不同，分为单因素方差分析（one-way ANOVA）、双因素方差分析（two-way ANOVA）、多因素方差分析（multi-way ANOVA）。根据分析指标（因变量）的不同，分为一元方差分析（one-way ANOVA）、多元方差分析（multivariate analysis of variance，MANOVA）。

方差分析的基本步骤：①平方与自由度的分解：获取各变异来源方差的估计值；②F 检验：判断各处理均数间是否存在差异；③多重比较：进一步判断两两处理均数间的差异显著性。方差分析认为不同处理组间的均数间的差异来源有两个。

①组间误差：不同处理造成的差异，用变量在各组的均值与总均值之偏差平方和的总和表示，记作 SS_t，组间自由度 df_t。

②组内误差：如测量误差造成的差异或个体间的差异，用变量在各组的均值与该组内

变量值之偏差平方和的总和表示，记作 SS_e，组内自由度 df_e。

总偏差平方和：$SS_T=SS_t+SS_e$。

方差分析把研究指标的总变异分解成两个或多个组成部分，然后比较各部分的组间误差除以组内误差的统计量 F。若无抽样误差，F 应等于 1，但事实上抽样误差总是存在的，且组内误差和组间误差都只是 σ^2 的估计，所以 F 不总是等于 1。据数理统计研究，这样的 F 统计量服从数学中的 F 分布。由于组内误差和组间误差都是正值，且都是 σ^2 的估计，所以 F 取值总是正的，且取值接近 1 的概率较大，取值远离 1 的概率较小，其分布与组间、组内的自由度有关。F 值越大，表明组间变异大；F 值越小，表明变异主要由抽样误差引起。

$$F=\frac{S_t^2}{S_e^2}=\frac{SS_t/(g-1)}{SS_e/(n-g)} \tag{6-9}$$

式中，n 为观测样本个数；g 为处理组数。

应用方差分析需满足以下条件：

（1）独立性：各随机样本相互独立。如要求严格，一般都满足条件。

（2）正态性：各样本的因变量服从正态分布。逐渐弱化，当正态性得不到满足时，分析结果不会受到太大影响。

（3）方差齐：各样本的总体方差相等。轻微方差不齐（方差最大值/方差最小值＜3）时也可以做方差分析，分析结果一般稳定。

在学习之前，将简单介绍以下几个概念：

（1）一般线性模型（general linear model）：用于分析自变量对连续因变量影响的模型。SPSS 中的一般线性模型分析可进行单变量方差分析、多变量方差分析、重复测量方差分析和方差成分分析。

（2）主效应（main effects）：某一因素各水平之间的平均差异产生的效应，即某因素单独对因变量产生的影响，每个因素可能会有自己的主效应。

（3）交互效应或交互作用（interaction）：某一因素在另一因素不同水平上产生的效应，即因素间共同对因变量产生的效应。

（4）简单效应（simple effects）：某一因素不同水平在另一因素某水平上产生的效应，当两因素或多因素间出现交互作用时就需进行简单效应检验。

6.4.1 单因素方差分析

单因素方差分析用于考察某一因素不同水平对研究结果的显著性影响。

实战案例：

例 6.5：以“data002_主要城市经济环境数据.sav”数据为例，分析东部、中部和西部地区差异是否影响臭氧最大 8 h 浓度。

SPSS 操作过程：

第 1 步：双击打开数据文件“data002_主要城市经济环境数据.sav”。

第 2 步：方差分析需满足正态分布假设，因此先对不同地区臭氧最大 8 h 浓度进行正态分布检验（SPSS 操作过程参见 5.3.2 节），检验结果如表 6-13 所示。由于本案例属于样本数据，故根据夏皮洛-威尔克正态性检验显著性 P 值均大于 0.05 可知，东、中、西三个地区臭氧最大 8 h 浓度均服从正态分布；

第 3 步：选择【分析】→【比较平均值】 →【单因素 ANOVA 检验】过程，如图 6-6 所示。

第 4 步：打开【单因素 ANOVA 检验】定义对话框，分别将“臭氧_8 h 年均浓度”和“地区”选入【因变量列表】框和【因子】框，如图 6-7（a）所示。由于单因素 ANOVA 检验需要满足方差齐性基本假设，因此需通过【选项】子对话框，选中【方差齐性检验】复选框，如图 6-7（b）所示。

表 6-13 东部、中部和西部地区臭氧_8 h 年均浓度（μg/m^3）正态性检验结果

	柯尔莫戈洛夫-斯米诺夫（K-S）检验			夏皮洛-威尔克（S-W）检验		
	统计	自由度	显著性	统计	自由度	显著性
东部地区	0.132	13	0.2	0.958	13	0.728
中部地区	0.15	8	0.2	0.922	8	0.444
西部地区	0.236	8	0.2	0.932	8	0.535

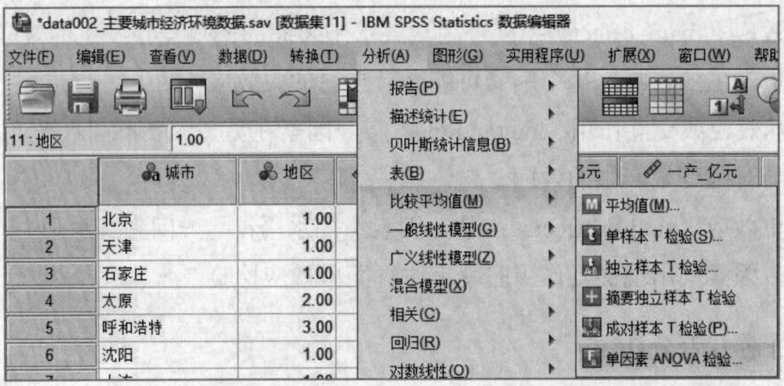

图 6-6 单因素 ANOVA 检验过程选择

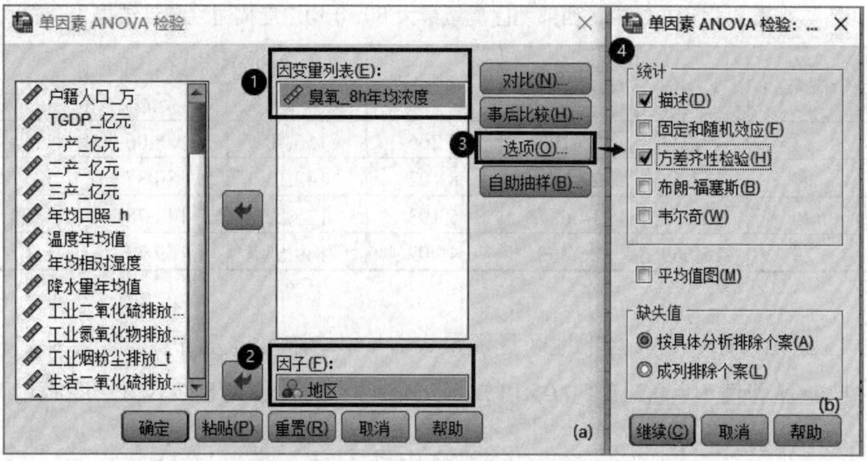

图 6-7　单因素 ANOVA 检验定义对话框和选项设子对话框

第 5 步：成对比较。在第 4 步之后，单击【事后比较】，打开【事后多重比较】子对话框，在【假定等方差】框组中选择多重比较的方法。此处选中【LSD】复选框和【邓尼特】复选框，在【控制类别】下拉列表框中选择【最后一个】为对照，如图 6-8 所示。

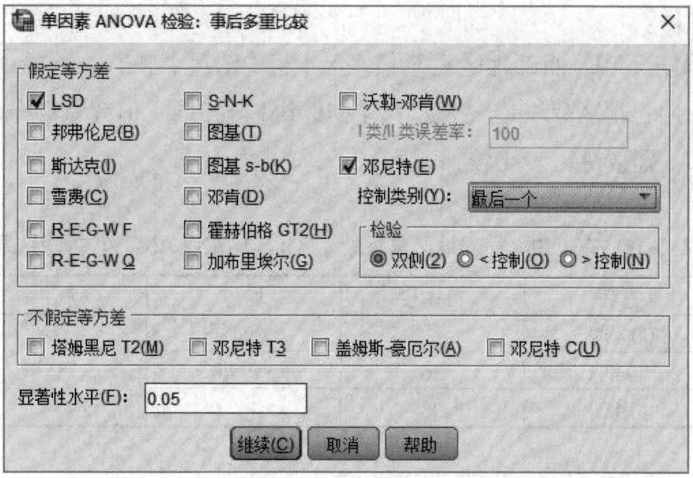

图 6-8　单因素 ANOVA 检验事后多重比较定义对话框

第 6 步：单击【确定】，输出单因素 ANOVA 检验结果。

结果解析：表 6-14 中各地区的臭氧最大 8 h 浓度平均值呈东部地区（172.23 μg/m^3）＞中部地区（161.50 μg/m^3）＞西部地区（137.50 μg/m^3）。但这些差异是否存在统计学显著性，需进一步分析。

表 6-14 东、中、西部地区臭氧最大 8 h 年均浓度描述性统计结果

	个案数/个	平均值	标准偏差	标准错误	平均值的 95%置信区间		最小值	最大值
					下限	上限		
东部地区	13	172.23	26.198	7.266	156.40	188.06	116	211
中部地区	8	161.50	23.170	8.192	142.13	180.87	133	194
西部地区	8	137.50	14.687	5.193	125.22	149.78	118	166
总计	29	159.69	26.400	4.902	149.65	169.73	116	211

表 6-15 给出了东、中、西部地区臭氧最大 8 h 年均浓度方差齐性检验结果，根据莱文方差齐性检验显著性 $P=0.218>0.05$ 可知，三个地区臭氧最大 8 h 年均浓度满足方差齐性要求。

表 6-15 东、中、西部地区臭氧最大 8 h 年均浓度方差齐性检验结果

	莱文统计	自由度 1	自由度 2	显著性
基于平均值	1.617	2	26	0.218
基于中位数	1.616	2	26	0.218
基于中位数并具有调整后自由度	1.616	2	24.2	0.219
基于剪除后平均值	1.609	2	26	0.219

表 6-16 给出东、中、西部地区臭氧最大 8 h 年均浓度 ANOVA 检验结果，显著性 $P=0.008<0.05$，表明三地区臭氧最大 8 h 年均浓度不完全相同。但究竟哪个地区与哪个地区不同，尚不可知，需要进一步比较。

表 6-16 东、中、西部地区臭氧最大 8 h 年均浓度 ANOVA 检验结果

	平方和	自由度	均方	F	显著性
组间	6 009.90	2	3 004.95	5.785	0.008*
组内	13 504.31	26	519.40		
总计	19 514.21	28			

* $P<0.05$。

表 6-17 为东、中、西部地区臭氧最大 8 h 年均浓度多重比较结果。LSD 法中“显著性”$P<0.05$，即认为有显著性差异。由此可见，东部地区臭氧最大 8 h 年均浓度显著高于西部地区，东部地区与中部地区、中部地区与西部地区的臭氧最大 8 h 年均浓度无显著差异且无统计学意义。邓尼特 t 检验将“西部地区”视为控制组，并将所有其他组与中部、东部地区进行比较。邓尼特检验结果表明，东部地区臭氧最大 8 h 年均浓度显著高于西部地区，但中部地区臭氧最大 8 h 年均浓度与西部地区未见显著差异。

表 6-17 东、中、西部地区臭氧最大 8 h 年均浓度（μg/m^3）多重比较结果

	（I）地区	（J）地区	平均值差值（I-J）	标准	显著性	95%置信区间	
						下限	上限
LSD	东部地区	中部地区	10.731	10.241	0.304	−10.32	31.78
		西部地区	34.731[a]	10.241	0.002	13.68	55.78
	中部地区	东部地区	−10.731	10.241	0.304	−31.78	10.32
		西部地区	24.000[a]	11.395	0.045	0.58	47.42
	西部地区	东部地区	−34.731[a]	10.241	0.002	−55.78	−13.68
		中部地区	−24.000[a]	11.395	0.045	−47.42	−0.58
邓尼特 *t*（双侧）[b]	西部地区	东部地区	34.731[a]	10.241	0.004	10.87	58.59
		中部地区	24.000	11.395	0.079	−2.55	50.55

a. 平均值差值的显著性水平为 0.05。

b. 邓尼特 *t* 检验将一个组视为控制组，并将所有其他组与其进行比较。

知识扩展

“事后多重比较”对话框中有 18 种多重比较的方法，其中 14 种用于方差齐时比较，4 种用于方差不齐时比较。其中较常使用的方法有 LSD 法、斯达克法、邦弗伦尼法、图基法、雪费法、S-N-K 法：

①LSD 法：最小显著性差异法（least significance different method），用 *t* 检验完成各组间均值的配对比较，此法检验灵敏度高，容易犯假阳性错误。

②斯达克法：Sidak 法，在 *t* 检验统计量完成多重配对比较后对显著性水平进行调整，是对 LSD 法的适度校正，比 LSD 法保守。

③邦弗伦尼法：修正最小显著性差异法（Bonferroni 法），Bonferroni *t* 检验，用 *t* 检验完成各组间均值的配对比较，通过设置每个检验的误差率来控制整个误差率，是对 LSD 法的严格校正，该法比 Sidak 法较为保守。

④图基法：Tukey 法，使用 *t* 范围统计量进行组间所有的配对比较，将试验误差率设置为所有配对比较的集合误差率，此法要求各组样本含量相同且均值之间全面比较，可能产生较多假阴性错误。

⑤雪费法：Scheffe 法，两组间样本含量不相等时用此法较合适，不同于一般的多种比较，此法用于对多组均值间所有可能的线性组合进行检验。

⑥S-N-K 法：Student Newman Keuls 法，是统计学教材上常出现的方法，使用 *t* 范围分布在均值之间进行所有成对比较，同时使用步进式过程比较具有相同样本大小的同类子集内的均值对。

⑦邓尼特 *t* 检验将一个组视为控制组，并将所有其他组与其进行比较。

其他方法不常用，在此不做说明。方差不齐时尽量不进行方差分析和多重比较，建议使用非参数检验或进行变量变换。

6.4.2 双因素方差分析

双因素方差分析用于考察两因素不同水平对研究结果的显著性影响。根据各因素在其他因素的不同水平上呈现出的效应可分为无交互作用双因素方差分析（两因素对研究结果的影响是独立的）和有交互作用双因素方差分析（除两因素外，两因素的搭配还会对研究结果产生一种新的影响），无交互作用双因素方差分析也叫无重复双因素方差分析，有交互作用双因素方差分析也叫可重复双因素方差分析。根据因素类型，双因素方差分析又可分为固定模型（两因素都是固定因子）、随机模型（两因素都是随机因子）和混合模型（一因素是固定因子，另一因素是随机因子）。

无交互作用的方差分析的平方和分解式：$SS_T=SS_A+SS_B+SS_e$；

有交互作用的方差分析的平方和分解式：$SS_T=SS_A+SS_B+SS_{AB}+SS_e$。

（1）无交互作用的双因素方差分析

实战案例：

例 6.6：以“data004_研究区域植物各部位 Zn、Cu、Fe 含量.sav”数据为例，检验植物部位和基质类型对植物中的 Zn 含量是否有显著影响。

注意：由于此方法对正态性要求不高，故不做检验，直接开始操作双因素方差分析。

SPSS 操作过程：

第 1 步：双击打开数据文件“data004_研究区域植物各部位 Zn、Cu、Fe 含量.sav”。

第 2 步：选择【分析】→【一般线性模型】→【单变量】过程，如图 6-9（a）所示。

第 3 步：打开【单变量】定义对话框，将“Zn（mg/kg）”选入【因变量】框，并将“基质类型”和“植物部位”选入【固定因子】框［图 6-9（b）］。

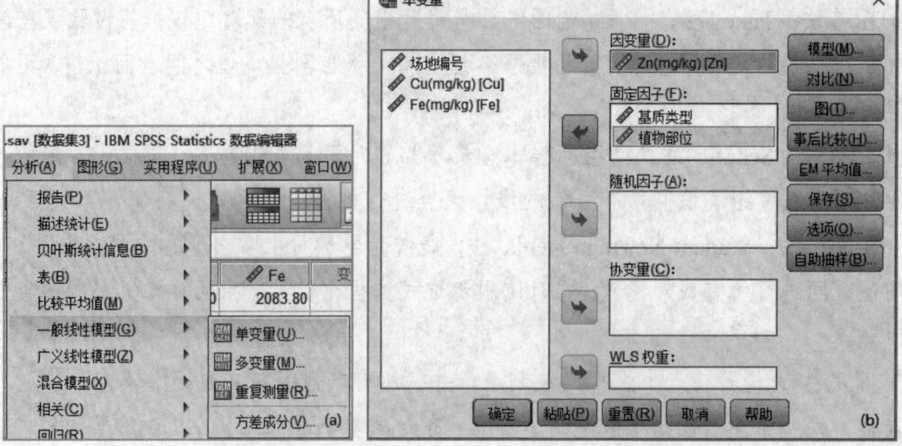

图 6-9 单变量分析过程选择（a）和单变量分析定义对话框（b）

第 4 步：单击图 6-9（b）中【模型】按钮→打开【单变量：模型】子对话框：在【指定模型】框组中选中【构建项】，并在【构建项】下拉列表框中选择【主效应】，并将【因子与协变量】框中的“植物部位”和“基质类型”选入【模型】框［图 6-10（a)］→单击【继续】，回到图 6-9（b）主对话框。

第 5 步：单击【选项】按钮，打开【单变量：选项】→选中【显示】框中的【描述统计】复选框和【齐性检验】复选框［图 6-10（b)］，单击【继续】，回到主对话框。

第 6 步：单击【事后比较】按钮→打开【单变量：实测平均值的事后多重比较】子对话框→将【因子】框中的“植物部位”和“基质类型”选入【下列各项的事后检验】框中，选中【假定等方差】框组中【LSD】复选框，进行多重比较［图 6-10（c)］→单击【继续】，回到图 6-9（b）主对话框。

第 7 步：单击【确定】，输出检验。

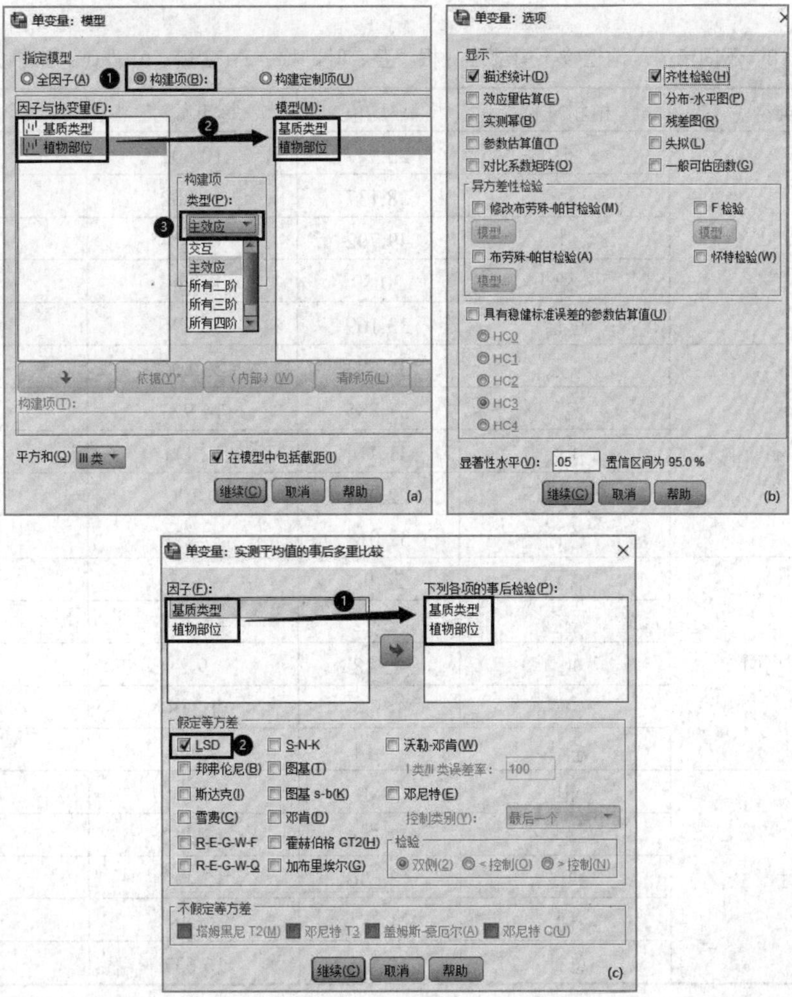

图 6-10　单变量：模型（a）、实测平均值的事后多重比较（b）和选项（c）子对话框

表6-18给出不同污染场地植物不同部位（根、茎、叶、穗）Zn含量描述性统计结果，包括个案数、平均值和标准偏差。对比发现，尾矿、废土石和露采剥离面场地中，植物叶中Zn含量均高于其他部分，穗中最低。从不同基质类型看，尾矿库中植物叶的Zn含量均高于废土石和露采剥离面，但差异是否有显著性，需要进行参数检验。

表6-19给出了不同污染场地植物不同部位（根、茎、叶、穗）Zn含量方差齐性检验结果，根据方差齐性显著性 $P>0.05$ 可知，不同污染场地植物不同部位（根、茎、叶、穗）Zn含量满足方差齐性的基本假设。

表6-20给出了不同污染场地植物不同部位（根、茎、叶、穗）Zn含量主体间效应检验结果，结果表明说明植物部位（$P<0.001$）和基质类型（$P=0.042<0.05$）对植物中的Zn含量有显著影响且具有统计学意义。然而，植物部位和基质类型的交互作用对Zn浓度无显著影响。

表6-18　不同污染场地植物不同部位（根、茎、叶、穗）Zn含量（mg/kg）描述性统计

基质类型	植物部位	平均值	标准偏差	个案数/个
尾矿	根	23.947	10.501	19
	茎	38.137	12.882	19
	叶	49.702	18.414	19
	穗	20.89	4.984	19
	总计	33.169	16.996	76
废土石	根	31.573	23.806	26
	茎	31.885	14.973	26
	叶	41.714	12.111	26
	穗	22.901	9.306	26
	总计	32.018	17.128	104
露采剥离面	根	24.92	9.648	5
	茎	25.12	11.398	5
	叶	31.18	9.2	5
	穗	15.34	1.318	5
	总计	24.14	9.948	20
总计	根	28.01	18.745	50
	茎	33.584	14.242	50
	叶	43.696	15.439	50
	穗	21.381	7.648	50
	总计	31.668	16.637	200

表 6-19 不同污染场地植物不同部位（根、茎、叶、穗）Zn 含量（mg/kg）方差齐性检验结果

	莱文统计	自由度 1	自由度 2	显著性
基于平均值	1.674	11	188	0.082
基于中位数	1.368	11	188	0.191
基于中位数并具有调整后自由度	1.368	11	76.54	0.205
基于剪除后平均值	1.403	11	188	0.174

注：检验“各个组中的因变量误差方差相等”这一原假设。设计：截距 + 基质类型 + 植物部位 + 基质类型 * 植物部位。

表 6-20 不同污染场地植物不同部位（根、茎、叶、穗）Zn 含量（mg/kg）主体间效应检验结果

源	Ⅲ类平方和	自由度	均方	F	显著性
修正模型	16 714.295 [a]	11	1 519.481	7.446	0.000
截距	109 646.389	1	1 09 646.4	537.308	0.000
基质类型	1 317.368	2	658.684	3.228	0.042
植物部位	7 322.181	3	2 440.727	11.96	0.000
基质类型 * 植物部位	2 018.975	6	336.496	1.649	0.136
误差	38 364.409	188	204.066		
总计	255 646.606	200			
修正后总计	55 078.703	199			

[a] $R^2 = 0.303$（调整后 R^2=0.263）。

表 6-21 给出了不同基质类型的多重比较，凡显著性 $P<0.05$ 即认为有显著性差异，可知尾矿和露采剥离面、废土石和露采剥离面之间的 Zn 含量有显著影响；

表 6-22 给出了植物不同部位的多重比较，显著性 $P<0.05$ 即认为有显著性差异，知根和叶、根和穗、茎和叶、茎和穗、叶和穗之间的 Zn 含量有显著影响。

表 6-21 不同基质类型植物 Zn 含量（mg/kg）的两两比较（LSD 法）

（I）基质类型	（J）基质类型	平均值差值（I-J）	标准误差	显著性	95%置信区间	
					下限	上限
尾矿	废土石	1.151	2.156	0.594	−3.102	5.403
	露采剥离面	9.029 *	3.590	0.013	1.947	16.111
废土石	尾矿	−1.151	2.156	0.594	−5.403	3.102
	露采剥离面	7.878 *	3.488	0.025	0.998	14.759
露采剥离面	尾矿	−9.029 *	3.590	0.013	−16.111	−1.947
	废土石	−7.878 *	3.488	0.025	−14.759	−0.998

注：基于实测平均值；误差项是均方（误差）= 204.066；

* 平均值差值的显著性水平为 0.05。

表6-22 不同植物部位Zn含量（mg/kg）两两比较（LSD法）

（I）植物部位	（J）植物部位	平均值差值（I-J）	标准误差	显著性	95%置信区间	
					下限	上限
根	茎	−5.574	2.857	0.053	−11.210	0.062
	叶	−15.686*	2.857	0.000	−21.322	−10.050
	穗	6.630*	2.857	0.021	0.994	12.266
茎	根	5.574	2.857	0.053	−0.062	11.210
	叶	−10.112*	2.857	0.001	−15.748	−4.476
	穗	12.204*	2.857	0.000	6.568	17.840
叶	根	15.686*	2.857	0.000	10.050	21.322
	茎	10.112*	2.857	0.001	4.476	15.748
	穗	22.316*	2.857	0.000	16.680	27.952
穗	根	−6.630*	2.857	0.021	−12.266	−0.994
	茎	−12.204*	2.857	0.000	−17.840	−6.568
	叶	−22.316*	2.857	0.000	−27.952	−16.680

注：基于实测平均值；误差项是均方（误差）= 204.066。
* 平均值差值的显著性水平为 0.05。

（2）有交互作用双因素方差分析案例

实战案例：

例6.7：以“data004_研究区域植物各部位Zn、Cu、Fe含量.sav”数据为例，检验植物部位和基质类型对植物中的Zn含量的影响，以及其是否存在交互作用。

由于此方法对正态性要求不高，故不做检验，直接开始操作双因素方差分析。

SPSS操作过程：

第1步：双击打开数据文件“data004_研究区域植物各部位Zn、Cu、Fe含量.sav”。

第2步：选择【分析】→【一般线性模型】→【单变量】过程，如图6-9（b）所示。

第3步：打开【单变量】定义对话框，单击【模型】按钮，打开【单变量：模型】子对话框：①选中【指定模型】框组中的【全因子】复选框，如图6-11（a）所示；②选中【指定模型】框组中的【构建项】复选框，并选中【构建项】框组中【类型】下拉列表框中的【交互】，并将【因子与协变量】框中的“基质类型”“植物部位”和“基质类型*植物部位”（交互项的构建：Ctrl键，同时选中基质类型和植物部位）选入“模型”框，如图6-11（b）所示→单击【继续】回到主对话框。

第4步：同例6.6第4步。

第5步：同例6.6第5步，最后输出结果。

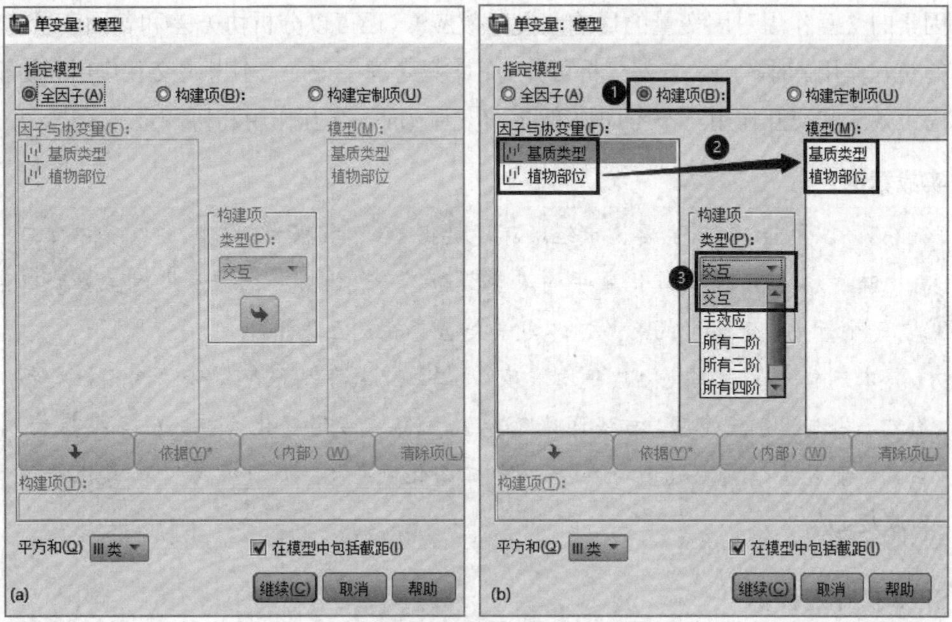

图 6-11　有交互作用单变量：模型设置对话框

主体间效应检验：观察表 6-23 中“显著性”，植物部位显著性 $P<0.001$，基质类型显著性 $P=0.042<0.05$，根据“大同小异”的口诀，说明植物部位和基质类型对植物中的 Zn 含量有显著影响且具有统计学意义，而“植物部位*基质类型”的显著性 $P=0.136>0.05$，说明植物部位和基质类型的交互作用无统计学意义，不存在交互作用。

表 6-23　双因素方差分析：主体间效应检验结果

源	Ⅲ类平方和	自由度	均方	F	显著性
修正模型	16 714.295[a]	11	1 519.481	7.446	0.000 [b]
截距	109 646.389	1	109 646.389	537.308	0.000 [b]
植物部位	7 322.181	3	2 440.727	11.960	0.000 [b]
基质类型	1 317.368	2	658.684	3.228	0.042 [b]
植物部位 * 基质类型	2 018.975	6	336.496	1.649	0.136
误差	38 364.409	188	204.066		
总计	255 646.606	200			
修正后总计	55 078.703	199			

a. $R^2 = 0.303$（调整后 $R^2 = 0.263$）。

b. $P<0.05$。

6.4.3　多因素方差分析

多因素方差分析用于考察多因素不同水平对一独立变量的显著性影响，也称为多向方差分析。多因素方差分析既可以分析多个因素对因变量的独立影响（主效应），也可分析多个因素的交互作用对因变量的影响（交互效应），还可以分析协方差和各因变量与协变量间的交互作用。对多因素方差分析可分为：①只考虑主效应，不考虑交互作用和协变量；②考虑主效应和交互作用，不考虑协变量；③主效应、交互作用和协变量都考虑。

实战案例：

例 6.8：以“data002_主要城市经济环境数据.sav”数据为例，检验空气中“二氧化硫年均浓度”“二氧化氮年均浓度”和“一氧化碳年均浓度”对主要城市“空气质量优良天数”的影响，以及其是否存在交互作用。

本例首先对“二氧化硫年均浓度”“二氧化氮年均浓度”和“细颗粒物年均浓度”进行分箱处理（方法详见 3.6.5），将连续变量转化为四分位等级变量，生成新变量“二氧化硫年均浓度 *Q*”“二氧化氮年均浓度 *Q*”和“一氧化碳年均浓度 *Q*”。

SPSS 操作过程：

第 1 步：双击打开数据文件“data002_空气质量优良天数数据.sav”。

第 2 步：选择【分析】→【一般线性模型】→【单变量】过程，如图 6-9（b）所示。

第 3 步：打开“单变量”定义对话框［图 6-12（a）］→将“空气质量优良天数”选入【因变量】框，并将“二氧化硫年均浓度 *Q*”“二氧化氮年均浓度 *Q*”和“一氧化碳年均浓度 *Q*”选入【固定因子】框［图 6-12（a）］。

第 4 步：单击【模型】按钮→弹出【单变量：模型】定义对话框［图 6-12（b）］→指定模型选【全因子】→单击【继续】回到图 6-12（a）所示对话框。

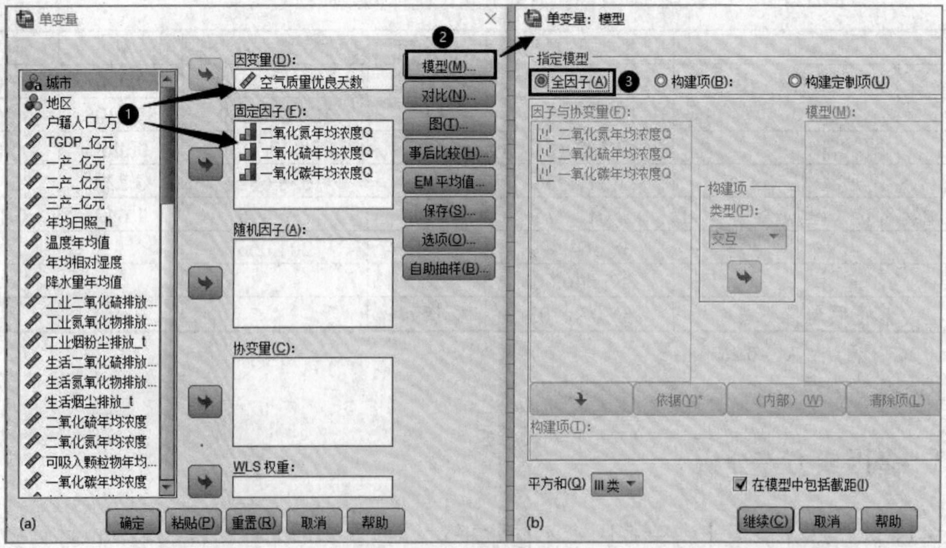

图 6-12 单变量对话框：(a) 定义对话框和 (b) 模型设置对话框

第 5 步：单击图 6-12（a）中【事后比较】按钮→弹出【单变量：实测平均值的事后多重比较】对话框［图 6-13（a）］→将【因子】框中的“二氧化硫年均浓度 *Q*”“二氧化氮年均浓度 *Q*”和“一氧化碳年均浓度 *Q*”选入【下列各项的事后检验】框中，选中【假定等方差】框组内的【LSD】进行多重比较［图 6-13（a）］→单击【继续】回到图 6-12（a）所示对话框。

第 6 步：单击【选项】按钮→弹出【单变量：选项】对话框［图 6-13（b）］→选中【显示】中的【描述统计】和【齐性检验】复选框［图 6-13（b）］→单击【继续】回到图 6-12（a）所示对话框→点击【确定】按钮，输出结果。

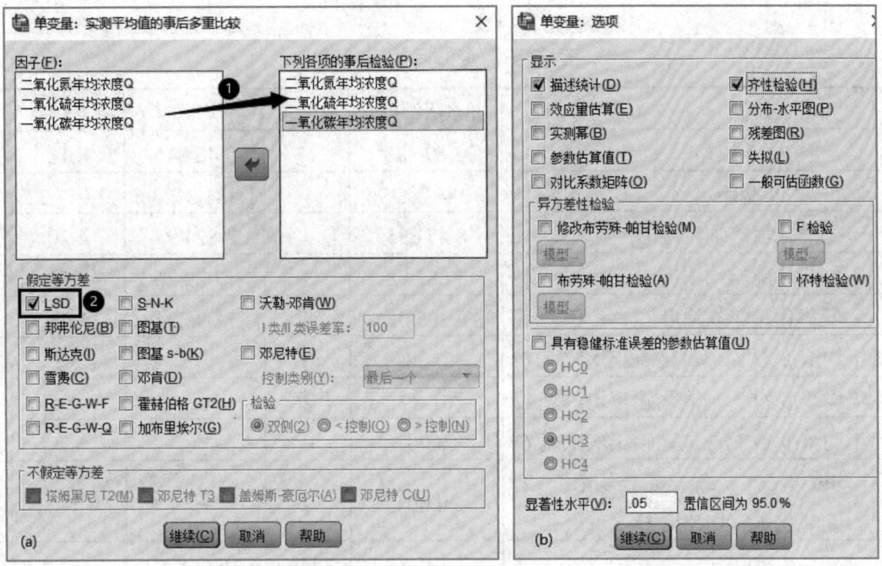

图 6-13　单变量对话框：（a）事后比较和（b）选项定义对话框

结果分析：

①方差齐性检验：表 6-24 所示的方差齐性检验结果中，显著性 $P=0.548>0.05$，据此可知方差齐，可进行下一步分析。

表 6-24　误差方差的莱文等同性检验

	莱文统计	自由度 1	自由度 2	显著性
基于平均值	0.866	6	11	0.548
基于中位数	0.278	6	11	0.936
基于中位数并具有调整后自由度	0.278	6	5.49	0.926
基于剪除后平均值	0.702	6	11	0.654

注：检验“各个组中的因变量误差方差相等”这一原假设。因变量：空气质量优良天数。

设计：截距 + 二氧化氮年均浓度 *Q* + 二氧化硫年均浓度 *Q* + 一氧化碳年均浓度 *Q* + 二氧化氮年均浓度 *Q* * 二氧化硫年均浓度 *Q* + 二氧化氮年均浓度 *Q* * 一氧化碳年均浓度 *Q* + 二氧化硫年均浓度 *Q* * 一氧化碳年均浓度 *Q* + 二氧化氮年均浓度 *Q* * 二氧化硫年均浓度 *Q* * 一氧化碳年均浓度 *Q*。

②主体间效应检验：表6-25所示的主体间效应检验结果“显著性”中，“二氧化氮年均浓度Q”的F=4.20，显著性P=0.033＜0.05；说明二氧化氮浓度对主要城市空气质量优良天数有显著影响且具有统计学意义；然而，“二氧化硫年均浓度Q”的F=1.53，显著性P=0.262＞0.05，“一氧化碳年均浓度Q”的F=1.63，显著性P=0.238＞0.05，说明“二氧化硫年均浓度Q”和“一氧化碳年均浓度Q”对主要城市空气质量优良天数无影响且没有统计学意义。两两的交互项的显著性P均大于0.05，说明它们之间不存在交互作用。

表6-25 主体间效应检验[a]

源	Ⅲ类平方和	自由度	均方	F	显著性
修正模型	92 895.73[a]	17	5 464.46	8.12	0.001
截距	1 384 242.96	1	1 384 242.96	2 057.22	0.000
二氧化氮年均浓度Q	8 474.95	3	2 824.98	4.20	0.033
二氧化硫年均浓度Q	3 087.78	3	1 029.26	1.53	0.262
一氧化碳年均浓度Q	3 295.02	3	1 098.34	1.63	0.238
二氧化氮年均浓度Q* 二氧化硫年均浓度Q	0.00	0	—	—	—
二氧化氮年均浓度Q* 一氧化碳年均浓度Q	61.80	2	30.90	0.05	0.955
二氧化硫年均浓度Q* 一氧化碳年均浓度Q	0.00	0	—	—	—
二氧化氮年均浓度Q* 二氧化硫年均浓度Q* 一氧化碳年均浓度Q	0.00	0	—	—	—
误差	7 401.58	11	672.87		
总计	2 329 318.00	29			
修正后总计	100 297.31	28			

a. 因变量：空气质量优良天数；R^2=0.926（调整后R^2=0.812）。

③多重比较：由于主体间效应仅有“二氧化氮年均浓度Q”对“空气质量优良天数”的影响是显著的，故只需要对“二氧化氮年均浓度Q”进行多重比较。由表6-26可知，除浓度范围介于“Q_1～Q_2”和“Q_2～Q_3”两组外，其他的浓度范围之间对空气质量优良天数有显著影响。

表6-26 二氧化氮多重比较结果

(I) 二氧化氮年均浓度Q	(J) 二氧化氮年均浓度Q	平均值差值（I-J）	标准误差	显著性	95%置信区间	
					下限	上限
1	2	43.400*	14.208	0.011	12.129	74.671
	3	72.114*	12.783	0.000	43.979	100.250
	4	129.543*	12.783	0.000	101.407	157.679

（I）二氧化氮年均浓度 Q	（J）二氧化氮年均浓度 Q	平均值差值（I-J）	标准误差	显著性	95%置信区间	
					下限	上限
2	1	−43.400*	14.208	0.011	−74.671	−12.129
	3	28.714	15.189	0.085	−4.716	62.145
	4	86.143*	15.189	0.000	52.713	119.573
3	1	−72.114*	12.783	0.000	−100.250	−43.979
	2	−28.714	15.189	0.085	−62.145	4.716
	4	57.429*	13.865	0.002	26.911	87.946
4	1	−129.543*	12.783	0.000	−157.679	−101.407
	2	−86.143*	15.189	0.000	−119.573	−52.713
	3	−57.427*	13.865	0.002	−87.946	−26.911

注：基于实测平均值；误差项是均方（误差）= 672.871；

*. 平均值差值的显著性水平为 0.05。

6.4.4　重复测量方差分析

重复测量方差分析是指对同一研究对象的同一观测指标在不同时间点上进行多次测量所得的数据进行方差分析，用于考察观测指标在不同时间点上的变化特征，其中的重复是多个时间点上测量的重复。此时各时间点上的数据是不满足相互独立的条件，因此不能用一般方差分析的方法进行分析。重复测量方差分析需满足以下条件：① 一般方差分析的正态性和方差齐性；② 协方差矩阵的球形对称性。各时间点组成的协方差阵具有球形性特征，需进行球形检验，检验对称性。

（1）单因素重复测量方差分析

实战案例：

例 6.9：以“data005_化学试剂对哺乳猪增重的影响数据 1.sav”数据为例，考察哺乳猪的增重随某化学试剂使用时间的变化趋势。

SPSS 操作过程：

第 1 步：双击打开“data005_化学试剂对哺乳猪增重的影响数据 1.sav”数据集。

第 2 步：选择【分析】→【一般线性模型】→【重复测量】过程［图 6-14（a）］。

第 3 步：打开【重复测量因子】定义对话框，“主题内因子名”改为“时间”，“级别数”中输入“3”（因本例为 3 次重复测量）［图 6-14（b）］→单击【添加】按钮，添加主体内因子“时间”［图 6-14（c）］。

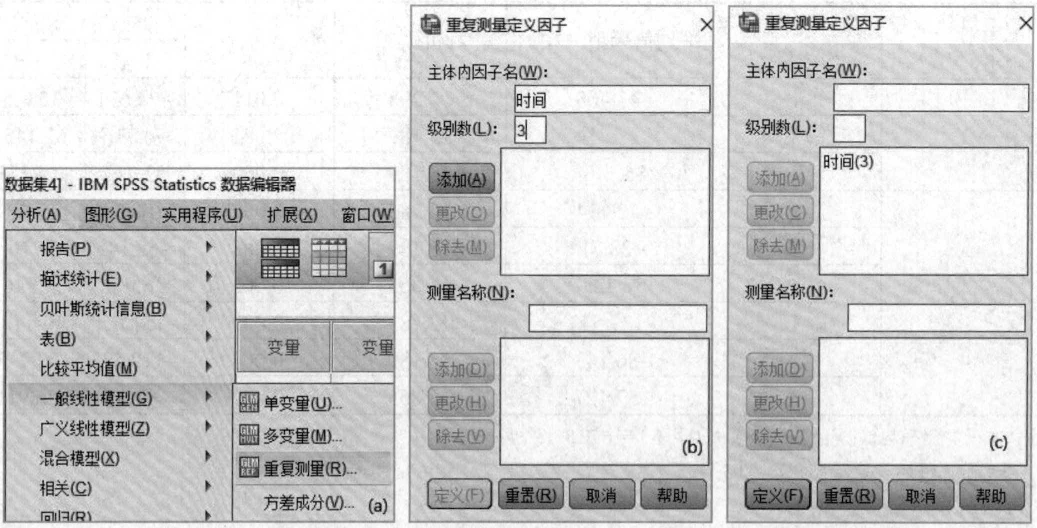

图 6-14 重复测量定义对话框：（a）页面对话框、（b）定义因子和（c）添加变量

第 4 步：单击图 6-14（c）中的【定义】按钮，打开【重复测量】定义对话框，将左侧变量列表框中的 3 个测量时间按先后顺序选入右侧【主体内变量（时间）】框（图 6-15）。

第 5 步：单击图 6-15（a）中【图】按钮→打开【重复测量：轮廓图】子对话框［图 6-15（b）］，将【因子】框内的“时间”选入【水平轴】框，单击【添加】按钮，将“时间”添加至【图】框中，并选择图形方式：包括【图表类型】框组中的【条形图】或【折线图】，【误差条形图】框组中的置信区间等［图 6-15（b）］，单击【继续】按钮，回到如图 6-15 所示主对话框。

第 6 步：单击图 6-15（a）中的【EM 平均值】按钮，打开【重复测量：估算边际平均值】子对话框［图 6-16（a）］→将【因子与因子交互】框中的“时间”选入【显示下列各项的平均值】框中，选中【比较主效应】复选框，置信区间调整默认【LSD】法［图 6-16（a）］，单击【继续】按钮回到主对话框。

第 7 步：单击图 6-15（a）中【选项】按钮，打开【重复测量：选项】子对话框，选中【显示】框组内的【描述性统计】和【齐性检验】复选框［图 6-16（b）］，单击【继续】按钮，回到主对话框。

第 8 步：单击图 6-15（a）中的【确定】按钮，输出结果。

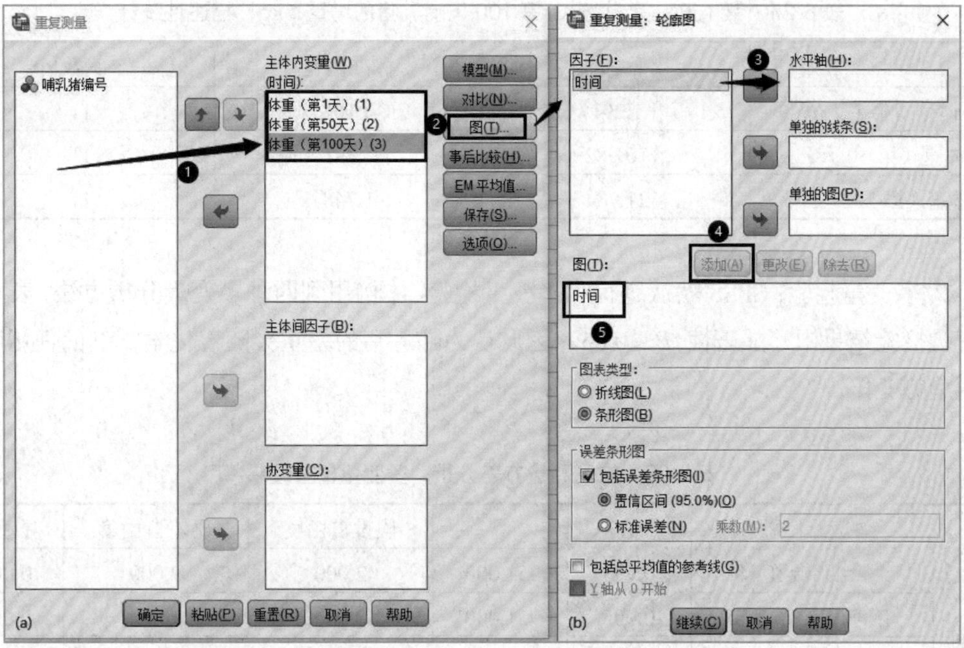

图 6-15　重复测量定义主对话框（a）和轮廓图子对话框（b）

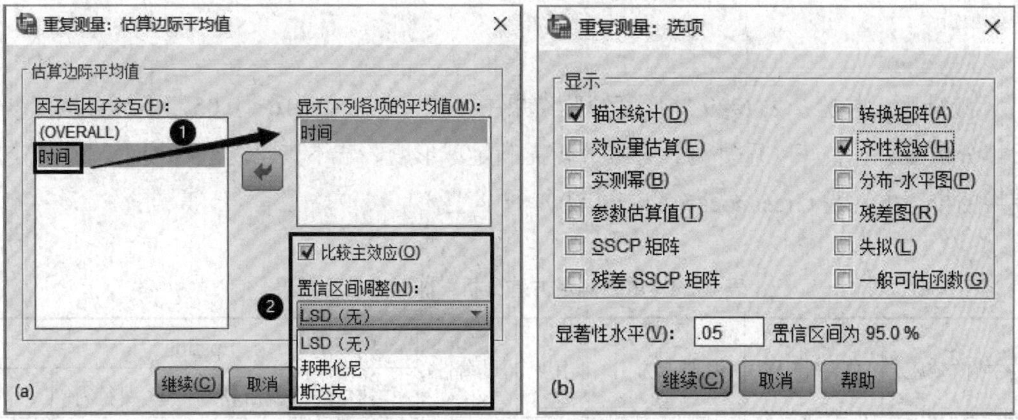

图 6-16　重复测量对话框：（a）估算边际平均值和（b）选项设置

结果分析：

① 描述统计：由表 6-27 可知，哺乳猪的增重平均值会随着化学试剂的使用时间增加而增加：第 100 天（21.784 g）＞第 50 天（10.892 g）＞第 1 天（1.291 g），但差异是否具有统计学显著性，需进一步进行参数检验。

表6-27 第1天、第50天、第100天哺乳猪的增重（kg）描述性统计

	平均值	标准偏差	个案数/个
体重（第1天）	1.291	0.102	11
体重（第50天）	10.982	1.291	11
体重（第100天）	21.784	1.748	11

② 多变量检验：SPSS默认进行了多变量检验，本例用到四种多变量分析方法，表6-28多变量检验结果中，显著性 $P<0.05$，因此认为哺乳猪的增重会随着化学试剂的使用时间发生趋势变化。

表6-28 重复测量方差分析：多变量检验结果

效应		值	F	假设自由度	误差自由度	显著性
时间	比莱轨迹	0.995	951.000[a]	2.000	9.000	0.000
	威尔克 Lambda	0.005	951.000[a]	2.000	9.000	0.000
	霍特林轨迹	211.333	951.000[a]	2.000	9.000	0.000
	罗伊最大根	211.333	951.000[a]	2.000	9.000	0.000

注：设计：截距；主体内设计：时间；
a. 精确统计。

③ 球形度检验：表6-29球形度检验结果中，显著性 P=0.016<0.05，不符合球形度，后续分析需进行校正（重复测量方差分析需满足球形度，若不满足需进行校正，通常较常使用的校正方法是Greenhouse-Geisser法）。

表6-29 重复测量方差分析：球形度检验结果

主体内效应	莫奇来 W	近似卡方	自由度	显著性	Epsilon[a]		
					格林豪斯-盖斯勒	辛-费德特	下限
时间	0.397	8.308	2	0.016	0.624	0.670	0.500

注：检验"正交化转换后因变量的误差协方差矩阵与恒等矩阵成比例"这一原假设。设计：截距；主体内设计：时间；
a. 可用于调整平均显著性检验的自由度。修正检验将显示在"主体内效应检验"表中。

④ 主体内效应单变量检验：因不满足球形度，所以表6-30单变量检验结果中的第一个"假设球形度"不能使用，故使用第二个Greenhouse-Geisser法（格林豪斯-盖斯勒法），其显著性 P=0.000<0.05，结论与多变量检验结果一致。

表 6-30　重复测量方差分析：主体内效应单变量检验检验结果

源		Ⅲ类平方和	自由度	均方	F	显著性
时间	假设球形度	2 312.206	2	1 156.103	1 355.381	0.000
	格林豪斯-盖斯勒	2 312.206	1.248	1 852.910	1 355.381	0.000
	辛-费德特	2 312.206	1.340	1 725.700	1 355.381	0.000
	下限	2 312.206	1.000	2 312.206	1 355.381	0.000
误差（时间）	假设球形度	17.059	20	0.853		
	格林豪斯-盖斯勒	17.059	12.479	1.367		
	辛-费德特	17.059	13.399	1.273		
	下限	17.059	10.000	1.706		

⑤ 主体内对比检验：主体内对比是指不同时间点的比较，用于检验变化趋势符合线性还是其他关系。本例中进行了 3 次测量，最多拟合 2 次曲线，表 6-31 主体内对比检验结果中，“线性”的显著性 P=0.00＜0.05，即哺乳猪的增重随时间变化呈线性关系。

表 6-31　重复测量方差分析：主体内对比检验结果

源	时间	Ⅲ类平方和	自由度	均方	F	显著性
时间	线性	2 309.940	1	2 309.940	1 582.614	0.000
	二次	2.266	1	2.266	9.198	0.013
误差（时间）	线性	14.596	10	1.460		
	二次	2.464	10	0.246		

⑥ 成对比较：表 6-32 重复测量成对比较结果中，“显著性” P＜0.05 则认为差异有统计学意义，知各时间点之间的差异有统计学意义。

表 6-32　重复测量方差分析：成对比较结果

（I）时间	（J）时间	平均值差值（I-J）	标准误差	显著性[b]	差值的 95%置信区间[b]	
					下限	上限
1	2	−9.691[a]	0.377	0.000	−10.530	−8.852
	3	−20.494[a]	0.515	0.000	−21.641	−19.346
2	1	9.691[a]	0.377	0. 000	8.852	10.530
	3	−10.803[a]	0.241	0.000	−11.340	−10.266
3	1	20.494[a]	0.515	0.000	19.346	21.641
	2	10.803[a]	0.241	0.000	10.266	11.340

注：基于估算边际平均值。

a. 平均值差值的显著性水平为 0.05。

b. 多重比较调节：最低显著差异法（相当于不进行调整）。

⑦ 轮廓图：由图 6-17 可以看出，随着时间的延长，哺乳猪的增重呈上升趋势，结合上面的拟合结果，应该符合线性上升的趋势。

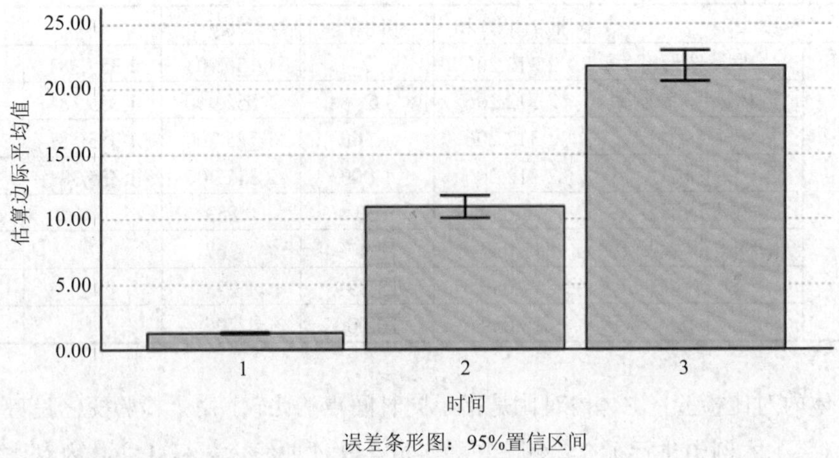

图 6-17 重复测量多重比较结果：不同时间的哺乳猪体重轮廓

（2）双因素重复测量方差分析

实战案例：

例 6.10：以“data006_化学试剂对哺乳猪增重的影响数据 2.sav”数据为例，检验某 2 种化学试剂对哺乳猪增重的效果。

SPSS 操作过程：

第 1 步：双击打开“data006_化学试剂对哺乳猪增重的影响数据 2.sav”数据集。

第 2 步：选择【分析】→【一般线性模型】→【重复测量】过程［图 6-14（a)]。

第 3 步：打开【重复测量因子】定义对话框，“主题内因子名”改为“时间”，“级别数”中输入“3”（因本例为 3 次重复测量）［图 6-14（b)］→单击【添加】按钮，添加主体内因子“时间”［图 6-14（c)]。

第 4 步：单击图 6-14（c）中的【定义】按钮，打开【重复测量】定义对话框，将左侧变量列表框中的 3 个测量时间按先后顺序选入右侧【主体内变量（时间)】框，并将“试剂类型”选入【主体间因子】框［图 6-18（a)]。

第 5 步：单击图 6-18（a）中【模型】按钮，打开【重复测量：模型】定义对话框，选中【指定模型】框组内的【全因子】复选框，即默认为“全因子”［图 6-18（b)]，单击【继续】按钮回到主对话框。注意：这里所分析的交互作用是不同干预措施与时间的交互作用。

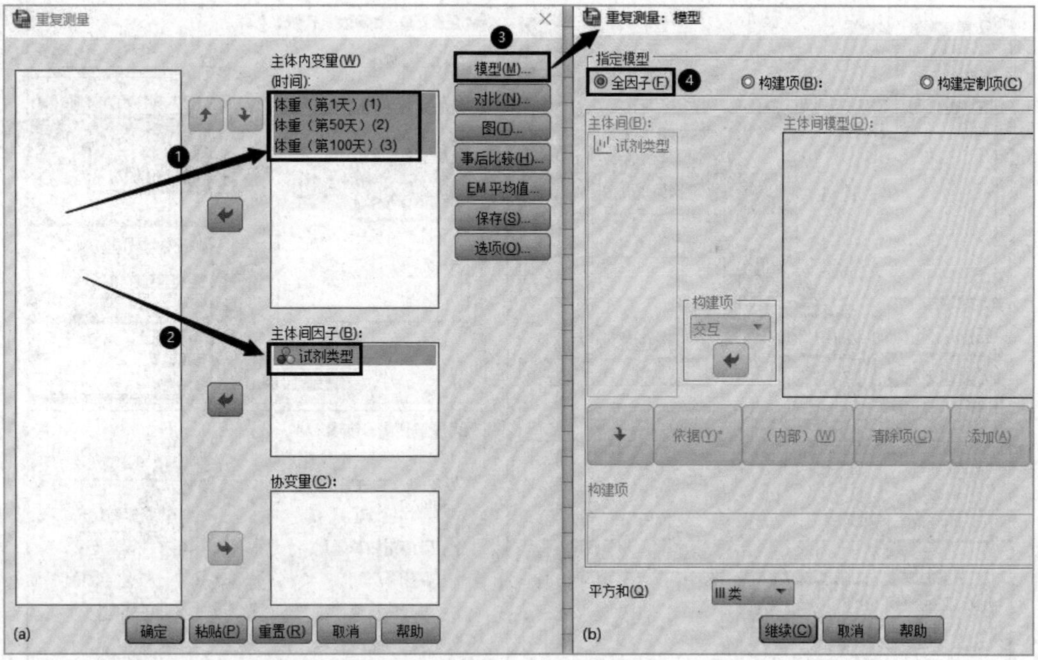

图 6-18 双因素重复测量对话框：（a）主话框和（b）模型定义对话框

第 6 步：因本例试剂只有两种类型，故不做事后比较（若有多组，可通过事后比较进行设置），单击图 6-18（a）中【图】按钮，打开【重复测量：轮廓图】对话框［图 6-19（a）］，将左侧【因子】框中的“时间”和“试剂类型”选入右侧【水平轴】框和【单独的线条】框，单击【添加】按钮，将“时间”和“试剂类型”添加至轮廓图，单击【继续】按钮，回到主对话框。注意：要表达的内容通常放入单独线条框。

第 7 步：单击图 6-18（a）中【EM 平均值】按钮，打开【重复测量：估算边际平均值】对话框，将【因子与因子交互】框中的“试剂类型”“时间”和“试剂类型*时间”选入【显示下列各项的平均值】框中，勾选“比较主效应”，默认 LSD 法［图 6-19（b）］→单击“继续”回到主对话框。

第 8 步：单击图 6-18（a）中【选项】按钮，打开【重复测量：选项】对话框［图 6-19（c）］，选中【显示】框组内的【描述性统计】和【齐性检验】复选框，单击【继续】按钮，回到主对话框。

第 9 步：单击【确定】按钮，输出结果。

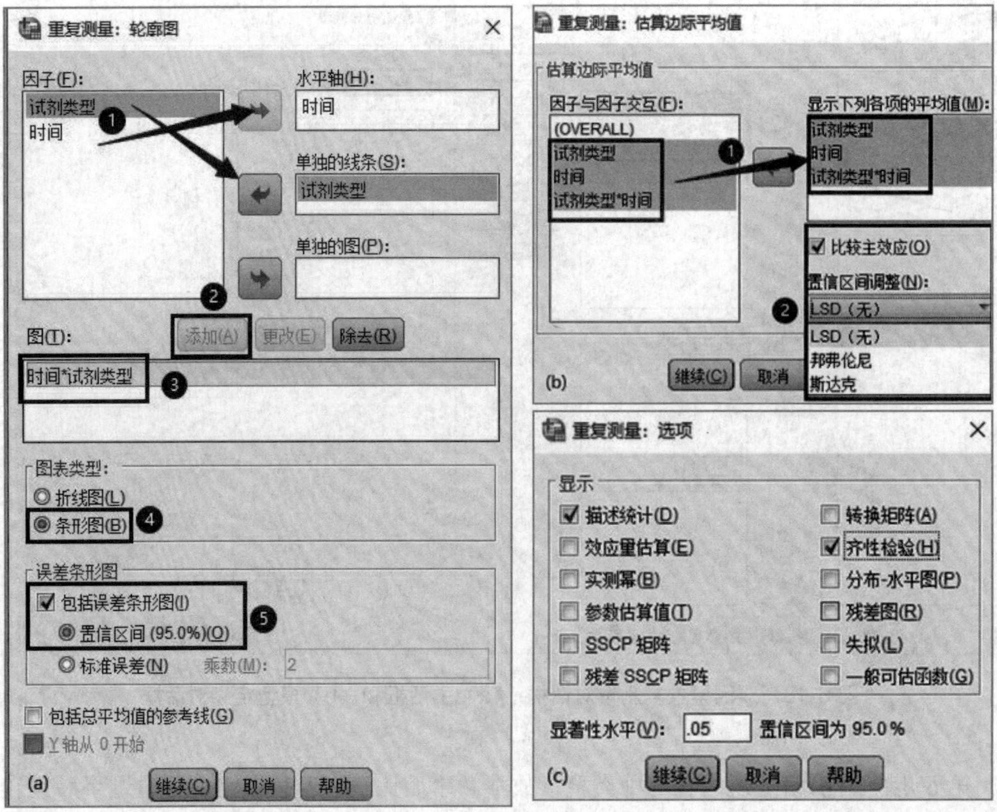

图 6-19　重复测量：（a）轮廓图、（b）估算边际平均值和（c）选项定义对话框

结果分析：

① 多变量检验：表 6-33 多变量检验结果中时间的显著性 P=0.000<0.05，因此认为猪的增重会随着时间发生趋势变化；时间*试剂类型的显著性 P=0.151>0.05，所以时间和试剂类型没有交互作用。

表 6-33　重复测量方差分析：多变量检验结果

效应		值	F	假设自由度	误差自由度	显著性
时间	比莱轨迹	0.996	2 640.646[a]	2.000	21.000	0.000
	威尔克 Lambda	0.004	2 640.646[a]	2.000	21.000	0.000
	霍特林轨迹	251.490	2 640.646[a]	2.000	21.000	0.000
	罗伊最大根	251.490	2 640.646[a]	2.000	21.000	0.000
时间 * 试剂类型	比莱轨迹	0.165	2.073[a]	2.000	21.000	0.151
	威尔克 Lambda	0.835	2.073[a]	2.000	21.000	0.151
	霍特林轨迹	0.197	2.073[a]	2.000	21.000	0.151
	罗伊最大根	0.197	2.073[a]	2.000	21.000	0.151

注：设计：截距 + 试剂类型。主体内设计：时间。

a. 精确统计。

② 球形度检验：表 6-34 球形度检验结果中显著性 P=0.000＜0.05，不符合球形度，后续分析需进行校正。

表 6-34 重复测量方差分析：球形度检验结果

主体内效应	莫奇来 W	近似卡方	自由度	显著性	Epsilon[a]		
					格林豪斯-盖斯勒	辛-费德特	下限
时间	0.348	22.171	2	0.000	0.605	0.651	0.500

注：检验“正交化转换后因变量的误差协方差矩阵与恒等矩阵成比例”这一原假设。

设计：截距+试剂类型。主体内设计：时间。

a. 可用于调整平均显著性检验的自由度。修正检验将显示在“主体内效应检验”表中。

③ 主体内效应单变量检验：因不满足球形度，所以表 6-35 中单变量检验的第一个“假设球形度”不能使用，故使用第二个格林豪斯-盖斯勒法，其时间的显著性 P=0.000＜0.05，时间*试剂类型的显著性 P=0.546＞0.05，单变量检验结果与①中的多变量检验结果一致。

表 6-35 重复测量方差分析：主体内效应检验结果

源		Ⅲ类平方和	自由度	均方	F	显著性
时间	假设球形度	4 934.576	2	2 467.288	2 837.357	0.000
	格林豪斯-盖斯勒	4 934.576	1.211	4 076.151	2 837.357	0.000
	辛-费德特	4 934.576	1.301	3 791.885	2 837.357	0.000
	下限	4 934.576	1.000	4 934.576	2 837.357	0.000
时间*试剂类型	假设球形度	0.777	2	0.389	0.447	0.642
	格林豪斯-盖斯勒	0.777	1.211	0.642	0.447	0.546
	辛-费德特	0.777	1.301	0.597	0.447	0.560
	下限	0.777	1.000	0.777	0.447	0.511
误差（时间）	假设球形度	38.261	44	0.870		
	格林豪斯-盖斯勒	38.261	26.633	1.437		
	辛-费德特	38.261	28.630	1.336		
	下限	38.261	22.000	1.739		

④ 主体内对比检验：表 6-36 中时间的线性和二次的显著性 P＜0.05，而线性的 F=3 377.894 大于二次的 F=7.435，所以认为哺乳猪的增重变化符合线性关系。

⑤ 方差齐性检验和主体间效应比较：方差齐性检验结果表 6-37 中所有的“显著性” P＞0.05，知方差齐，适合方差分析。主体间的效应检验结果表 6-38 中试剂类型组间比较 F=0.001，P=0.974＞0.05，根据“大同小异”口诀，说明两种试剂对哺乳猪的增重效果无差异。

表 6-36 重复测量方差分析：主体内对比检验结果

源	时间	Ⅲ类平方和	自由度	均方	F	显著性
时间	线性	4 932.502	1	4 932.502	3 377.894	0.000
	二次	2.074	1	2.074	7.435	0.012
时间*试剂类型	线性	0.000	1	0.000	0.000	0.992
	二次	0.777	1	0.777	2.787	0.109
误差（时间）	线性	32.125	22	1.460		
	二次	6.136	22	0.279		

表 6-37 重复测量分析：方差齐性检验结果

		莱文统计	自由度 1	自由度 2	显著性
体重（第 1 天）	基于平均值	0.153	1	22	0.699
	基于中位数	0.160	1	22	0.693
	基于中位数并具有调整后自由度	0.160	1	17.475	0.694
	基于剪除后平均值	0.106	1	22	0.747
体重（第 50 天）	基于平均值	0.237	1	22	0.631
	基于中位数	0.248	1	22	0.624
	基于中位数并具有调整后自由度	0.248	1	21.886	0.624
	基于剪除后平均值	0.246	1	22	0.625
体重（第 100 天）	基于平均值	0.104	1	22	0.750
	基于中位数	0.079	1	22	0.781
	基于中位数并具有调整后自由度	0.079	1	21.940	0.781
	基于剪除后平均值	0.101	1	22	0.754

注：检验“各个组中的因变量误差方差相等”这一原假设；设计：截距+试剂类型；主体内设计：时间。

表 6-38 重复测量方差分析：主体间效应检验结果

源	Ⅲ类平方和	自由度	均方	F	显著性
截距	9 089.564	1	9 089.564	2 620.709	0.000
试剂类型	0.004	1	0.004	0.001	0.974
误差	76.304	22	3.468		

⑥成对比较：表 6-39 主体内两两比较结果中“显著性”$P<0.05$ 则认为差异有统计学意义，各时间点之间的增重差异有统计学意义。

⑦ 轮廓图：由图 6-20 可以看出，两组具有共同的线性增长趋势。

表 6-39　重复测量方差分析：主体内两两比较结果

（I）时间	（J）时间	平均值差值（I-J）	标准误差	显著性 [b]	差值的 95%置信区间 [b]	
					下限	上限
1	2	−9.777[a]	0.274	0.000	−10.346	−9.208
	3	−20.274[a]	0.349	0.000	−20.998	−19.551
2	1	9.777[a]	0.274	0.000	9.208	10.346
	3	−10.497[a]	0.143	0.000	−10.794	−10.201
3	1	20.274[a]	0.349	0.000	19.551	20.998
	2	10.497[a]	0.143	0.000	10.201	10.794

注：基于估算边际平均值；

a 平均值差值的显著性水平为 0.05；

b 多重比较调节：最低显著差异法（即不调整）。

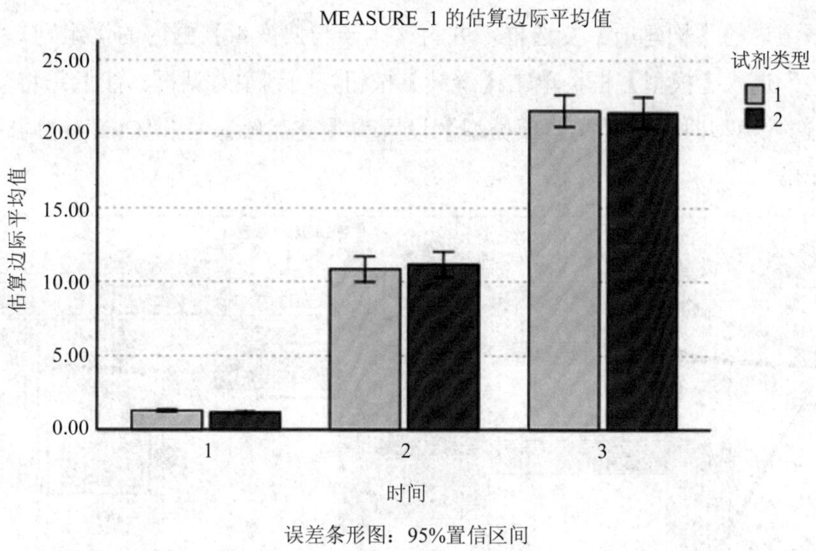

图 6-20　重复测量估算边际平均值轮廓图

6.4.5　协方差分析

协方差分析（方差分析与回归分析的结合，是一种调整无法控制又影响效应的变量的方差分析方法）是将方差分析与回归分析结合，检验两组或多组修正均数间差异性的一种分析方法，也称共变量分析。用于消除混杂因素对观测指标的影响，在进行协方差分析时混杂因素统称为协变量。协方差分析需满足以下条件：① 一般方差分析的正态性和方差齐性；② 回归方程平行性检验：各组的总体回归系数 β 相等，且都不等于 0。

实战案例：

> 例 6.11：以“data007_某矿区儿童不同铅暴露水平的手指敲击测试结果数据.sav”数据为例，检验铅暴露对儿童的手指敲击测试是否有影响。

SPSS 操作过程：

第 1 步：双击打开“data007_某矿区儿童不同铅暴露水平的手指敲击测试结果数据.sav”数据集。

第 2 步：选择【分析】→【一般线性模型】→【单变量】过程［图 6-9（a）］。

第 3 步：打开【单变量】定义主对话框，将“测试得分”和“组别”分别选入【因变量】框和【固定因子】框，“年龄”选入【协变量】框［图 6-21（a）］。

第 4 步：单击【模型】按钮，打开【单变量：模型】对话框［图 6-21（b）］，选中【指定模型】框组内的【构建项】复选框，并将【因子与协变量】框内的“组别”“年龄”和“组别*年龄”选入【模型】框，单击【继续】按钮，回到主对话框。注意：将交互项“组别*年龄”选入模型时，将【构建项类型】设置为【交互项】，按“Ctrl”键同时选中“组别”和“年龄”。

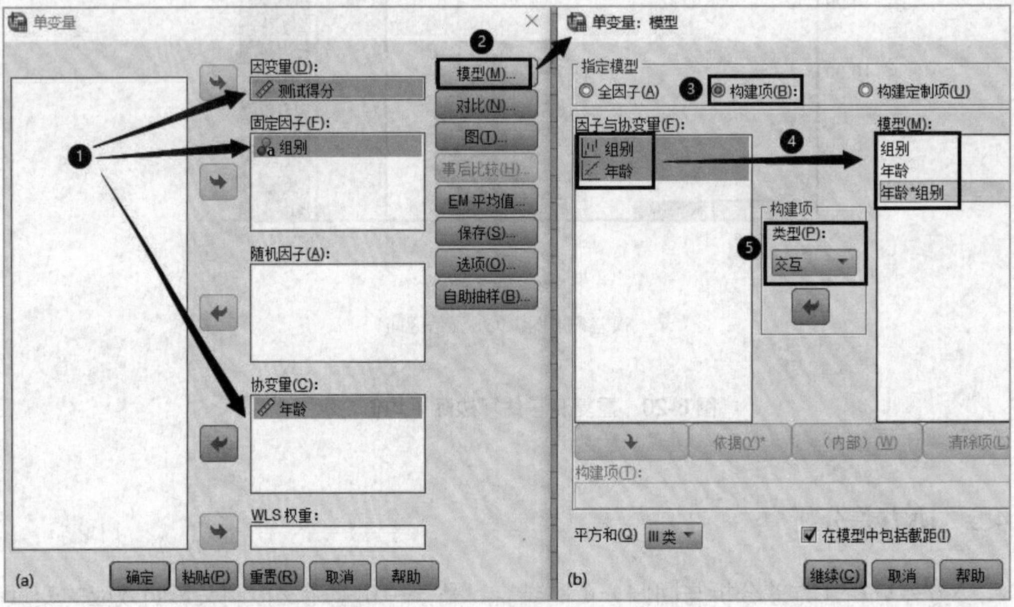

图 6-21 单变量对话框：（a）主对话框和（b）模型定义对话框

第 5 步：单击【EM 平均值】按钮，打开【单变量：估算边际平均值】对话框［图 6-22（a）］，并将【因子与因子交互】框内的“组别”选入【显示下列各项的平均值】框，单击【继续】，回到主对话框。注意：本例不选择“比较主效应”及不进行事后比较是因为只有

2 组，无须进行两两比较，若存在多组比较可以根据需要进行设置。

第 6 步：单击【选项】按钮，打开【单变量：选项】对话框［图 6-22（b）］，选中【显示】框组中的【描述统计】和【齐性检验】复选框，单击【继续】，回到主对话框。

第 7 步：单击【确定】按钮，输出结果。

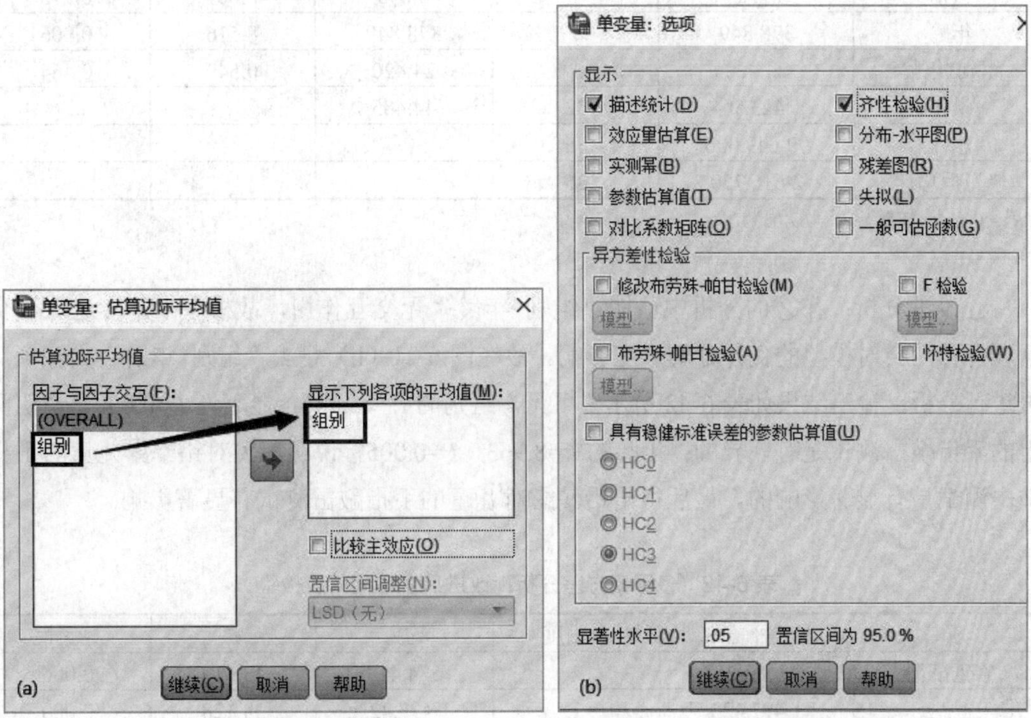

图 6-22　单变量对话框：（a）估算边际平均值和（b）选项设置对话框

结果分析：① 方差齐性检验：表 6-40 方差齐性检验结果中，显著性 P=0.928＞0.05，表明方差齐，可进行下一步分析。

表 6-40　多因素方差分析：方差齐性检验结果

F	自由度 1	自由度 2	显著性
0.008	1	34	0.928

注：检验“各个组中的因变量误差方差相等”这一原假设；设计：截距+组别+年龄+组别*年龄。

②平行性检验：表 6-41 主体间效应检验结果“显著性”中，“组别*年龄”的 F=0.549，显著性 P=0.464＞0.05；根据“大同小异”的口诀，说明两者无交互作用，即符合平行性。表 6-41 中“组别”的显著性 P=0.975 说明两组的差异无统计学意义。但是这并不是最后的结果，协方差需要逐步选择模型。

表6-41 多因素方差分析：协方差分析结果

源	Ⅲ类平方和	自由度	均方	F	显著性
修正模型	1 193.246[a]	3	397.749	8.941	0.000
截距	1 514.862	1	1 514.862	34.054	0.000
组别	0.045	1	0.045	0.001	0.975
年龄	378.849	1	378.849	8.516	0.006
组别*年龄	24.420	1	24.420	0.549	0.464
误差	1 423.504	32	44.485		
总计	99 649.000	36			
修正后总计	2 616.750	35			

a. $R^2 = 0.456$（调整后 $R^2 = 0.405$）。

③改进分析：在②的分析中已知“组别*年龄”无交互作用，故模型中不应选入该交互项，否则会对模型的变异分解产生影响。故在图6-21（b）删去“组别*年龄”交互项后再进行分析，输出结果如表6-42所示。可见，组别的 F=16.946，显著性 P=0.000，说明两组的手指敲击测试是有差异的；年龄的 F=8.963，P=0.005，说明年龄对铅暴露儿童的手指敲击测试是有显著影响的。最后得出铅暴露对儿童的手指敲击测试有显著影响。

表6-42 多因素方差分析：改进后主体间效应检验

源	Ⅲ类平方和	自由度	均方	F	显著性
修正模型	1 168.825[a]	2	584.413	13.319	0.000
截距	1 497.423	1	1 497.423	34.128	0.000
组别	743.545	1	743.545	16.946	0.000
年龄	393.283	1	393.283	8.963	0.005
误差	1 447.925	33	43.877		
总计	99 649.000	36			
修正后总计	2 616.750	35			

a. $R^2 = 0.447$（调整后 $R^2 = 0.413$）。

6.4.6 多元方差分析

多元方差分析是多个因变量的方差分析，用于检验多个变量是否受一个或多个因素影响，也称为多变量方差分析。多元方差分析的应用条件：

（1）多个因变量，都是等距以上的数值变量，自变量为类别变量；

（2）因变量间存在线性关系且为多元正态分布；

（3）样本要有一定的规模，各分组的样本规模不宜差别太大。

在此做一个多元方差分析、t 检验和多因素方差分析的对比，以便更好地了解其用途。

表 6-43　多元方差分析、t 检验和多因素方差分析的对比

	t 检验	双因素方差分析	多元方差分析
目的	检验 2 组均数是否存在差异	检验 2 组及以上均数是否存在差异	检验多组间在两个以上因变量间是否存在差异
自变量	一个	一个或多个	一个或多个
因变量	一个	一个	多个

实战案例：

例 6.12：以“data002_主要城市经济环境数据.sav”数据为例，检验中部、西部、东部地区“二氧化氮年均浓度”“臭氧_8 h 年均浓度”和“细颗粒物年均浓度”是否有显著性差异。

SPSS 操作过程：

第 1 步：双击打开“data002_主要城市经济环境数据.sav”数据集。

第 2 步：选择【分析】→【一般线性模型】→【多变量】过程（图 6-23）。

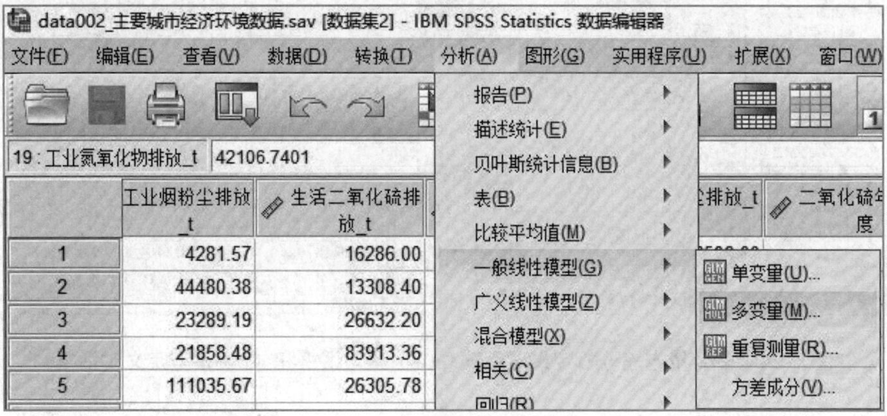

图 6-23　SPSS 多变量方差分析选择过程

第 3 步：打开【多变量】定义主对话框［图 6-24（a）］→将“二氧化氮年均浓度”“臭氧_8 h 年均浓度”和“细颗粒物年均浓度”选入【因变量】框，“地区”选入【固定因子】框。

第 4 步：单击【模型】按钮，打开【多变量：模型】对话框，选中【指定模型】框组内默认的【全因子】［图 6-24（b）］，单击【继续】，回到主对话框。

第 5 步：单击【对比】按钮，打开【多变量：对比】定义对话框，在【对比】框组内的【对比】下拉列表框中的选择【偏差】，【参考类别】更改为【最后一个】［图 6-25（a）］，单击【继续】按钮，回到主对话框。

第 6 步：单击【事后比较】按钮，打开【多变量：实测平均值的事后比较】定义对话框［图 6-25（a）］，将【因子】框中的“地区”选入【下列各项的事后检验】框中，并选

中【假定等方差】框组内的【LSD】复选框［图 6-25（b）］，单击【继续】回到主对话框。

第 7 步：单击【EM 平均值】按钮，打开【多变量：估算边际平均值】定义对话框，将【因子与因子交互】框中的“地区”选入【显示下列各项的平均值】框中［图 6-26（a）］，单击【继续】回到主对话框。

第 8 步：单击【选项】按钮，打开【多变量：选项】对话框，选中【显示】框组内的【描述统计】和【齐性检验】复选框［图 6-26（b）］，单击【继续】按钮，回到对话框。

第 9 步：单击【确定】按钮，输出结果（此时的方差齐性检验既包括协方差矩阵等同性检验也包括误差方差齐性检验）。

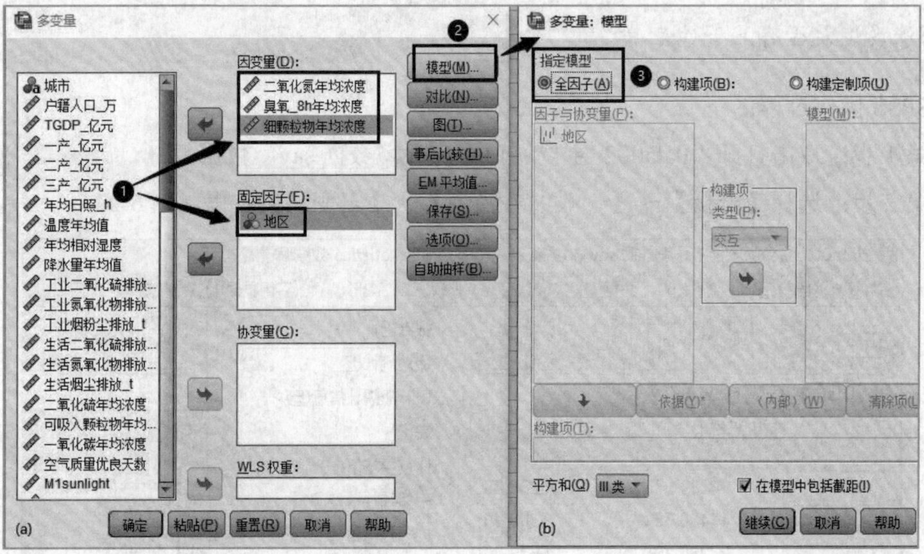

图 6-24　多变量方差分析定义对话框：（a）主对话框和（b）模型定义对话框

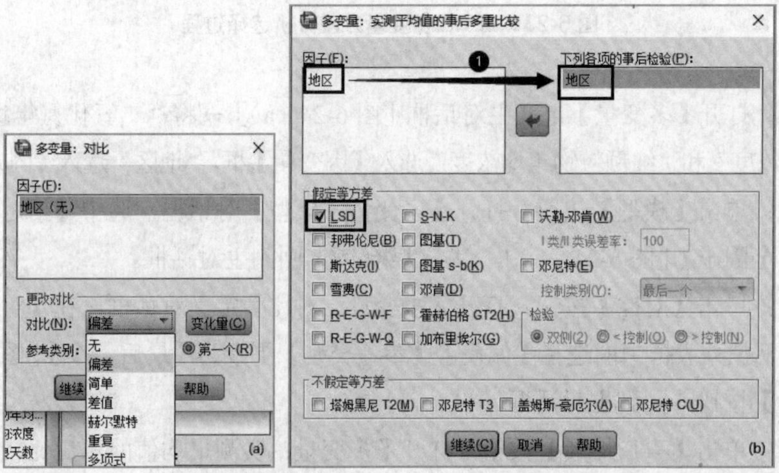

图 6-25　多变量方差分析定义对话框：（a）对比和（b）实测平均值的事后多重比较

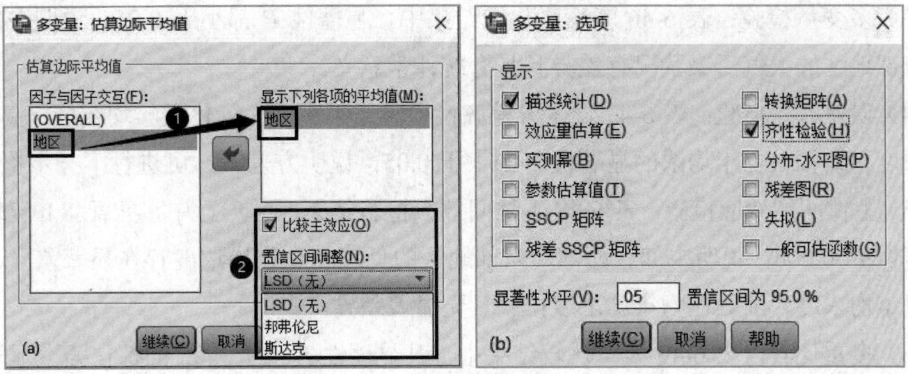

图 6-26　多变量方差分析定义对话框：（a）估算边际平均值和（b）选项定义对话框

结果分析：

（1）表 6-44 给出了东、中、西部地区二氧化氮年均浓度、臭氧_8 h 年均浓度和细颗粒物年均浓度描述统计分析结果。由此可见，二氧化氮年均浓度和细颗粒物年均浓度平均变化趋势一致，即中部地区（41.75 μg/m^3/46.13 μg/m^3）＞东部地区（38.85 μg/m^3/41 μg/m^3）＞西部地区（34.63 μg/m^3/36.25 μg/m^3）；但臭氧_8 h 年均浓度呈现：东部地区（172.23 μg/m^3）＞中部地区（161.5 μg/m^3）＞西部地区（137.50 μg/m^3）。但差异是否具有统计显著性，需要进一步进行参数检验。

表 6-44　东、中、西部地区二氧化氮年均浓度、臭氧_8 h 年均浓度和细颗粒物年均浓度描述统计

	地区	平均值/（μg/m^3）	标准偏差	个案数/个
二氧化氮年均浓度	东部地区	38.85	10.676	13
	中部地区	41.75	7.206	8
	西部地区	34.63	8.035	8
	总计	38.48	9.237	29
臭氧_8 h 年均浓度	东部地区	172.23	26.198	13
	中部地区	161.5	23.17	8
	西部地区	137.5	14.687	8
	总计	159.69	26.4	29
细颗粒物年均浓度	东部地区	41	14.101	13
	中部地区	46.13	11.643	8
	西部地区	36.25	10.278	8
	总计	41.1	12.627	29

（2）欲进行多元方差分析，需满足各个因变量的协方差矩阵是相等的。由表 6-45 可知，F=1.563，P=0.096＞0.05，表明满足协方差矩阵是相等的基本假设，可以进行多元方差分析。

（3）多变量检验：表 6-46 多变量检验结果中，显著性 *P* 都小于 0.05，说明中部、西部、东部地区的大气污染状况有差异且具有统计学意义。

（4）误差方差检验：表 6-47 误差方差齐性检验结果中，二氧化氮年均浓度、臭氧_8 h 年均浓度和细颗粒物年均浓的显著性 *P* 都大于 0.05，说明方差齐，可进行下一步检验。

（5）主体间的效应检验：表 6-48 主体间效应检验结果地区一行中，臭氧_8 h 年均浓度的显著性 *P*=0.008，说明中部、西部、东部地区的臭氧_8 h 年均浓度存在显著差异，而二氧化氮年均浓度、细颗粒物年均浓度排放量无显著差异。

（6）多重比较：表 6-49 多重比较结果中，凡显著性 *P* 小于 0.05 的都认为有显著性差异，所以东部地区和西部地区，中部地区和西部地区的臭氧_8 h 的排放量有显著性差异。

表 6-45　协方差矩阵的博克斯等同性检验结果

博克斯 M	23.000
F	1.563
自由度 1	12
自由度 2	2 152.937
显著性	0.096

注：检验“各个组的因变量实测协方差矩阵相等”这一原假设；设计：截距+地区。

表 6-46　协方差分析：多变量检验结果

效应		值	*F*	假设自由度	误差自由度	显著性
截距	比莱轨迹	0.985	542.094[a]	3.000	24.000	＜0.001
	威尔克 Lambda	0.015	542.094[a]	3.000	24.000	＜0.001
	霍特林轨迹	67.762	542.094[a]	3.000	24.000	＜0.001
	罗伊最大根	67.762	542.094[a]	3.000	24.000	＜0.001
地区	比莱轨迹	0.587	3.466	6.000	50.000	0.006
	威尔克 Lambda	0.456	3.850[a]	6.000	48.000	0.003
	霍特林轨迹	1.099	4.213	6.000	46.000	0.002
	罗伊最大根	1.005	8.372[b]	3.000	25.000	0.001

注：设计：截距+地区。

a 精确统计。

b 此统计是生成显著性水平下限的 *F* 的上限。

表 6-47　多元方差分析：误差方差齐性检验结果

		莱文统计	自由度 1	自由度 2	显著性
二氧化氮年均浓度	基于平均值	0.588	2	26	0.563
	基于中位数	0.183	2	26	0.834
	基于中位数并具有调整后自由度	0.183	2	19.354	0.835
	基于剪除后平均值	0.461	2	26	0.636

		莱文统计	自由度 1	自由度 2	显著性
臭氧_8 h 年均浓度	基于平均值	1.617	2	26	0.218
	基于中位数	1.616	2	26	0.218
	基于中位数并具有调整后自由度	1.616	2	24.192	0.219
	基于剪除后平均值	1.609	2	26	0.219
细颗粒物年均浓度	基于平均值	0.410	2	26	0.668
	基于中位数	0.384	2	26	0.685
	基于中位数并具有调整后自由度	0.384	2	24.507	0.685
	基于剪除后平均值	0.403	2	26	0.673

注：检验“各个组中的因变量误差方差相等”这一原假设；设计：截距+地区。

表 6-48　多元方差分析：主体间效应检验结果

源	因变量	Ⅲ类平方和	自由度	均方	F	显著性
修正模型	二氧化氮	206.174[a]	2	103.087	1.228	0.309
	臭氧_8 h	6 009.899[b]	2	3 004.950	5.785	0.008
	细颗粒物年均浓度	390.315[c]	2	195.157	1.245	0.304
截距	二氧化氮	40 608.679	1	40 608.679	483.643	0.000
	臭氧_8 h	679 237.575	1	679 237.575	1 307.744	0.000
	细颗粒物年均浓度	46 559.548	1	46 559.548	297.113	0.000
地区	二氧化氮	206.174	2	103.087	1.228	0.309
	臭氧_8 h	6 009.899	2	3 004.950	5.785	0.008
	细颗粒物年均浓度	390.315	2	195.157	1.245	0.304
误差	二氧化氮	2 183.067	26	83.964	—	—
	臭氧_8 h	13 504.308	26	519.396		
	细颗粒物年均浓度	4 074.375	26	156.707		
总计	二氧化氮	45 336.000	29	—		
	臭氧_8 h	759 037.000	29			
	细颗粒物年均浓度	53 460.000	29			
修正后总计	二氧化氮	2 389.241	28			
	臭氧_8 h	19 514.207	28			
	细颗粒物年均浓度	4 464.690	28			

a $R^2=0.086$（调整后 $R^2=0.016$）；b. $R^2=0.308$（调整后 $R^2=0.255$）；c. $R^2=0.087$（调整后 $R^2=0.017$）。

表 6-49　多元方差分析：多重比较结果

因变量	（I）地区	（J）地区	平均值差值（I-J）	标准误差	显著性	95%置信区间	
						下限	上限
二氧化氮	东部地区	中部地区	−2.90	4.118	0.487	−11.37	5.56
		西部地区	4.22	4.118	0.315	−4.24	12.68
	中部地区	东部地区	2.90	4.118	0.487	−5.56	11.37
		西部地区	7.13	4.582	0.132	−2.29	16.54
	西部地区	东部地区	−4.22	4.118	0.315	−12.68	4.24
		中部地区	−7.12	4.582	0.132	−16.54	2.29

因变量	(I) 地区	(J) 地区	平均值差值 (I-J)	标准误差	显著性	95%置信区间	
						下限	上限
臭氧_8 h	东部地区	中部地区	10.73	10.241	0.304	−10.32	31.78
		西部地区	34.73*	10.241	0.002 *	13.68	55.78
	中部地区	东部地区	−10.73	10.241	0.304 *	−31.78	10.32
		西部地区	24.00*	11.395	0.045 *	0.58	47.42
	西部地区	东部地区	−34.73*	10.241	0.002 *	−55.78	−13.68
		中部地区	−24.00*	11.395	0.045 *	−47.42	−0.58
细颗粒物年均浓度	东部地区	中部地区	−5.12	5.625	0.371	−16.69	6.44
		西部地区	4.75	5.625	0.406	−6.81	16.31
	中部地区	东部地区	5.13	5.625	0.371	−6.44	16.69
		西部地区	9.88	6.259	0.127	−2.99	22.74
	西部地区	东部地区	−4.75	5.625	0.406	−16.31	6.81
		中部地区	−9.87	6.259	0.127	−22.74	2.99

注：基于实测平均值；误差项是均方（误差）= 156.707；

*. 平均值差值的显著性水平为 0.05。

6.4.7 基于试验设计的方差分析

第 2 章对常用的试验设计进行了描述，其中完全随机设计、随机区组设计和析因设计是环境科学研究中较为常用的试验研究设计，涉及单处理因素设计和多处理因素设计。研究设计决定了统计分析方法的选择，如图 6-27 所示。

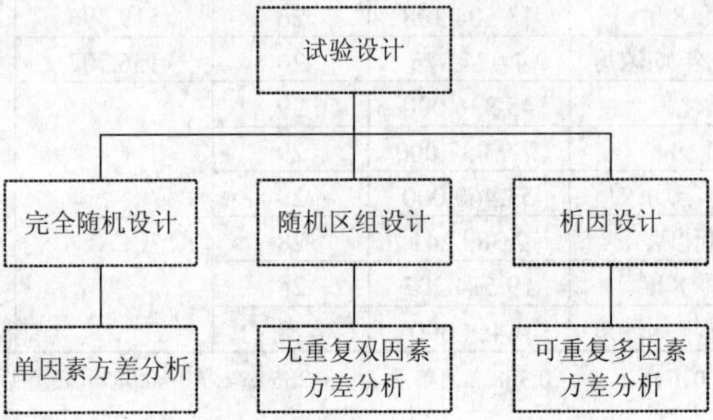

图 6-27 基于试验设计的方差分析

（1）完全随机设计

实战案例：

例 6.13：以“data013_水稻施肥盆栽试验.sav”数据为例，1、2 处理组为不同的氨水，3 处理组为碳酸氢钠，4 处理组为尿素，5 处理组为对照（不处理），每个处理重复 4 次，随机放置于同一温室中。试检验各不同处理对水稻产量有无差异。

SPSS 操作过程：

第 1 步：双击打开“data013_水稻施肥盆栽试验.sav”数据集。

第 2 步：正态性检验（详细操作及说明见 5.3.2），正态分布检验结果如表 6-50 所示，显著性 P=0.589＞0.05，满足正态性。

表 6-50　水稻产量（g/盆）正态性检验结果

	柯尔莫戈洛夫-斯米诺夫（K-S）检验[a]			夏皮洛-威尔克（S-W）检验		
	统计	自由度	显著性	统计	自由度	显著性
产量	0.094	20	0.200[b]	0.962	20	0.589

a 里利氏显著性修正；b 这是真显著性的下限。

第 3 步：选择【分析】→【比较平均值】→【单因素 ANOVA 检验】过程，如图 6-6 所示。

第 4 步：打开【单因素 ANOVA 检验】定义主对话框［图 6-28（a）］，将“产量”选入【因变量列表】框，“不同处理组”选入【因子】框。

第 5 步：单击图 6-28（a）中【选项】按钮，打开【单因素 ANOVA 检验：选项】定义对话框［图 6-28（b）］，选中【统计】框组内的【描述】和【方差齐性检验】复选框，点击【继续】按钮，回到主对话框。

第 6 步：单击图 6-28（a）中的【事后比较】按钮。打开【单因素 ANOVA 检验：事后多重比较】定义对话框［图 6-28（c）］，选中【假定等方差】框组内的【LSD】复选框和【邓尼特】复选框，并选择【控制类别】下拉列表框中的【最后一个】，【显著性水平】默认为 0.05，点击【继续】按钮，回到主对话框，单击【确定】，输出检验结果。

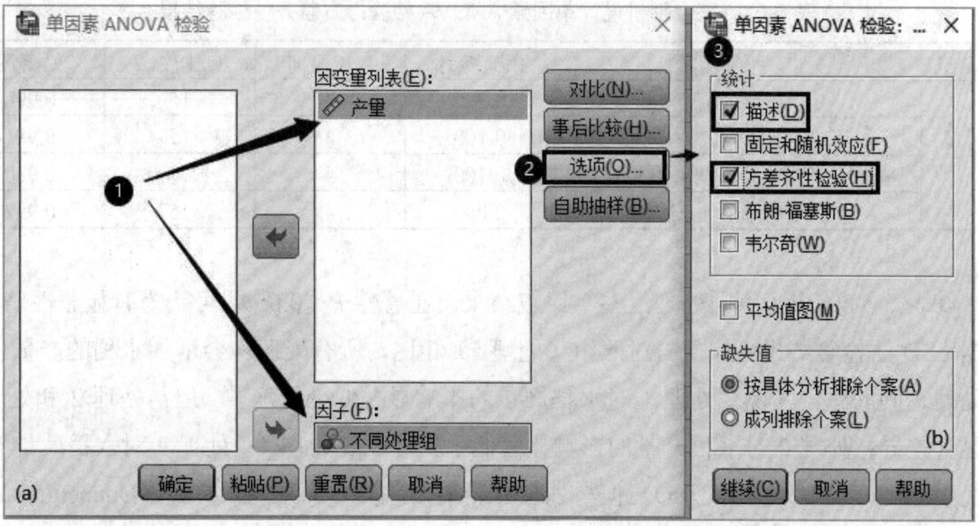

（a）主对话框　　　　　　（b）选项

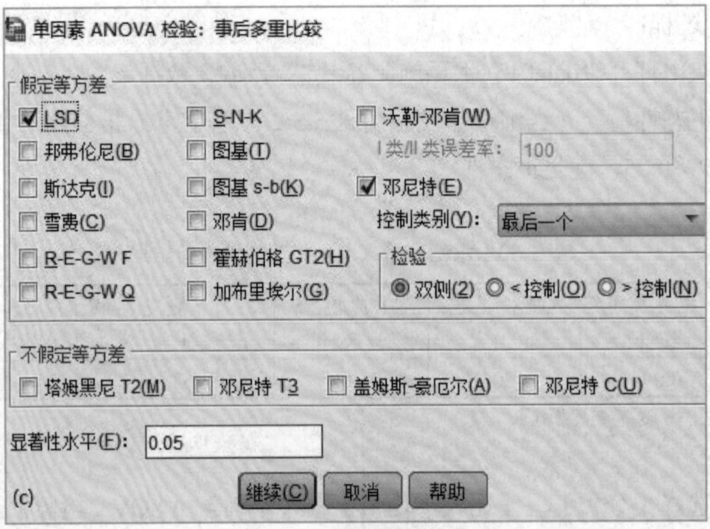

（c）事后多重比较

图 6-28 完全随机设计单因素 ANOVA 检验对话框

结果分析：

①方差齐是进行单因素 ANOVA 检验的基本假设之一，由表 6-51 可知，显著性 P 皆 >0.05，表明方差齐，可进行下一步分析。

②单因素方差分析结果：表 6-52 给出了 ANOVA 检验结果，显著性 $P=0.000<0.05$，表明不同处理组间的水稻产量有差异，但无法知道两两之间的差异，需进一步进行事后多重比较。

表 6-51 完全随机设计单因素 ANOVA 检验：方差齐性检验结果

		莱文统计	自由度 1	自由度 2	显著性
产量	基于平均值	0.030	4	15	0.998
	基于中位数	0.100	4	15	0.981
	基于中位数并具有调整后自由度	0.100	4	11.660	0.980
	基于剪除后平均值	0.040	4	15	0.997

③表 6-53 给出了不同处理组多重比较结果，显著性 $P<0.05$ 即可认为有显著性差异。根据 LSD 法检验结果可知，与对照组（处理 5）相比，所有处理均会增加水稻的产量。不同处理之间的比较发现，处理 1 对水稻产量的影响显著低于处理 4，但与处理 2 和处理 3 无显著差异；处理 2 对水稻产量的影响显著低于处理 3 和处理 4；处理 3 对水稻产量的影响优于处理 2 和对照（处理 5），但与处理 4 无显著差异。邓尼特 t 检验（Dunnett's t）结果用于比较不同处理组与对照组（处理 5）之间的差异，结果 LSD 法类似，但处理 2 与对

照组的差异显著性 P=0.084＞0.05，差异不显著。这可能在于 LSD 法检验敏感性高于 Dunnett's t，在实际研究中需要根据专业知识进行判断。

表 6-52　完全随机设计单因素 ANOVA 检验：ANOVA 检验结果

	平方和	自由度	均方	F	显著性
组间	301.200	4	75.300	11.183	0.000
组内	101.000	15	6.733		
总计	402.200	19			

表 6-53　不同处理组多重比较结果

比较方法	（I）不同处理组	（J）不同处理组	平均值差值（I-J）	标准误差	显著性	95%置信区间	
						下限	上限
LSD	1	2	2.500	1.835	0.193	−1.411	6.411
		3	−1.500	1.835	0.426	−5.411	2.411
		4	−4.500*	1.835	0.027*	−8.411	−0.589
		5	7.000*	1.835	0.002*	3.089	10.911
	2	1	−2.500	1.835	0.193	−6.411	1.411
		3	−4.000*	1.835	0.046*	−7.911	−0.089
		4	−7.000*	1.835	0.002*	−10.911	−3.089
		5	4.500*	1.835	0.027*	0.589	8.411
	3	1	1.500	1.835	0.426	−2.411	5.411
		2	4.000*	1.835	0.046*	0.089	7.911
		4	−3.000	1.835	0.123	−6.911	0.911
		5	8.500*	1.835	0.000*	4.589	12.411
	4	1	4.500*	1.835	0.027*	0.589	8.411
		2	7.000*	1.835	0.002*	3.089	10.911
		3	3.000	1.835	0.123	−0.911	6.911
		5	11.500*	1.835	0.000*	7.589	15.411
	5	1	−7.000*	1.835	0.002*	−10.911	−3.089
		2	−4.500*	1.835	0.027*	−8.411	−0.589
		3	−8.500*	1.835	0.000*	−12.411	−4.589
		4	−11.500*	1.835	0.000*	−15.411	−7.589
邓尼特 t（双侧）**	1	5	7.000*	1.835	0.006*	1.996	12.004
	2	5	4.500	1.835	0.084	−0.504	9.504
	3	5	8.500*	1.835	0.001*	3.496	13.504
	4	5	11.500*	1.835	0.000*	6.496	16.504

* 平均值差值的显著性水平为 0.05；

** 邓尼特 t 检验将一个组视为控制组，并将所有其他组与其进行比较。

(2) 随机区组设计

实战案例:

例6.14: 以"data014_土壤类型对单株产量影响试验.sav"数据为例，土壤有A、B、C、D四种类型，随机区组设计，3次重复。试检验土壤类型对单株产量有无差异。

SPSS操作过程:

第1步: 双击打开"data014_土壤类型对单株产量影响试验.sav"数据集。

第2步: 选择【分析】→【一般线性模型】→【单变量】过程，如图6-9 (a) 所示。

第3步: 打开【单变量】定义主对话框，将"单株产量"选入【因变量】框，"土壤类型"和"区组"选入【固定因子】框 [图6-29 (a)]。

第4步: 单击【模型】按钮，打开【单变量：模型】定义对话框，选中【指定模型】框组内的【构建项】，将【因子与协变量】框中的"区组"和"土壤类型"选入【模型】框，【构建项】类型选择【主效应】[图6-29 (b)]，单击【继续】回到主对话框。

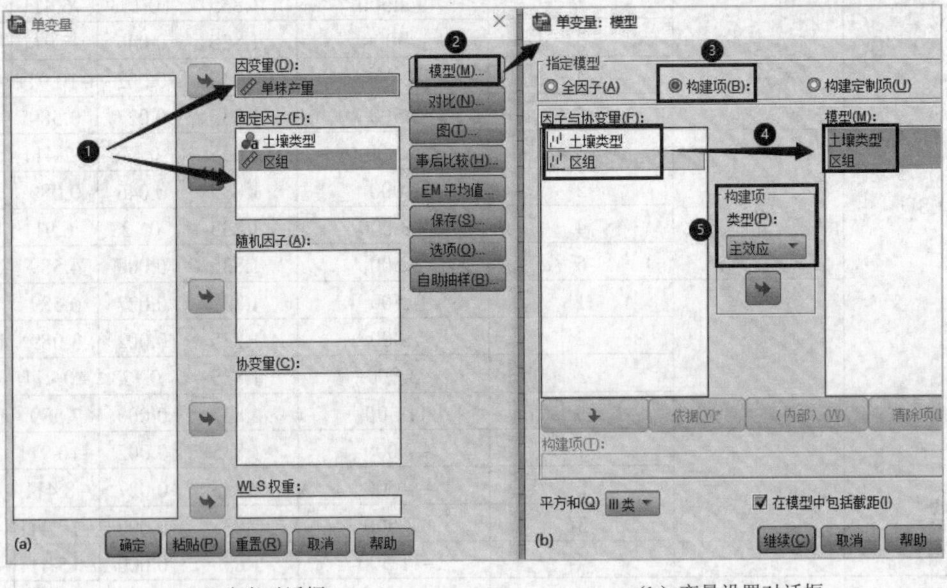

(a) 定义对话框　　　　(b) 变量设置对话框

图6-29　随机区组设计单变量对话框

第5步: 单击图6-29 (a) 中的【事后比较】按钮，打开【单变量：实测平均值的事后多重比较】定义对话框，将【因子】框中的"区组"和"土壤类型"选入【下列各项的事后检验】框中，并选中【假定等方差】框组中的【LSD】复选框进行多重比较 [图6-30 (a)]，单击【继续】按钮，回到主对话框。

第 6 步：单击【EM 平均值】按钮，打开【单变量：估算边际平均值】定义对话框，将【因子与因子交互】框中“区组”和“土壤类型”选入【显示下列各项平均值】框中［图 6-30（b）］，单击【继续】按钮，回到主对话框。

第 7 步：单击图 6-29（a）中的【选项】按钮，打开【单变量：选项】定义对话框，选中【显示】框组内的【描述统计】和【齐性检验】复选框［图 6-30（c）］，单击【继续】按钮，回到主对话框，单击【确定】按钮，输出结果。

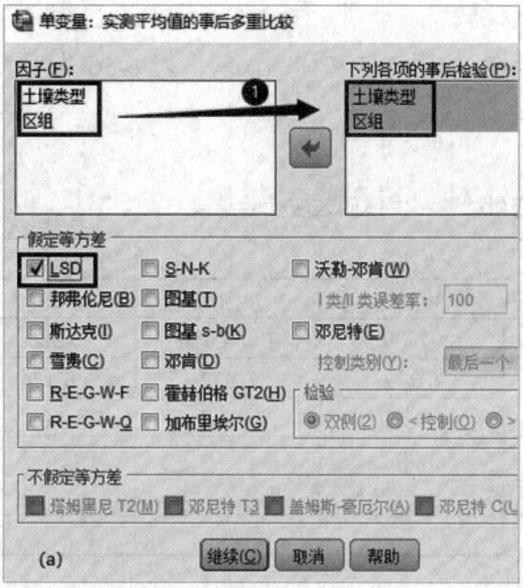

（a）多重比较对话框

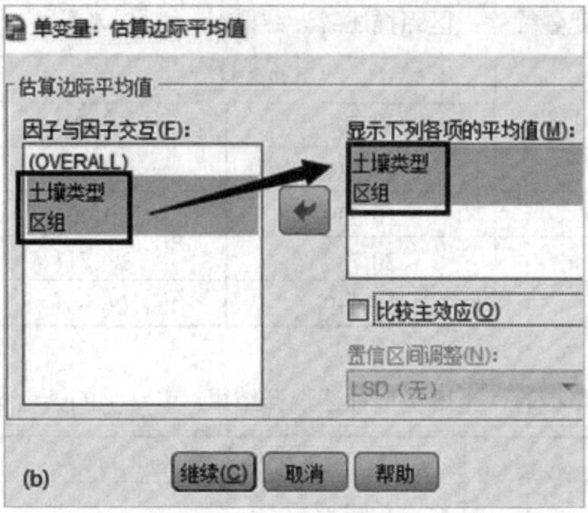

（b）估算边际平均值

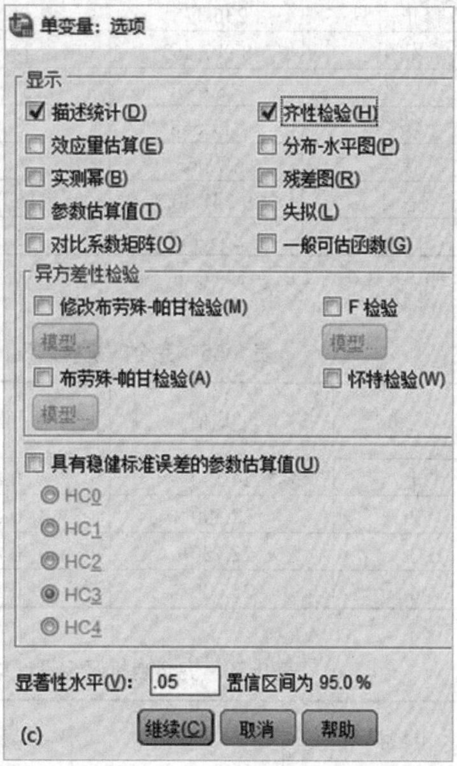

（c）选项

图 6-30　随机区组设计单变量对话框

结果分析：

随机区组设计的前3张表可忽略，第1张表是试验因素的安排，第2张表是描述性统计结果，第3张是方差齐性检验结果，因随机区组设计每个单元只有一个数据，故软件无法计算方差齐性。

①主体间效应检验结果：表6-54主体间效应检验结果“显著性”中，区组的 F=2.072，显著性 P=0.174＞0.05，土壤类型的 F=24.132，显著性 P=0.000＜0.05，说明不同区组的单株产量无差异且没有统计学意义，没有必要进行后面的区组多重比较，而不同的土壤类型的单株产量有显著差异，差异如何需进行多重比较。

②区组和土壤类型描述统计：表6-55为区组的平均值和标准误差，表6-56为土壤类型的平均值和标准误差。

表6-54 完全随机区组设计单变量检验：主体间效应检验结果

源	Ⅲ类平方和	自由度	均方	F	显著性
修正模型	236.375[a]	6	39.396	13. 102	0.001 [b]
截距	8 977.563	1	8 977.563	2 985.610	0.000 [b]
区组	18.687	3	6.229	2.072	0.174
土壤类型	217.688	3	72.563	24.132	0.000 [b]
误差	27.063	9	3.007		
总计	9 241.000	16			
修正后总计	263.438	15			

a R^2=0 .897（调整后 R^2=0.829）；b 显著性水平＜0.05。

表6-55 完全随机区组设计单变量检验：区组描述统计结果 单位：kg/株

区组	平均值	标准误差	95%置信区间	
			下限	上限
1	24.500	0.867	22.539	26.461
2	22.500	0.867	20.539	24.461
3	22.750	0.867	20.789	24.711
4	25.000	0.867	23.039	26.961

表6-56 完全随机区组设计单变量检验：土壤类型描述统计结果 单位：kg/株

土壤类型	平均值	标准误差	95%置信区间	
			下限	上限
A	25.250	0.867	23.289	27.211
B	29.000	0.867	27.039	30.961
C	20.500	0.867	18.539	22.461
D	20.000	0.867	18.039	21.961

③两两比较：表 6-57 土壤类型多重比较结果中，凡“显著性”$P<0.05$ 即认为有显著性差异，可知除 A 和 B、C 和 D 类土壤间的单株产量无差异外，其他的土壤类型间的单株产量都有显著差异。

表 6-57 完全随机区组设计单变量检验：土壤类型多重比较结果

（I）土壤类型	（J）土壤类型	平均值差值（I-J）	标准误差	显著性	95%置信区间	
					下限	上限
A	B	−3.750 0*	1.226 16	0.014	−6.523 8	−0.976 2
	C	4.750 0*	1.226 16	0.004	1.976 2	7.523 8
	D	5.250 0*	1.226 16	0.002	2.476 2	8.023 8
B	A	3.750 0*	1.226 16	0.014	0.976 2	6.523 8
	C	8.500 0*	1.226 16	0.000	5.726 2	11.273 8
	D	9.000 0*	1.226 16	0.000	6.226 2	11.773 8
C	A	−4.750 0*	1.226 16	0.004	−7.523 8	−1.976 2
	B	−8.500 0*	1.226 16	0.000	−11.273 8	−5.726 2
	D	0.500 0	1.226 16	0.693	−2.273 8	3.273 8
D	A	−5.250 0*	1.226 16	0.002	−8.023 8	−2.476 2
	B	−9.000 0*	1.226 16	0.000	−11.773 8	−6.226 2
	C	−0.500 0	1.226 16	0.693	−3.273 8	2.273 8

注：基于实测平均值。误差项是均方（误差）= 3.007。

*. 平均值差值的显著性水平为 0.05。

（3）析因设计

实战案例：

例 6.15：以“data0015_甘蓝叶中核黄素的测定浓度影响试验.sav”数据为例，测定的甘蓝叶有经高锰酸盐处理和未处理的，甘蓝叶的样本质量有 0.25 g 和 1 g 两种。试检验处理方式对甘蓝叶中核黄素的测定浓度有无差异。

SPSS 操作过程：

第 1 步：双击打开“data0015_甘蓝叶中核黄素的测定浓度影响试验.sav”数据集。

第 2 步：选择【分析】→【一般线性模型】→【单变量】过程，如图 6-9（a）所示。

第 3 步：打开【单变量】定义主对话框，将“核黄素浓度”选入【因变量】框，“处理方式”和“甘蓝叶质量”选入【固定因子】框［图 6-31（a）]。

第 4 步：单击图 6-31（a）中的【模型】按钮，打开【单变量：模型】定义对话框，选中【指定模型】框组内的【全因子】（析因设计需要分析交互作用，故默认“全因子”模型），单击【继续】回到主对话框。

第 5 步：单击图 6-31（a）中的【EM 平均值】按钮，打开【单变量：估算边际平均值】定义对话框，将【因子与因子交互】框中“处理方式”“甘蓝叶质量”和“处理方式*甘蓝叶质量”选入【显示下列各项平均值】框中［图6-32（a）］，单击【继续】按钮，回到主对话框。

第6步：单击图6-31（a）中的【选项】按钮，打开【单变量：选项】定义对话框，选中【显示】框组内的【描述统计】和【齐性检验】复选框［图6-32（b）］，单击【继续】按钮，回到主对话框。

第7步：单击【确定】按钮，输出结果。

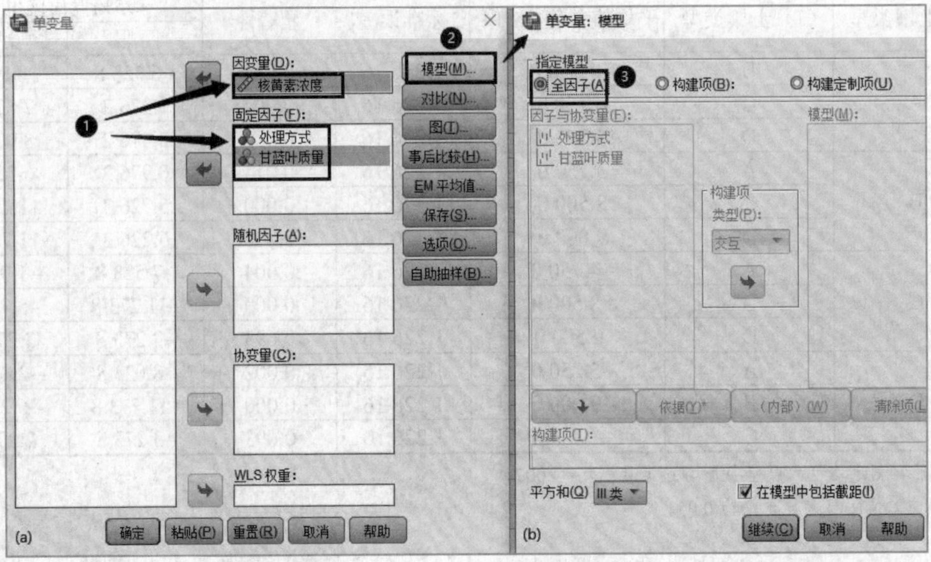

（a）主对话框　　（b）模型定义对话框

图6-31　析因设计单变量对话框

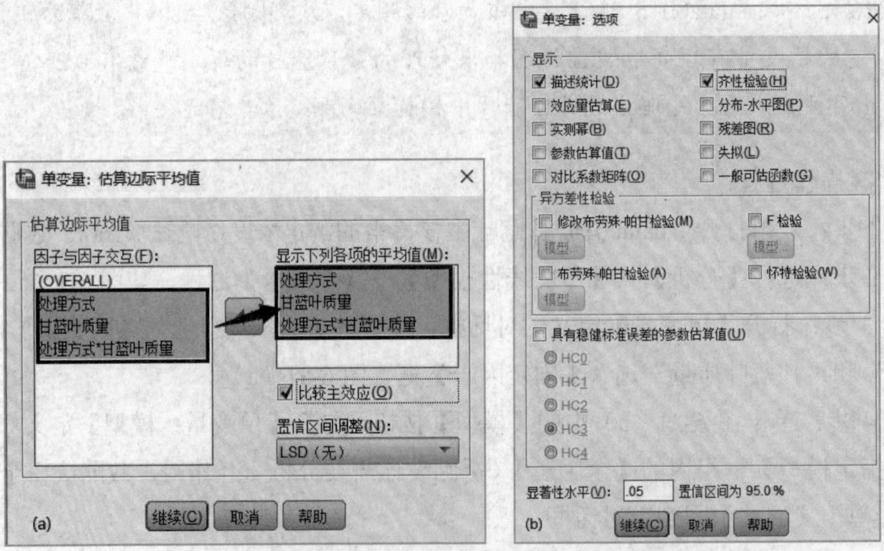

（a）估算边际平均值对话框　　（b）选项对话框

图6-32　随机区组设计单变量对话框

结果分析：

①表 6-58 给出了不同处理方式下，不同质量甘蓝叶中核黄素浓度的描述性统计结果，包括个案数、平均值和标准偏差。结果显示，未经高锰酸盐处理的不同质量甘蓝叶中核黄素浓度均值高于高锰酸盐处理组，但差异是否显著，尚需进行参数检验。

②方差齐是进行方差分析的基本假设之一，根据表 6-59 中莱文方差齐性检验结果可知，核黄素浓度的显著性 $P>0.05$，表明方差齐，可进行下一步分析。

表 6-58 析因设计单变量检验：描述性统计结果

处理方式	甘蓝叶质量	平均值/（μg/g）	标准偏差	个案数/个
经高锰酸盐处理	0.25 g	25.067	2.013	3
	1 g	23.667	1.286	3
	总计	24.367	1.694	6
未经高锰酸盐处理	0.25 g	42.600	2.883	3
	1 g	37.033	3.522	3
	总计	39.817	4.193	6
总计	0.25 g	33.833	9.858	6
	1 g	30.350	7.696	6
	总计	32.092	8.625 6	12

表 6-59 析因设计单变量检验：方差齐性检验结果

		莱文统计	自由度 1	自由度 2	显著性
核黄素浓度	基于平均值	1.429	3	8	0.304
	基于中位数	0.298	3	8	0.826
	基于中位数并具有调整后自由度	0.298	3	4.644	0.826
	基于剪除后平均值	1.300	3	8	0.340

注：检验“各个组中的因变量误差方差相等”这一原假设。因变量：核黄素浓度。设计：截距+处理方式+甘蓝叶质量+处理方式*甘蓝叶质量。

③主体间效应检验结果：表 6-60 主体间效应检验结果“显著性”中，处理方式的 F=108.419，显著性 P=0.000<0.05，甘蓝叶质量的 F=5.511，显著性 P=0.047<0.05，处理方式*甘蓝叶质量的 F=1.971，显著性 P=0.198>0.05，说明不同的处理方式和甘蓝叶的质量均对核黄素浓度有显著影响，同时处理方式和甘蓝叶质量不存在交互作用。

表 6-60 完全随机区组设计单变量检验：主体间效应检验结果

源	Ⅲ类平方和	自由度	均方	F	显著性
修正模型	765.529[a]	3	255.176	38.634	0.000
截距	12 358.501	1	12 358.501	1 871.083	0.000
处理方式	716.107	1	716.107	108.419	0.000

源	Ⅲ类平方和	自由度	均方	F	显著性
甘蓝叶质量	36.401	1	36.401	5.511	0.047
处理方式*甘蓝叶质量	13.021	1	13.021	1.971	0.198
误差	52.840	8	6.605		
总计	13 176.870	12			
修正后总计	818.369	11			

a. R^2 =0.935（调整后 R^2 =0.911）。

④主效应与交互效应：表6-61为处理方式的主效应，表6-62为甘蓝叶质量的主效应，表6-63为处理方式*甘蓝叶质量的交互效应。

表6-61　析因设计单变量检验：处理方式描述统计结果　　单位：μg/g

处理方式	平均值	标准误差	95%置信区间	
			下限	上限
经高锰酸盐处理	24.367	1.049	21.947	26.786
未经高锰酸盐处理	39.817	1.049	37.397	42.236

表6-62　析因设计单变量检验：甘蓝叶描述统计结果　　单位：μg/g

甘蓝叶质量	平均值	标准误差	95%置信区间	
			下限	上限
0.25 g	33.833	1.049	31.414	36.253
1 g	30.350	1.049	27.931	32.769

表6-63　析因设计单变量检验：处理方式*甘蓝叶质量描述统计结果　　单位：μg/g

处理方式	甘蓝叶质量	平均值	标准误差	95%置信区间	
				下限	上限
经高锰酸盐处理	0.25 g	25.067	1.484	21.645	28.488
	1 g	23.667	1.484	20.245	27.088
未经高锰酸盐处理	0.25 g	42.600	1.484	39.178	46.022
	1 g	37.033	1.484	33.612	40.455

（4）正交设计

实战案例：

例 6.16：以“data016_某乳化剂乳化能力影响试验.sav”数据为例，采用正交设计设定三因素试验，每个因素三个水平，以期发现乳化剂的最佳乳化条件，试验因素与水平设置如表6-64所示。

表 6-64　正交试验因素与水平设计

水平	因素		
	温度/℃（A）	酯化时间/h（B）	催化剂类型（C）
1	130	3	甲
2	120	2	乙
3	110	4	丙

本例为 3 因素 3 水平设计，选择 $L_9(3^4)$ 正交表进行试验安排，试验数据如表 6-65 所示，由表 6-65 正交试验结果中试验号为 4 的乳化能力最高，故最佳试验是 $A_2B_2C_3$。

①极差分析：

K_1 为 A 因素所有取 1 水平的乳酸能力之和，故：

K_1=0.56+0.74+0.57=1.87

K_2=0.87+0.85+0.82=2.54

K_3=0.67+0.64+0.66=1.97

k_1 为 A 因素所有取 1 水平的乳酸能力之和/水平 1 的个数，故：

$k_1= K_1/3$=0.623

$k_2= K_2/3$=0.847

$k_3= K_3/3$=0.657

$R=k_{大}-k_{小}=k_2-k_1$=0.224

极差越大说明因素越重要，所以本试验的因素重要性排序为 ABC，结合直观分析法，本试验的最佳试验方案为 $A_2B_2C_3$。

表 6-65　正交试验方案和结果

试验号	因素				乳化能力
	A		B	C	
1	1	1	1	1	0.56
2	1	2	2	2	0.74
3	1	3	3	3	0.57
4	2	1	2	3	0.87
5	2	2	3	1	0.85
6	2	3	1	2	0.82
7	3	1	3	2	0.67
8	3	2	1	3	0.64
9	3	3	2	1	0.66
K_1	1.87	2.10	2.02	2.07	
K_2	2.54	2.23	2.27	2.23	
K_3	1.97	2.05	2.09	2.08	

试验号	因素				乳化能力
	A		B	C	
k_1	0.623	0.700	0.673	0.690	
k_2	0.847	0.743	0.757	0.743	
k_3	0.657	0.683	0.697	0.693	
极差 R	0.224	0.060	0.084	0.053	

②方差分析：

操作过程：

第 1 步：双击打开“data016_某乳化剂乳化能力影响试验.sav”数据集。

第 2 步：选择【分析】→【一般线性模型】→【单变量】过程，如图 6-9（a）所示。

第 3 步：打开【单变量】定义主对话框，将“乳化能力”选入【因变量】框，“温度”“酯化时间”“催化剂种类”选入【固定因子】框［图 6-33（a）］。

第 4 步：单击如图 6-33（a）中的【模型】按钮，打开【单变量：模型】定义对话框，选中【指定模型】框组内的【构建项】，将【因子与协变量】框中“温度”“酯化时间”和“催化剂种类”选入【模型】框中，【构建项类型】选择【主效应】［图 6-33（b）］，单击【继续】回到主对话框。

第 5 步：单击【确定】按钮，输出结果。

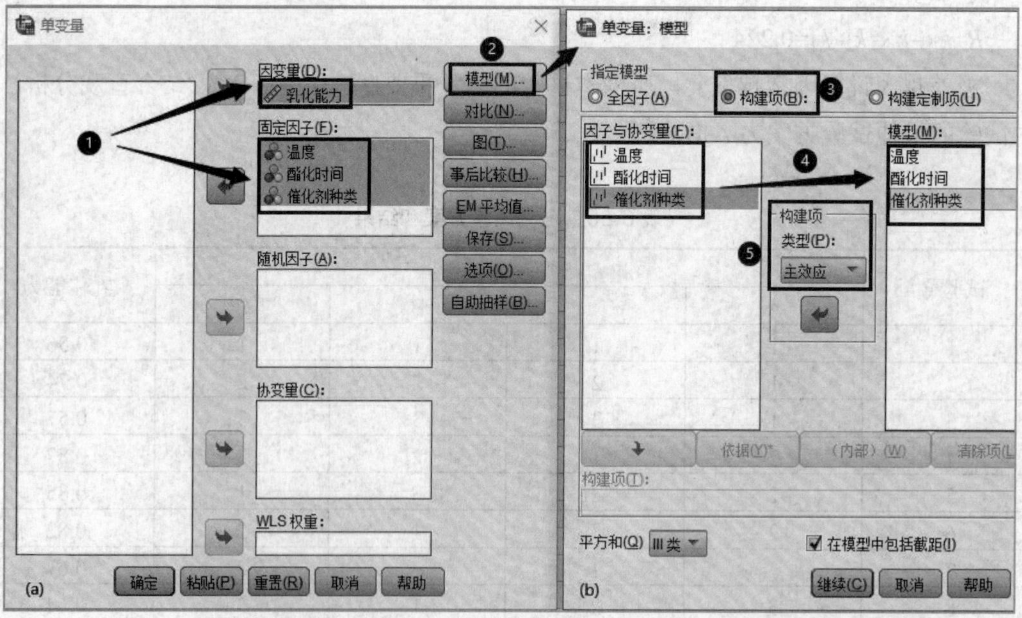

（a）主对话框　　　　（b）模型定义对话框

图 6-33　正交设计单变量分析对话框

方差分析主要结果：表 6-66 主体间效应检验结果，各因素显著性 $P>0.05$，无统计学意义（SPSS 在数据菜单中有正交试设计，但只可分析主效应，不能设计交互作用，若需分析交互作用，需按正交表和交互作用表安排试验进行分析）。

表 6-66 正交设计方差分析结果

源	Ⅲ类平方和	自由度	均方	F	显著性
修正模型	0.104[a]	6	0.017	5.996	0.150
截距	4.523	1	4.523	1 571.598	0.001
温度	0.087	2	0.044	15.131	0.062
酯化时间	0.011	2	0.006	1.927	0.342
催化剂种类	0.005	2	0.003	0.931	0.518
误差	0.006	2	0.003		
总计	4.632	9			
修正后总计	0.109	8			

a. $R^2=0.947$（调整后 $R^2=0.789$）。

第 7 章　随机环境变量的非参数检验

7.1　非参数检验概述

对应于参数检验只能适用于满足特定分布及其基本假设的环境数据，非参数检验（non-parameteric test）就像光谱抗生素一样，适用范围更广，适用于计量（连续）、等级（有序）和计数（名义）环境资料的统计分析。非参数检验通常适用于下述情形：①待统计分析环境数据因不满足参数检验的所要求的基本假设，而不能进行参数检验。例如，环境统计分析中，遇到的不服从正态分布的小样本情况，在 t 检验不适用的情形下，可以采用非参数检验。②待分析环境数据仅由有序等级资料构成的数据，无法应用参数检验，就可以采用非参数检验方法。③所研究的环境问题并不包含参数时，无须进行参数检验。例如，欲判断一个环境是否是随机样本，应用非参数检验更为恰当。其中非参数 χ^2 检验，是特殊的非参数检验方法，在 SPSS 中常用于考察某名义变量不同水平在两组或多组间的分布是否一致。

7.2　名义分类变量的 χ^2 检验

7.2.1　四格表资料的 χ^2 检验

四格表资料的 χ^2 检验适用于考察两组率或构成情况的分布是否一致。如某团队对两个研究区域（A、B）进行取样分析，考察大米镉超标情况，分析结果如表 7-1 所示，试问两个研究区域大米镉超标率是否相同？

表 7-1　A 和 B 研究区大米镉超标情况

研究区域	大米镉超标例数/%	大米镉未超标例数/%	合计
研究地区 A	2（6.06）	31（93.94）	33
研究地区 B	16（40.00）	24（60.00）	40
合计	18（24.66）	55（75.34）	73

（1）案例解析

实际频数（observed value 或 actual value，O）：O 为实际测量分析得到的次数。表中 A 区域共计 33 份样品，超标 2 份，未超标 31 份；B 区域共计 40 份样品，超标 16 份，未超标 24 份，以上数据为实际取样分析所得数据，因此称为实际频数（O）。虽然表格中数据显示 B 区域大米镉超标率（40.00%）远大于 A 区域（6.1%），但可能受抽样误差影响，因此不能直接得出结论，需进行进一步统计分析。

理论频数（theoretical value，T）：T 为假设研究区域 A、B 超标率相等的条件下所得的理论上研究区域 A 和 B 的超标样品数。表中 A 区域和 B 区域共计 73 份样品，合计两者总超标率为 24.66%，由于 A 和 B 区域各自的总样本数不同，因此若假设 A 区域和 B 区域的超标率相同，则 A 和 B 区域各自的超标率必为 24.66%。根据以上所述，以 A 区域为例，总样品量为 33 份，超标率为 24.66%，则超标的样品数为 8.14 份，所得 A 区域超标样品数为假设 A 和 B 区域大米超标率相同时所得数据，因此称为理论频数（T）。

实际频数 O 与理论频数 T 对比分析：以 A 区域为例，实际大米镉超标 2 份，在理论超标率为 24.66%条件下，超标样品数为 8.14 份，实际超标份数与理论超标份数存在差异，导致差异的原因可能有两个方面：存在抽样误差以及研究区域超标率不同。但是目前尚不能明确到底是什么原因导致的差异性，因此需要进一步统计分析，即进行卡方检验。卡方检验是指统计样本的实际观测值与理论推断值之间的偏离程度，实际观测值与理论推断值的偏离程度用卡方表示，卡方值越大，二者偏差程度越大；反之，二者偏差越小；若卡方为 0，则两者不存在偏差。

在 SPSS 26.0 中，卡方检验统计分析过程，主要通过交叉表过程和制表模块中的【检验统计】选项实现，此处以交叉表过程进行示例。在实际分析中，考虑环境数据集结构特征，并编制交叉表，并进行 χ^2 检验。常见的数据集包括两种形式：①为分类汇总的数据资料；②已分类汇总的数据资料。

（2）SPSS 实战案例

例 7.1：以“data017_两区域土壤和稻米重金属污染.sav”数据为例，分析 A 和 B 研究区大米镉超标情况有无显著性差别。汇总数据如表 7-1 所示。

SPSS 操作过程：

第 1 步：双击打开“data017_两区域土壤和稻米重金属污染.sav”数据集。

第 2 步：针对不同结构的数据集，略有差别：①未汇总数据：忽略个案加权过程，直接进入第 3 步；②已汇总数据，通过【数据】→【个案加权】过程进行个案加权，详见例 7.2。

第 3 步：选择【分析】→【描述统计】→【交叉表】过程（图 7-1），打开【交叉表】

定义对话框，分别将“研究地区编码”和“稻米镉超标情况”放入【行变量】框和【列变量】框［图7-2（a）］。

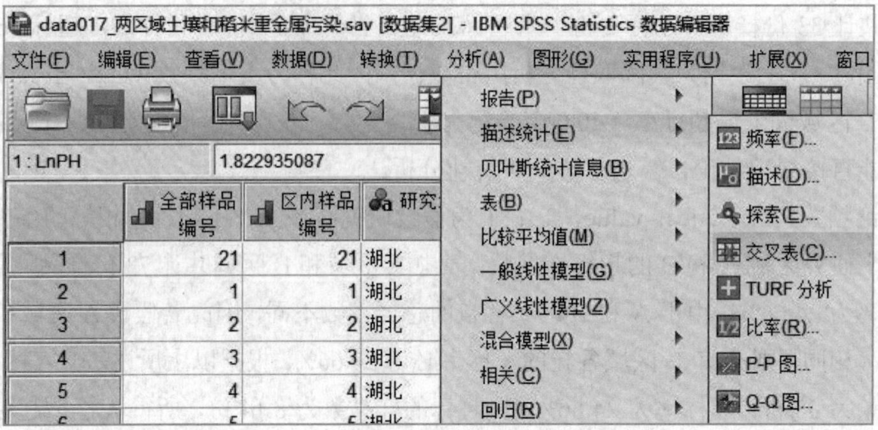

图 7-1 交叉表视图

第4步：单击图7-2（a）右侧【统计】按钮，打开【交叉表：统计】定义对话框，选中【卡方】复选框［图7-2（b）］，单击【继续】按钮，回到主对话框。

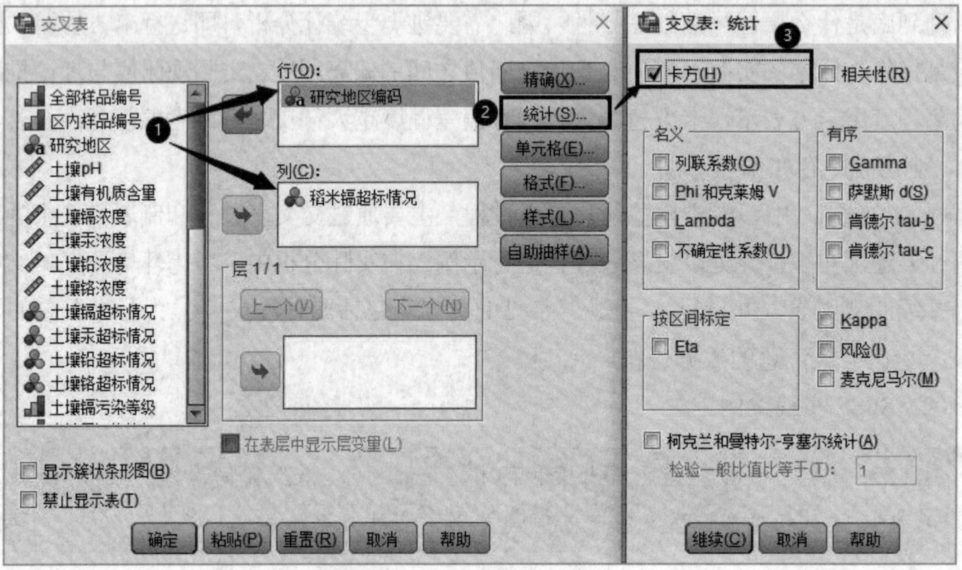

（a）主对话框　　　　（b）统计设置

图 7-2 交叉表定义对话框

第5步：单击图7-2（a）右侧【单元格】按钮，打开【交叉表：单元格】定义对话框，选中【计数】框组内的【实测】复选框和【百分比】框组内的【行】复选框（图7-3），单击【继续】按钮，回到主对话框。

第 6 步：单击图 7-2（a）右侧【确定】按钮，执行交叉表卡方检验，输出检验结果。

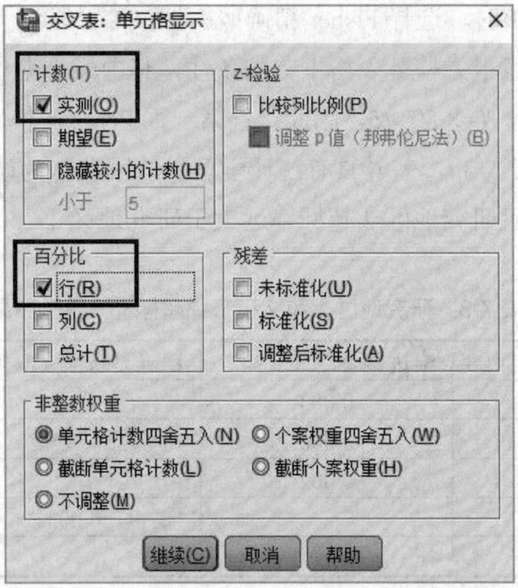

图 7-3　交叉表：单元格显示定义对话框

（3）结果解析

卡方检验结果分析分为两步：① 观察交叉表；② 解读卡方检验结果。

表 7-2 给出了不同研究地区稻米镉超标与否的交叉表统计信息，由此可知，研究地区 1 稻米镉超标率为 9.1%，研究地区 2 稻米镉超标率为 40.0%，从主观上来看研究地区 2 稻米镉超标率远大于研究地区 1，但此差异可能是由抽样误差导致的，因此需要进行进一步统计分析，即卡方检验。

表 7-2　研究地区编码*稻米镉超标情况交叉表

			稻米镉超标情况		总计
			0	1	
研究地区编码	1	计数	30	3	33
		占研究地区编码的百分比/%	90.9	9.1	100.0
	2	计数	24	16	40
		占研究地区编码的百分比/%	60.0	40.0	100.0
总计		计数	54	19	73
		占研究地区编码的百分比/%	74.0%	26.0	100.0

2×2 四格表卡方检验提供多种检验结果，结果选择依据主要为总样本量（N）和理论频数（T），根据数据值的大小选择检验依据：

①当 $N \geqslant 40$ 且 $T \geqslant 5$ 时，选择 Pearson（皮尔逊卡方）检验；

②当 $N \geqslant 40$ 且 $1 \leqslant T < 5$ 时，卡方检验需进行连续校正，选择连续性校正卡方检验；

③当 $N < 40$ 或 $T < 1$ 时，选择 Fisher 精确概率法；

结果解读时，需注意卡方检验表格下方的备注，其中最小期望计数就是最小理论频数即 T，本例中 N=73＞40，T=8.59＞5，因此，看第一行 Pearson 检验 χ^2=8.973，双侧渐进显著性 P=0.003＜0.05（表 7-3），差异具有统计学意义，因此认为研究地区 1 和研究地区 2 的稻米镉超标率不同，且研究地区 2 超标率远大于研究地区 1。

表 7-3　研究地区 1 和 2 稻米镉超标卡方检验结果

	值	自由度	渐进显著性（双侧）	精确显著性（双侧）	精确显著性（单侧）
皮尔逊卡方	8.973[a]	1	0.003		
连续性修正[b]	7.439	1	0.006		
似然比	9.761	1	0.002		
费希尔精确检验				0.003	0.002
有效个案数	73				

a. 0 个单元格（0.0%）的期望计数小于 5。最小期望计数为 8.59。

b. 仅针对 2×2 表进行计算。

7.2.2　R×C 表卡方检验

7.2.1 所讲述的 2×2 四格表，是最简单的一种 R×C 表形式，因为其基本数据结构由 R 行和 C 列组成，故统称 R×C 列联表（简称“R×C 表”）。当试验设计和环境调查为多组研究（K＞3）时，显然 2×2 四格表已不再适用。R×C 表包括三种形式：①研究组为两组（R=2），但观测环境变量的水平数 C＞2，简称为 2×C 表；②研究组为多组（R＞2），但观测环境变量的水平数 R=2，简称为 R×2 表；③研究组和观测环境变量的水平数均大于 2，简称为 R×C 表。根据变量值属性特征，R×C 表可分为：①行、列变量均为名义分类变量的 R×C 表；②行变量为有序型分类变量，列变量为名义分类变量的 R×C 表；③行变量为名义型分类变量，列变量为有序型分类变量的 R×C 表；④行、列变量为有序型分类变量的 R×C 表。

（1）名义分类变量 R×C 表的 χ^2 检验——Pearson χ^2 检验

当行和（或）列的变量为名义分类变量时，变量值之间无等级关系，可以两变量之间的一般关系（general association）。这时采用的检验方法为 Pearson χ^2 检验。

实战案例：

例 7.2：以“data018_两研究区域大米重金属污染.sav”数据为例，分析 B 研究区和 C 研究区大米重金属超标情况有无显著差别（表 7-4）。

表 7-4 不同研究区域大米重金属超标情况

	仅 1 种重金属超标	仅 2 种重金属超标	3 种重金属均超标	3 种重金属均未超标
B 地区	20	16	3	1
C 地区	11	14	3	0

SPSS 实现过程：

第 1 步：双击打开“data018_两研究区域大米重金属污染.sav”数据集。

第 2 步：选择【数据】→【个案加权】过程，将“样品数量”选入【频率变量】框，单击【确定】进行个案加权（图 7-4）。若数据结构为单个样品格式则无须加权，此处为汇总格式，需要进行【个案加权】。

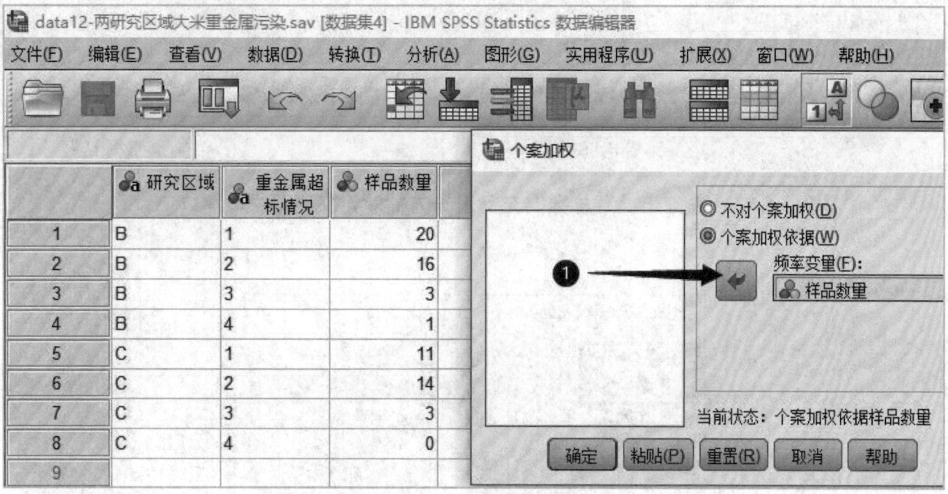

图 7-4 两研究地区大米重金属污染个案加权

第 3 步：选择【分析】→【描述统计】→【交叉表】，分别将“研究地区”和“重金属超标情况”放入【行变量】框和【列变量】框［图 7-5（a）］。

第 4 步：单击图 7-5（a）右侧【统计】按钮，打开【交叉表：统计】定义对话框，选中【卡方】复选框［图 7-5（b）］，单击【继续】按钮，回到主对话框。

第 5 步：单击图 7-5（a）右侧【单元格】按钮，打开【交叉表：单元格】定义对话框，选中【计数】框组内的【实测】复选框和【百分比】框组内的【行】复选框（图 7-6），单击【继续】按钮，回到主对话框。

第 6 步：单击图 7-5（a）右侧【确定】按钮，执行交叉表卡方检验，输出检验结果。

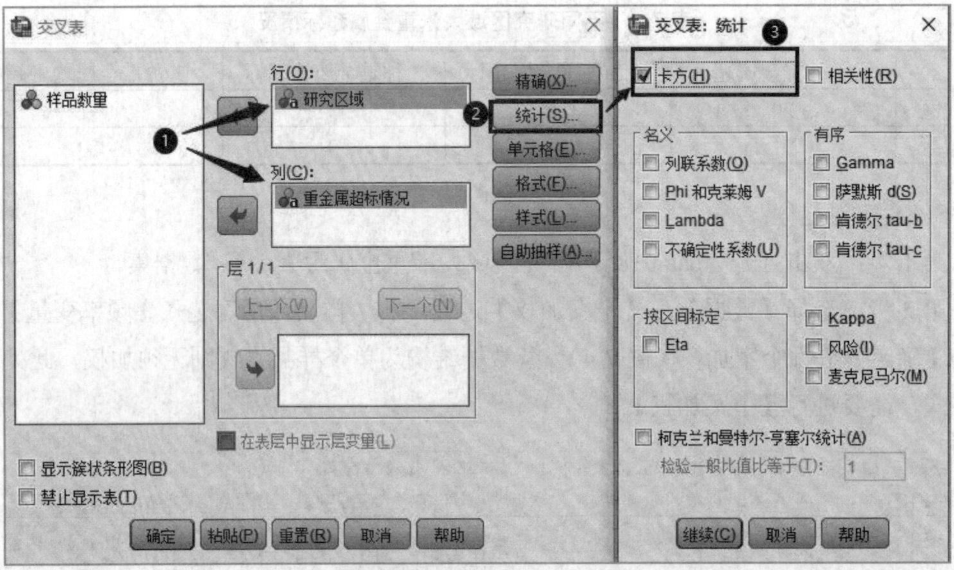

（a）主对话框　　　　（b）统计设置对话框

图 7-5　汇总数据交叉表卡方检验定义对话框

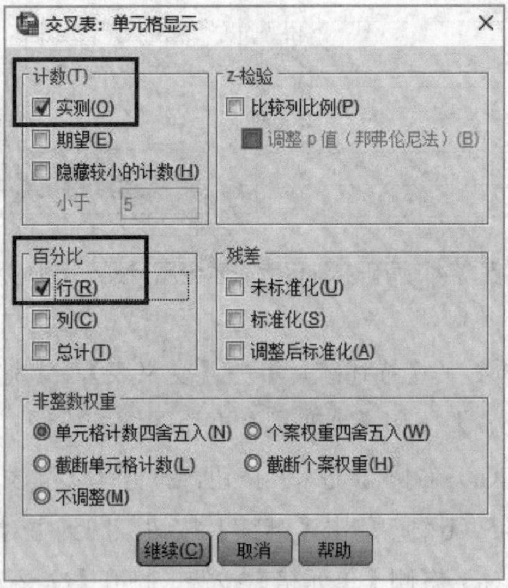

图 7-6　交叉表过程 χ^2 检验参数设置

结果解析：

R×C 表卡方检验结果分析分为两步：① 观察交叉表；② 解读卡方检验结果。

表 7-5 给出了 A 和 B 两个研究地区大米重金属超标情况，结果表明 B 区域大米中“仅 1 种重金属超标”的样品所占的比例较高（50.0%）；C 研究地区大米样品以“2 种重金属

超标”为主（50.0%），从主观上来看 B 区域大米质量高于 C 区域，但此差异可能是由抽样误差等导致的，因此需要进行进一步统计分析，即卡方检验。

表 7-6 给出了 A 和 B 两个研究地区大米重金属超标情况的卡方检验结果。R×C 表中不宜有较多格子（1/5）的理论频数小于 5，或有一个格子理论频数小于 1，否则易犯第一类错误，需对样本进行处理。此案例中已有超过 1/5 的格子理论频数小于 5，易犯第一类错误，因此需对样本进行处理。通常采用以下三种处理：①增大样本量；②专业上进行删除或合并，即删除理论频数太小的行和列，或将理论频数小的格子与所在行或列性质相近的邻近格子合并，使得重新计算的理论频数增大；③采用 R×C 表资料的 Fisher 确切概率。由于对样本进行删除或合并将损失一定的信息，并影响样本的随机性，且不同的合并方式所产生的结果不同，因此本案例进行 Fisher 确切概率检验的处理，详见 7.2.3。

表 7-5 B 和 C 研究地区*重金属超标情况交叉表

			重金属超标情况				总计
			1	2	3	4	
研究区域	B	计数	20	16	3	1	40
		占研究区域的百分比/%	50.0	40.0	7.5	2.5	100.0
	C	计数	11	14	3	0	28
		占研究区域的百分比/%	39.3	50.0	10.7	0.0	100.0
总计		计数	31	30	6	1	68
		占研究区域的百分比/%	45.6%	44.1	8.8	1.5	100.0

表 7-6 B 和 C 研究地区大米重金属超标情况卡方检验结果

	值	自由度	渐进显著性（双侧）
皮尔逊卡方	1.681[a]	3	0.641
似然比	2.042	3	0.564
有效个案数/个	68		

a. 4 个单元格（50.0%）的期望计数小于 5。最小期望计数为 0.41。

（2）单向有序分类变量 R×C 表的 χ^2 检验

有序分类变量是特殊的分类变量，各类别之间在一定的标准下存在高低、优劣等内在顺序逻辑的差别，如空气质量分为优级、良好、轻度污染、中度污染、重度污染等五个等级。其是根据取值特征进行分类的一种定性变量，因此也称为等级变量。单向有序分类资料是指表格中只有行或列变量“有序”，而双项有序分类资料则是指行和列变量均“有序”。

①行为有序分类变量的 R×C 表——行平均分差检验

行为多分类名义变量而列为顺序变量是可以为每一行计算一个指标，如平均数，在各行之间进行比较，此时作行平均分差（row mean scores difference）检验。如表 7-7 所示，若需了解酸性土壤条件下区域土壤重金属超标情况，则做行平方差检验。

表 7-7　酸性土壤条件下区域土壤重金属超标状况

重金属	超标	未超标	合计
Cd	12	33	45
Hg	16	28	44
As	9	38	47
合计	37	99	136

②列为有序分类变量的 R×C 表——非参数检验

当列为有序分类变量，且比较各处理组的效应有无差别时，适宜选用秩和检验或 Ridit 分析，若用卡方检验则只能说明各处理组的效应在构成比上有无差异（见前述 Pearson χ^2 检验）。如表 7-8 所示，若研究不同区域空气污染状况，则需进行秩和检验或 Ridit 检验。

表 7-8　不同区域空气质量状况

空气质量状况/d	区域			合计
	A	B	C	
优级	15	8	5	28
良好	30	24	33	87
轻度污染	12	16	10	38
中度污染	10	14	12	36
重度污染	8	6	9	23
合计	75	68	69	212

（3）双向有序分类变量 R×C 表的 χ^2 检验

当行、列两变量均为有序且属性不同时，常用等级相关分析或线性趋势检验；当行、列两变量均为有序且属性相同时，常用一致性检验。卡方检验只能用于分析双向有序分类资料中两个有序分类变量间有无关联性。

①双向有序且属性不同

以表 7-9 为例，不同研究目的需要采用的分析方法不同。若分析不同教育程度下经济水平是否有差别，则选择秩和检验或 Ridit 分析；若分析受教育程度和经济水平之间是否存在线性相关关系，则选择等级相关或典型相关；若分析受教育程度和经济水平之间是否存在线性变化趋势，则选择线性趋势检验。

表 7-9　经济水平与受教育程度的关系

受教育程度	经济水平/元				合计/人
	0～3 000	3 000～4 999	5 000～7 999	＞8 000	
小学及以下	80	53	24	6	163
初中	24	55	25	9	113
高中/中专/技校	27	60	23	9	119
大专	13	44	35	13	105
大学	12	52	38	15	117
研究生及以上	2	64	50	19	135
合计	158	328	195	71	749

②双向有序且属性相同

表 7-10 为两名检测员对 200 份土壤样品中重金属（Cd、Hg）的检测结果，若分析两人检测结果是否具有一致性，则选择一致性检验（Kappa 检验）。

表 7-10　200 份土壤样品中重金属（Cd、Hg）超标结果

第一人检测	第二人检测			合计
	仅一种重金属超标	两种重金属均超标	重金属均未超标	
仅一种重金属超标	78	5	0	83
两种重金属均超标	6	56	13	75
重金属均未超标	0	10	32	42
合计	84	71	45	200

7.2.3　R×C 表的 Fisher 确切概率检验

当样本总频数 $N<40$ 时，说明频数分布结果极有可能不具有代表性；单元格内的期望频数 $T>1$，这可能是由于频数数据不够多而导致的小概率事件，并没有反映总体的频数分布情况。在上述两种情形下，需采用精确检验法直接计算概率做判断。Fisher 精确检验法为解决上述问题提供了可能。

实战案例：

> 例 7.3：以“data012_两研究区域大米重金属污染.sav”数据为例，分析 B 区域和 C 区域大米重金属超标情况有无差别。汇总数据如表 7-4 所示。

SPSS 实现过程：

第 1 步：双击打开“data012_两研究区域大米重金属污染.sav”数据集。

第 2 步：选择【数据】→【个案加权】过程，将“样品数量”选入【频率变量】框，

单击【确定】进行个案加权（图7-4）。若数据结构为单个样品格式则无须加权，此处为汇总格式，需要进行【个案加权】。

第3步：选择【分析】→【描述统计】→【交叉表】，分别将“研究地区”和“重金属超标情况”放入【行变量】框和【列变量】框［图7-7（a)］。

第4步：单击图7-7（a）右侧【精确】按钮，打开【交叉表：精确检验】定义对话框，选中【精确】复选框下【每个检验的时间限制】复选框，并将时间限制为“5”分钟［图7-7（b)］，单击【继续】按钮，回到主对话框。

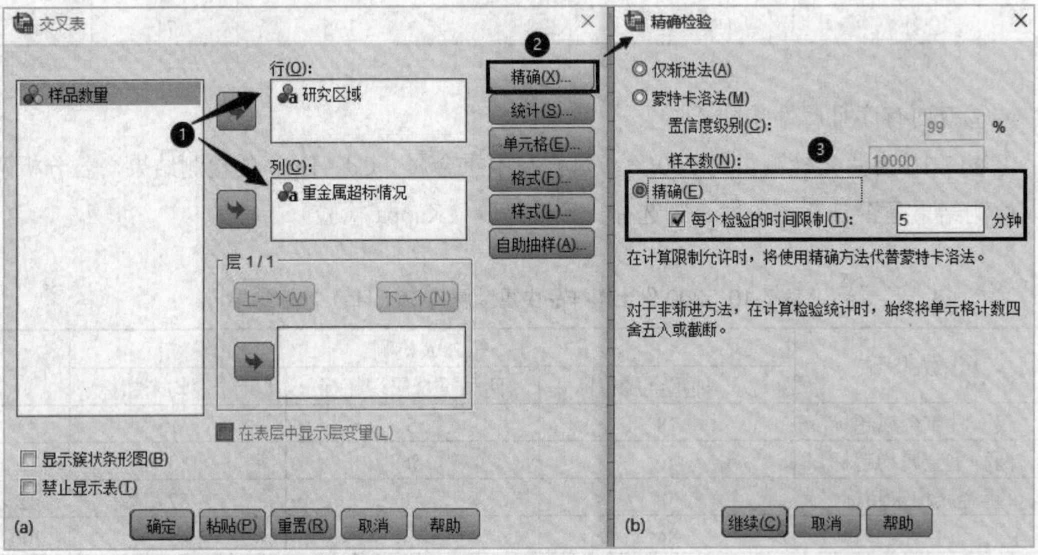

（a）主对话框　　　　（b）精确检验定义对话框

图7-7　汇总数据交叉表精确检验定义对话框

第5步：单击图7-7（a）右侧【统计】按钮，打开【交叉表：统计】定义对话框，选中【卡方】复选框［图7-8（a)］，单击【继续】按钮，回到主对话框。

第6步：单击图7-7（a）右侧【单元格】按钮，打开【交叉表：单元格显示】定义对话框，选中【计数】框组内的【实测】复选框和【百分比】框组内的【行】复选框［图7-8（b)］，单击【继续】按钮，回到主对话框。

第7步：单击图7-7（a）右侧【确定】按钮，执行交叉表卡方检验，输出检验结果。

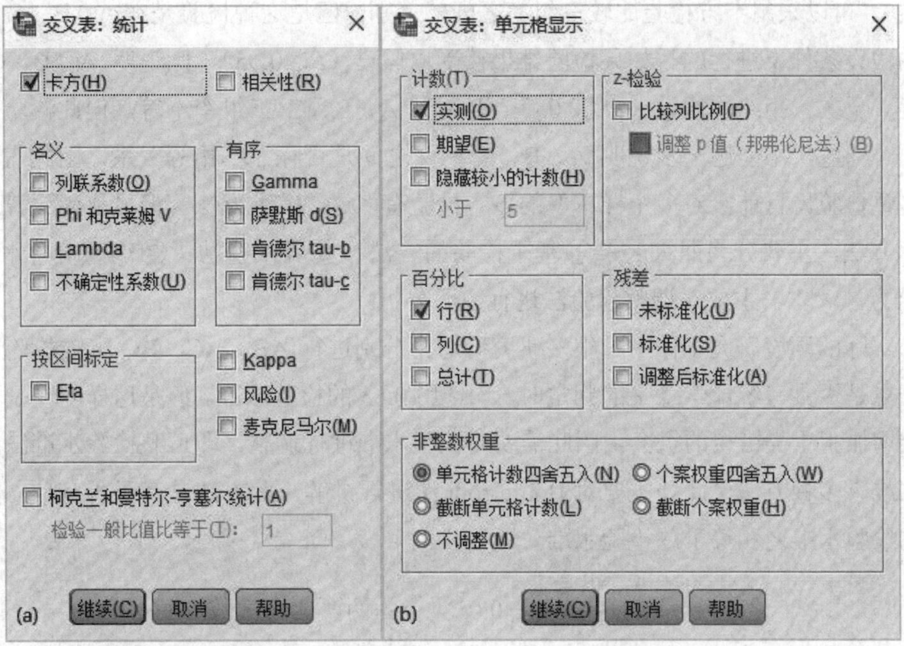

（a）统计　　（b）单元格显示设置

图 7-8 Fisher 确切概率检验定义对话框

结果分析：

其他描述部分与例 7.2 一致，此案例为上述 R×C 表案例，因此前述基础数据不再进行赘述。因超过 1/5 的格子期望数小于 5，因此选择 Fisher 精确检验。Fisher 精确检验结果显示 P=0.746＞0.05，表示 B、C 区域重金属超标情况不存在显著性差异（表 7-11）。

表 7-11 B 和 C 研究地区大米重金属超标精确检验结果

	值	自由度	渐进显著性（双侧）	精确显著性（双侧）
皮尔逊卡方	1.681[a]	3	0.641	0.772
似然比	2.042	3	0.564	0.772
费希尔精确检验	1.734			0.746
有效个案数/个	68			

a. 4 个单元格（50.0%）的期望计数小于 5。最小期望计数为 0.41。

7.2.4 多个样本率的多重检验

多个样本率之间的多重比较是在日常科研工作中经常遇到的，例如在 A、B、C 三个区域中分别有某重金属超标率 P_1、P_2 和 P_3（仅将结果分为某重金属超标和某重金属未超标两类）。可以采用卡方检验比较三组率之间的差别，但是这种检验是在A、B、C三组率相等的假设条件下进行的。如果检验结果接受原假设（$P>0.05$），则说明 A、B、C 三组率相等；反之，拒绝原假设（$P<0.05$），则说明 A、B、C 三组率不等。但此检验仅能说明这一个问题，不能进一步说明 A、B、C 两两之间是否存在率相等关系，因此需要对其进行多重检验。目前，对多个样本率的多重检验有多达 20 种方法，但目前尚无普遍认可的推荐方法，主要分为四大类：①基于检验的方法；②界限值法；③调整检验水准法；④复合方法。本书主要对调整检验法进行说明分析。

在实际的环境研究工作中，很多研究者通常分别进行 AB、AC、BC 卡方检验，且在进行结果是否具有统计学意义的判定时，均选用 0.05 的检验水准。但是这样明显是不正确的，会增加犯Ⅰ类错误的机会，因此需要对检验水准进行调整，即调整检验水准法。调整检验水准有多种方法，此处主要对 Bonferroni 法进行讲解。此方法是基于所有独立的两两比较的检验水准之和等于总检验水准，即

$$\alpha_1+\alpha_2+\cdots+\alpha_n=0.05\text{，}\quad n\text{为两两比较次数}$$

假设同一案例中每次两两比较的检验水准相同，那么调整后的检验水准 $\alpha'=0.05/n$。如研究区域 A、B、C 中某重金属超标率的比较，在进行多重比较时需进行三次（A vs. B；A vs. C；B vs. C），那么调整后的检验水准为 $\alpha'=0.05/3=0.016\,7$，则在进行两两卡方检验时应当以 0.016 7 为检验水准。此外，存在一种特殊情况，如果仅有 A、B 两组，但不是为二分类，而是分为如仅大米 Cd 超标、仅大米 Hg 超标、大米 Cd 和 Hg 均超标、两者均未超标等四种情况，此时需要进行多重比较，分析两研究区域的重金属超标率是否有区别，即构成比的多重检验，其调整检验水平应当为$\alpha=0.05/(n-1)$，n 同样为两两比较次数。

若为多个样本率的卡方检验及两两比较，则需满足以下条件：

①二分类变量：观测变量为二分类变量，如超标和未超标、治愈和死亡等；

②多个分组：存在多个（$K>2$）干预组（如 A、B、C 三组、A、B、C、D 四组等）；

③独立性：各干预组相互独立；

④代表性：要求样本具有代表性；

⑤样本量：要求样本量足够大，要求任一格子理论频数大于 5。若样本量较少则只能进行 Fisher 精确检验，不能进行卡方检验；否则，增大样本量。

实战案例：

例 7.4：以“data019_土壤大米镉超标情况.sav”数据为例，分析 A、B、C 三个研究区大米镉超标率有无差别。

SPSS 实现过程：

第 1 步：双击打开“data019_土壤大米镉超标情况.sav”数据集。

第 2 步：选择【分析】→【描述统计】→【交叉表】，分别将“研究地区”和“大米 Cd 是否超标”放入【行变量】框和【列变量】框［图 7-9（a）］。

第 3 步：单击图 7-9（a）右侧【统计】按钮，打开【交叉表：统计】定义对话框，选中【卡方】复选框（此处省略），单击【继续】按钮，回到主对话框。

第 4 步：单击图 7-9（a）右侧【单元格】按钮，打开【交叉表：单元格显示】定义对话框，选中【计数】框组内的【实测】复选框和【百分比】框组内的【行】复选框，以及【Z-检验】框组内的【比较列比例】选项框下的【调整 p 值（Bonferroni 法）】［图 7-9（b）］，单击【继续】按钮，回到主对话框。

第 5 步：单击图 7-9（a）右侧【确定】按钮，执行卡方检验，并输出结果。

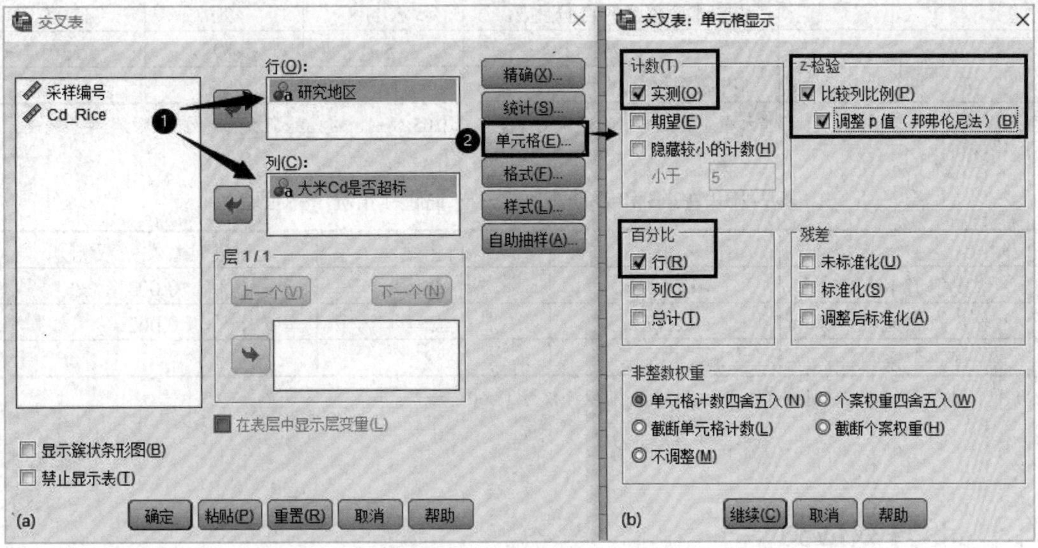

图 7-9　多重检验交叉表主对话框及参数设置

结果分析：

表 7-12 给出了 A、B 和 C 研究地区大米镉超标情况的交叉表，结果显示，A 区域 42 份样品中有 33 份（78.6%）未超标，B 区域 52 份样品中有 28 份未超标（53.8%），C 区域 42 份样品中有 18 份（42.9%）未超标。由此可见，A 区域大米镉污染程度较低，但是可能受到抽样误差的影响，因此需要进一步统计分析，即卡方检验。

表 7-13 给出了 A、B 和 C 研究区域稻米镉超标卡方检验结果。本检验中任一格子理论频数均大于 5，因此看 Pearson 检验结果。χ^2=11.624，P=0.003＜0.05，差异具有统计学意义，如表 7-13 所示，则说明 A、B、C 三个区域的大米镉重金属污染程度不同。

对比分析结果详见表 7-12，在交叉表中通过脚标（a，b，c 等）标记两两比较结果，如果任意两组之间标记相同，则说明这两组之间的差异没有统计学意义；反之，则具有统计学意义。根据这一原则，本书中区域 A、B、C 大米 Cd 超标率的差异不具有统计学意义，B 区域大米 Cd 的未超标率与 A、C 区域的差异均具有统计学意义。

表 7-12　A、B 和 C 研究区域稻米镉超标情况交叉表

			稻米 Cd 超标情况		总计
			超标	未超	
研究区域	A	计数	9[a]	33[b]	42
		占研究区域的百分比/%	21.4	78.6	100.0
	B	计数	24[a]	28[a]	52
		占研究区域的百分比/%	46.2	53.8	100.0
	C	计数	24[a]	18[b]	42
		占研究区域的百分比/%	57.1	42.9	100.0
总计		计数	57	79	136
		占研究区域的百分比/%	41.9%	58.1	100.0

注：每个上标字母（a 和 b）都指示重金属超标情况类别的子集，在 0.05 级别，这些类别的列比例相互之间无显著差异。

表 7-13　A、B 和 C 研究区域稻米镉超标情况卡方检验

	值	自由度	渐进显著性（双侧）
皮尔逊卡方	11.624[a]	2	0.003
似然比	12.173	2	0.002
有效个案数	136		

a. 0 个单元格（0.0%）的期望计数小于 5。最小期望计数为 17.60。

7.3 非参数检验

7.3.1 单样本非参数卡方

SPSS 中，非参数卡方主要用于分析单组计数资料是否符合特定的分布包括：二项检验、卡方检验、柯尔莫戈洛夫-斯米诺夫检验和游程检验（正态、均匀、泊松和指数分布）。详见第 5 章分布检验，在此不做赘述。

7.3.2 独立样本资料的非参数检验

（1）2 个独立样本的检验

在 SPSS 中，给出了 4 种适用于检验 2 个独立样本是否来自同一总体的方法，包括曼-

惠特尼 U（Mann-Whitney U）检验，柯尔莫戈洛夫-斯米诺夫（Kolmogorov-Simirnov，K-S）检验、瓦尔德-沃尔夫威茨游程（Wald-Wolfwitz runs，W-W）检验和莫斯极端反应（moses extreme reaction）检验。四种方法均可用于两个独立样本非参数检验，但方法的基本思想不同。

Mann-Whitney U 检验，是应用最为广泛的两个独立样本秩和检验方法，当数据不满足 *t* 检验的基本假设时，可用此检验。其基本假设为：若两个样本的总体不同，则它们的中心位置不同。其基本思路：①编秩：将两组数据混合，从小到大排序，并编等级（相同数值与平均秩）；②求秩和：分别计算两样本等级和（R1 和 R2）；③计算 Mann-Whitney U 检验统计量 U1 和 U2；根据较小 U 统计量进行统计推断。

K-S 检验：是通过考察两样本数据的分布进行统计推断，即检验两组样本秩分（rank score）累计频数和各点上的累计频数的差异。其基本思路：①计算两组样本的秩分累计频数和各点上的累计频数；②计算两组累计频数之差 Di；③检验 Di 总和的大小，进行统计推断。

W-W 检验：是通过考察游程进行统计推断，即对两组样本秩分别排序的游程检验。其基本方法：①分组：将两组样本观测值依据来源（A 组或 B 组）分别用“0”和“1”编号；②编秩：将两组样本数据混合，并按观测值由小到大的顺序重新排序；③计算游程数：根据每个观察值的分组编号计算游程；④统计推断：通过游程检验，推断两样本是否来自同一总体。

莫斯极端反应检验：一个为控制样本，另一为实验样本，并以控制样本为对照，检验试验样本是否存在极端反应的方法，检验两样本的总体是否存在显著差异。其基本思路：①编秩：将两组数据混合，从小到大排序，并编等级（相同数值与平均秩）；②计算跨度：即计算控制样本最高秩和最低秩之间包含的观察值的个数；③根据跨度进行统计推断：若跨度很小，提示两样本无法充分混合，表明试验样本存在极端反应。

实战案例：

> 例 7.5：例 6.3 运用 *t* 检验方法对根据“data001_土壤和稻米重金属污染.sav”数据集的 B 和 C 两个研究地区土壤有机质含量是否来自同一总体进行了检验，非参数检验适用范围更广，故此例采用 Mann-Whitney U 方法考察 B 和 C 两地区土壤有机质（SOM）含量是否来自同一总体。

SPSS 操作过程：

第 1 步：双击打开“data001_土壤和稻米重金属污染.sav”数据集。

第 2 步：选择【分析】→【非参数检验】→【旧对话框】→【2 个独立样本】过程（图 7-10）。

第3步：打开【双独立样本检验】定义对话框→将“土壤有机质含量”选入【检验变量列表】框中→在【分组变量】框中根据“研究地区编码”定义分组变量→在【检验类型】框组中，选中【曼-惠特尼】复选框（图7-11）（注意，此处可以根据需要选择一个或多个检验类型）。

第4步：单击【确定】按钮，执行曼-惠特尼非参数检验，输出检验结果。

结果解析：

曼-惠特尼检验首先给出了B研究地区和C研究地区土壤有机质含量编秩后的描述性统计结果，包括个案数、秩平均值和秩的总和。对比秩平均值大小发现，B研究地区（34.88）大于A研究地区（33.96），如表7-14所示。进一步给出了曼-惠特尼 U=545.00，及其对应的 Z=–0.187，p=0.852＞0.05。结果表明，B研究地区和C研究地区土壤有机质含量来源于同一总体。

图7-10　双独立样本非参数检验定义对话框

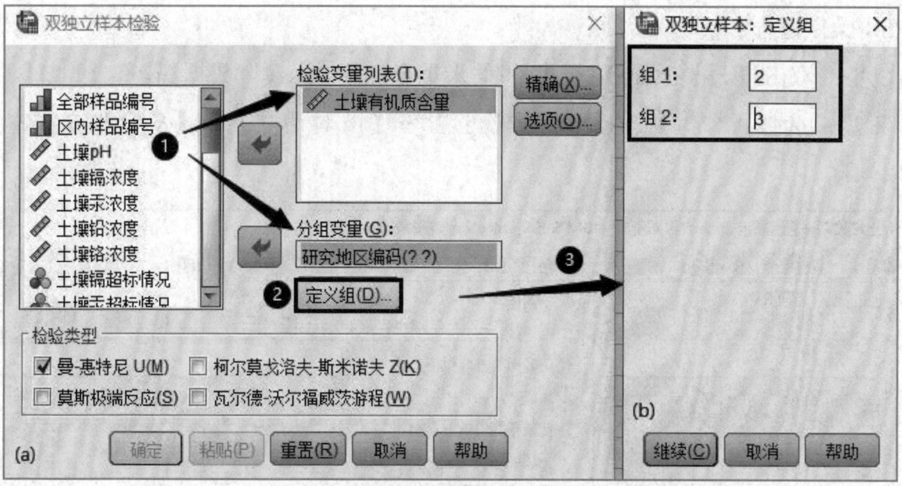

图 7-11　双独立样本检验定义对话框和分组变量定义子对话框

表 7-14　A 和 B 两地区土壤有机质含量（mg/kg）曼-惠特尼检验结果

研究地区编码	个案数/个	秩平均值	秩的总和	曼-惠特尼 U	Z	双尾渐进显著性
B 研究地区	40	34.88	1 395.00	545.00	−0.187	0.852
C 研究地区	28	33.96	951.00			
总计	68					

（2）K 个独立样本的检验

当比较组数（K>2）时，非参数检验的方法有别于 2 组。SPSS 26.0 中，适用于 K 组比较的非参数检验方法有三种：克鲁斯瓦尔-沃尔斯 H（Kruskal-Wallis H）检验，中位数（median）检验和约克海尔-塔帕斯特拉 J（Jonckkeere-Terpstra）检验。

Kruskal-Wallis H 是 Mann-Whitney U 检验的扩展，用于检验 K 个独立样本是否来自同一总体。其基本假设是：抽样总体是连续的和分布是相同的，检验其分布位置是否相同。

中位数检验在 K 组和 2 组的做法基本一致，用于检验多组样本是否来自具有相同中位数的总体。此方法适用于检验个案具有很多相同等级或数据具有二分特性的样本。其零假设为：样本来自多个独立总体的中位数无显著差异。

Jonckkeere-Terpstra 检验用于检验多个独立总体的分布是否有显著差异。其基本思想是计算一组样本的观测值小于其他组样本观测值的个数，零假设为：样本来自多个独立总体的分布无显著差异。

实战案例：

例 7.6：以“data001_土壤和稻米重金属污染.sav”数据为例，采用 Kruskal-Wallis H 法考察长江流域 A、B 和 C 三个研究地区土壤有机质含量是否来自同一总体。

SPSS 操作过程：

第 1 步：双击打开“data001_土壤和稻米重金属污染.sav”数据集。

第 2 步：选择【分析】→【非参数检验】→【旧对话框】→【*K* 个独立样本】过程（图 7-12）。

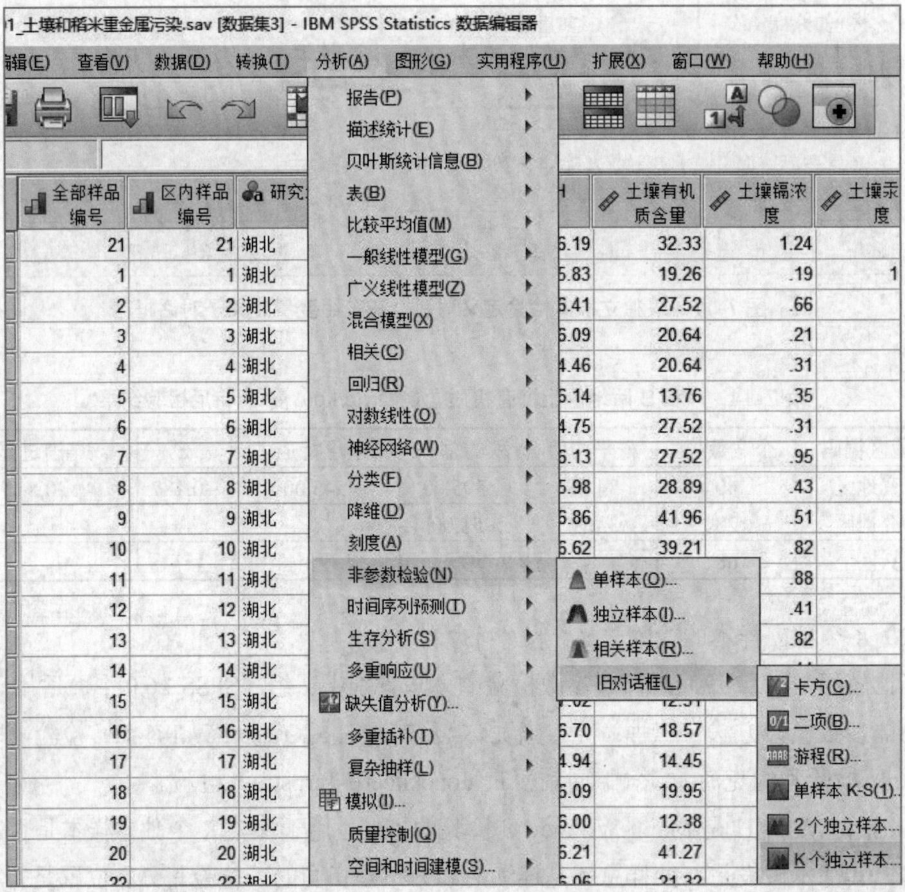

图 7-12 *K* 个独立样本检验过程选择

第 3 步：打开【针对多个独立样本的检验】定义对话框→将“土壤有机质含量”选入【检验变量列表】框中→在【分组变量】框中根据“研究地区编码”定义分组变量→在【检验类型】框组中，选中【克鲁斯瓦尔-沃尔斯 H】复选框（图 7-13）（注意，此处可以根据需要选择一个或多个检验类型）。

第 4 步：单击【确定】按钮，执行克鲁斯瓦尔-沃尔斯 H 非参数检验，输出检验结果。

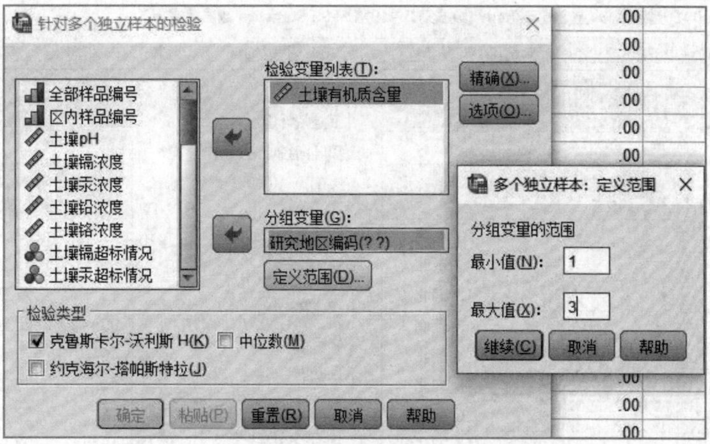

图 7-13 *K*个独立样本检验定义对话框和分组变量定义子对话框

结果解析：

与双独立样本的曼-惠特尼检验结果类似，克鲁斯瓦尔-沃尔斯 H 首先给出了 A、B 和 C 三个研究地区土壤有机质含量编秩后的描述性统计结果，包括个案数、秩平均值和秩的总和。对比秩平均值大小发现，A、B、C 三个研究的地区的秩平均值分别为 36.36，58.96 和 56.8。克鲁斯瓦尔-沃尔斯 H=356.5，渐进显著 P=0.002＜0.05，如表 7-15 所示。由此可见，3 个研究地区土壤有机质含量不完全来自同一总体，即有差异。然而，根据克鲁斯瓦尔-沃尔斯 H 检验结果，尚不能确定具体是谁和谁有差异，需进一步比较。

表 7-15 A、B 和 C 3 个研究地区土壤有机质含量（mg/kg）Kruskal-Wallis H 检验结果

研究地区编码	个案数/个	秩平均值	克鲁斯瓦尔-沃尔斯 H	自由度	渐进显著性
A 研究地区	33	36.36	356.500	2	0.002
B 研究地区	40	58.96			
C 研究地区	28	56.88			
总计	101				

进一步成组比较：

第 1 步：选择【分析】菜单下，【非参数检验】→【独立样本】过程（图 7-14），打开【非参数检验：两个或两个以上独立样本】定义对话框，在【目标】子对话框选择检验类，此处选择【定制分析】，如图 7-15 所示。

第 2 步：在【字段】子对话框，将“土壤有机质含量”选入【检验字段】框，并将“研究地区编码”选入【组】框，如图 7-16 所示。

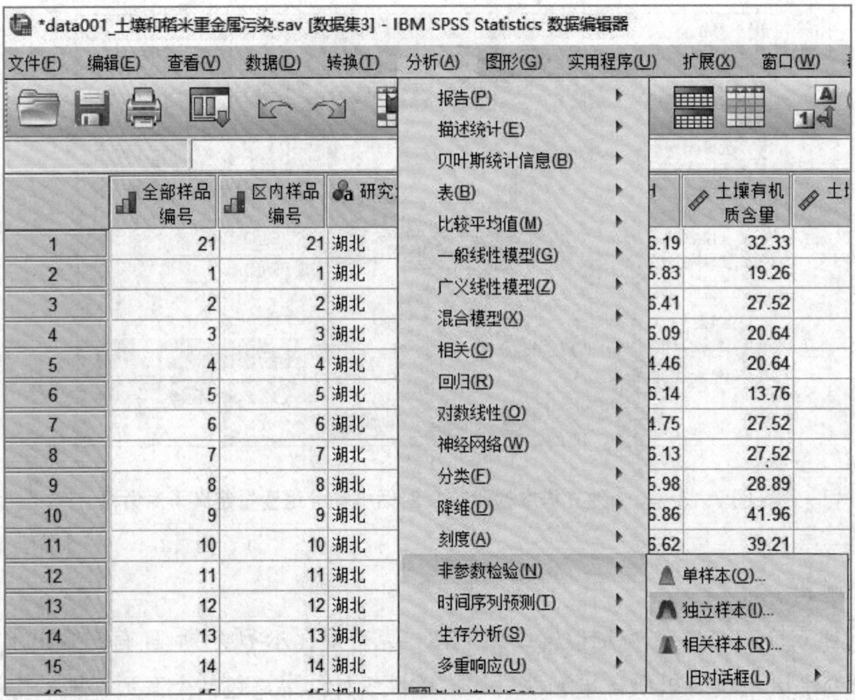

图7-14 独立样本检验选择过程

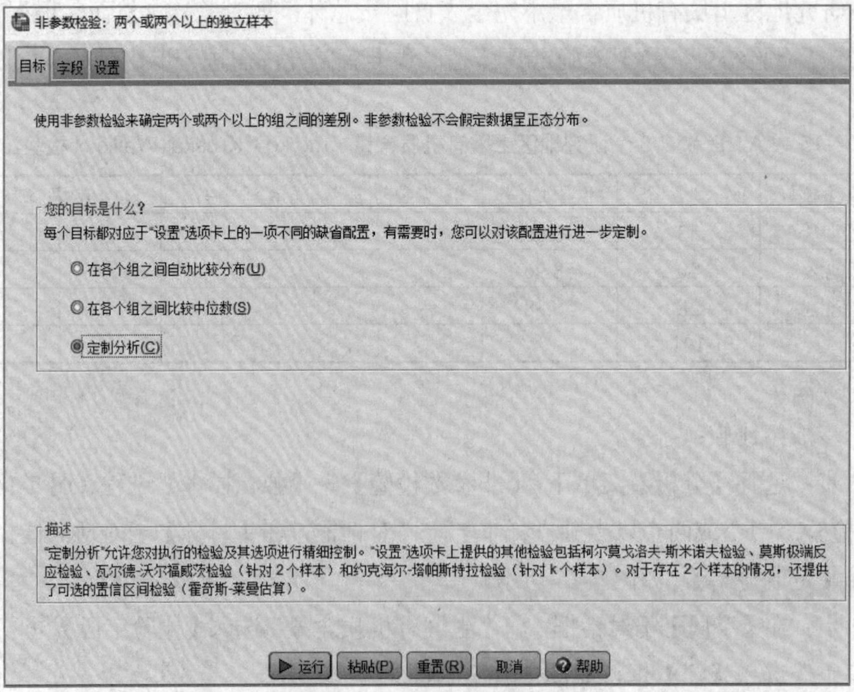

图7-15 两个或两个以上的独立样本非参数检验目标定制对话框

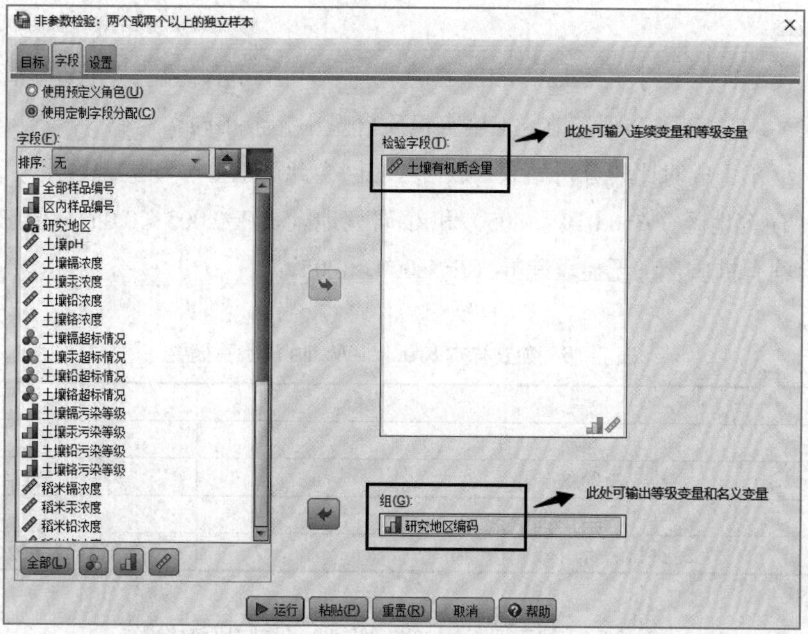

图 7-16　两个或两个以上的独立样本非参数检验字段选择对话框

第 3 步：在【设置】子对话框内，选中【选择检验】页面上，选中【定制检验】框组中的【克鲁斯卡-沃利斯单因素 ANOVA（*K* 个样本）】复选框，并在【多重检验比较】下拉列表框中，选择【全部成对】，如图 7-17 所示。

第 4 步：单击【运行】按钮，输出成对比较的结果。

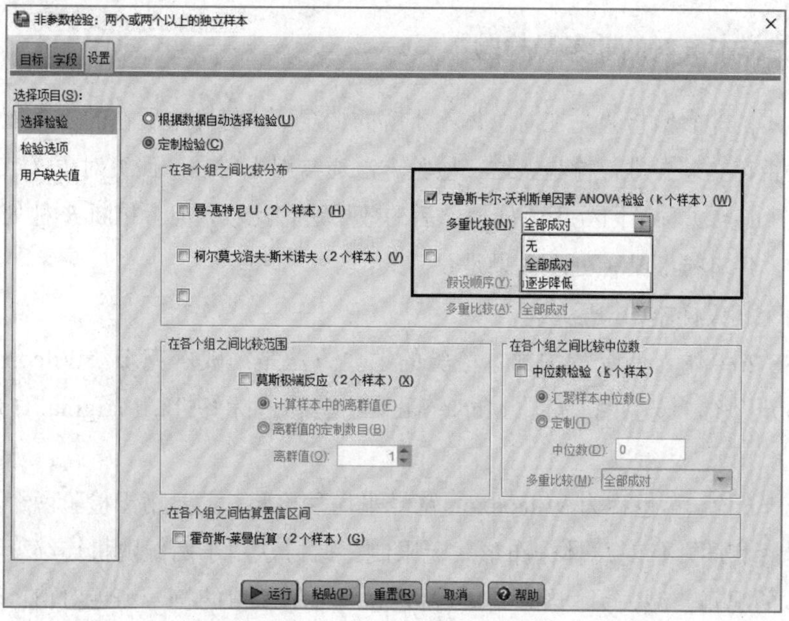

图 7-17　两个或两个以上的独立样本非参数检验设置对话框

结果解析：

首先，表 7-16 给出了 Kruskal-Wallis H 检验摘要，由此可知显著性渐进显著 $P=0.002<0.05$，认为 A、B、C 三个研究地区土壤有机质含量不完全相同。

其次，给出了成对比较分析结果（表 7-17）。由此可知，A 研究地区土壤有机质含量显著低于 B 研究地区（$P=0.019<0.05$）和 C 研究地区（$P=0.003<0.05$），但 B 和 C 两个研究地区土壤有机质含量无显著差异（$P=1.000>0.05$）。

表 7-16　独立样本 Kruskal-Wallis H 检验摘要

统计量	统计值
总计 N	101
检验统计量	12.324
自由度	2
渐进显著性（双侧检验）	0.002

表 7-17　独立样本 Kruskal-Wallis H 检验成对比较

样本 1-样本 2	检验统计	标准误差	标准检验统计	显著性	Adj.显著性[a]
A 研究地区-B 研究地区	−20.511	7.525	−2.726	0.006	0.019
A 研究地区-C 研究地区	−22.599	6.888	−3.281	0.001	0.003
B 研究地区-C 研究地区	2.088	7.217	0.289	0.772	1.000

注：每行都检验“样本 1 与样本 2 的分布相同”这一原假设；显示了渐进显著性（双侧检验）。显著性水平为 0.05；a. 已针对多项检验通过 Bonferroni 校正法调整显著性值。

7.3.3　相关样本资料的非参数检验

相关样本的非参数检验是在对总体不了解的情况下，对样本所在的相关配伍或配伍总体的分布是否存在差异进行检验。这一检验方法通常用于对同一研究对象（或配伍对象）分别给予 K（$K\geqslant 2$）种不同处理或处理前后的效果进行比较，前者推断 K 种处理的效果有无显著差异，后者推断某种处理效果是否有效。

（1）两个相关样本的检验

在 SPSS 26.0 中，两个相关样本检验的主要方法是：威尔克森（Wilconxon）检验、符号（Sign）检验、麦克尼马尔（McNemar）检验和边际齐性（Marginal Homogeneity）检验。

Wilconxon 检验，也称为 Wilconxon 符号平均秩检验，主要用于检验两个相关样本来自的总体是否相同，但对总体分布形式无限制。此方法用于两组随机连续变量，首先利用一组样本的观测值减去另一组样本的观测值，记下差值的符号和绝对值；其次，将绝对值按照从小到大的顺序排序，计算相应的秩；最后，分别计算正值和负值的平均秩及总和。

Sign 检验，又称为符号检验。此方法适用于两组相关样本资料的定性变量，变量特征用正（+）、负（–）符号表征，而非连续变量。其零假设为样本来自的两个配伍总体分布无显著性差异。

McNemar 检验，也称为变量显著性检验。此方法将研究对象作为对照，检验其“前-后”变化是否有显著差异。其零假设为样本来自的两配对总体分布无显著差异。此方法的实质是二项分布检验，统计量为 χ^2 值，适用于二分类数据。

Marginal Homogeneity 检验，也称为边际同质性检验，是 McNemar 检验从二分类事件向多分类事件的推广。基本方法用 χ^2 检验事件发生前后观测数据的变化。

概括而言，Wilconxon 检验和 Sign 检验用于考察两个配对样本是否来自相同的总体；McNemar 检验用于考察二分类变量的两对配伍总体分布是否相同；Marginal Homogeneity 检验用于有序变量的检验。

实战案例：

例 7.7：两个相关样本的差异性检验。

现以“data003_不同粒径石灰石处理 AMD.sav”数据库中，某研究采用不同粒径（8 目和 10 目）石灰石处理 10 份酸性矿山废水，考察不同粒径石灰石对酸性矿山废水的处理效果。

SPSS 操作过程：

注意：配对样本的差异性检验，若差值符合正态分布，优先考虑配对样本 t 检验。然而，非参数检验方法的适用范围更广，也可以用非参数检验方法对两个相关样本的差异性进行检验。

第 1 步：双击打开“data003_不同粒径石灰石处理 AMD.sav”数据集。

第 2 步：选择【分析】→【非参数检验】→【旧对话框】→【2 个相关样本】过程（图 7-18）。

第 3 步：打开【双关联样本检验】菜单，【检验对】框组中，将“方法 1”和“方法 2”分别选入【变量 1】和【变量 2】，并选中【检验类型】框组中的【威尔克克森】复选框，如图 7-19 所示。

第 4 步：单击【确定】按钮，输出检验结果。

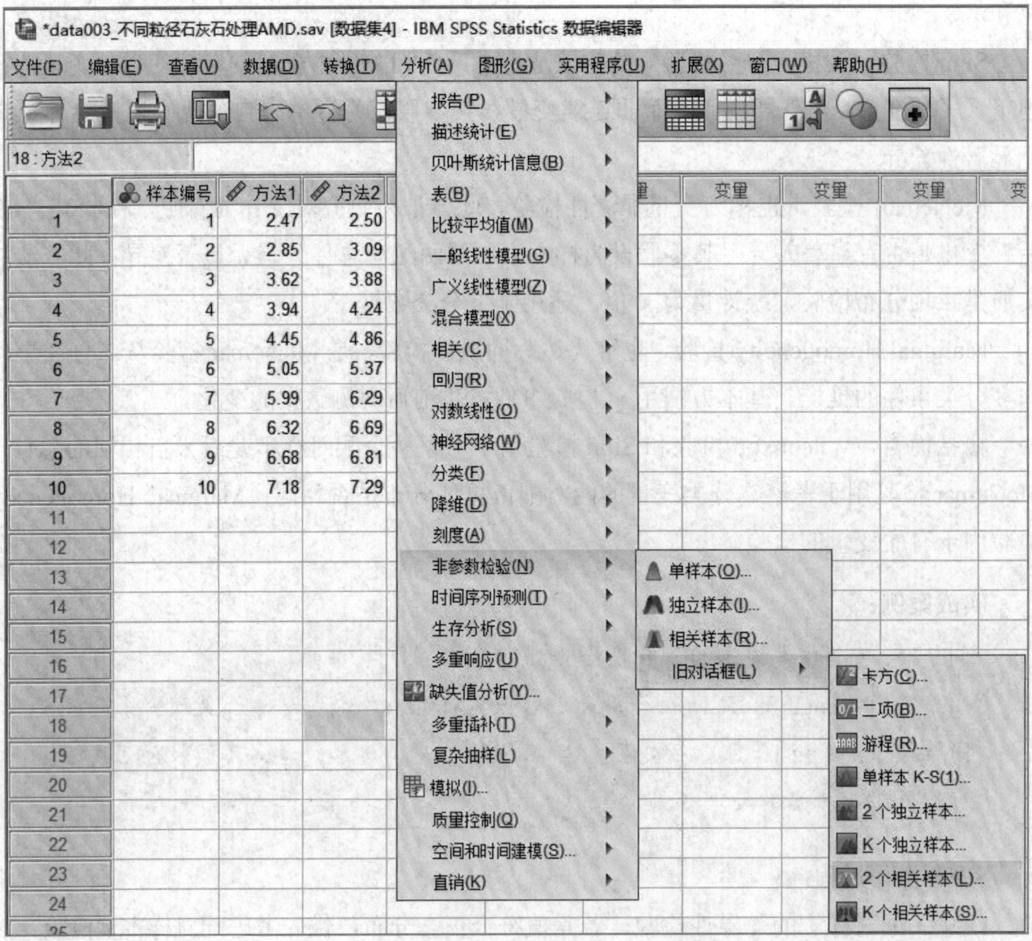

图 7-18　两个相关样本非参数检验选择过程

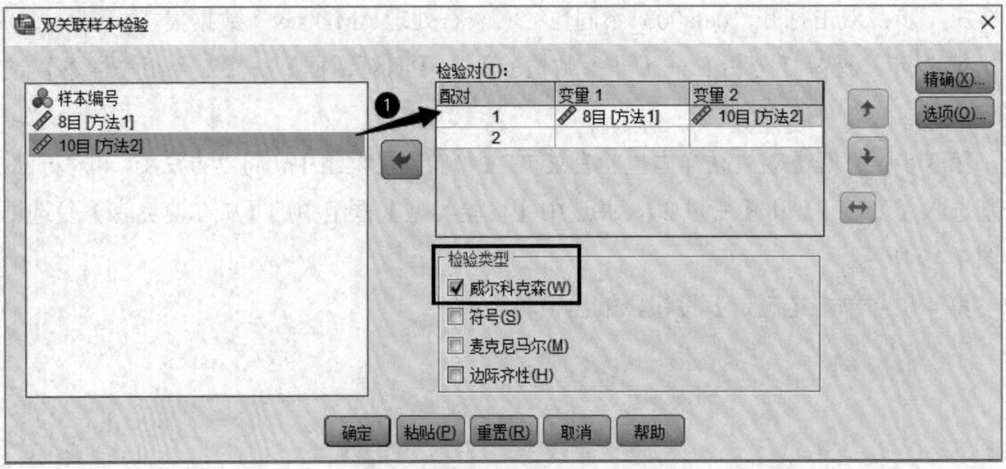

图 7-19　双关联样本检验定义对话框

结果解析：

由表 7-18 可知，Wilconxon 检验首先对两组观测数据编秩，求出正秩和负秩的平均值和总和；其次再进行差异性检验，渐进显著性 P=0.005＜0.05，表明不同粒径石灰石对酸性矿山废水的处理效果不同，因为 Z=–2.805，表明小粒径石灰石（8 目）对酸性矿山废水的处理效果优于大粒径石灰石（10 目）。

表 7-18　不同粒径（10 目—8 目）石灰石处理酸性矿山废水的 Wilconxon 检验结果

	个案数	秩平均值	秩的总和	Z	渐进显著性（双尾）
负秩	0 [a]	0.00	0.00	–2.805 [d]	0.005
正秩	10 [b]	5.50	55.00		
绑定值	0 [c]				
总计	10				

a 10 目＜8 目；
b 10 目＞8 目；
c 10 目＝8 目；
d 基于负数。

（2）K 个相关样本的检验

在 SPSS 26.0 中，K 个相关样本检验的方法有三种：弗莱德曼（Friedman）检验、肯德尔（Kendall's W）和谐系数检验和柯克兰（Cochran's Q）检验。

Friedman 检验，常用于重复测量或配伍组设计定量或等级资料的非参数检验。针对配伍组设计资料，需进行两次 Friedman 检验。

Kendall's W 检验，也称为和谐系数检验，取值 0～1，用于评判不同评判者之间的一致程度，系数越接近 1，一致性越高。

Cochran's Q 检验：是 Friedman 检验所有反应变量均为二分类结果的一个特例，也是 McNemar 检验在多样本情况下的推广。

实战案例：

例 7.8：现以“data005_化学试剂对哺乳猪增重的影响数据 1.sav”数据为例：某研究利用 3 次（第 1 天，第 50 天和第 100 天）重复测量数据，考察某化学试剂对猪增重效果。

SPSS 操作过程：

方法 1：

第 1 步：双击打开“data005_化学试剂对哺乳猪增重的影响数据 1.sav”数据集。

第 2 步：选择【分析】菜单下，【非参数检验】→【旧对话框】→【K 个相关样本】

过程（图 7-20）。

图 7-20　*K* 个相关样本非参数检验选择过程

第 3 步：打开【针对多个相关样本的检验】菜单，将“体重（第 1 天）”“体重（第 50 天）”和“体重（第 100 天）”3 个变量选入【检验变量】框，并选中【检验类型】框组中的【弗莱德曼】复选框，如图 7-21 所示。

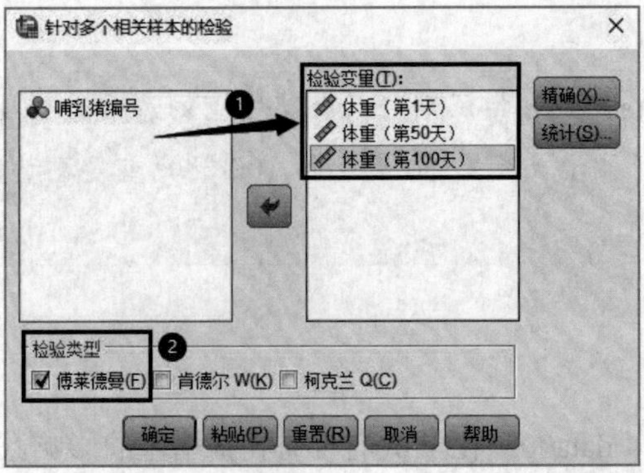

图 7-21　*K* 个相关样本非参数检验定义对话框

第 4 步：单击【确定】按钮，输出检验结果。注意，此方法不能进行两两成组比较。

结果解析：

由表 7-19 可知，Friedman 检验结果给出了秩平均值，以及差异性检验结果，即使用化学试剂后，第 1 天、第 50 天和第 100 天猪体重的秩平均值分别为 1.00、2.00 和 3.00，差异检验渐进显著性 $p<0.001$，表明使用化学试剂后，3 个时间段猪的体重不完全相同。同样，根据此方法，我们不能获悉究竟哪两个间存在差异，需要进一步经验。

表 7-19　使用化学试剂后猪体重（kg）变化的 Friedman 检验结果

	秩平均值	个案数	χ^2 值	自由度	渐进显著性（双尾）
体重（第 1 天）	1.00	11	22.000	2	0.000
体重（第 50 天）	2.00				
体重（第 100 天）	3.00				

方法 2：

第 1 步：双击打开“data005_化学试剂对哺乳猪增重的影响数据 1.sav”数据集。

第 2 步：选择【分析】菜单下，【非参数检验】→【相关样本】过程（图 7-22）。

图 7-22　相关样本非参数检验选择过程

第 3 步：打开【非参数检验：两个或两个以上相关样本】定义对话框，在【目标】子对话框选择检验类，此处选择【定制分析】，如图 7-23 所示。

第 4 步：在【字段】子对话框，将“体重（第 1 天）”“体重（第 50 天）”和“体重（第 100 天）” 3 个变量选入【检验字段】框，如图 7-24 所示。

第 5 步：在【设置】子对话框内，选中【选择检验】，选中【定制检验】框组中的【弗莱德曼双因素按秩 ANOVA（K 个样本）】复选框，并在【多重比较】下拉列表框中，选择【全部成对】，如图 7-25 所示。

第 6 步：单击【确定】按钮，输出检验结果。

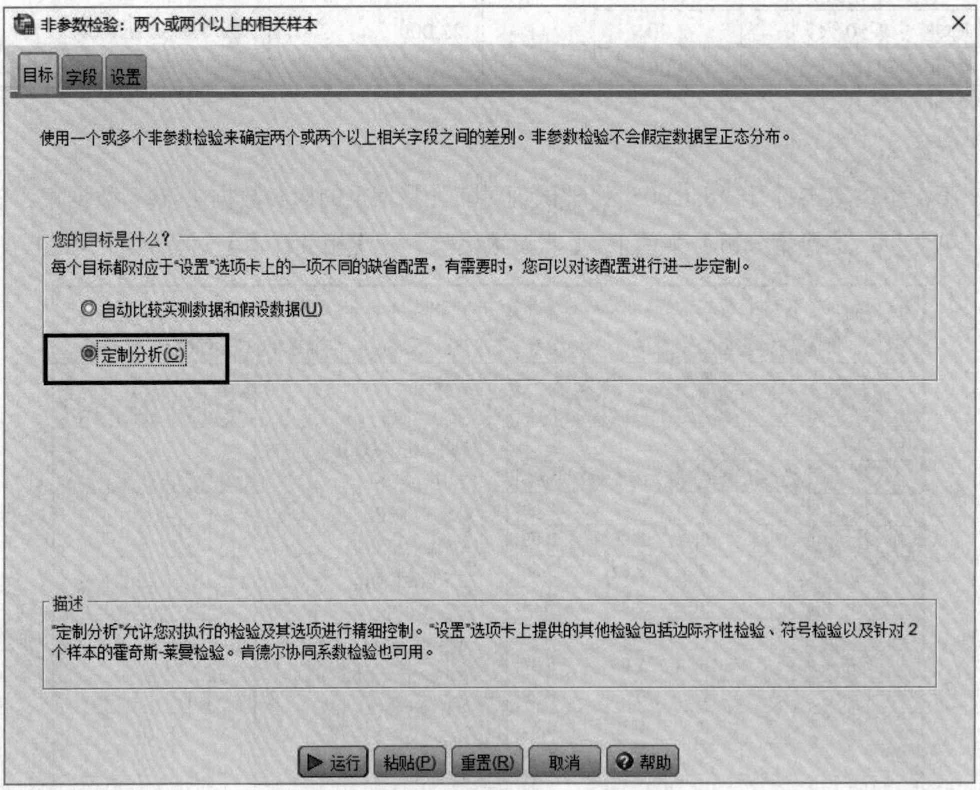

图 7-23　相关样本非参数检验目标设置子对话框

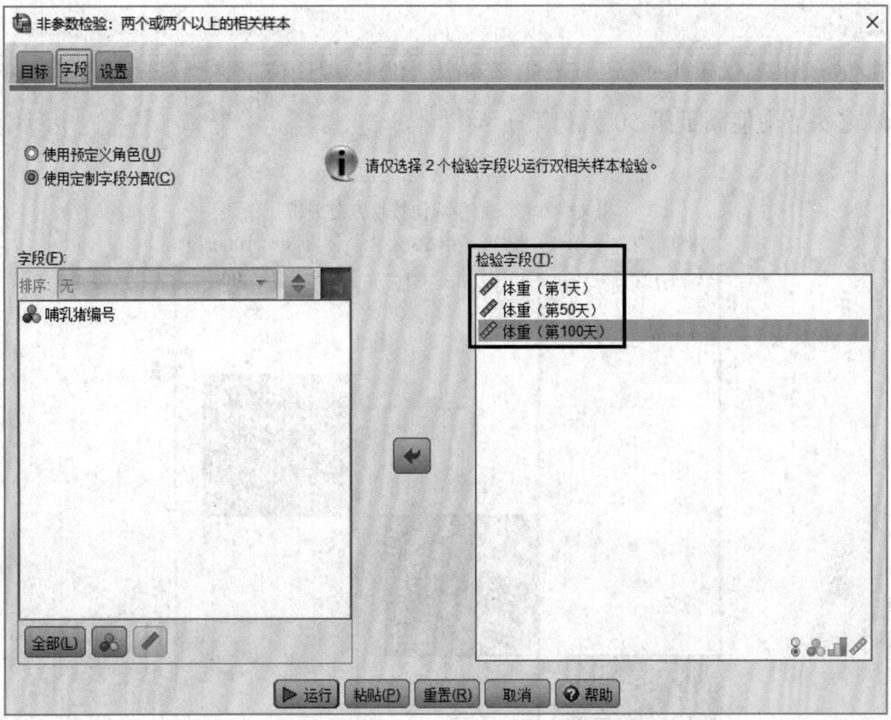

图 7-24　相关样本非参数检验字段设置子对话框

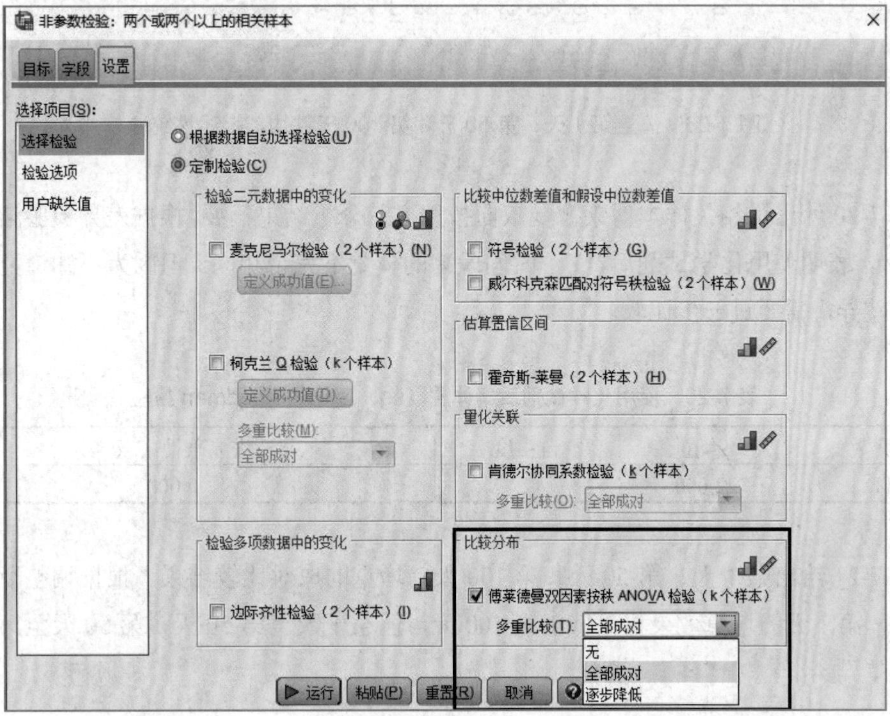

图 7-25　相关样本非参数检验类型设置子对话框

结果解析：

图 7-26 给出了体重第 1 天、第 50 天和第 100 天秩均值描述性统计结果，表明第 100 天猪的体重秩平均值高于第 50 天和第 1 天。

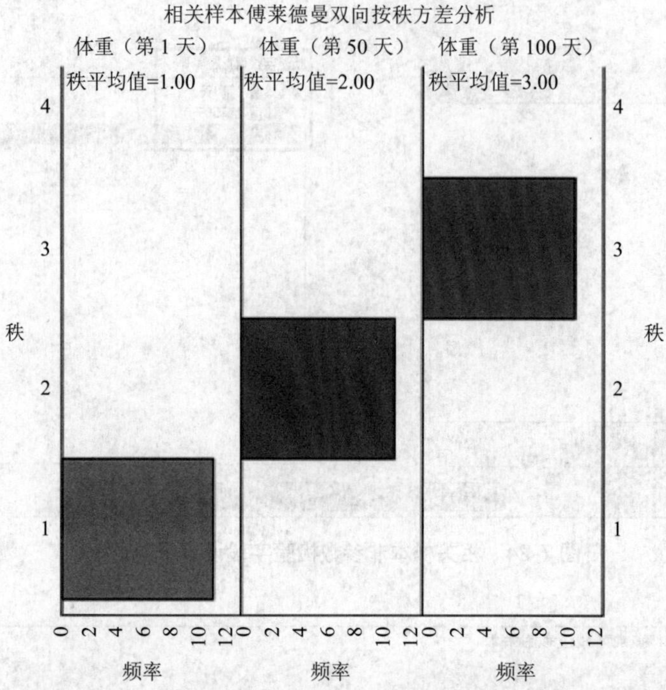

图 7-26 体重第 1 天、第 50 天和第 100 天秩均值描述性统计

表 7-20 给出了相关样本傅莱德曼双向按秩方差分析结果摘要，根据差异检验渐进显著性 0.001，表明使用化学试剂后，3 个时间段猪的体重不完全相同。但因为不知道究竟哪两个间有差异，需要进一步比较。

表 7-20 使用化学试剂后猪体重（kg）变化的 Friedman 检验

个案数	χ^2 值	自由度	渐进显著性（双尾）
11	22.000	2	0.000

表 7-21 给出第 1 天、第 50 天和第 100 天猪增重的成对比较结果。根据调整渐进显著性可知，第 1 天的增重效果显著低于第 100 天，但第 1 天至第 50 天，第 50 天至第 100 天无显著差异。

表 7-21　使用化学试剂后猪增重（kg）Friedman 检验成对比较

样本 1-样本 2	检验统计	标准误差	标准检验统计	显著性	Adj.显著性[a]
体重（第 1 天）—体重（第 50 天）	−1	0.426	−2.345	0.019	0.057
体重（第 1 天）—体重（第 100 天）	−2	0.426	−4.690	0.000	0.000
体重（第 50 天）—体重（第 100 天）	−1	0.426	−2.345	0.019	0.057

注：每行都检验“样本 1 与样本 2 的分布相同”这一原假设。显示了渐进显著性（双侧检验）。显著性水平为 0.05。

a. 已针对多项检验通过 Bonferroni 校正法调整显著性值。

第三部分

统计模型篇

第 8 章　相关分析

8.1　双变量相关

相关系数的概念由奥古斯特·布拉维（Auguste Bravais）在 1846 年首次提出，弗朗西斯·高尔顿（Francis Galton）于 1888 年在遗传学、人类学和心理学的研究中首次应用相关分析。

相关分析是探究数据间关联关系的一种统计学方法。如果把差异性分析看作是一种探索数据间“敌对”关系的手段，那么相关分析就是对数据间“朋友”关系的研究，而相关系数则代表着“朋友”关系的远近和深浅。

通常的相关分析主要为双变量分析，但广义的相关分析研究的可以是变量群之间的关系。当某一变量发生变化时，其他变量由于某种关系随之产生变化，这种关系可以是确定的函数关系，也可以是不确定的相关关系，如图 8-1 所示。

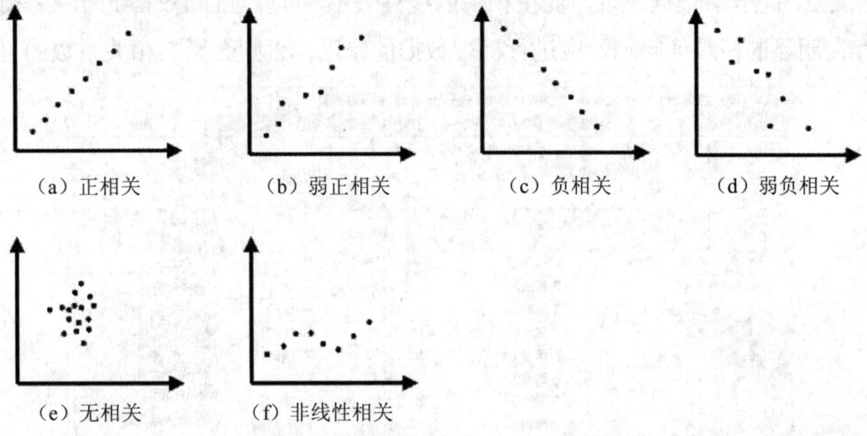

图 8-1　相关关系散点

8.1.1 Pearson 相关

Pearson 相关是用来计量两组变量间的相关性，其具有严格的使用条件：① 两变量均为连续性变量，且均为正态分布或近似正态分布；② 数据中的极端值对相关系数的影响较大，应提前剔除变量中的极端值；③ 相关系数计算只适合于图 8-1 中的（a）～（d）情况，其他情况不适合计算。只有同时满足条件①～③时，才可进行 Pearson 相关系数的计算。

实战案例：

例 8.1：以“data002_主要城市经济环境数据.sav”数据为例，探究“工业二氧化硫排放”与“工业氮氧化物排放”之间的相关关系。根据 Pearson 相关系数计算的要求，首先对数据分布进行正态分布验证；其次对数据极端值进行剔除并进行相关性的检验（对数据熟悉者可直接进行或忽略此步骤）；最后进行 Pearson 相关系数的计算。只有符合以上三步验证的数据，其 Pearson 相关系数才是可信的。

SPSS 操作过程：

第 1 步：双击打开“data002_主要城市经济环境数据.sav”数据集。

第 2 步：利用散点图描述双变量依存关系：选择【图形】→【旧对话框】→【散点图/点图】过程（图 8-2），打开【散点图/点图】选择对话框，选择【简单散点图】进行定义［图 8-3（a）］；打开【简单散点图】定义对话框，从左侧变量列表框中，将“工业二氧化硫排放_t”选入【Y 轴】框，将“工业氮氧化物排放_t”选入【X 轴】框［图 8-3（b）］；单击【确定】按钮，生成“工业二氧化硫排放_t”和“工业氮氧化物排放_t”的简单散点图（图 8-4）。由图 8-4 的散点图看出，数据表现出弱正相关的线性关系，可以进行 Pearson 相关系数的计算。但数据存在明显的极端值问题，应进行极端数据的修正，否则会影响相关系数的可信度。

图 8-2 SPSS 散点图/点图选择过程

第 3 步：Pearson 相关分析要求变量数据服从正态分布，对“工业二氧化硫排放”与“工业氮氧化物排放”进行分布检验判断其是否服从正态分布（参见 5.3.2 节）。SPSS 给出了柯尔莫哥洛夫-斯米诺夫检验（K-S）和夏皮洛-威尔克检验（W-S）的结果，但在 SPSS 中，K-S 正态性检验，通常用于观测样本量大于 2 000 的数据，W-S 正态性检验方法常用于小样本数据（表 8-1）。本例中，$n = 29 \ll 2\ 000$，因此以 W-S 检验结果为准，显著性 P 值均大于 0.05，说明工业二氧化硫和工业氮氧化物均符合正态分布，满足双变量 Pearson 相关分析正态分布的基本假设。

表 8-1　工业二氧化硫排放和工业氮氧化物排放正态性检验结果

	柯尔莫戈洛夫-斯米诺夫（K-S）检验[a]			夏皮洛-威尔克（S-W）检验		
	统计	自由度	显著性	统计	自由度	显著性
工业二氧化硫排放_t	0.188	27	0.016	0.939	27	0.117
工业氮氧化物排放_t	0.132	27	0.200*	0.957	27	0.317

注：*. 这是真显著性的下限。a. 里利氏显著性修正。

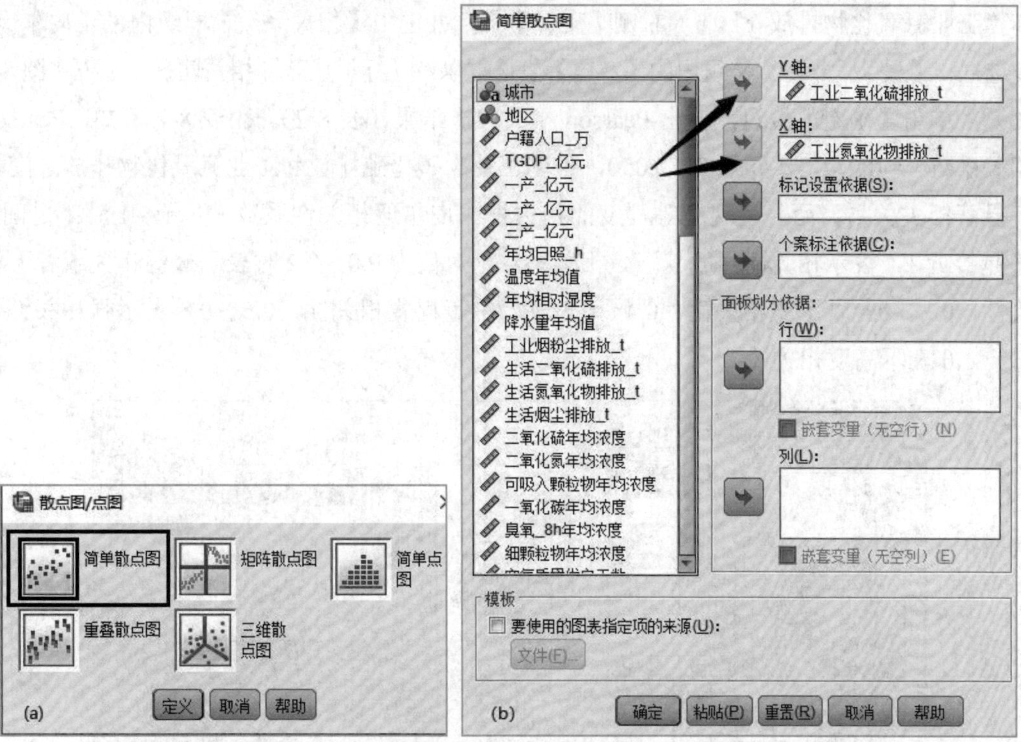

图 8-3　散点图/点图选择对话框（a）和简单散点图定义对话框（b）

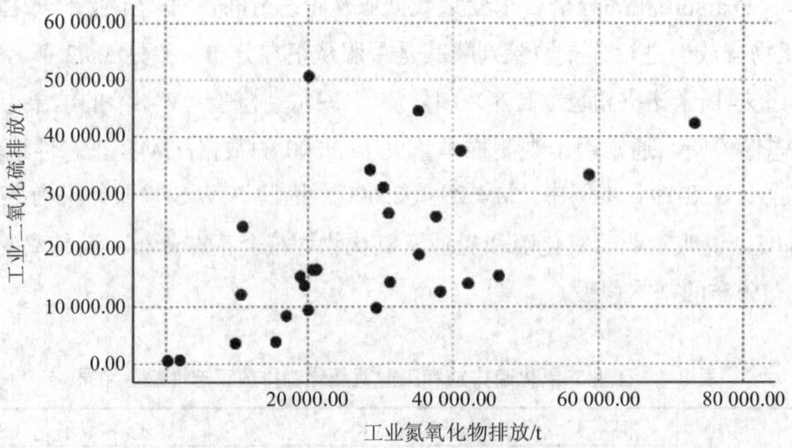

图 8-4　工业二氧化硫排放和工业氮氧化物排放的简单散点

第 4 步：双变量依存关系统计推断：选择【分析】→【相关】→【双变量】过程［图 8-5（a）］，打开【双变量相关性】定义对话框，将左侧变量列表框中的“工业二氧化硫排放_t”和“工业氮氧化物排放_t”选入右侧【变量】框，并选中【相关系数】框组内的【皮尔逊】复选框和【显著性检验】框组内的【双尾】复选框以及【标记显著性相关性】复选框［图 8-5（b）］，单击【确定】按钮，输出 Pearson 相关分析结果（表 8-2）。由表 8-2 可知，Pearson 相关系数 $r = 0.577$，$P = 0.002 < 0.050$，说明工业二氧化硫排放和工业氮氧化物排放之间具有显著相关关系，而且呈现中等程度的相关性。皮尔逊相关性系数 r 介于 –1 到 1 之间，$|r|$ 越接近 1，表示相关性程度越强。相关系数绝对值为 0.0～0.2 时表示极弱相关或者无相关性，0.2～0.4 表示弱相关性，0.4～0.6 表示中等程度相关性，0.6～0.8 表示强相关性，0.8～1.0 表示高度相关性。

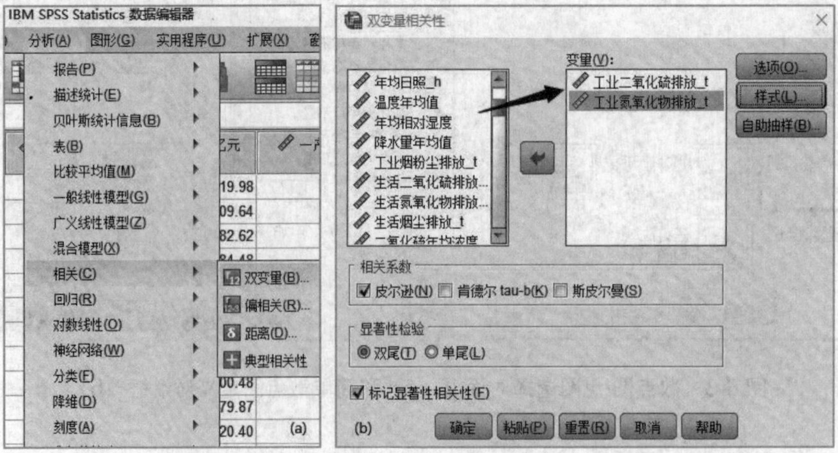

图 8-5　双变量相关分析选择过程（a）和双变量相关性定义对话框（b）

表 8-2　相关性分析结果

		工业二氧化硫_t	工业氮氧化物_t
工业二氧化硫_t	皮尔逊相关性	1	0.577**
	Sig.（双尾）		0.002
	个案数/个	27	27
工业氮氧化物_t	皮尔逊相关性	0.577**	1
	Sig.（双尾）	0.002	
	个案数/个	27	27

**. 在 0.01 级别（双尾），相关性显著。

8.1.2　Spearman 相关

Spearman 相关分析属于非参数检验的范畴，其使用范围比 Pearson 相关分析更宽泛：①连续型双变量中至少有一个满足正态分布的基本假设；②双变量中至少有一个为有序型分类变量。满足 Pearson 相关分析基本假设的双变量也可用 Spearman 相关，但其检验效能低于 Pearson 相关。

实战案例：

例 8.2：以“data002_主要城市经济环境数据.sav”数据为例，探究温度年均值与降水量年均值之间的相关关系。

SPSS 操作过程：

（1）正态分布检验和变量依存关系统计描述过程，同 8.1.1 中的 Pearson 相关分析中的正态性检验，如表 8-3 所示，降水年均值不满足正态分布假设（$p = 0.024 < 0.05$），不满足 Pearson 相关分析服从正态的基本假设，所以采用 Spearman 进行非参数检验。

表 8-3　温度年均值和降水年均值正态性检验结果

	柯尔莫戈洛夫-斯米诺夫（K-S）检验 [a]			夏皮洛-威尔克（S-W）检验		
	统计	自由度	显著性	统计	自由度	显著性
温度年均值/℃	0.091	29	0.200[b]	0.972	29	0.609
降水量年均值/mm	0.210	29	0.002	0.916	29	0.024

a. 里利氏显著性修正。b. 这是真显著性的下限。

（2）Spearman 相关系数计算

第 1 步：选择【分析】→【相关】→【双变量】过程［图 8-5（a）］。

第 2 步：打开【双变量相关性】定义对话框，将左侧变量列表框中的“温度年均值”

和“降水量年均值”选入右侧【变量】框，并选中【相关系数】框组内的【斯皮尔曼（Spearman）】复选框和【显著性检验】框组内的【双尾】复选框以及【标记显著性相关性】复选框（图 8-6），单击【确定】按钮，输出 Spearman 相关分析结果（表 8-4）。由表 8-4 可知，“温度年均值”和“降水量年均值”的 Spearman 相关系数 r_s=0.832，P=0.00＜0.05，说明“温度年均值”和“降水量年均值”之间呈现强正相关性。

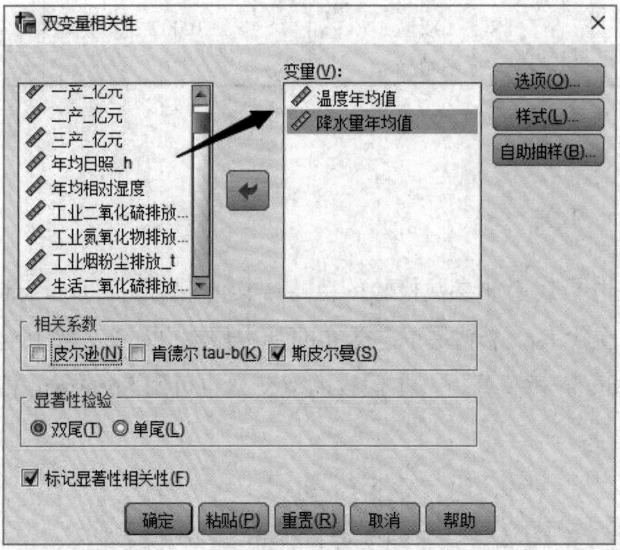

图 8-6　双变量 Spearman 相关分析定义对话框

表 8-4　Spearman 相关分析结果

			温度年均值	降水量年均值
斯皮尔曼 Rho	温度年均值	相关系数	1.000	0.832**
		Sig.（双尾）	—	0.000
		N	29	29
	降水量年均值	相关系数	0.832**	1.000
		Sig.（双尾）	0.000	—
		N	29	29

**. 在 0.01 级别（双尾），相关性显著。

8.1.3 Kendall 相关

Kendall 相关适用于双变量均为有序分类的情况，系数的符号指示关系的方向，绝对值越大则代表关系强度越高。Kendall 相关系数与 Spearman 相关系数对数据条件的要求相同，但 Spearman 相关系数更常用。

实战案例：

例 8.3：以“data002_主要城市经济环境数据.sav”数据为例，分析“地区（1=东部，2=中部，3=西部）”与“城市生产总值（TGDP）”间的双等级变量间的相关系数。

SPSS 操作过程：

第 1 步：双击打开“data002_主要城市经济环境数据.sav”数据集。

第 2 步：选择【转化】→【可视分箱】功能，将“TGDP”转化为四分位分组有序等级变量“TGDPQ”（可视分箱方法详见 3.6.5）。

第 3 步：选择【分析】→【相关】→【双变量】过程［图 8-5（a）］。

第 4 步：打开【双变量相关性】定义对话框，将左侧变量列表框中的“地区”和“TGDPQ”选入右侧【变量】框，并选中【相关系数】框组内的【肯德尔 tau-b（Kendall）】复选框和【显著性检验】框组内的【双尾】复选框以及【标记显著性相关性】复选框（图 8-7），单击【确定】按钮，输出 Kendall 相关分析结果（表 8-5）。由表 8-5 可知，“地区”和“TGDPQ”的 Kendall 相关系数为–0.612，$P<0.001$，表明地区和生产总值之间存在强相关性。经过与 Spearman 相关系数（–0.676）对比发现，Kendall 相关系数明显小于 Spearman 相关系数，这是因为在按有序分类处理时造成数据信息损失。

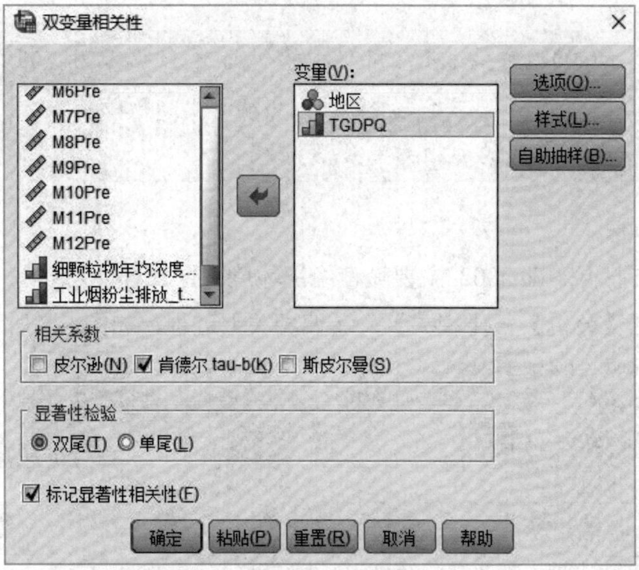

图 8-7 双变量 Kendall 相关分析定义对话框

表 8-5 Kendall 相关分析结果

			地区	生产总值
肯德尔 tau_b	地区	相关系数	1.000	−0.612**
		Sig.（双尾）		0.000
		N	29	29
	TGDPQ	相关系数	−0.612**	1.000
		Sig.（双尾）	0.000	
		N	29	29

**. 在 0.01 级别（双尾），相关性显著；*N* 为观测样本数。

8.2 偏相关

很多时候数据并不是独立存在的，可能受到第三方因素的影响。上面进行的相关分析仅考虑独立双变量间的相关关系，并未考虑其他变量的影响，可能会导致对事物的解释出现偏差。偏相关分析是在相关的基础上考虑其他的影响变量，扣除影响变量干扰后的净相关。

8.2.1 Pearson 偏相关

实战案例：

例 8.4：以"data002_主要城市经济环境数据.sav"数据为例，利用 Pearson 偏相关分析方法探究"臭氧_8 h 年均浓度"影响下"细颗粒物年均浓度"与"空气质量优良天数"之间的偏相关关系。

SPSS 操作过程：

第 1 步：双击打开"data002_主要城市经济环境数据.sav"数据集。

第 2 步：选择【分析】→【相关】→【偏相关】过程，如图 8-8 所示。

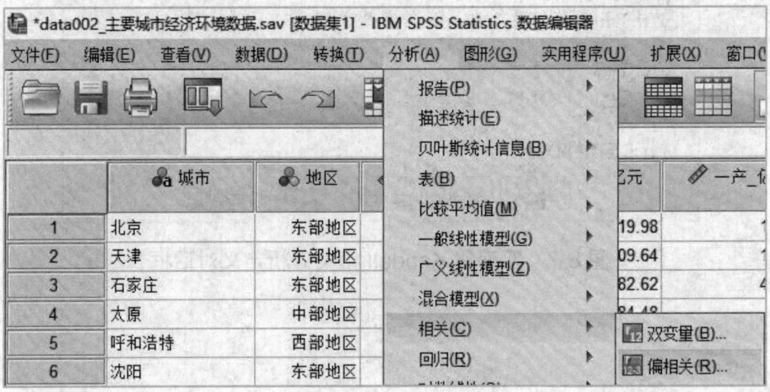

图 8-8 SPSS 偏相关分析选择过程

第 3 步：打开【偏相关性】定义对话框，将“细颗粒物年均浓度”与“空气质量优良天数”选入【变量】框，将需要去除干扰影响的变量“臭氧_8 h 年均浓度”选入【控制】框，单击【选项】按钮，打开【选项】定义对话框，选中【统计】框组中的【零阶相关性】复选框（图 8-9），单击【继续】按钮，再单击【确定】，输出 Pearson 偏相关系数分析结果，如表 8-6 所示。

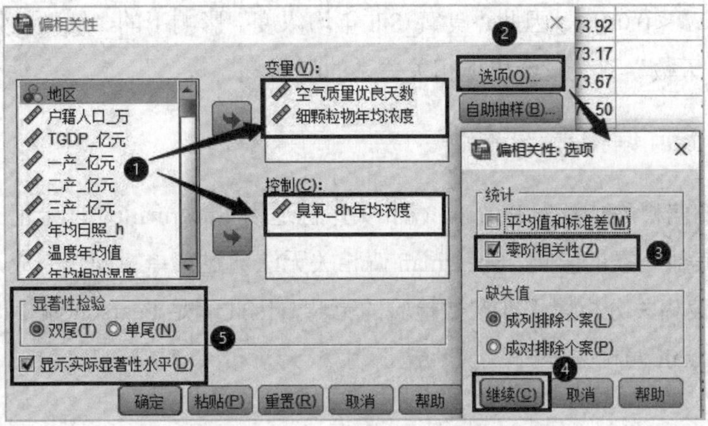

图 8-9　Pearson 偏相关分析定义对话框

表 8-6　Pearson 偏相关分析结果　　单位：μg/m³

控制变量		统计量	空气质量优良天数	细颗粒物年均浓度	臭氧_8 h 年均浓度
- 无 -*	空气质量优良天数	相关性	1.000	−0.928**	−0.882**
		显著性（双尾）	—	0.000	0.000
		自由度	0.000	27.000	27.000
	细颗粒物年均浓度	相关性	−0.928**	1.000	0.747**
		显著性（双尾）	0.000	—	0.000
		自由度	27.000	0.000	27.000
	臭氧_8 h 年均浓度	相关性	−0.882**	0.747**	1.000
		显著性（双尾）	0.000	0.000	—
		自由度	27.000	27.000	0.000
臭氧_8 h 年均浓度	空气质量优良天数	相关性	1.000	−0.858**	
		显著性（双尾）	—	0.000	
		自由度	0.000	26.000	
	细颗粒物年均浓度	相关性	−0.858**	1.000	
		显著性（双尾）	0.000	—	
		自由度	26.000	0.000	

* 单元格包含零阶（皮尔逊）相关性；** 在 0.01 级别（双尾），相关性显著。

结果解析：

表 8-6 结果分为不控制和控制“臭氧_8 h 年均浓度”影响两种情况下的双变量相关矩

阵。不扣除“臭氧_8 h 年均浓度”影响，“细颗粒物年均浓度”和“空气质量优良天数”的相关系数为−0.928，P<0.001，呈强相关关系；下半部分为扣除“臭氧_8 h 年均浓度”影响后，“细颗粒物年均浓度”和“空气质量优良天数”的相关系数为−0.858，P<0.001，依旧呈强相关关系，但相关性略有降低。由此可见，“臭氧_8 h 年均浓度”影响后，偏相关系数变弱了，这是因为“臭氧_8 h 年均浓度”与“空气质量优良天数”也呈强负相关关系（r=−0.882，P<0.001），因此“臭氧_8 h 年均浓度”影响下的“细颗粒物年均浓度”和“空气质量优良天数”双变量会出现相关关系的削弱。

8.2.2 Spearman 偏相关

通常所说的偏相关一般为 Pearson 偏相关，但适用 Spearman 的非全正态变量或者等级变量也会受到其他因素的影响。Spearman 偏相关无法通过菜单栏操作完成，可通过编程实现。Spearman 偏相关分析属于非参数检验的范畴，因此满足 Pearson 偏相关分析的数据，也可进行 Spearman 偏相关分析。

实战案例：

例 8.5：以“data002_主要城市经济环境数据.sav”数据为例，利用 Spearman 偏相关分析方法探究“臭氧_8 h 年均浓度”影响下“细颗粒物年均浓度”与“空气质量优良天数”之间的偏相关关系。

SPSS 操作过程：

第 1 步：选择【分析】→【相关】→【双变量】过程选择过程［图 8-5（a）］，打开【双变量相关性】定义对话框，将“细颗粒物年均浓度”“空气质量优良天数”和“臭氧_8 h 年均浓度”选入变量框，并选中【相关系数】框组内的【斯皮尔曼（Spearman）】复选框和【显著性检验】框组内的【双尾】复选框以及【标记显著性相关性】复选框（图 8-10）。

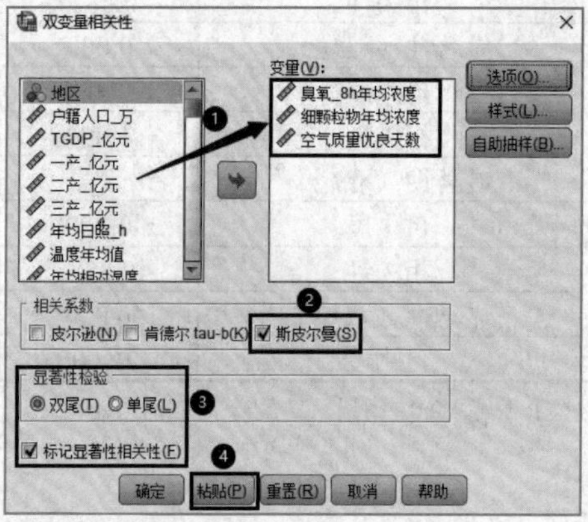

图 8-10 Spearman 偏相关分析定义对话框

第 2 步：单击【粘贴】按钮，打开【语法编辑器】，对程序进行修改，在语法编辑器中输入如下程序语句：

```
NONPAR CORR  细颗粒物年均浓度 空气质量优良天数 臭氧_8h 年均浓度
 /MISSING=LISTWISE
 /MATRIX OUT(*).
RECODE ROWTYPE_('RHO'='CORR').
PARTIAL CORR  细颗粒物年均浓度 空气质量优良天数 BY 臭氧_8h 年均浓度
 /MISSING=LISTWISE
 /MATRIX IN(*).
```

第 3 步：语法修改完成后，点击菜单栏上【运行】→【全部】(图 8-11)，输出 Spearman 偏相关系数结果，如表 8-7 和表 8-8 所示。表 8-7 为未消除“臭氧_8 h 年均浓度”变量影响的两两变量间的相关性矩阵。“细颗粒物年均浓度”与“空气质量优良天数”间的 Spearman 相关系数为−0.926，P=0.000＜0.05，属于强负相关。表 8-8 为扣除变量影响后的偏相关矩阵，“细颗粒物年均浓度”与“空气质量优良天数”间的 Spearman 偏相关系数为−0.855，P=0.000＜0.05，属于强负相关，但相关程度有所下降。

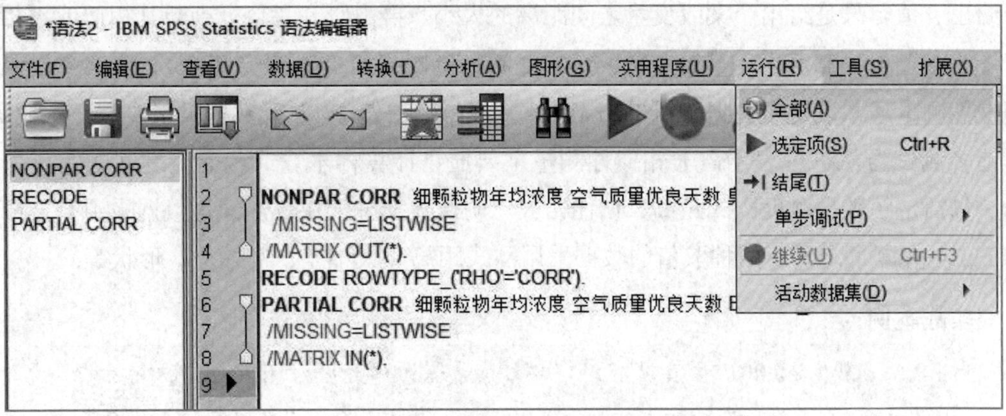

图 8-11 Spearman 偏相关分析语法编辑及运行

表 8-7 变量 Spearman 相关 [a] 分析结果

		细颗粒物年均浓度	空气质量优良天数	臭氧_8 h 年均浓度
细颗粒物年均浓度	相关系数	1.000	−0.926**	0.730**
	显著性（双尾）		0.000	0.000
空气质量优良天数	相关系数	−0.926**	1.000	−0.860**
	显著性（双尾）	0.000		0.000
臭氧_8 h 年均浓度	相关系数	0.730**	−0.860**	1.000
	显著性（双尾）	0.000	0.000	

** 在 0.01 级别（双尾），相关性显著。

表 8-8 Spearman 偏相关分析分析结果

控制变量			细颗粒物年均浓度	空气质量优良天数
年均日照_h	细颗粒物年均浓度	相关性	1.000	−0.855**
		显著性（双尾）		0.000
		自由度	0	26
	空气质量优良天数	相关性	−0.855**	1.000
		显著性（双尾）	0.000	
		自由度	26	0

** 在 0.01 级别（双尾），相关性显著。

8.3 距离相关

距离相关用于计算变量数值之间距离相关性，主要是用于解决 Pearson 相关性的不足，通常不单独分析，一般用于聚类分析或因子分析的中间过程。“距离”是一种广义的距离，主要是根据数据间的差距范围将其分类，对复杂优化分析进行预处理，因此距离分析并不会给出 p 值，只是给出个案或变量之间距离的大小，再由研究者自行判断其相似或不相似程度。该过程计算测量变量对变量或个案之间相似性或不相似性（距离）的各种统计量，相似性测量通常以定距数据测量 Pearson 相关性和余弦表示，二元数据采用“拉赛尔-拉奥”等诸多测试方法进行表示；非相似性测量主要通过计算样本量或者变量之间的距离来表示，包括定距数据测度欧式距离、切比诺夫、明可夫斯基、块等，计量数据采用卡方测量和 Phi 平方测量，只有两种取值的数据采用欧式距离、大小差、模式差、形状等。

实战案例：

例 8.6：以“data002_主要城市经济环境数据.sav”数据为例，对“户籍人口”“总生产总值”“生活二氧化硫排放”“生活氮氧化物排放”“生活烟尘排放”变量间进行距离相关分析。

SPSS 操作过程：

第 1 步：选择【分析】→【相关】→【距离】过程，如图 8-12 所示。

第 2 步：打开【距离分析】定义对话框，将“户籍人口”“总生产总值”“生活二氧化硫排放”“生活氮氧化物排放”“生活烟尘排放”选入【变量】框，选中【计算距离】框组内的【变量间】复选框和【测量】框组内的【相似性】复选框，如图 8-13（a）所示。

第 3 步：单击【测量】按钮，打开【测量】定义对话框，选中【测量】框组内的【区间】复选框，并选择【皮尔逊相关性】，选中【转化值】框组内的【Z 得分】标准化方法对【变量】进行转化，选中【转换测量】框组内的【绝对值】，其他遵循默认，如图 8-13（b）所示。

第 4 步：点击【确定】按钮，输出距离相关结果，如表 8-9 所示。根据表 8-9 的相似性矩阵（Pearson 相关矩阵，数值越大表示距离越近）可知，生活烟尘排放与生活氮氧化物排放的相似性最大（r=0.960），其次为户籍人口和区域生产总值（TGDP）的（r=0.864）。户籍人口和生活二氧化硫的数值最低（r=0.014），说明最不具有相似性。

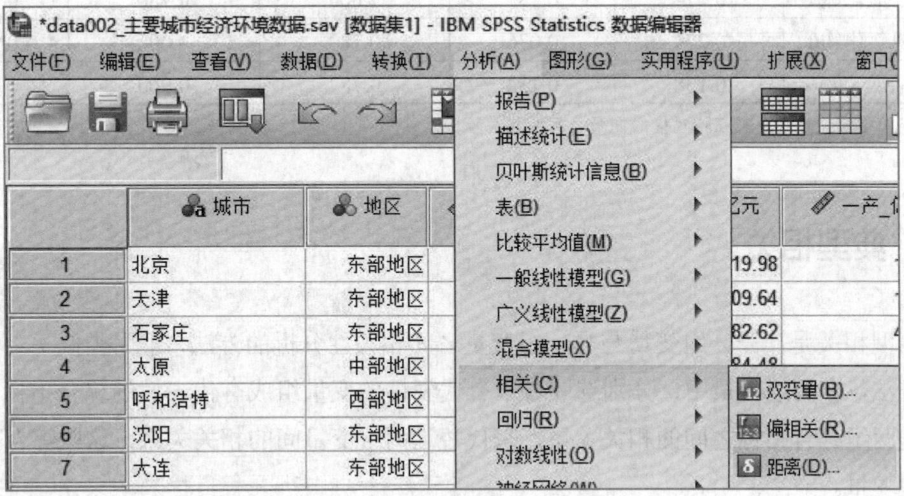

图 8-12　SPSS 距离相关分析选择过程

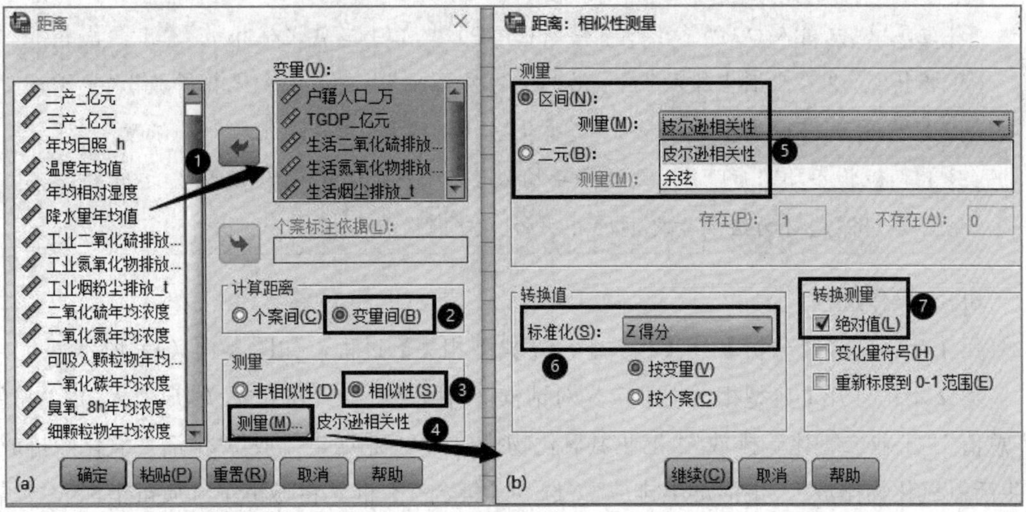

（a）主对话框　　　　　　　　　　（b）相似性测量定义对话框

图 8-13　距离相关分析定义对话框

表 8-9 距离相关分析的相似性矩阵[a]

	户籍人口/万	TGDP/亿元	生活二氧化硫/t	生活氮氧化物/t	生活烟尘/t
户籍人口/万	1.000	0.864	0.014	0.279	0.138
TGDP/亿元	0.864	1.000	0.187	0.036	0.132
生活二氧化硫/t	0.014	0.187	1.000	0.780	0.787
生活氮氧化物/t	0.279	0.036	0.780	1.000	0.960
生活烟尘/t	0.138	0.132	0.787	0.960	1.000

a 这是绝对相似性矩阵，表征绝对值的向量之间的相关性。

8.4 典型相关

典型相关是计算一组变量与另一组变量之间相关性分析的方法，采用类似于主成分分析的方法，在两组变量中，分别选取若干有代表性的变量组成有代表性的综合指标，通过研究这两组综合指标之间的相关关系，来代替这两组变量间的相关关系，这些综合指标称为典型变量。

实战案例：

例 8.7：以“data002_主要城市经济环境数据.sav”数据为例，探索区域社会经济发展（“户籍人口”“总生产总值（TGDP）”“工业二氧化硫排放”“工业氮氧化物排放”“工业烟尘排放”“生活二氧化硫排放”“生活氮氧化物排放”“生活烟尘排放”）与城市空气质量（“二氧化硫年均浓度”“氮氧化物年均浓度”“可吸入颗粒物年均浓度”“细颗粒物年均浓度”“一氧化碳年均浓度”）之间的关系，如想探究这两组因素之间的相关性，应采用典型相关分析。

SPSS 操作过程：

第 1 步：选择【分析】→【相关】→【典型相关】过程，如图 8-14（a）所示。

第 2 步：打开【典型相关性】定义对话框，将区域社会经济指标（“户籍人口”“总生产总值”“工业二氧化硫排放”“工业氮氧化物排放”“工业烟尘排放”“生活二氧化硫排放”“生活氮氧化物排放”“生活烟尘排放”）选入【集合 1】框，将城市空气质量指标（“二氧化硫年均浓度”“氮氧化物年均浓度”“可吸入颗粒物年均浓度”“细颗粒物年均浓度”“一氧化碳年均浓度”）选入【集合 2】框，如图 8-14（b）所示。

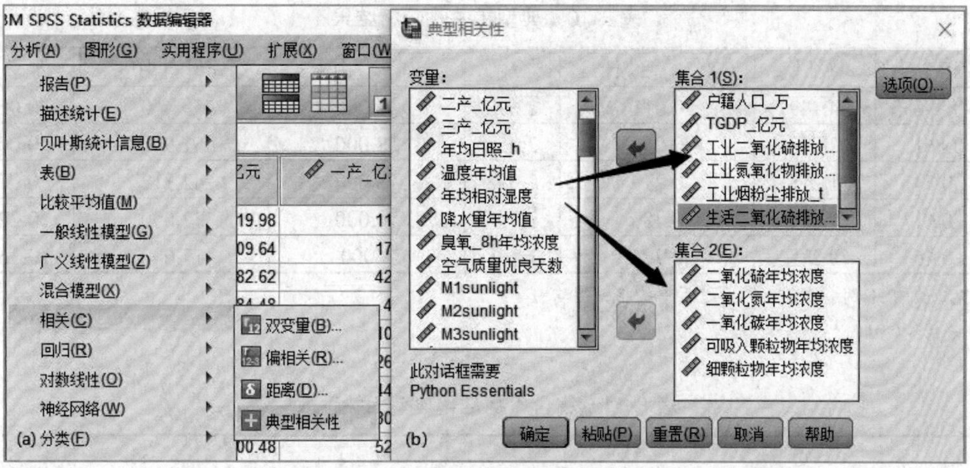

图 8-14 典型相关性分析选择过程（a）和定义对话框（b）

第 3 步：单击【确定】按钮，输出典型相关分析结果。

结果解析：

由表 8-10 可知，仅有第 1（r=0.898，P<0.000 1）和第 2（r=0.861，P=0.006<0.05）典型相关系数显著大于 0。

表 8-11 给出了集合 1 标准化典型相关系数，即根据为 8 个社会经济指标与 5 个典型变量的标准化相关系数矩阵（注意：SPSS 还输出了典型变量的标准化相关系数矩阵）；由表 8-13 和表 8-14 可知，集合 2 中第 1 典型变量（U_1）和第 2 典型变量（U_2）可表征为

$$U_1=-0.439Y_1+0.669Y_2+0.730Y_3-1.094Y_4-0.448Y_5$$

$$U_2=-0.422Y_1-0.429Y_2+0.778Y_3+1.308Y_4-1.525Y_5$$

由此可见，集合 2 中第 1 典型变量主要由可吸入颗粒物年均浓度（Y_4）构成；第 2 典型变量主要由吸入颗粒物年均浓度（Y_4）和细颗粒物年均浓度（Y_5）构成；

表 8-12 给出了集合 2 为 5 城市空气质量指标与 3 个典型变量的标准化相关系数矩阵。由于本例变量的量纲不同，以非标准化相关系数为准；若变量量纲一致或为标准化变量，可以看到非标准化相关系数。根据表 8-11 可知，集合 1 中第 1 典型变量（V_1）和第 2 典型变量（V_2）可表征为

$$V_1=-0.855X_1+1.250X_2+0.252X_3-0.178X_4+0.125X_5-1.180X_6-0.445X_7+1.363X_8$$

$$V_2=-1.177X_1+0.161X_2+0.143X_3-0.081X_4+0.172X_5-0.219X_6+0.864X_7-0.685X_8$$

由此可见，集合 1 中第 1 典型变量主要由生活烟尘排放（X_8）、TGDP（X_2）和生活二氧化硫排放（X_6）构成；第 2 典型变量主要由户籍人口（X_1）构成。

表 8-10 典型相关性分析结果

	相关性	特征值	威尔克统计	F	分子自由度	分母自由度	显著性
1	0.898 **	4.149	0.011	2.698	40.000	59.460	0.000
2	0.861 **	2.873	0.057	2.258	28.000	51.900	0.006
3	0.741	1.218	0.219	1.693	18.000	42.912	0.079
4	0.617	0.614	0.486	1.390	10.000	32.000	0.229
5	0.464	0.275	0.784	1.168	4.000	17.000	0.360

威尔克检验的 H_0 为指当前行和后续行中的相关性均为零。

** 显著性<0.01。

表 8-11 集合 1 标准化典型相关系数

变量	1	2	3	4	5
户籍人口/万（X_1）	−0.855	−1.177	−0.097	−0.912	0.269
TGDP/亿元（X_2）	1.250	0.161	−0.528	1.201	0.289
工业二氧化硫排放/t（X_3）	0.252	0.143	−0.050	−0.294	−0.306
工业氮氧化物排放/t（X_4）	−0.178	−0.081	0.538	0.455	−0.642
工业烟粉尘排放/t（X_5）	0.125	0.172	−0.076	0.571	0.096
生活二氧化硫排放/t（X_6）	−1.180	−0.219	−0.300	0.720	0.739
生活氮氧化物排放/t（X_7）	−0.445	0.864	3.74	−1.153	−1.177
生活烟尘排放/t（X_8）	1.363	−0.685	−3.993	0.658	0.092

由表 8-13 和表 8-14 可知，集合 2 中第 1 典型变量（U_1）和第 2 典型变量（U_2）可表征为

$$U_1=-0.439Y_1+0.669Y_2+0.730Y_3-1.094Y_4-0.448Y_5$$

$$U_2=-0.422Y_1-0.429Y_2+0.778Y_3+1.308Y_4-1.525Y_5$$

由此可见，集合 2 中第 1 典型变量主要由可吸入颗粒物年均浓度（Y_4）构成；第 2 典型变量主要由吸入颗粒物年均浓度（Y_4）和细颗粒物年均浓度（Y_5）构成。

表 8-12 集合 2 标准化典型相关系数

变量	1	2	3	4	5
二氧化硫年均浓度（Y_1）	−0.439	−0.422	−1.109	−0.081	−0.767
二氧化氮年均浓度（Y_2）	0.669	−0.429	−0.091	1.522	0.233
一氧化碳年均浓度（Y_3）	0.730	0.778	0.429	0.070	−1.058
可吸入颗粒物年均浓度（Y_4）	−1.094	1.308	0.763	0.870	1.839
细颗粒物年均浓度（Y_5）	−0.448	−1.525	0.177	−1.787	−1.143

表 8-13　集合 1 典型载荷

变量	1	2	3	4	5
户籍人口/万	0.177	−0.947	0.179	0.076	−0.069
TGDP/亿元	0.439	−0.750	0.257	0.269	0.210
工业二氧化硫排放/t	0.030	0.12	0.041	0.111	−0.637
工业氮氧化物排放/t	−0.082	−0.402	0.218	0.477	−0.663
工业烟粉尘排放/t	0.098	0.245	0.037	0.679	−0.419
生活二氧化硫排放/t	−0.696	−0.11	−0.345	0.253	−0.281
生活氮氧化物排放/t	−0.265	−0.276	−0.278	0.009	−0.543
生活烟尘排放/t	−0.271	−0.189	−0.495	0.002	−0.587

表 8-14　集合 2 典型载荷　单位：$\mu g/m^3$

变量	1	2	3	4	5
二氧化硫年均浓度	−0.681	0.095	−0.341	0.384	−0.513
二氧化氮年均浓度	−0.216	−0.478	0.415	0.686	−0.286
一氧化碳年均浓度	−0.273	0.278	0.473	0.336	−0.715
可吸入颗粒物年均浓度	−0.740	0.016	0.457	0.401	−0.287
细颗粒物年均浓度	−0.525	−0.393	0.611	0.216	−0.389

根据表 8-10 典型相关系数和表 8-13、表 8-13 的典型载荷，可绘制如图 8-15 所示的典型相关结构图。

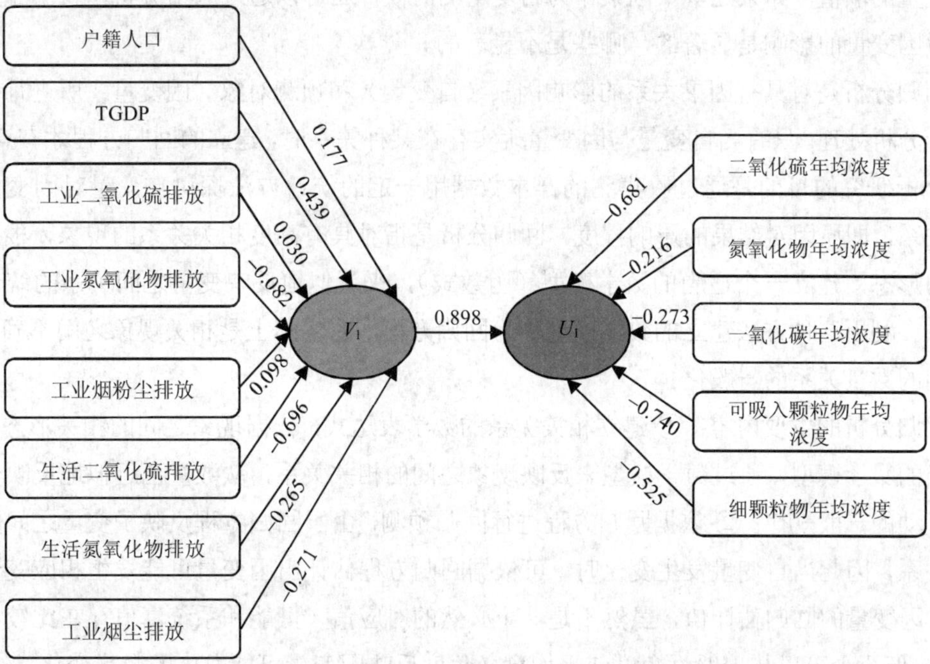

图 8-15　社会经济指标和空气质量第 1 典型相关结构

第 9 章　回归模型

9.1　回归分析

回归（regression），可以理解为观测值不是直接落在回归线上，而是分布在其周围。但离回归线越近，观测值越多，偏离较远的观测值极少，不完全呈函数关系又具有一定的数量关系的现象称为回归。回归指预测值是一个连续的实数；分类则是预测值是离散的类别数据。

回归分析（regression analysis）是指通过提供变量之间的数学表达式来定量描述变量间相关关系的数学过程，这一数学表达式通常称为经验公式。不仅可以利用概率统计知识对这个经验公式的有效性进行判定，同时还可以利用这个经验公式，根据自变量的取值预测因变量的取值。如果是多个因素作为自变量的时候，还可以通过因素分析，找出哪些自变量对因变量的影响是显著的，哪些是不显著的。

回归分析是对具有因果关系的影响因素（自变量）和预测对象（因变量）所进行的数理统计分析处理。只有当自变量与因变量确实存在某种关系时，建立的回归方程才有意义。回归分析研究的目的是通过收集到的样本数据用一定的统计方法探讨自变量对因变量的影响关系，即原因对结果的影响程度。回归分析是指对具有高度相关关系的现象，根据其相关的形态，建立一个适当的数学模型（函数式），来近似地反映变量之间关系的统计分析方法。利用这种方法建立的数学模型称为回归方程，它实际上是相关现象之间不确定、不规则的数量关系的一般化。

回归分析的主要内容：① 建立相关关系的数学表达式，依据现象之间的相关形态，建立适当的数学模型，通过数学模型来反映现象之间的相关关系，从数量上近似地反映变量之间变动的一般规律；② 依据回归方程进行回归预测，由于回归方程反映了变量之间的一般性关系，因此当自变量发生变化时，可依据回归方程估计出因变量可能发生相应变化的数值，因变量的回归估计值，虽然不是一个必然的对应值（可能和系统真值存在比较大的差距），但至少可以从一般性角度或平均意义角度反映因变量可能发生的数量变化；③ 计算估计标准误差，通过这一指标，可以分析回归估计值与实际值之间的差异程度以及估计值的准确性和代表性，还可利用估计标准误差对因变量估计值进行在一定把握程度条件下的区间估计。

加入的变量不同可以引用不同的模型。回归模型中的自变量通常是相互独立的连续性变量、分类变量；因变量是数值变量、分类变量。若因变量是定量数据，通常使用回归分析；若因变量为分类数据，通常使用 Logistic 分析。回归分析中按照自变量和因变量之间的关系类型，又可分为线性回归分析和非线性（曲线）回归分析。

9.2　线性回归模型

线性回归（linear regression）是利用数理统计中的回归分析，来确定两种或两种以上变量间相互依赖的定量关系的一种统计分析方法。回归分析中只包括一个自变量和一个因变量，且二者的关系可用一条直线近似表示，这种回归分析称为一元线性回归分析。如果回归分析中包括两个或两个以上的自变量，且因变量和自变量之间是线性关系，则称为多元线性回归分析。

9.2.1　一元线性回归

（1）模型基本结构

一元线性回归是最简单的回归关系，即一个变量 Y 在一个变量 X 上的回归关系。回归分析中，若 Y 随 X_1，X_2，…，X_m 的改变而改变，则称 Y 为反应变量（response variable）或因变量（dependent variable），X_1，X_2，…，X_m 为解释变量（explanatory variable）或自变量（independent variable），通常我们把自变量看作影响因素（factors）。X 可以是随机变量，也可以是人为选择的数值，Y 是按某种规律变化的连续型随机变量。

如果两个变量之间存在线性回归关系，则有回归模型 $Y_i = \alpha + \beta x_i + \varepsilon_i$，其中 α 表示 x 为 0 时，回归直线在 Y 轴上的截距（intercept）；β 表示自变量 x 对因变量 Y 影响大小的参数，称为回归系数（coefficient of regression）或回归线的斜率（slope）；ε_i 为残差（residual），是指估计值 $\hat{y}$ 和每一个实测值之间的差，在模型中无法消除，一般采用最小二乘法拟合模型，保证各实测点与回归直线的垂直距离的平方和最小。

（2）模型的基本假设

①ε_i 或 Y_i 服从正态分布：自变量的任何一个线性组合，因变量 Y 的方差均服从正态分布，在模型中结果就是残差服从正态分布，即 $\varepsilon_i \sim N/Y_i \sim N$，可以通过专业知识或散点图来判断；

②对于每个 X_i，E（ε_i）=0，即残差项的平均数为 0；

③方差齐性，Var（ε_i）=σ^2，即每组的残差项的方差相等，每一组的方差实际上是指

$X=x_i$ 时 Y 的值，即 $\varepsilon_i \sim N\left(0,\sigma^2\right)/Y_i \sim \left(0,\sigma^2\right)$；

④ε_i 彼此不相关：每一个观测值之间相互独立，表现为 Y 相互独立，在模型中就是 ε_i 彼此不相关；

⑤ε_i 与 x_i 相互独立。

（3）线性回归方程的显著性检验

线性回归方程的显著性检验包括两个部分：①回归方程的假设检验；②回归系数的显著性检验，对于一元线性回归，只需要回归方程的显著性 F 检验和回归系数显著性的 t 检验中的一种即可。

回归方程的显著性检验的目的是对回归方程拟合优度的检验。建立回归方程后如何确定因变量 Y 与自变量 X 之间的线性关系，具体步骤是通过 F 检验来分析回归离差平方和（regression sum of squares，SSR）和剩余离差平方和（residual sum of squares，SSE）的差别是否显著。如果显著则两个变量之间存在线性关系，反之两个变量之间不存在线性关系。

回归方程的假设检验步骤如下：

①提出假设：$H_0:\beta=0$ 线性关系不显著；

②计算 F 统计量：

$$F=\frac{\mathrm{SSR}/1}{\mathrm{SSE}/\left(n-1\right)}=\frac{\sum_{i=1}^{n}(\hat{y}_i-\bar{y})^2}{\sum_{i=1}^{n}(y_i-\hat{y})^2/\left(n-2\right)}\sim F(1,n-2) \tag{9-1}$$

③ 确定显著性水平 α，根据第一自由度 1 和第二自由度 n–2 确定临界值 F_α；

④ 若 $F>F_\alpha(1,n-2)$，则拒绝 H_0；若 $F<F_\alpha(1,n-2)$，接受 H_0。

回归系数的显著性检验步骤如下：

① 提出假设：$H_0:\beta=0$，$H_0:\beta\neq0$；

② 计算检验统计量 t:

$$t=\frac{\hat{\beta}_1}{S_{\beta_1}}\sim t(n-2) \tag{9-2}$$

③给定一个显著性水平 α，根据自由度和临界水平，查 t 分布表，确定双侧临界值 $t_{\alpha/2}$；

④若 $t>t_{\alpha/2}$，接受 H_0；若 $t\leqslant t_{\alpha/2}$，接受 H_1。

实战案例：

例 9.1：以“data002_主要城市经济环境数据.sav”数据为例，试用一元线性回归，构建“第二产业产值”和“工业氮氧化物排放”的一元线性回归模型。

SPSS 操作过程：

第 1 步：双击打开“data002_主要城市经济环境数据.sav”数据集。

第 2 步：绘制散点图描述变量之间的依存关系（方法详见 4.2.3，此处略），初步判断变量依存关系是否符合线性。根据图 9-1 可知，第二产业产值和工业氮氧化物排放之间存在线性依存关系。

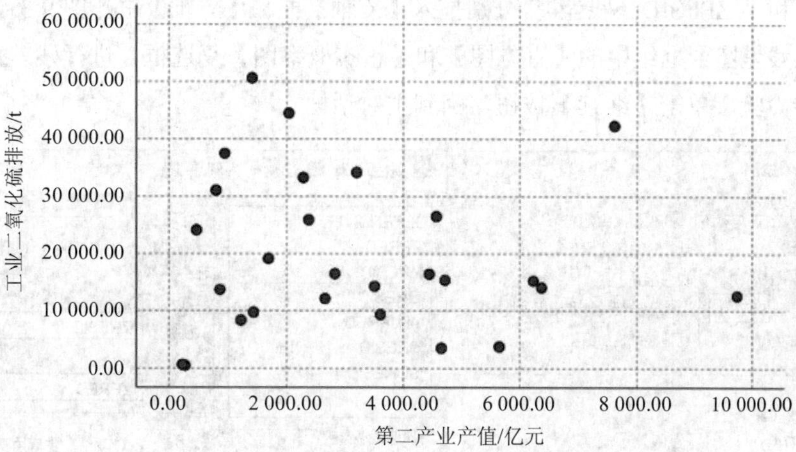

图 9-1　第二产业产值和工业氮氧化物排放简单散点图

第 3 步：选择【分析】→【回归】→【线性】过程［图 9-2（a）］，打开【线性回归】定义对话框，分别将“二产_亿元”和“工业氮氧化物排放”选入【自变量】框和【因变量】框，如图 9-2（b）所示。

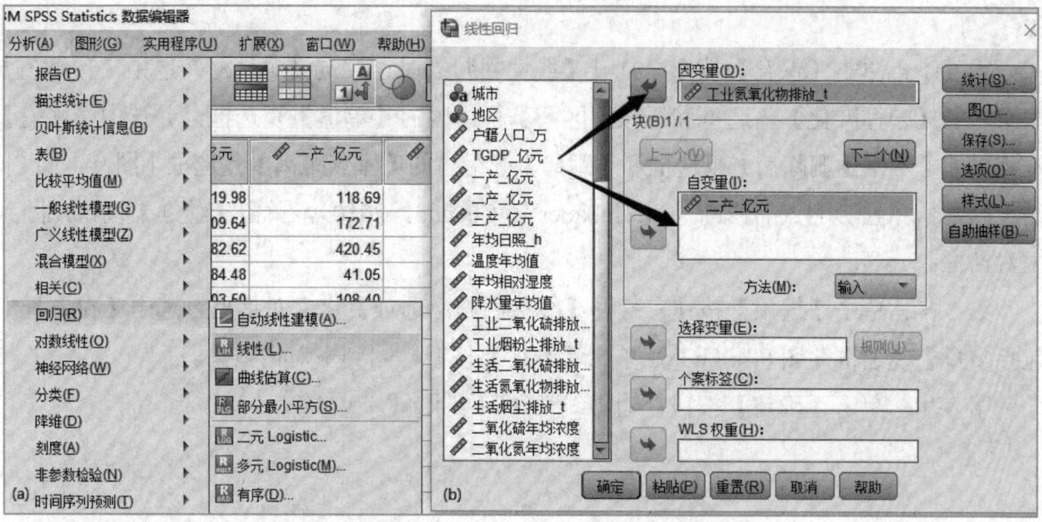

图 9-2　线性回归选择过程（a）和定义对话框（b）

第 4 步：单击图 9-2（b）中【统计】按钮，将打开【线性回归：统计】定义对话框，选中【回归系数】框组中的【估算值】【置信区间】和【模型拟合】复选框，选中【残差】框组内的【德宾-沃森（Durbin-Watson）】复选框，进行残差独立性检验，单击【继续】回到主对话框。

第 5 步：单击图 9-2（b）中【图】按钮，打开【线性回归：图】定义对话框，将“*ZPRED（预测值）”和“*ZPESID（残差）”分别拖入【X 轴】框和【Y 轴】框［图 9-3（b）］，并选中【标准化残差图】框组中的【直方图】和【正态概率图】复选框，进行残差正态性检验和方差齐性检验，单击【继续】按钮，回到主对话框。

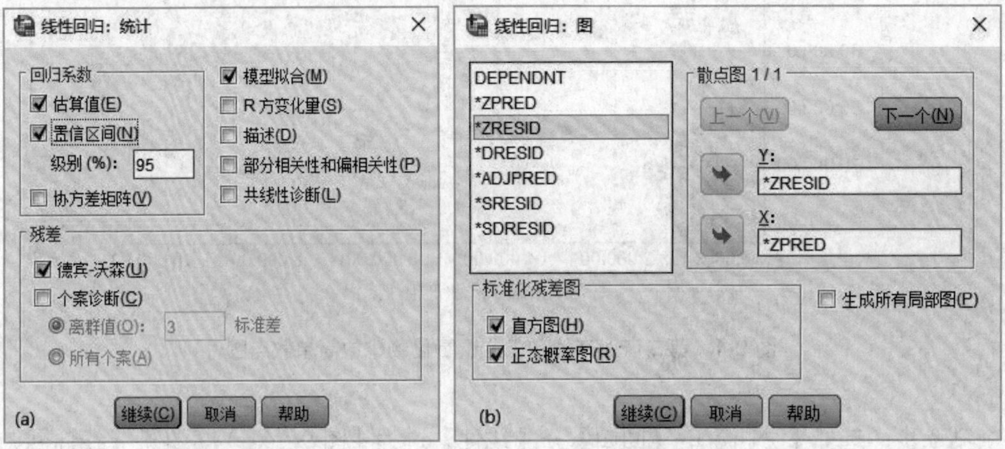

（a）统计　　　　（b）图

图 9-3　线性回归定义对话框

第 6 步：单击【保存】按钮，打开【线性回归：保存】定义对话框，选中【预测值】框组内的【未标准化】复选框和【预测区间】框组内的【单值】复选框，并选中【残差】框组内的【学生化删除后】复选框和【距离】框组内的【库克距离】复选框［图 9-4（a）］，进行异常值和强影响点的诊断（Viechtbauer 和 Cheung，2010），单击【继续】按钮，回到主对话框。

第 7 步：单击【选项】按钮，打开【线性回归：选项】定义对话框，选中【在方程中包括常量】复选框［图 9-4（b）］，单击【继续】按钮，回到主对话框。

第 8 步：单击【确定】按钮，输出线性回归结果。

（a）保存　　　　（b）选项定义对话框

图 9-4　线性回归定义对话框

结果分析：

首先，对自变量纳入模型的方法进行了描述。本例选用【输入法】纳入自变量，如表 9-2 所示。自变量为工业氮氧化物，自变量是用强制的方式进入回归模型。

其次，对模型的拟合效果进行评价。表 9-2 模型摘要给出了复相关系数（multiple correlation coefficient，R）、模型的决定系数（determinate coefficient，R^2）和德宾-沃森（Durbin-Watson，D-W）诊断结果。其中，R 表示模型中所有自变量和因变量之间的密切程度，实际上也表示 y_i 与估计值 $\hat{y}$ 的简单线性相关系数，即 Person 相关系数。R 越大说明线性关系越明确，对于不同的研究者来说 R 评判标准不同，此例中 R=0.412；R^2 复相关系数的平方，表示因变量 y 的总变异中可由回归模型中自变量解释的部分所占的比例，也就是用于反映预测的准确度，此实验中 R^2=0.169，意为用二产产值预测工业氮氧化物排放，只有 16.9%的准确度；此外，德宾-沃森（D-W）检验可用于判定残差的独立性，其取值一般为 0～4，越接近于 2 说明数据越独立，本例中 D-W=1.452，可以认为符合线性回归的条件。

表 9-1 一元线性回归输入/除去的变量[a]

模型	输入的变量	除去的变量	方法
1	二产/亿元[b]	.	输入

a. 因变量：工业氮氧化物/t；

b. 已输入所请求的所有变量。

表 9-2 一元线性回归模型摘要[b]

模型	R	R^2	调整后 R^2	标准估算的错误	德宾-沃森
1	0.412[a]	0.169	0.136	15 311.521	1.452

a. 预测变量：（常量），工业氮氧化物排放/t；

b. 因变量：二产/亿元。

表 9-3 给出了模型方差分析结果，由此可知 F=5.102，P=0.033＜0.05，表明模型具有统计学意义，但因为调整 R^2 仅为 0.136，提示模型的解释能力不是很好。

表 9-4 进一步对模型的系数进行检验，结果表明工业氮氧化物排放为第二产业产值的影响因素，模型可表示为

$$\text{二产} = 1\,510.691 + 0.61 \times \text{工业氮氧化物排放} \tag{9-3}$$

表 9-3 一元线性回归 ANOVA 分析[a]

模型		平方和	自由度	均方	F	显著性
1	回归	1 196 024 450.683	1	1 196 024 450.683	5.102	0.033[b]
	残差	5 861 066 585.266	25	234 442 663.411		
	总计	7 057 091 035.949	26			

a 因变量：二产/亿元；

b 预测变量：（常量），工业氮氧化物排放/t

表 9-4 一元线性回归系数[a]

模型		未标准化系数		标准化系数	t	显著性	B 的 95.0%CI[b]	
		B	标准错误	β			下限	上限
1	（常量）	18 694.741	4 923.893		3.797	0.001	8 553.794	28 835.687
	二产/亿元	2.801	1.24	0.412	2.259	0.033	0.247	5.355

a 因变量：工业氮氧化物排放/t；

b 95%CI 为 95%置信区间（confidence interval）。

标准化残差直方图和正态概率分布图（P—P 图）：考察残差 ε_i 是否服从正态分布，可以通过绘制直方图、茎叶图、正态概率分布图。本例绘制直方图和正态概率分布图观察残

差是否服从正态分布。图 9-5（a）可以大致表明标准化残差符合正态分布。P—P 图以实际观测值的累积概率为横坐标，期望的累积概率为纵坐标，如果数据符合正态分布，点将会分布在对角线附近。图 9-6 考察方差齐性，考察残差 ε_i 的大小随自变量取值水平的改变而改变，从图中可以看出无论标准化预测值如何变化，标准残差的波动范围基本保持不变，说明残差方差齐同。由图 9-6 与图 9-5（a）看出标准化的残差符合正态分布。

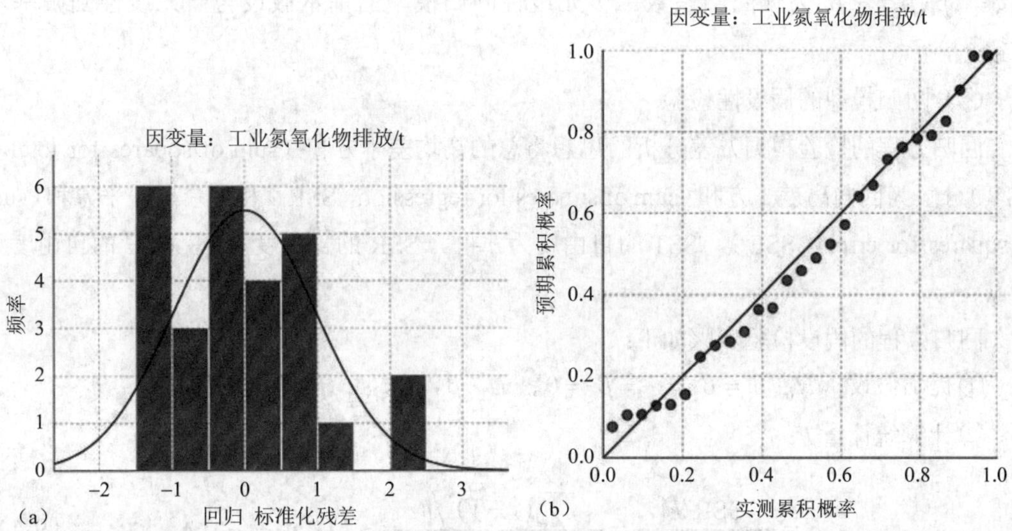

图 9-5 回归标准化残差直方图和正态 P—P 图

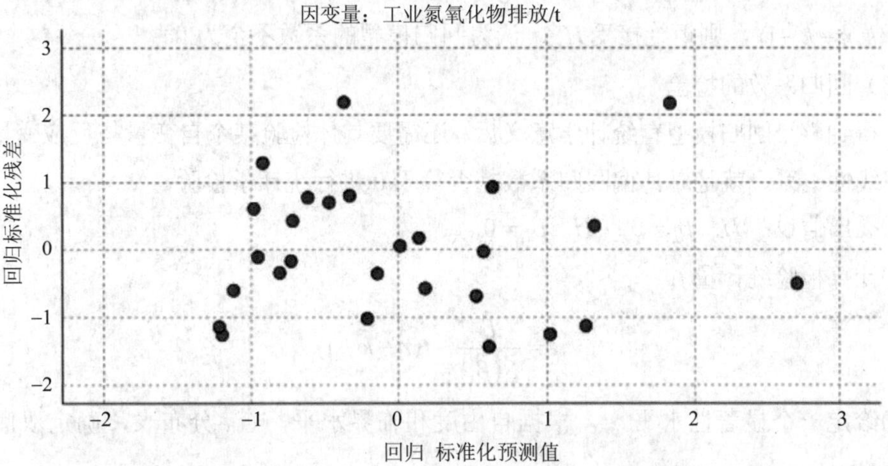

图 9-6 回归标准化预测和标准化残差简单散点图

9.2.2 多元线性回归

（1）模型的基本结构

多元线性回归与一元线性回归的原理基本一样，差异主要在模型中对因变量产生影响的自变量的个数。用回归方程定量地刻画一个因变量和多个自变量的之间的线性关系，称为多元线性回归分析。多元线性回归模型：$y=\beta_0+\beta_1x_{1i}+\beta_2x_{2i}+\cdots+\beta_kx_{2i}+\varepsilon$，$\beta_0$为常数，$\beta_1,\beta_2,\cdots,\beta_k$为偏回归系数。多元线性回归模型的基本假设与一元线性回归基本一致。

（2）回归模型的假设性检验

回归方程的检验根据方差分析的思想将总的离均差平方和（sum of squares for total，SST）分解为回归离差平方和（sum of squares for regression，SSR）和剩余离差平方和（sum of squares for error，SSE），SST的自由度为$n-1$，SSR的自由度为k，SSE的自由度为$n-k-1$。

回归方程的假设检验步骤如下：

①提出假设：$H_0:\beta_1=\beta_2=\cdots=\beta_k=0$；$H_1:\beta_1$，$\beta_2,\cdots$，$\beta_k$不同时为0；

②计算统计量F：

$$F=\frac{\mathrm{SSR}/k}{\mathrm{SSE}/n-k-1}=\frac{\sum(\hat{y}-\overline{y})^2/k}{\sum(y-\hat{y})^2/n-k-1}\sim F(k,n-k-1) \tag{9-4}$$

③确定显著性水平α，根据自由度确定临界值F_α；

④若$F\leqslant F_\alpha(k,n-k-1)$，则接受$H_0$，认为回归模型的系数全部为0；若$F>F_\alpha(k,n-k-1)$，则拒绝接受$H_1$，认为回归模型的系数不全为0。

（3）回归系数的检验

在得到整个回归模型有统计学意义后，还需要具体检验某个自变量与反应变量之间是否存在线性关系，就是对其偏回归系数是否等于0进行统计学检验。

①提出假设：$H_0:\beta_i=0$；$H_1:\beta_i\neq0$。

②计算检验统计量t：

$$t=\frac{\hat{\beta}}{S(\hat{\beta}_i)}\sim t(n-k-1) \tag{9-5}$$

③给定一个显著性水平α，根据自由度和临界水平，查t分布表，确定双侧临界值$t_{\alpha/2}(n-k-1)$。

④若$|t|>t_{\alpha/2}(n-k-1)$，拒绝H_0；若$|t|\leqslant t_{\alpha/2}(n-k-1)$，接受$H_0$。

实战案例：

例 9.2：以“data002_主要城市经济环境数据.sav”数据为例，试用多元线性回归，构建“二产_亿元”与“可吸入颗粒物年均浓度”“工业氮氧化物排放”“臭氧_8 h 年均浓度”“二氧化氮年均浓度”的多元线性回归。

SPSS 操作过程：

第 1 步：绘制矩阵点图（方法详见 4.2.3，此处略），描述变量之间的依存关系，考察变量间是否有线性关系，如图 9-7 所示，第二产业与臭氧、可吸入颗粒物、二氧化氮存在明显的线性关系。

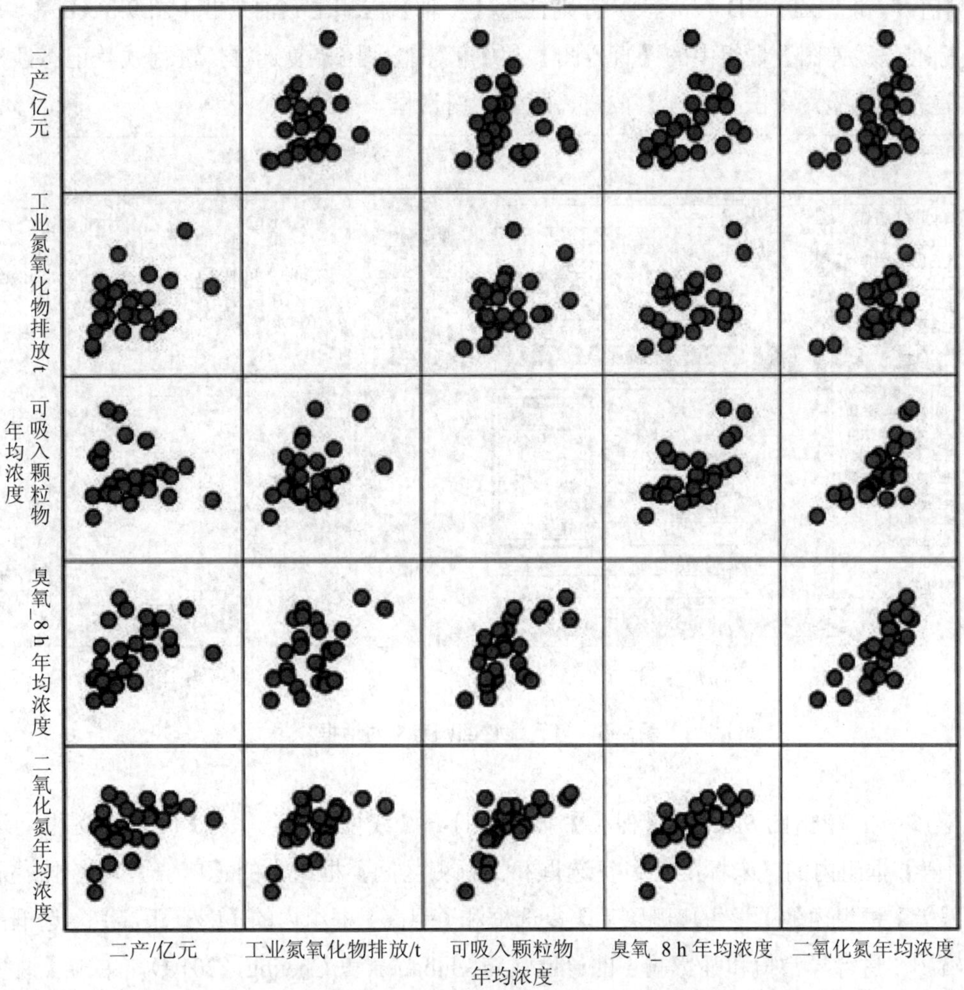

图 9-7　二产产值与工业氮氧化物排放等指标的矩阵散点图

第 2 步：选择【分析】→【回归】→【线性】过程［图 9-2（a）］，打开【线性回归】定义主对话框，将“二产_亿元”选入【因变量】框，并将“可吸入颗粒物年均浓度”“工业氮氧化物排放”“臭氧_8 h 年均浓度”“二氧化氮年均浓度”选入【自变量】框，如图 9-8（a）所示。

第 3 步：单击图 9-8（a）中【统计】按钮，将打开【线性回归：统计】定义对话框，选中【回归系数】框组中的【估算值】和【置信区间】，再选中【模型拟合】和【共线性诊断】复选框，选中【残差】框组内的【德宾-沃森（Durbin-Watson）】复选框，进行残差独立性检验［图 9-8（b）］，单击【继续】回到主对话框。

第 4 步：单击图 9-8（a）中【图】按钮，打开【线性回归：图】定义对话框，将“*ZPRED（预测值）”和“*ZPESID（残差）”分别拖入【X 轴】框和【Y 轴】框［图 9-3（b）］，并选中【标准化残差图】框组中的【直方图】和【正态概率图】复选框，进行残差正态性检验和方差齐性检验，单击【继续】按钮，回到主对话框。

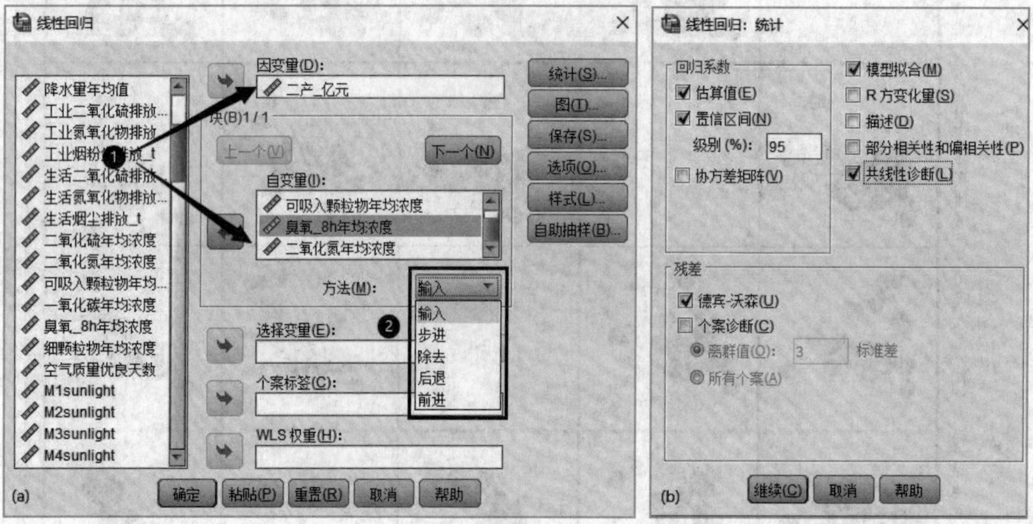

（a）主对话框　　　　　　　　　　（b）统计定义对话框

图 9-8　多元线性回归定义对话框

第 5 步：单击图 9-8（a）【保存】按钮，打开【线性回归：保存】定义对话框，选中【预测值】框组内的【未标准化】复选框和【预测区间】框组内的【单值】复选框，并选中【残差】框组内的【学生化删除后】复选框和【距离】框组内的【库克距离】复选框［图 9-4（a）］，进行异常值和强影响点的诊断（Viechtbauer 和 Cheung，2010），单击【继续】按钮，回到主对话框。

第 6 步：单击图 9-8（a）中【选项】按钮，打开【线性回归：选项】定义对话框，选中【在方程中包括常量】复选框［图 9-4（b）］，单击【继续】按钮，回到主对话框。

第 7 步：单击图 9-8（a）【确定】按钮，输出线性回归结果。

结果分析：

多元线性回归和一元线性回归的过程相似，输出结果内容也基本相同。首先对模型自变量纳入方法进行了描述，本例也选用【输入】法纳入所有自变量（输出表格略）；其次在模型摘要（表 9-5）给出了复相关系数（R）、模型的决定系数和德宾-沃森（D-W）诊断结果。本例调整 R^2=0.793，表示有 75.5%的因变量 y 的总变异中可由回归模型中自变量解释的部分所占的比例；此外，D-W=2.295，接近于 2，表明数据越独立，为符合线性回归的条件。

表 9-5　多元线性回归模型摘要 [b]

模型	R	R^2	调整后 R^2	标准估算的错误	D-W
1	0.890	0.793	0.755	1 198.094	2.295

注：a. 预测变量：（常量），二氧化氮年均浓度，工业氮氧化物排放/t，可吸入颗粒物年均浓度，臭氧_8 h 年均浓度；
b. 因变量：二产/亿元。

表 9-6 对模型拟合进行方差分析，结果显示 F=21.048，P＜0.001，表明多元线性回归模型具有统计学意义，结合表 9-5 可知，“可吸入颗粒物年均浓度”“工业氮氧化物排放”“臭氧_8 h 年均浓度”“二氧化氮年均浓度”指标能较好地解释主要城市“二产”的变异。

表 9-7 给出了模型系数与共线性诊断结果。多重共线性问题是多元线性回归分析中不容忽视的问题，当自变量之间存在多重共线性问题时，回归模型的结果可能不可靠（Zhao 等，2018）。在 SPSS 多元线性回归模型中，利用容差（tolerance）和方差膨胀因子（variance inflation factor，VIF）诊断自变量之间的多重共线性问题，容差取 0～1，越接近 0 共线性越强；VIF 大于 10 共线性越强。从表 9-7 可见，VIF 均小于 4，可以认为回归模型结果不受自变量间共线性问题影响；若自变量存在较强的多重共线性问题，可在图 9-8（a）线性回归主对话框中的自变量选择方法中选用【步进】方法进行逐步回归分析或采用主成分分析方法（详见第 12 章）。

进一步分析模型系数发现，纳入“可吸入颗粒物年均浓度”“臭氧_8 h 年均浓度”“二氧化氮年均浓度”后，“工业氮氧化物排放”对“二产”产值的影响不再显著（P=0.192＞0.05）。据此，可以得出多元回归模型为

$$\text{二产} = -4\,982.30 - 102.44 \times x_2 + 56.26 \times x_3 + 159.241 \times x_4 \tag{9-6}$$

式中，x_2 为“可吸入颗粒物年均浓度”，x_3 为“臭氧_8 h 年均浓度”，x_4 为“二氧化氮年均浓度”。

若要比较 “可吸入颗粒物年均浓度”“臭氧_8 h 年均浓度”“二氧化氮年均浓度”三个自变量究竟哪个对因变量“二产”产值的影响大，应看表 9-7 中的标准回归系数（β）绝

对值大小。本例中，标准化回归系数绝对值变化趋势为：可吸入颗粒物年均浓度（|−1.036|=1.036）＞臭氧_8 h 年均浓度（|0.635|=0.635）＞二氧化氮年均浓度（|0.610|=0.610），提示可吸入颗粒物年均浓度对“二产”产值的影响最大。

（3）个案诊断

因为此例中的分析数据没有离群值，故无个例诊断表。若分析中出现异常点，应将异常点删除后再重新分析；若删除 1～2 次后，仍然有异常值的出现，不建议无限制删除，否则数据失真，再好的模型也得不到应用。

表 9-6 多元线性回归 ANOVA 分析 [a]

模型		平方和	自由度	均方	F	显著性
1	回归	120 852 804.396	4	30 213 201.099	21.048	0.000[b]
	残差	31 579 428.973	22	1 435 428.590		
	总计	152 432 233.369	26			

a 因变量：二产/亿元；

b 预测变量：（常量），二氧化氮年均浓度，工业氮氧化物排放/t，可吸入颗粒物年均浓度，臭氧_8 h 年均浓度。

表 9-7 多元线性回归系数 [a]

	未标准化系数		标准化系数	t	显著性	B 的 95.0%CI [b]		共线性统计	
	B	标准错误	β			下限	上限	容差	VIF
（常量）	−4 982.30	1 434.97		−3.472	0.002	−7 958.25	−2 006.35		
工业氮氧化物排放_t	0.02	0.02	0.156	1.346	0.192	−0.01	0.06	0.70	1.43
可吸入颗粒物年均浓度	−102.44	14.01	−1.036	−7.312	0.000	−131.49	−73.38	0.47	2.13
臭氧_8 h 年均浓度	56.26	13.64	0.635	4.123	0.000	27.96	84.55	0.40	2.52
二氧化氮年均浓度	159.24	45.74	0.610	3.481	0.002	64.38	254.10	0.31	3.26

a 因变量：二产/亿元；

b 95%CI 为 95%置信区间（confidence interval）。

9.3 非线性回归模型

线性回归模型中一个重要的假设是自变量和因变量之间的关系是线性的，而在实际问题中，变量之间的关系往往是比较复杂的非线性关系。非线性回归（non-linear regression）过程是研究因变量和一组自变量之间的非线性相关关系，与线性回归模型相比，非线性回归可以估计因变量和自变量之间具有任意关系的模型，能够通过变量转换成为线性模型，在实际应用中意义更大。

处理非线性关系方法主要有两种。第一种是通过合适的变量变换将非线性相关关系转化为线性回归问题，即曲线化直。如对双曲线进行倒数变换、幂函数曲线进行双对数变换、指数曲线进行对数变换、倒指数曲线进行对数和倒数变换、多项式曲线进行多项式变换等。但在精度要求较高、模型比较复杂的非线性回归问题中，采用曲线直线化来估计非线性方程并不是好的方法。第二种是用非线性模型拟合，在 SPSS 软件中应用较多，模型精度和结果也更为准确。

非线性回归模型分析的主要步骤如下：① 预分析。绘制散点图，确定合适的非线性回归方程；曲线拟合，进行显著性检验，判断回归模型是否有意义。② 非线性回归分析。

9.3.1　S 曲线

S 型曲线（S-Curve）又称为生长型曲线、logistic 曲线，常用于社会学、生物统计学、临床、数量心理学、市场营销等统计实证分析。

实战案例：

例 9.3：以“data008_某地区 2007 年-2018 年人口数.sav”数据为例，试建立人口和时间之间的回归模型。

SPSS 操作过程：

（1）探索变量间的依存关系

第 1 步：双击打开“data008_某地区 2007 年-2018 年人口数.sav”数据集。

第 2 步：绘制散点图描述变量之间的依存关系（方法详见 4.2.3，此处略），考察“人口_百万人”和“时间_年”间的依存关系。由图 9-9 可知，散点图趋势倾向 S 型曲线。

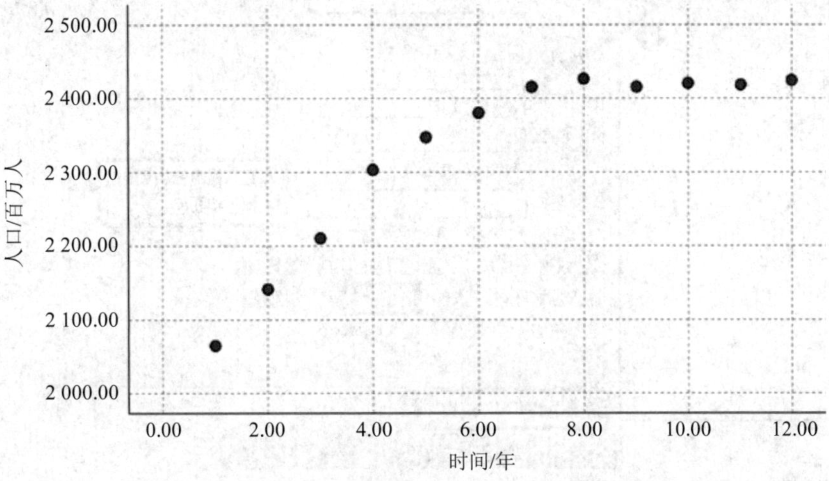

图 9-9　人口和时间关系的散点图

（2）曲线拟合

第3步：选择【分析】→【回归】→【曲线估算】过程（图9-10），打开【曲线估算】定义对话框，分别将“人口_百万人”和“时间_年”选入【因变量】框和【自变量】框，在【模型】框组中选中【S】复选框，并选中【显示ANOVA表】复选框（图9-11），单击【确定】按钮，生成S曲线（图9-12），并输出ANOVA分析结果。

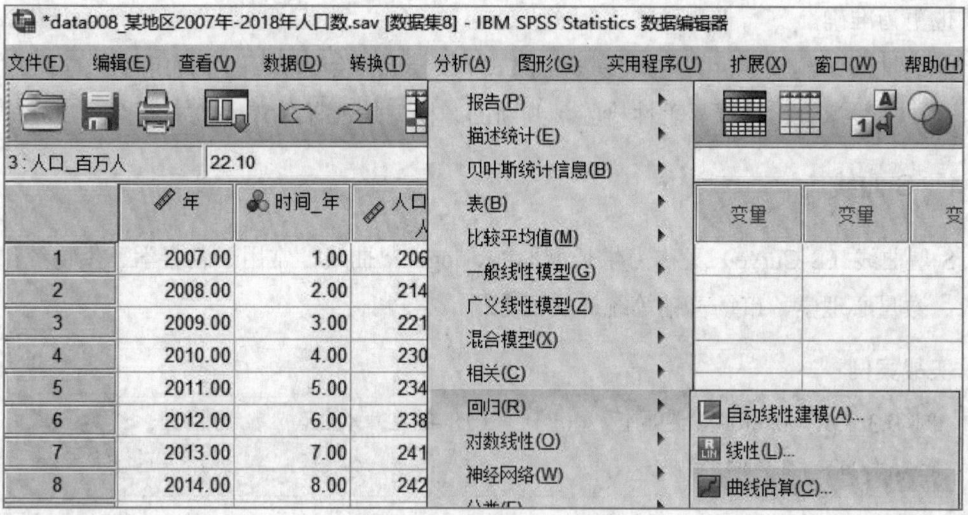

图9-10　曲线估算过程选择

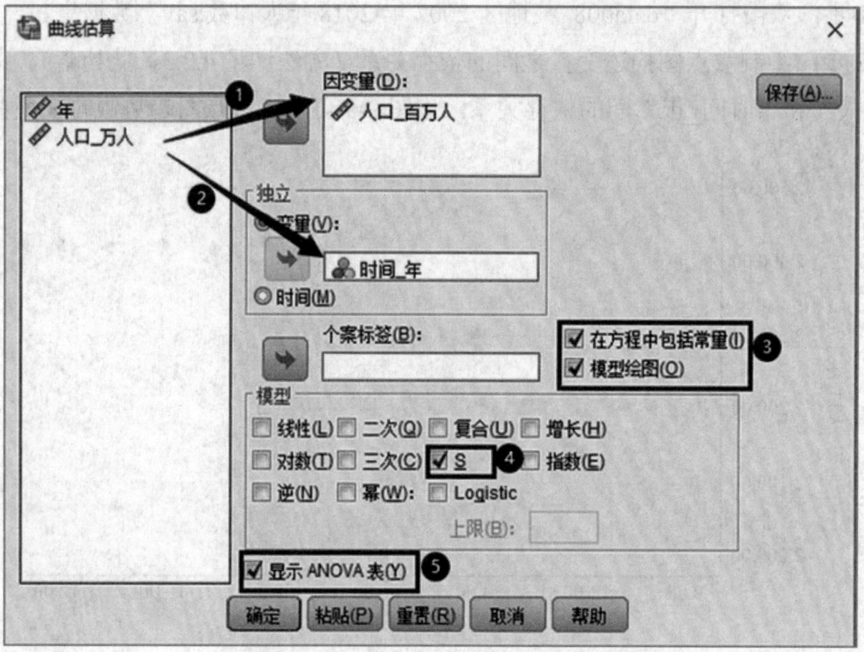

图9-11　曲线估算定义对话框

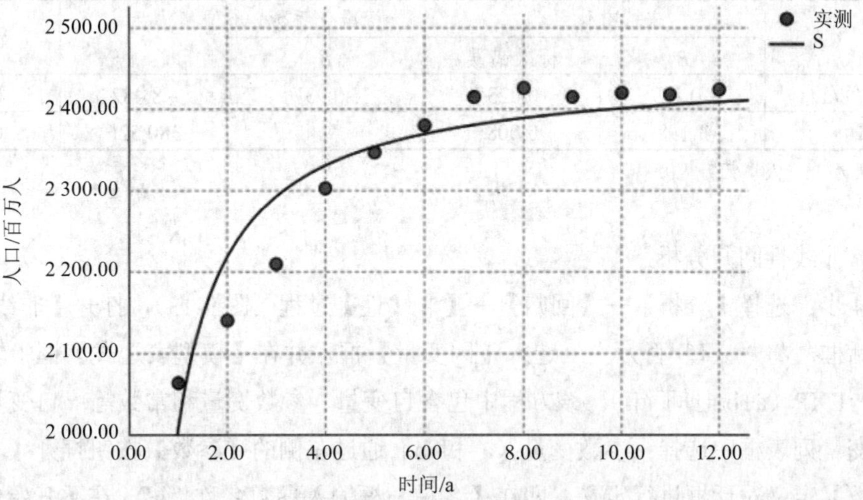

图 9-12　S 曲线拟合图

结果分析：

与线性回归一致，非线性回归也给出了模型汇总表、ANOVA 分析和回归系数结果。根据表 9-8 中的复相关系数（R）、决定系数（R^2）、调整后的决定系数（Adj.R^2）可知，本例中调整后 R^2=0.866，表明该时间趋势可以解释该地区 2007—2018 年人口变异的 86.6；表 9-9 对 S 曲线模型整体的方差分析表明，此 S 曲线模型具有统计学意义。由表 9-10 可知，时间是该地区人口变化的影响因素（t=−8.482，P<0.001），且人口随时间呈“S”形增长趋势。

表 9-8　S 曲线估算模型汇总

R	R^2	调整后 R^2	标准估算的错误
0.937	0.878	0.866	0.020

注：自变量为时间/a。

表 9-9　S 曲线估算 ANOVA

	平方和	自由度	均方	F	显著性
回归	0.030	1	0.030	71.937	0.000
残差	0.004	10	0.000		
总计	0.034	11			

注：自变量为时间/a。

表 9-10 S曲线估算系数

	未标准化系数		标准化系数	t	显著性
	B	标准错误	β		
1/（时间/a）	−0.197	0.023	−0.937	−8.482	0.000
（常量）	3.198	0.008		380.526	0.000

注：因变量为 ln（人口/百万人）。

（3）非线性回归分析

第4步：选择【分析】→【回归】→【非线性】过程（图9-13），打开【非线性回归】定义对话框，将“人口_百万人”选入【因变量】框，并在【模型表达式】框中输入拟合方程式：EXP（a+b/时间_年）。该方程中包含自变量、参数变量和常数等：自变量从左侧的候选变量列表框中选择；参数变量（a 和 b）通过左侧的【参数】按钮打开【非线性回归：参数】定义对话框进行定义，即在【名称】框输入参数名称“a”，在【开始值】框输入“1”，单击【添加】按钮，即可将参数及初始值添加至【参数】框内。同时，拟合方程模型中的函数可以从【函数组】列表框里选入；方程模型的运算符号可以用鼠标从窗口【数字符号】显示区中点击输入（图9-14）。

第5步：单击图9-14中的【损失L】按钮，打开【非线性回归：损失函数】定义对话框，选中【残差平方和】复选框，利用回归方程的残差计算公式，如图9-15（a）所示。

第6步：单击图9-14中的【约束（C）】按钮，打开【非线性回归：参数约束】定义对话框，设置回归方程中参数的取值范围。本例中，选择默认选项【未约束（U）】，单击【继续】回到主对话框。注：如果选择【定义参数约束（D）】，可在下拉列表中选择“=”“≥”“≤”，设置相应的参数界限。

第7步：单击图9-14中的【保存】按钮，选中【预测值（P）】【残差（R）】和【倒数（D）】复选框，单击【继续】按钮，回到主对话框。

第8步：单击图9-14中的【选项（O）】按钮，打开【非线性回归：选项】定义对话框［图9-16（b）］，选中【标准误差的自助抽样估算（B）】复选框，单击【继续】按钮，回到主对话框。注意：【标准误差的自助抽样估算（B）】，即使用原始数据重复集中抽样估算标准误的方法，此时只能选择【序列二次规划（S）】，适用于有限制或无限制的模型，用于进一步定义序列二次规划的相关参数；【Levenberg-Marquardt】只适用无限制的模型，可以选择【最大迭代次数（X）】【平方和收敛（Q）】或【参数收敛（C）】。

第9步：单击图9-14中的【确定】，输出曲线回归结果，如表9-11～表9-13所示的结果。

图 9-13　非线性回归过程选择

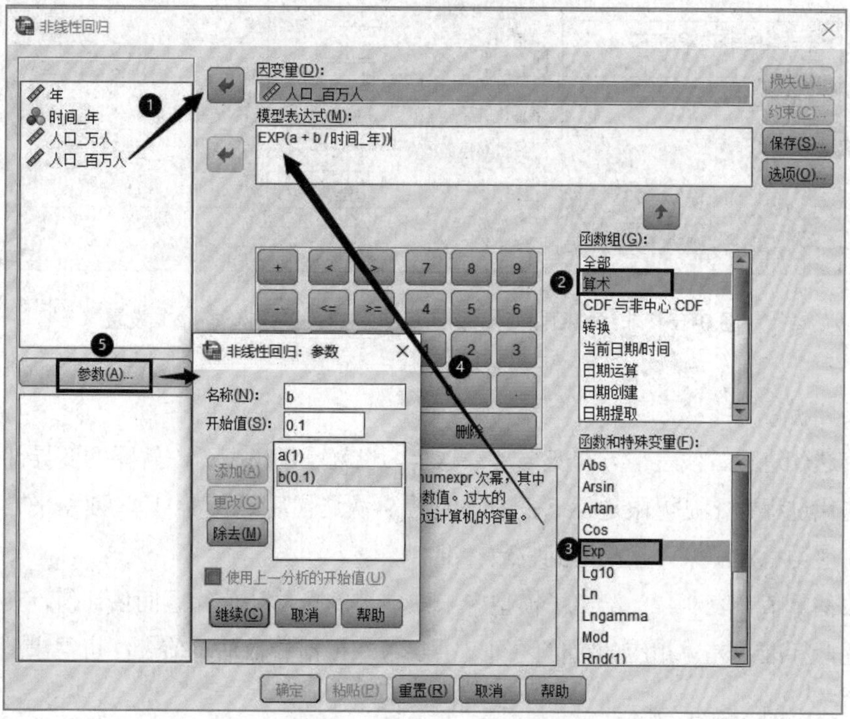

图 9-14　非线性回归定义对话框和参数设置子对话框

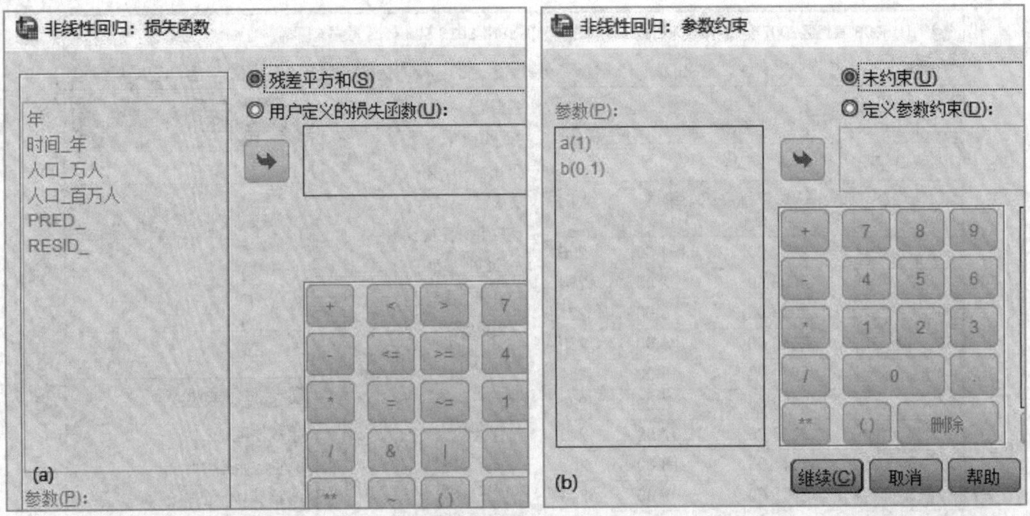

图 9-15 非线性回归损失函数（a）和参数约束（b）设置

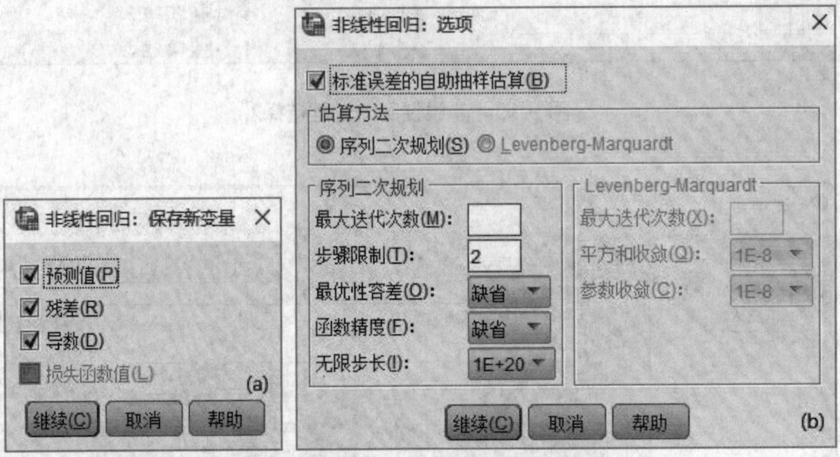

图 9-16 非线性回归变量保存（a）和迭代过程选项（b）设置

结果分析：

随着迭代进行，残差平方和变得越来越小，也就是说模型无法解释的变异部分越来越少。但迭代过程并不是无限进行下去的，经过 9 次迭代后（表 9-11），残差平方和与各参数的估计值均稳定下来，模型达到收敛标准。

参数估算值（表 9-12）给出了模型中未知参数的点估计值和区间估计值，其中的标准错误为近似标准误差，相应的置信区间仅供参考。根据参数估算值表，可得出曲线方程：$y=e^{3.2-0.204/x}$。

此处进行的是非线性回归分析，所以方差分析（表 9-13）的 F 值和 P 值只有参考意义，结果中并未给出。根据方差分析表，决定系数 $R^2=0.883$，拟合效果较好。

表 9-11　迭代历史记录[b]

迭代编号[a]	残差平方和	参数	
		a	*b*
0.1	5 068.220	1.000	0.100
1.1	305.987	2.938	0.584
…			
8.1	2.024	3.200	−0.204
9.1	2.024	3.200	−0.204

注：将通过数字计算来确定导数。

a. 主迭代号在小数点左侧显示，次迭代号在小数点右侧显示。

b. 运行在 9 次迭代后停止。已找到最优的解。

表 9-12　参数估算值

	参数	估算	标准错误	95%置信区间		95%剪除后范围	
				下限	上限	下限	上限
渐近	*a*	3.200	0.008	3.182	3.218		
	b	−0.204	0.025	−0.259	−0.149		
自助抽样[a]	*a*	3.200	0.013	3.174	3.226	3.187	3.233
	b	−0.204	0.066	−0.340	−0.069	−0.398	−0.173

a. 基于 30 个样本。损失函数值等于 2.024。

表 9-13　方差分析（ANOWA）

源	平方和	自由度	均方
回归	6 531.328	2	3 265.664
残差	2.024	10	0.202
修正前总计	6 533.352	12	
修正后总计	17.274	11	

注：因变量：人口/百万人；$R^2=1-$（残差平方和）/（修正平方和）$=0.883$。

9.3.2　指数

指数曲线（exponential curve）是用于描述以几何级数递增或递减的现象，在描述序列的趋势形态时，比一般的趋势直线有着更广泛的应用。因为它可以反映出现象的相对发展变化程度，所以可对不同序列的指数曲线进行比较，以分析各自的相对增长程度。

实战案例：

例 9.4：以“data009_1978-1995 年国内生产总值.sav”数据为例，试建立生产总值和时间之间的回归模型。

SPSS 操作过程：

（1）探索变量间的依存关系

第 1 步：双击打开“data009_1978—1995 年国内生产总值.sav”数据集。

第 2 步：绘制散点图描述变量之间的依存关系（方法详见 4.2.3，此处略），考察“生产总值_百亿元”和“时间_年”间的依存关系。根据图 9-17 可知，历年生产总值与时间变化趋势近似指数分布。

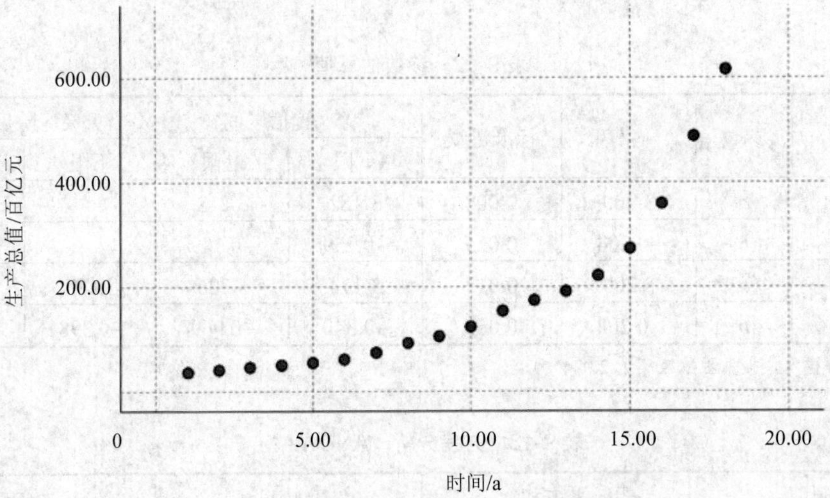

图 9-17　历年区域生产总值变化趋势散点

（2）曲线拟合

第 3 步：选择【分析】→【回归】→【曲线估算】过程（图 9-10），打开【曲线估算】定义对话框，分别将“生产总值_百亿元”和“时间_年”选入【因变量】框和【自变量】框，并在【模型】框组中选中【指数】复选框，并进一步选中【显示 ANOVA 表】（图 9-18），单击【确定】按钮，生成如图 9-19 所示的指数曲线图，以及如表 9-14～表 9-16 所示的 ANOVA 分析结果。由此可得到相应的回归方程决定系数 $R^2=0.983$，显著性=0.000，说明回归模型拟合较好，此回归模型有统计意义。

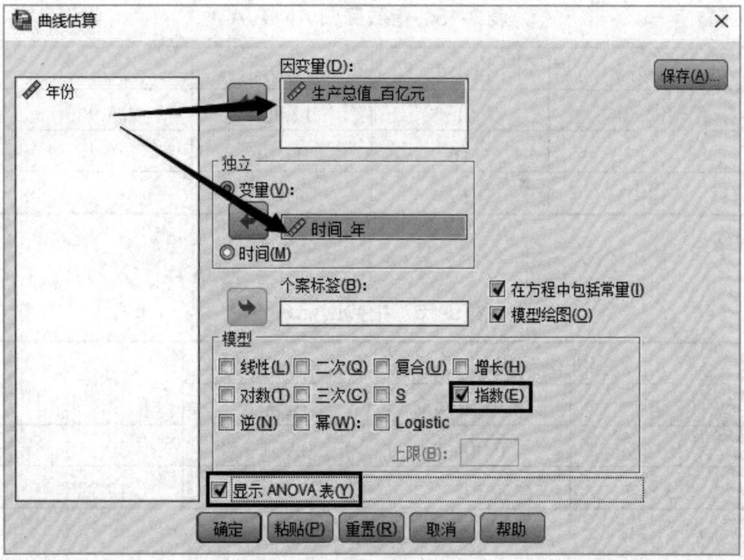

图 9-18 历年区域生产总值曲线估算定义对话框

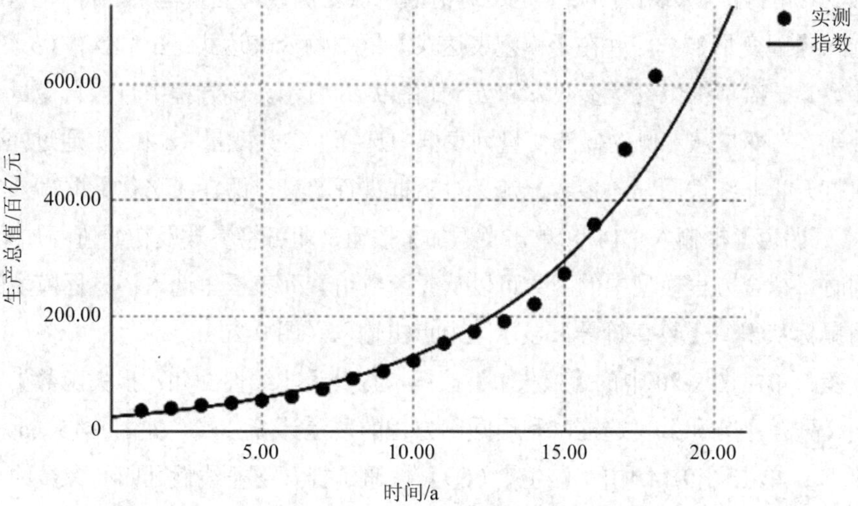

图 9-19 历年生产总值指数曲线变化趋势

表 9-14 指数回归模型汇总

R	R^2	调整后 R^2	标准估算的错误
0.991	0.983	0.982	0.118

注：自变量为时间/a。

表 9-15 指数回归 ANOVA

	平方和	自由度	均方	F	显著性
回归	12.808	1	12.808	918.969	0.000
残差	0.223	16	0.014		
总计	13.031	17			

注：自变量为时间/a。

表 9-16 指数回归系数

	未标准化系数		标准化系数	t	显著性
	B	标准错误	Beta		
时间/a	0.163	0.005	0.991	30.315	0.000
（常量）	25.864	1.502		17.225	0.000

注：因变量为 ln（生产总值/百亿元）。

（3）曲线性回归分析

第 4 步：选择【分析】→【回归】→【非线性】过程，如图 9-13 所示。

第 5 步：打开“非线性回归”定义对话框，从左侧候选变量框中，将“生产总值_百亿元”选入【因变量】框，并在【模型表达式】框中输入表达式：*a* * EXP（*b* * 时间），并在【参数】子对话框中设置参数 *a* 和 *b*，如图 9-20 所示。该方程中包含自变量、参数变量和常数等：自变量从左侧的候选变量列表框中选择；参数变量（*a* 和 *b*）通过左侧的【参数】按钮打开【非线性回归：参数】定义对话框进行定义，即在【名称】框输入参数名称“*a*”，在【开始值】框输入“14”，单击【添加】按钮，即可将参数及初始值添加至【参数】框内。同时，拟合方程模型中的函数可以从【函数组】列表框里选入；方程模型的运算符号可以用鼠标从窗口【数字符号】显示区中点击输入（图 9-20）；

第 6 步：单击图 9-20 中的【损失 L】按钮，打开【非线性回归：损失函数】定义对话框，选中【残差平方和】复选框，利用回归方程的残差计算公式，如图 9-15（a）所示。

第 7 步：单击图 9-14 中的【约束（C）】按钮，打开【非线性回归：参数约束】定义对话框，设置回归方程中参数的取值范围。本例中，选择默认选项【未约束（U）】，单击【继续】回到主对话框。注：如果选择【定义参数约束（D）】，可在下拉列表中选择“=”“≥”“≤”，设置相应的参数界限。

第 8 步：单击图 9-20 中的【保存】按钮，选中【预测值（P）】【残差（R）】和【倒数（D）】复选框，单击【继续】按钮，回到主对话框。

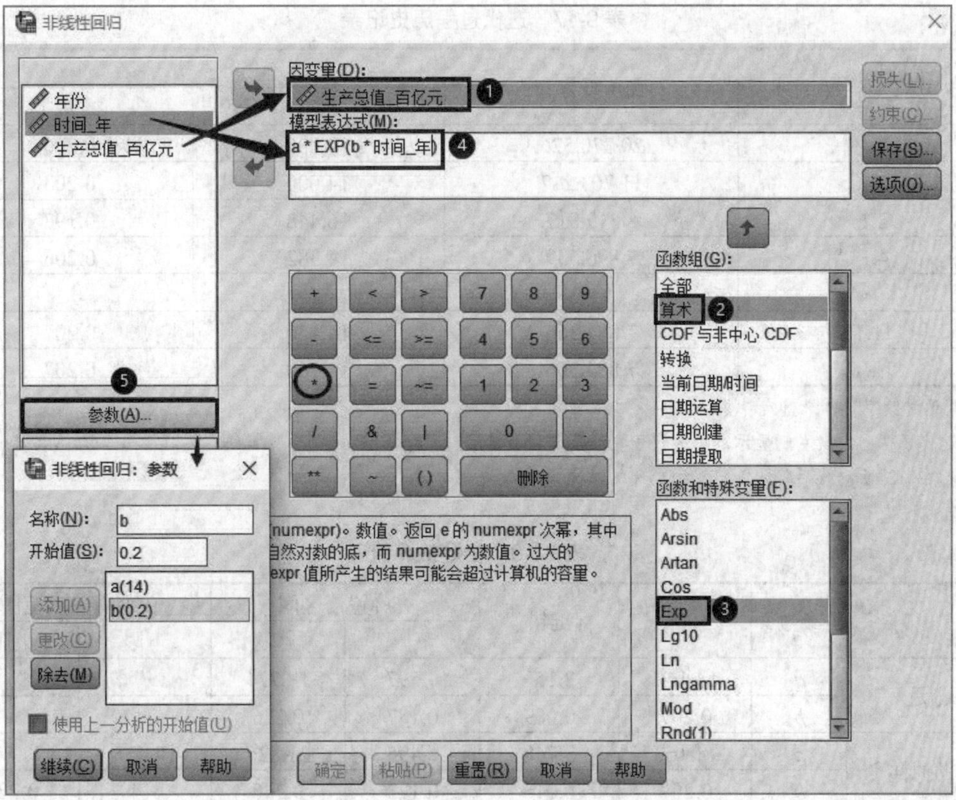

图 9-20　指数非线性回归定义框和参数设置

第 9 步：单击图 9-20 中的【选项（O）】按钮，打开【非线性回归：选项】定义对话框［图 9-16（a）］，选中【标准误差的自助抽样估算（B）】复选框，单击【继续】按钮，回到主对话框。注意：【标准误差的自助抽样估算（B）】即使用原始数据重复集中抽样估算标准误的方法，此时只能选择【序列二次规划（S）】，适用于有限制或无限制的模型，用于进一步定义序列二次规划的相关参数；【Levenberg-Marquardt】只适用无限制的模型，可以选择【最大迭代次数（X）】【平方和收敛（Q）】或【参数收敛（C）】。

第 10 步：单击图 9-20 中的【确定】，输出指数回归结果，如表 9-17～表 9-19 所示的结果。

结果分析：

经过 12 次迭代后，找到最优的解。根据参数估算值表，可得出指数函数方程：$y = 14.16e^{0.207x}$。根据方差分析表，决定系数 $R^2 = 0.983$，拟合效果较好。

表 9-17 迭代过程历史记录[b]

迭代编号[a]	残差平方和	参数	
		a	*b*
0.1	20 370.526	14.000	0.200
1.1	11 763.217	14.000	0.203
2.1	8 319.817	16.448	0.197
4.1	7 896.539	14.382	0.206
…			
11.1	7 884.366	14.160	0.207
12.1	7 884.366	14.160	0.207

注：将通过数字计算来确定导数。

a. 主迭代号在小数点左侧显示，次迭代号在小数点右侧显示。

b. 运行在 12 次迭代后停止。已找到最优的解。

表 9-18 参数估算值

	参数	估算	标准错误	95%置信区间		95%剪除后范围	
				下限	上限	下限	上限
渐近	*a*	14.160	2.153	9.597	18.724		
	b	0.207	0.009	0.187	0.226		
自助抽样[a]	*a*	14.160	3.748	6.495	21.825	10.455	27.843
	b	0.207	0.016	0.173	0.240	0.149	0.225

a. 基于 30 个样本；损失函数值等于 7 884.366。

表 9-19 方差分析（ANOWA）

源	平方和	自由度	均方
回归	1 005 812.690	2	502 906.345
残差	7 884.366	16	492.773
修正前总计	1 013 697.055	18	
修正后总计	460 618.542	17	

注：因变量：生产总值/百亿元；

R^2 = 1 –（残差平方和）/（修正平方和）= 0.983。

9.3.3 分段回归模型拟合

在某些情况下，变量间的非线性关系不易用一个统一的函数关系来表示，此时，可以用分段函数来表达。使用非线性回归过程可以对分段函数进行整体拟合，从而提高模型的预测精度。在用非线性回归模型对分段回归模型进行拟合时，存在一个难点：模型表达式只能写在一个公式中，这就需要用逻辑表达式来实现。

实战案例：

例 9.5：以“data010_1971-2018 年某乡村人口数.sav”数据为例，尝试建立人口和时间之间的回归模型。

SPSS 操作过程：

（1）探索变量间的依存关系

第 1 步：双击打开“data010_1971—2018 年某乡村人口数.sav”数据集。

第 2 步：绘制散点图描述变量之间的依存关系（方法详见 4.2.3，此处略），考察“乡村人口数”和“时间_年”间的依存关系。根据图 9-21 所示的乡村人口数与时间的散点图，可以发现时间对人口的影响呈明显的阶段函数：在 25 年内，人口随时间的增加而增加；而在此后，人口随时间的增加明显下降。

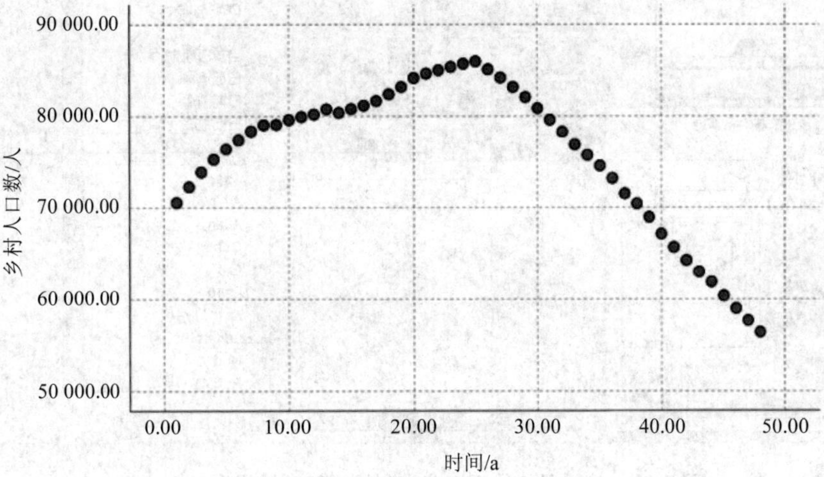

图 9-21　乡村人口随时间变化简单散点

（2）非线性回归分析

第 3 步：选择【分析】→【回归】→【非线性】过程（图 9-13），打开“非线性回归”定义对话框，从左侧候选变量框中，将“乡村人口数”选入【因变量】框，并在【模型表达式】框中输入表达式：（时间＜25）*（a * 时间+b）+（时间≥25）*（c * 时间+d)，并在【参数】子对话框中设置参数 *a* 和 *b* 的初始值，如图 9-22 所示。

第 4 步：单击【约束（C）】→【未约束】，单击【继续】，如图 9-15（b）所示。

第 5 步：单击【确定】按钮，输出分阶段曲线回归结果，得到如表 9-20～表 9-22 所示的结果。

结果解析：

由表 9-21 所示的参数估算值表，可写出最终的分段回归模型：

① $y=555.017x+72\,919.283$，$x<25$；

② $y=-1\,328.322x+120\,372.634$，$x\geqslant 25$

由表 9-22 的输出可知模型的决定系数为 0.991，拟合效果很好。

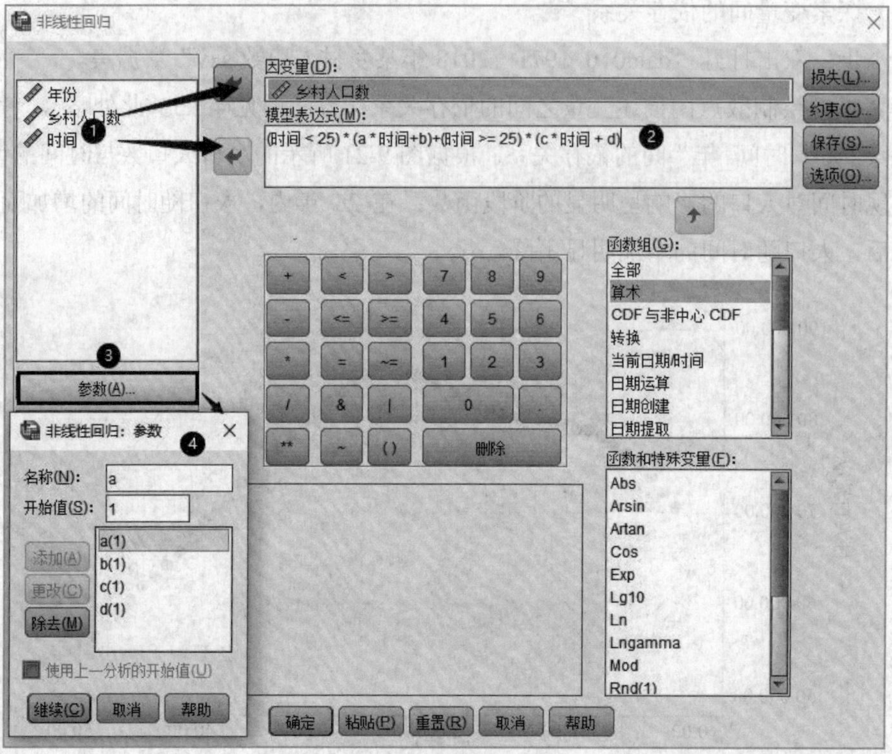

图 9-22　分阶段曲线回归定义对话框和参数设置子对话框

表 9-20　迭代过程历史记录 b

迭代编号 a	残差平方和	参数			
		a	*b*	*c*	*d*
1.0	279 317 750 993.000	1.000	1.000	1.000	1.000
1.1	251 684 753 842.172	139.303	2 213.497	52.028	1 983.342
2.0	251 684 753 842.172	139.303	2 213.497	52.028	1 983.342
…	…	…	…	…	…
6.1	30 103 414.912	555.017	72 919.283	−1 328.322	120 372.635
7.0	30 103 414.912	555.017	72 919.283	−1 328.322	120 372.635
7.1	30 103 414.912	555.017	72 919.283	−1 328.322	120 372.634

注：将通过数字计算来确定导数。

a. 主迭代号在小数点左侧显示，次迭代号在小数点右侧显示。

b. 由于连续残差平方和之间的相对减小量最多为 SSCON = 1.000×10^{-8}，运行在 14 次模型评估和 7 次导数评估后停止。

表 9-21　分段回归参数估计

参数	估算	标准错误	95%置信区间	
			下限	上限
a	555.017	24.391	505.860	604.175
b	72 919.283	348.518	72 216.891	73 621.674
c	−1 328.322	24.391	−1 377.479	−1 279.165
d	120 372.634	906.146	118 546.416	122 198.852

注：因变量：乡村人口数；

a. $R^2 = 1 -$（残差平方和）/（修正平方和）=0.991。

表 9-22　方差分析（ANOWA）

源	平方和	自由度	均方
回归	279 466 975 864.088	4	69 866 743 966.022
残差	30 103 414.912	44	684 168.521
修正前总计	279 497 079 279.000	48	
修正后总计	3 175 352 324.812	47	

注：因变量：乡村人口数；$R^2 = 1 -$（残差平方和）/（修正平方和）= 0.991。

9.3.4　非线性回归模型小结

非线性回归可以估计因变量和自变量之间具有任意关系的模型，使用者根据自身需求可随意设定估计方程的具体形式。非线性回归分析采用迭代方法对各种复杂的曲线进行拟合，同时将残差的定义从最小二乘法向外大大扩展，在实际中应用广泛。其中，构建模型表达式是非常重要的一步，常用模型表达式如表 9-23 所示。

表 9-23　常用非线性回归分析模型表达式

曲线名称	回归方程	模型表达式
S 曲线	$Y = \dfrac{1}{a + be^{-x}}$	$Y = e^{(a+b/x)}$
指数	$Y = ae^{bx}$	$Y = ae^{bx}$
幂	$Y = ax^b$	$Y = ax^b$
对数	$Y = \mathrm{a} + b\ln x$	$Y = a + b\ln x$
多项式	$Y = a_0 + a_1x + a_2x^2 + \cdots + a_nx^n$	$Y = a_0 + a_1x + a_2x^2 + \cdots + a_nx^n$

9.4 Logistic 回归分析

当因变量 Y 是分类变量或等级变量时，其因变量不再是随机变量，不能用线性回归分析，此时采用 Logistic 回归分析。Logistic 回归是研究观察结果（Y）为分类变量与多个影响因素（X）之间回归关系的多变量统计方法。

Logistic 回归分析又称为 Logistic 回归，是一种广义的线性回归，广泛用于医学统计学、环境统计学以及社会经济等领域。

Logistic 回归模型是一种概率模型，其因变量的取值为“0”或“1”时，自变量为 X_1，X_2，…，X_n，在 n 个自变量的作用下，P（Y=1）的取值为 0～1，建立 Logistic 回归模型：

$$\begin{aligned} P(Y=1) &= \frac{\exp(\beta_0+\beta_1X_1+\beta_2X_2+\cdots+\beta_nX_n)}{1+\exp(-\beta_0+\beta_1X_1+\beta_2X_2+\cdots+\beta_nX_n)} \\ &= \frac{1}{1+\exp\left[-(\beta_0+\beta_1X_1+\beta_2X_2+\cdots+\beta_nX_n)\right]} \end{aligned} \tag{9-7}$$

在 n 个自变量的作用下，q（Y=0）的取值为 0～1，建立 Logistic 回归模型：

$$q(Y=0)=1-P=\frac{1}{\exp\left[-(\beta_0+\beta_1X_1+\beta_2X_2+\cdots+\beta_nX_n)\right]} \tag{9-8}$$

令 $z=(\beta_0+\beta_1X_1+\beta_2X_2+\cdots+\beta_nX_n)$，则：

$$P=1/(1+\exp(-z)) \tag{9-9}$$

Logistic 模型还有另一种线性化表达形式为 Logit 模型：

$$\operatorname{logit}(p)=\ln\left[p/(1-p)\right]=\beta_0+\beta_1X_1+\beta_2X_2+\cdots+\beta_nX_n \tag{9-10}$$

式(9-8)中，β_0 是常数项，$\beta_1,\cdots,\beta_n$ 为回归系数，表示自变量 X_n 每改变一个单位 Logitp 的改变量，反映了对 Y 的影响大小。当 P 取值为 0～1 时，Logit 取值范围为 $-\infty\sim+\infty$。

对某一因素两个不同暴露水平的优势比：

$$\mathrm{OR}=\frac{p_1/(1-p_1)}{p_0(1-p_0)} \tag{9-11}$$

对优势比取自然对数，则：

$$\ln(\mathrm{OR})=\operatorname{logit}(p_1)=(\beta_0+\beta_n\times1)-(\beta_0+\beta_n\times0)=\beta_n \tag{9-12}$$

式中，$p_1/(1-p_1)$ 表示暴露组的比值，$p_0/(1-p_0)$ 表示对照组的比值，OR 为 $p_1/(1-p_1)$ 与 $p_0/(1-p_0)$ 比称为比值比，也可称为优势比。OR 为 β_n 的估计值，此值越大，其因素对

Y 影响越大。

Logistic 回归模型的假设检验：

$H_0:\beta_n=0$； $H_1:\beta_n\neq 0$

（1）似然比检验：$G=-2\ln L$，服从 χ^2 分布。

（2）Wald 卡方检验：将各参数的估计值 b_j 与 0 比较，用标准误差 S_{bj} 作为参照，检验统计量为

$$U=b_j/S_{bj} \tag{9-13}$$

关于哑变量：在 Logistic 回归模型中，Logistic 回归系数表示自变量 X_n 每改变一个单位 Logitp 的改变量，没有实际意义。当其自变量为多分类时，构建模型时不能将多个数量级别代入模型，考虑将多分类变量转化为多个哑变量，每个哑变量可代表相应的某个级别，这样的回归结果才具有专业实际意义。例如，例 9.6 中自变量研究地区有三个（1：A 区，2：B 区，3：C 区），研究地区 1、2、3 只是地区的代码，构建模型时不能直接将 1、2、3 代入，应设置哑变量。此时哑变量个数=水平数–1，即研究地区的哑变量为 2。

针对因变量的分类情况，Logistic 回归分为二分类 Logistic 回归和多分类 Logistic 回归。二分类 Logistic 回归也称为二项 Logistic 回归，其因变量是二分类，自变量可以是连续的也可以是分类的。二分类 Logistic 回归是比较常见的 Logistic 回归，是 Logistic 回归的基础，如“是/否”“达标/未达标”“复发/未复发”等。

多分类 Logistic 回归又称为多元 Logistic 回归，其因变量为多分类变量，自变量可以为多分类变量，也可以为连续变量。多分类 Logistic 回归可分为多分类有序 Logistic 回归和无序 Logistic 回归。多分类无序自变量在 Logistic 回归模型中需转变成 n–1 个哑变量进行分析。

9.4.1　二分类 Logistic 回归

实战案例：

> 例 9.6：以“data001_土壤和稻米重金属污染.sav”数据为例，试用二元 Logistic 回归，分析“稻米镉超标情况”和“土壤镉浓度”“土壤 pH”和“土壤有机质含量”的关系。

SPSS 操作过程：

第 1 步：双击打开“data001_土壤和稻米重金属污染.sav”数据集。

第 2 步：选择【分析】→【回归】→【二元 Logistic…】过程（图 9-23），打开【Logistic 回归】定义对话框，将“稻米镉超标情况”选入【因变量】框，并将“研究地区”“土壤镉浓度”“土壤 pH”“土壤有机质含量”选入【协变量】框，并选择【输入】方法进行二

元 Logistic 回归分析［图 9-24（a）］。

第 3 步：单击图 9-24（a）中的【分类】，打开【Logistic 回归：定义分类变量】定义对话框［图 9-24（b）］，选中【更改对比】框组中的【最后一个】复选框，其他参数保持不变，单击【继续】回到主对话框。

第 4 步：单击图 9-24（a）中的【保存】，打开【Logistic 回归：保存】定义对话框［图 9-25（a）］，选中【预测值】框组中的【概率】复选框，【残差】框组内的【未标准化】和【影响】框组中的【库克距离】复选框，单击【继续】回到主对话框。

第 5 步：单击图 9-24（a）中的【选项】，打开【选项】选择对话框［图 9-25（b）］，选择“Exp（B）的置信区间”，其他参数默认不变，单击【继续】回到主对话框；

第 6 步：单击图 9-24（a）中的【确定】按钮，输出回归分析结果包括：① 模型系数的 Omnibus 检验表；② 模型摘要表；③ 分类表；④ 回归系数显著性检验结果。

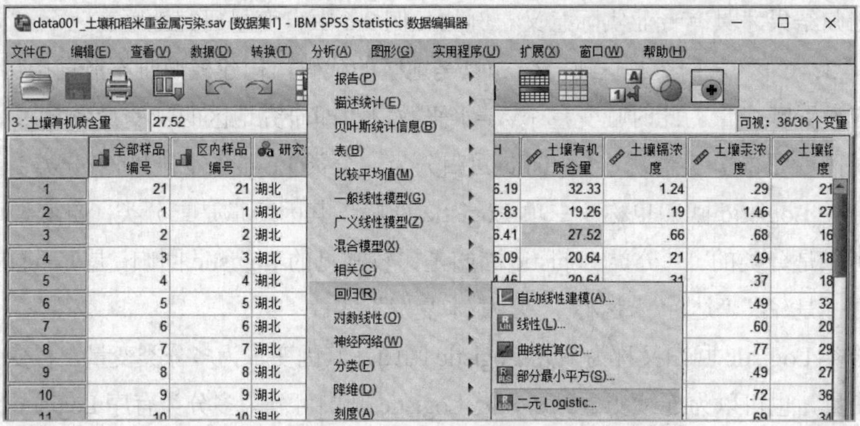

图 9-23　SPSS 中二元 Logistic 回归分析选择过程

（a）主对话框　　　　（b）定义分类变量

图 9-24　Logistic 定义对话框

（a）保存　　　　（b）选项定义对话框

图 9-25　Logistic 定义对话框

结果分析：

模型系数的 Omnibus 检验表（表 9-24），步骤 1 中基于该模块建立方程的 χ^2=42.197，显著性 $P<0.001$，认为研究地区、土壤镉浓度、土壤 pH 和土壤有机质含量与稻米镉超标情况的 Logistic 回归方程有统计学意义。

模型摘要表（表 9-25）中给出了−2 对数似然值、考克斯-斯奈尔（Cox & Snell）R^2 和内戈尔科（Nagelkerke）R^2。这三项指标用于描述回归方程拟合优度检验结果，反映模型的拟合度，一般而言 Cox & Snell R^2，Nagelkerke R^2 越大越高，−2 对数似然值越小越好。本例中 Cox & Snell R^2 为 0.145，Nagelkerke R^2 为 0.224，表明在此二元 Logistic 回归模型中，自变量对因变量解释能力不高，尚需进一步纳入其他指标进行分析。

表 9-24　模型系数的 Omnibus 检验

		卡方	自由度	显著性
步骤 1	步骤	42.197	5	0.000
	块	42.197	5	0.000
	模型	42.197	5	0.000

表 9-25　模型摘要

步骤	−2 对数似然	考克斯-斯奈尔 R^2	内戈尔科 R^2
1	91.566	0.341	0.465

分类表（表9-26）涵盖了观测值与预测值的分类表格，因为变量结局为“未超标”的预测正确率为84.1%，结局为“超标”的预测正确率为55.3%，回归模型总的预测正确率为73.3%，说明预测效果良好，且结局为“未超标”的正确率较高。

根据方程中变量（表9-27）分析结果可知，除“土壤有机质含量”外，“土壤镉浓度（x_1）”“土壤pH（x_2）”和“研究地区（x_3）”均与“稻米镉超标情况”的影响因素，回归方程为

$$\operatorname{logit}(p)=\ln\left[p/(1-p)\right]=7.399+0.901x_1-1.211x_2-2.763x_{31}-1.193x_{32} \quad (9\text{-}14)$$

式中，x_{31}和x_{32}分别为研究地区的两个哑变量。

表9-26 分类表[a]

实测			预测		
			稻米镉超标情况		正确百分比/%
			0	1	
步骤1	稻米镉超标情况	0	53	10	84.1
		1	17	21	55.3
	总体百分比				73.3

a. 分界值为0.500。

表9-27 方程中的变量

		B	标准误差	瓦尔德	自由度	显著性	Exp（B）	EXP（B）的95%的CI	
								下限	上限
步骤1[a]	土壤pH	−1.211[b]	0.371	10.686	1	0.001	0.298	0.144	0.616
	土壤有机质含量	−0.016	0.027	0.363	1	0.547	0.984	0.934	1.037
	土壤镉浓度	0.910[b]	0.374	5.919	1	0.015	2.484	1.194	5.171
	研究地区			11.592	2	0.003			
	研究地区（1）	−2.763[b]	0.83	11.086	1	0.001	0.063	0.012	0.321
	研究地区（2）	−1.193[b]	0.589	4.107	1	0.043	0.303	0.096	0.962
	常量	7.399[b]	2.26	10.714	1	0.001	1 634.11		

a 在步骤1输入的变量：土壤镉浓度，土壤有机质含量，土壤pH，研究地区。

b 显著性低于0.05。

9.4.2 有序多分类Logistic回归

研究中常遇到因变量为有序分类的资料，如污染程度可划分为重度、重度、轻度等，疗效可划分为显效、有效、无效等，此时采用有序Logistic回归模型进行分析。

实战案例：

例 9.7：以“data022_城市人均用水量.sav”数据为例，试用有序 Logisitic 回归，分析地区、季节、期数与人均用水量的关系。

数据赋值如下：人均用水量：1=低，2=中，3=高；季节：1=夏秋，2=冬；地区：1=宾川，2=瑞丽，3=芒市，4=洱源，5=禄劝；期数：1=一期，2=二期，3=三期。

SPSS 操作过程：

第 1 步：双击打开“data022_城市人均用水量.sav”数据集。

第 2 步：选择【分析】→【回归】→【有序】过程（图 9-26），打开【有序回归】定义对话框，将“人均用水量程度”选入【因变量】框，并将“地区”选入【因子】框，“季节”和“期数”选入【协变量】框［图 9-27（a)］。注意：本例中，“地区”属于无序多分类资料，故选入【因子】框，若自变量为二分类资料或连续性计量资料或等级资料，则放入【协变量】框。

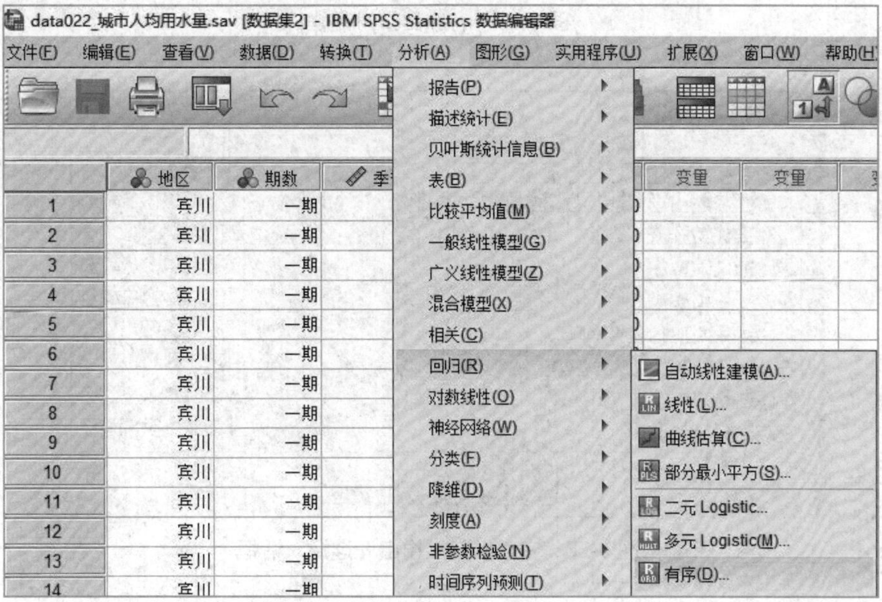

图 9-26 SPSS 有序 Logistic 选择过程

第 3 步：单击图 9-27（a）中【选项】对话框，保持默认值［图 9-27（b)］，单击【继续】按钮，回到主对话框。

第 4 步：单击图 9-27（a）中【输出】对话框，勾选“平行线检验”，单击【继续】，回到主对话框。

第 5 步：【位置】【标度】【自助抽样】对话框保持默认值不变；单击图 9-27（a）中【确定】，输出有序回归结果。主要包括：①模型拟合信息；②拟合优度；③伪 R^2；④参数估算值；⑤平行线检验。

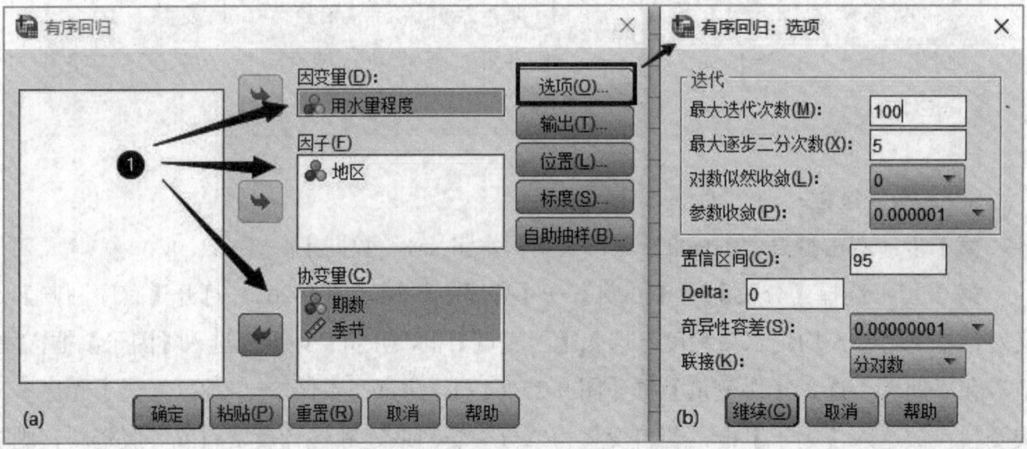

（a）主对话框　　　　（b）选项定义对话框

图 9-27　有序回归对话框

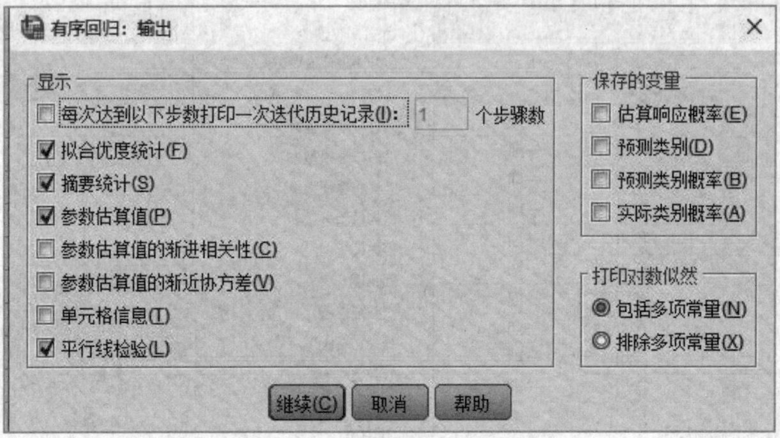

图 9-28　有序回归“输出”选择对话框

结果分析：

模型拟合信息（表 9-28），仅截距的 –2 对数似然比为 269.362，最终模型的 –2 对数似然比为 165.284，最终模型的 –2 对数似然比较好，最终模型的显著性 $P<0.001$，说明最终模型的显著性较好，是一个有效的模型。拟合优度（表 9-29），Pearson 卡方和偏差卡方的显著性均小于 0.001，说明效果显著。

表 9-28　模型拟合信息

模型	–2 对数似然	卡方	自由度	显著性
仅截距	269.362			
最终	165.284	104.078	6	0.000

表 9-29　拟合优度

	卡方	自由度	显著性
皮尔逊	53.175	22	0
偏差	57.435	22	0

注：关联函数：分对数。

伪 R^2 的 3 个值（表 9-30）都较小，但没有过多的影响，一般情况下都不会太高。平行线检验（表 9-31）的显著性 P=0.148＞0.05，符合平行线假定，可采用有序 Logistic 回归。

表 9-30　伪 R^2

	考克斯-斯奈尔	内戈尔科	麦克法登
伪 R^2	0.13	0.148	0.067

表 9-31　平行线检验[a]

	考克斯-斯奈尔	内戈尔科		麦克法登
模型	–2 对数似然	卡方	自由度	显著性
原假设	165.284			
常规	155.798	9.486	6	0.148

注：原假设指出，位置参数（斜率系数）在各个响应类别中相同；

a. 关联函数：分对数。

参数估算值（表 9-32），本例因变量的水平为 3，得到两个回归方程，两个回归方程都有相应的常数项，根据结果建立回归方程如下：

$$\log it\left(p_{=低用水量}\right)=0.709-0.624x_1+0.666x_2 -0.516x_{31}+0.716x_{32}+0.703x_{33}-0.992x_{34} \tag{9-15}$$

$$\log it\left(p_{=高用水量/低用水量}\right)=1.713-0.624x_1+0.666x_2 -0.516x_{31}+0.716x_{32}+0.703x_{33}-0.992x_{34} \tag{9-16}$$

在式（9-15），式（9-16）中，x_1 为季节，x_2 为期数，x_3 为地区，x_{3j} 为地区的哑变量，j=1，2，3，4，5。

表 9-32 参数估算值

		估算	标准错误	瓦尔德	自由度	显著性	95%置信区间	
							下限	上限
阈值	[用水量程度 ＝1.00]	−0.709	0.236	9.042	1	0.003	−1.172	−0.247
	[用水量程度 ＝2.00]	1.713	0.244	49.318	1	0.000	1.235	2.191
位置	季节	−0.624	0.303	4.250	1	0.039	−1.217	−0.031
	期数	0.666	0.175	14.562	1	0.000	0.324	1.009
	[地区=1.00]	−0.516	0.244	4.480	1	0.034	−0.994	−0.038
	[地区=2.00]	0.716	0.195	13.507	1	0.000	0.334	1.098
	[地区=3.00]	0.703	0.248	8.018	1	0.005	0.216	1.189
	[地区=4.00]	−0.992	0.193	26.414	1	0.000	−1.371	−0.614
	[地区=5.00]	0[a]	—	—	0	—	—	—

注：关联函数：分对数。

a. 此参数冗余，因此设置为0。

9.4.3 无序多分类 Logistic 回归

多分类无序 Logistic 回归中的因变量为多项无序资料时，运用无序多元 Logistic 进行分析，如血型、饮水类型、疾病分型等。

实战案例：

例 9.8：以“data023_云南省居民饮水类型.sav”数据为例，试用无序 Logistic 回归，分析“民族”“性别”“文化程度”与“饮水类型”之间的关系。

具体赋值如下。

饮水类型：1=自来水，2=泉水，3=桶装水；种族：1=汉族，2=白族，3=傣族；性别：男=1，女=2；文化程度：1=高中，2=大专，3=本科。

SPSS 操作过程：

第 1 步：双击打开“data023_云南省居民饮水类型.sav”数据集。

第 2 步：选择【分析】→【回归】→【多元 Logistic 回归】过程（图 9-29），将“用水类型”选入【因变量】框，并将“民族”选入【因子】框，“性别”“文化程度”选入【协变量】框，如图 9-30（a）所示。

第 3 步：单击图 9-30（a）中的【模型】按钮，打开【多元 Logistic 回归：模型】定义对话框，选中【指定模型】框组内的【定制/步进】复选框，将【因子与协变量】框中的变量选入【强制进入项】框，并选择【构建项】为【主效应】。注意：若要考虑因素之间的交互作用，可在【构建项】下拉列表框中选择【交互作用】，其他保持默认值［图 9-30（b）］。单击【继续】按钮，回到主对话框。

图 9-29　多元 Logistic 回归界面

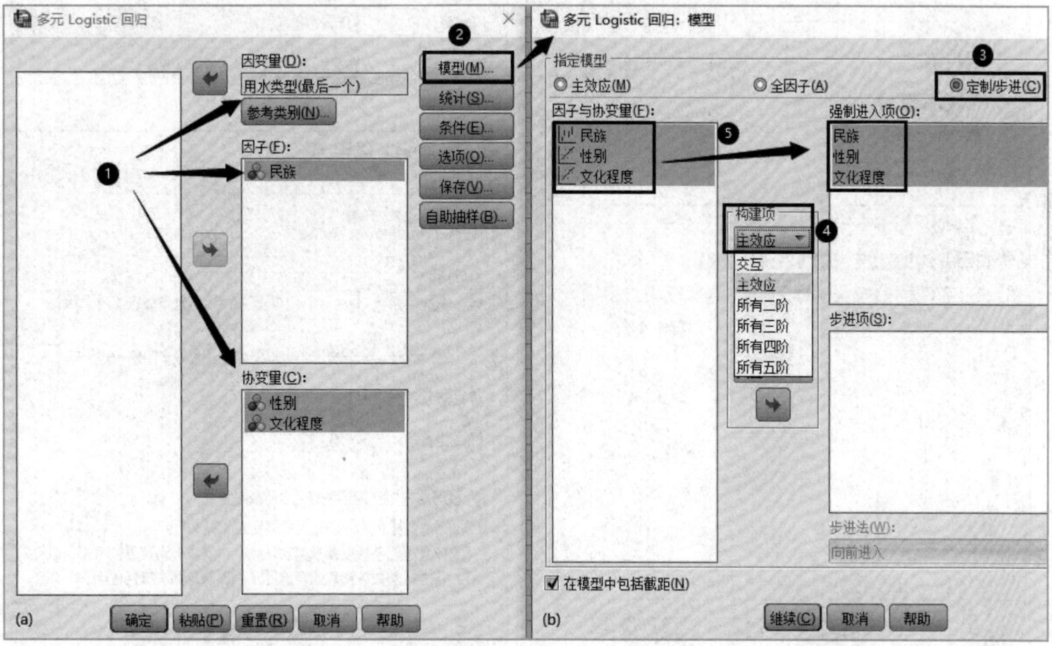

（a）主对话框　　　　（b）模型定义对话框

图 9-30　多元 Logistic 回归定义对话框

第 4 步：单击图 9-30（a）中的【统计】按钮，打开【多元 Logistic 回归：统计】定义对话框［图 9-31（a）］，可以根据需求选择统计参数，本例中选择默认选项，单击【继续】

按钮，回到主对话框。

第 5 步：单击图 9-30（a）中的【条件】按钮，打开【多元 Logistic 回归：收敛条件】定义对话框［图 9-31（b）］，可以根据需求选择统计参数，本例中选择默认选项，单击【继续】按钮，回到主对话框。

第 6 步：单击图 9-30（a）中的【选项】按钮，打开【多元 Logistic 回归：选项】定义对话框［图 9-31（c）］，可以根据需求选择统计参数，本例中选择默认选项，单击【继续】按钮，回到主对话框。

第 7 步：单击图 9-30（a）中的【确定】按钮，输出回归结果。

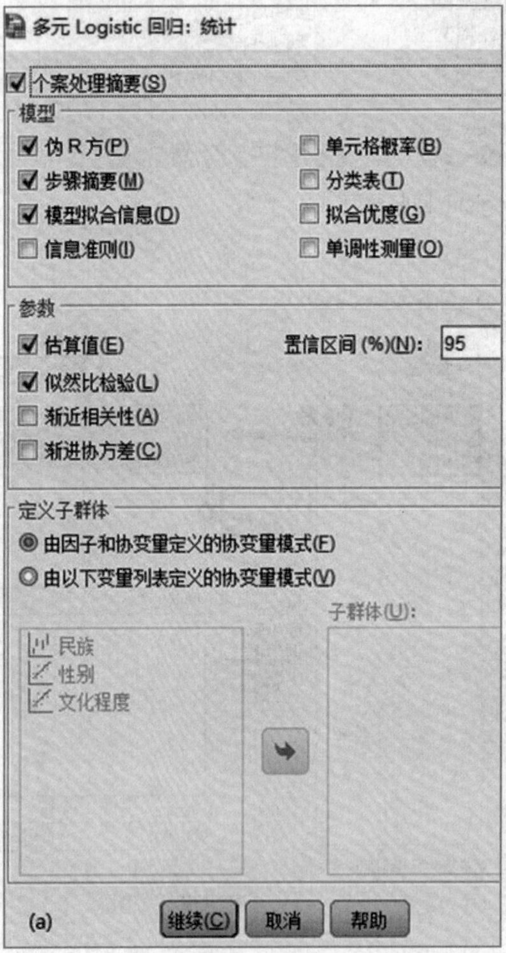

（a）统计

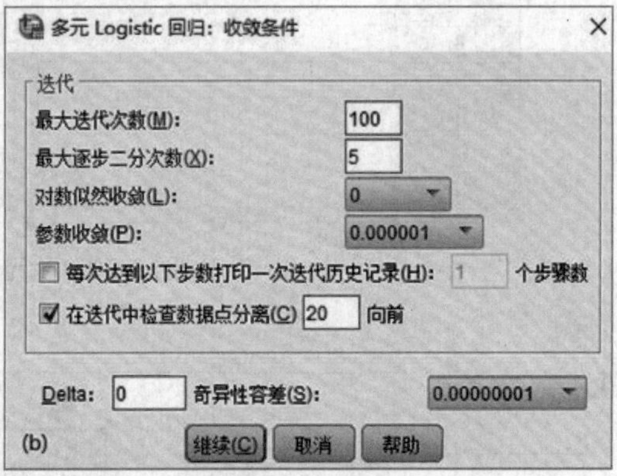

（b）收敛条件

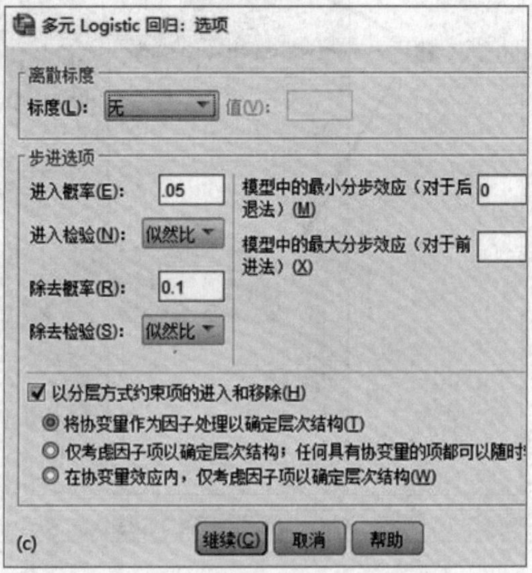

（c）选项定义对话框

图 9-31　多元 Logistic 回归定义对话框

结果分析：

个案处理摘要（表 9-33）中给出了不同用水类型、不同民族的显示个案数与边际百分比；模型拟合信息（表 9-34）的最终显著性为 $P<0.001$，说明此模型具有统计学意义。

伪 R^2（表 9-35）的 3 个值都比较小，说明模型预测效果不明显。似然比检验（表 9-36）中民族和文化程度两个自变量具有统计学意义，其显著性均小于 0.05。

根据参数估算表（表 9-37）可知：模型 1 以桶装水为参照，探讨自变量对自来水的影响，结果表明性别对自来水的影响无统计学意义（P=0.722＞0.05），但文化程度和民族有统计学意义（P＜0.05），其中文化程度从高中→大专→本科每增加一个等级，饮用自来水的可能下降至原来的 0.185 倍，相对于傣族，汉族饮用自来水的可能是傣族的 12.5 倍，白族是傣族的 47.139 倍；模型 2 以桶装水为参照，探讨自变量对泉水的影响，结果表明除文化程度（P =0.015＜0.05）外，其他自变量对泉水饮用的影响均无统计学意义，其中文化程度从高中→大专→本科每增加一个等级，饮用自来水的可能增加至原来的 2.210 倍；

$$\log it\left(p_{\text{自来水/桶装水}}\right)=-0.315+0.235x_1-1.689x_2+2.536x_{31}+3.835x_{32} \tag{9-17}$$

$$\log it\left(p_{\text{泉水/桶装水}}\right)=-0.975-0.384x_1+0.751x_2-0.089x_{31}-0.635x_{32} \tag{9-18}$$

在式（9-17）、式（9-18）中，x_1 为性别，x_2 为文化程度，x_3 为名族，x_{3j} 为地区的哑变量，汉族（j=1）、白族（j=2）和傣族（j=3）。

表 9-33　个案处理摘要

		案数/个	边际百分比/%
用水类型	1	19	19.2
	2	40	40.4
	3	40	40.4
文化程度	1	36	36.4
	2	33	33.3
	3	30	30.3
有效		99	100.0
缺失		0	
总计		99	
子群体		16[a]	

a. 因变量在 7（43.8%）子群体中只有一个实测值。

表 9-34　模型拟合信息

模型	模型拟合条件	似然比检验		
	−2 对数似然	卡方	自由度	显著性
仅截距	147.132			
最终	111.885	35.248	8	0.000

表 9-35 伪 R^2

	考克斯-斯奈尔	内戈尔科	麦克法登
伪 R^2	0.300	0.341	0.170

表 9-36 似然比检验

效应	模型拟合条件	似然比检验		
	简化模型的–2 对数似然	卡方	自由度	显著性
截距	111.885[a]	0.000	0	—
民族	134.627	22.742	4	0.000
性别	112.922	1.037	2	0.596
文化程度	133.761	21.876	2	0.000

注：卡方统计是最终模型与简化模型之间的–2 对数似然之差。简化模型是通过在最终模型中省略某个效应而形成。原假设是，该效应的所有参数均为 0。

a. 因为省略此效应并不会增加自由度，所以此简化模型相当于最终模型。

表 9-37 参数估算值

用水类型[a]		B	标准错误	瓦尔德	自由度	显著性	exp(B)	exp(B)的 95%置信区间	
								下限	上限
1	截距	–0.315	1.378	0.052	1	0.819			
	[民族=1]	2.526**	0.843	8.978	1	0.003	12.500	2.396	65.222
	[民族=2]	3.853**	1.153	11.166	1	0.001	47.139	4.919	451.740
	[民族=3]	0.000[b]	—	—	0	—	—	—	—
	性别	0.235	0.661	0.126	1	0.722	1.265	0.346	4.618
	文化程度	–1.689**	0.648	6.791	1	0.009	0.185	0.052	0.658
2	截距	–0.795	0.969	0.673	1	0.412			
	[民族=1]	–0.089	0.573	0.024	1	0.876	0.914	0.298	2.810
	[民族=2]	–0.635	0.677	0.880	1	0.348	0.530	0.140	1.998
	[民族=3]	0.000	—	—	0	—	—	—	—
	性别	–0.384	0.478	0.645	1	0.422	0.681	0.267	1.738
	文化程度	0.751	0.310	5.871	1	0.015	2.120	1.154	3.893

a. 参考类别为：^1。

b. 此参数冗余，因此设置为 0。

** 在 0.01 级别（双尾），相关性显著。

9.4.4 条件 Logistic 回归

条件 Logistic 回归在 1978 年由 Breslow 和 Day 提出，也称为配对 Logistic 回归，其原理是针对配对或分层分析的一种方法，为了控制一些重要的混杂因素（如性别和年龄等），采用 1∶1 配对或 1∶M 配对、n∶m 配对的研究方法，每种情况与 M 个与它条件相一致的对照形成一个匹配组。

建立条件 Logistic 回归模型：

$$P_i = \frac{\exp\left(\beta_{0i} + \beta_1 X_1 + \beta_2 X_2 + \cdots + \beta_m X_m\right)}{\exp\left(\beta_{0i} + \beta_1 X_1 + \beta_2 X_2 + \cdots + \beta_m X_m\right)} \tag{9-19}$$

式中不含常数项，可以看出此回归模型与非条件回归模型相似，只不过这里的参数估计是根据条件概率得到的，因此称为条件 Logistic 回归模型。

SPSS 中实现条件 Logistic 回归是比较复杂的，一般采用分层 Cox 回归模拟条件 Logistic 回归，且可应用于 1∶1，1∶M，n∶m 配对，分析得到的参数估算值与检验结果完全相同。

实战案例：

例 9.9：以“data024_某地区肺癌患病情况.sav”数据为例，采用 1∶1 匹配，研究抽烟、喝酒与患肺癌的关系，试用条件 Logistic 回归。

具体赋值如下：是否抽烟：1=抽烟，0=不抽烟；是否饮酒：1=饮酒，0=不饮酒；是否有胃病：1=有，0=没有。

设置增加一个虚拟的时间变量，病例时间为 1，对照的时间为 2。

SPSS 操作过程：

第 1 步：双击打开“data024_某地区肺癌患病情况.sav”数据集。

第 2 步：选择【分析】→【生存分析】→【Cox 回归】过程（图 9-32），打开【Cox 回归】定义对话框，将 “是否抽烟”“是否喝酒” 选入【协变量】框，将“虚拟时间”选入【时间】框，将“是否患肺癌”选入【状态栏】[图 9-33（a）]，并单击【定义事件】，打开【Cox 回归：为状态变量定义事件】定义对话框，在【单值】框中输入“1”[图 9-33（b）]，用此值指示事件已发生，单击【继续】按钮，回到主对话框。

第 3 步：单击图 9-33（a）中的【选项】按钮，打开【Cox 回归：选项】定义对话框，选中【模型统计】框组内的【Exp（B）的置信区间（95%）】复选框（图 9-34），单击【继续】按钮，回到主对话框。

第 4 步：其他【分类】【图】【保存】等选项保持默认值，单击图 9-33（a）中的【确定】按钮，输出 Cox 回归分析结果。

图 9-32　Cox 回归选择过程

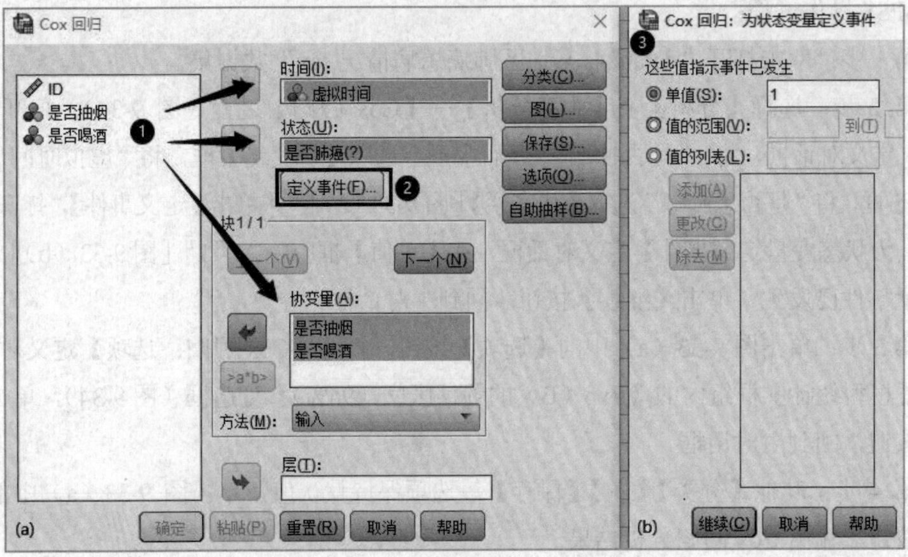

（a）主对话框　　　　（b）状态变量定义事件对话框

图 9-33　Cox 回归定义对话框

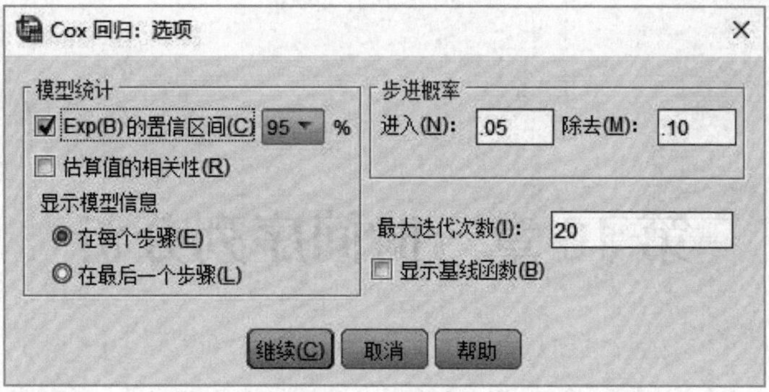

图 9-34 Cox 回归：选项定义对话框

结果分析：

本例以 Cox 回归模拟条件 Logistic 回归，主要看其结果，如表 9-38 所示。结果中，是否喝酒的显著性 $P=0.641>0.05$，即是否喝酒与是否患肺癌没有关系，是否抽烟的显著性 $P<0.001$，即是否抽烟与是否患肺病有关系。对于是否抽烟，exp(B)= 4.314（OR=4.314），表明吸烟人群患肺癌的风险是吸烟人群的 4.314 倍。

表 9-38 方程中的变量

	B	SE	瓦尔德	自由度	显著性	exp(B)	exp(B)的 95.0%CI	
							下限	上限
是否喝酒	0.161	0.344	0.218	1	0.641	1.174	0.598	2.305
是否抽烟	1.462	0.409	12.796	1	0.000	4.314	1.937	9.612

第 10 章　时间序列分析

10.1　时间序列的建立与平稳化

股票价格、年度国内生产总值（GDP）、季度失业率、月工资等都是随时间的变化而变化的，而且有明确的时间先后顺序。这种按时间顺序排列起来的一系列观测值称为时间序列。因此，可以认为时间序列是某一个或某几个统计指标长期变动的数量表现。时间序列模型是专门用于分析这类序列资料的统计模型。它考虑的不是变量间的因果关系，而是考察变量在时间方面的发展规律，并为之建立数学模型。

实际上，时间顺序可能反映的是某些影响因素对因变量的作用。但由于信息缺乏或者并无必要，未能收集到相应的影响因素的信息，此时就用时间变量来代替这些变量进行分析，就构成了时间序列模型。换言之，时间序列模型可以只由序列本身构成，模型中可以没有自变量。

10.1.1　构成时间序列的因素

时间序列能够构成，是因为现象的发展变化是多种因素影响的综合结果，由于各种因素的作用方向和影响程度不同，具体的时间序列呈现出不同的变动形态。时间序列分析的任务就是要确定时间序列的性质正确性，对影响时间序列的各种因素加以分解和测定，以便对未来的状况做出判断和预测。这些因素按照性质可以划分为长期趋势、季节变动、循环变动和不规则变动。

（1）长期趋势（secular trends）

由于某种根本原因的影响，客观现象在一个相当长的时间内所呈现出来的持续增加或持续减少的一种趋势和状态。例如，随着经济条件、医疗条件的发展，人口出生率有高于死亡率的趋势；随着劳动条件和手段的改善，劳动生产率有上升趋势等。

（2）季节变动（seasonal fluctuation）

由于季节的转变而使时间序列发生周期性变化。这种周期性变化是以年为周期的可以预见的变化，因而反映季节变化的时间序列的数值资料所属的时间一般以月、季、周等为单位，而不以年为单位。引起季节变化的因素有自然因素，也有人为因素。例如，由于自然气候条件变化，一些经济现象呈现季节变动：蔬菜产量、食品价格、羽绒服销量等；由于人为的社会条件变化而引起的季节变动，由于节假日或风俗习惯等引起的某些产品的销售量变化。

（3）循环变动（cyclical movement）

循环变动是指时间序列以若干年为周期的波浪式变动。这种变动的特征：现象的增加或减少交替出现，但持续的周期不因它的波动按任何既定的趋势变化，而是按照某种不可预测方式进行涨落起伏波动，最典型的周期波动是商业周期。

（4）不规则变动（irregular fluctuations）

不规则变动，是指由于一些随机因素的影响，而使时间序列产生的不可预测的不规则变动。

上述四种影响因素有时可能同时出现，共同影响某一现象的变化，有时也可能只有几种因素起作用。一般情况下，长期趋势是影响时间序列变动的基本因素。上述四种因素和现象总量之间的关系如下述。

（1）加法模型

$$现象总量=长期趋势+季节变动+循环变动+不规则变动$$

适用于四种因素相互独立的情况。

（2）乘法模型

$$现象总量=长期趋势\times季节变动\times循环变动\times不规则变动$$

适用于各影响因素相互联系的条件，实际应用中，一般采用这种模型。

10.1.2 时间序列分析步骤

时间序列分析的过程和目的如图 10-1 所示。对照其他数据分析方法可以发现，时间序列分析的第一步依旧是描述数据，因为只有通过对数据的描述，才能清楚地掌握手头数据的特性，为接下来的数据分析方法选择做好准备。

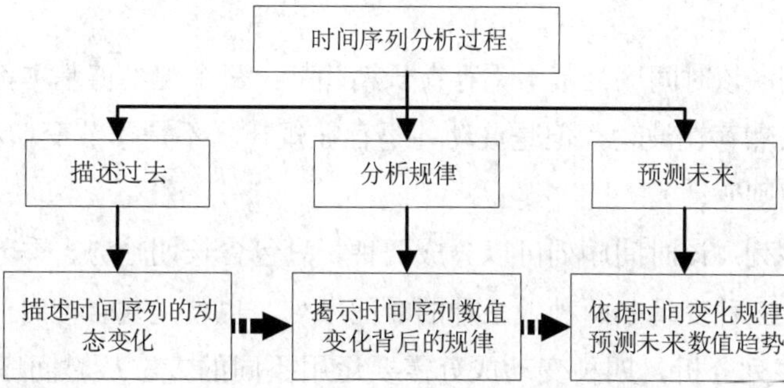

图 10-1 时间序列分析的过程

由图 10-1 可知，时间序列分析大致分成描述过去、分析规律和预测未来三大部分，这是时间序列分析的宏观过程。在这里对时间序列分析的具体步骤做进一步拆解。

（1）做时间序列图；

（2）判断时间序列包含的变动成分；

（3）时间序列分解（如果包含长期趋势、季节变动和循环变动）；

（4）建立时间序列分析模型；

（5）预测未来的指标数值。

从以上五个步骤可知，第 1、2 步属于描述过去，最后 1 步属于预测未来，而中间步骤属于分析规律建立模型部分。本章接下来要介绍的就是时间序列分析的第 1 步：描述时间序列，并判断时间序列所包含的变动成分。

10.1.3 时间序列描述及分类

根据指标数值的不同，时间序列可以分为时期时间序列和时点时间数列。根据平稳性的不同，时间序列可以分为平稳性时间序列和非平稳性时间序列，如图 10-2 所示。

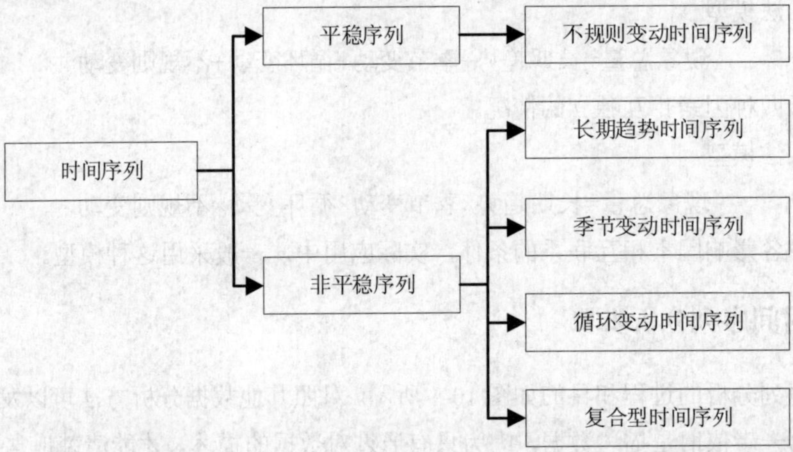

图 10-2 时间序列分类

平稳时间序列：该时间序列基本不存在长期趋势，每个观察值基本都围绕某个固定的数值上下波动；虽然存在波动，但是波动并不存在规律（不是季节变动和循环变动），而是随机波动（不规则变动）。

非平稳时间序列：该时间序列可以分成四种，只包含长期趋势、季节变动和循环变动的时间序列和包含三种变动中两种或三种的时间序列，也就是复合型时间序列。

要进行时间序列分析，四种变动成分需要运用不同的方法从时间序列中分解出来。因为时间序列所包含的变动成分不同，所以使用的分析方法（时间序列分解）的种类和数量也会不同，这些分析方法的不同组合就组成了时间序列的各种分析法，如图 10-3 所示。

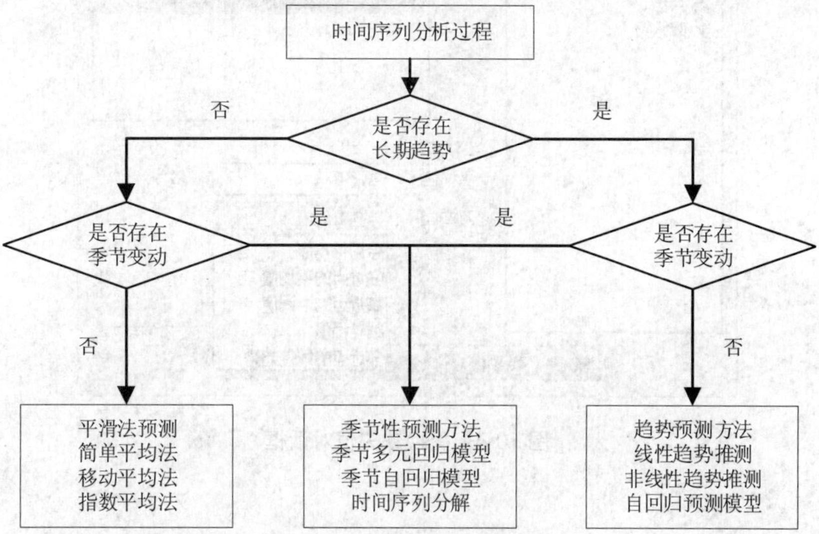

图 10-3　时间序列数据分析方法

10.1.4　填补缺失值

大多数时间序列模型都要求数据序列完整无缺，但实际上难以做到。显然当序列中存在缺失值时不能直接将其剔除，因为这样会使缺失值之后的数据的周期发生错位。在这种情况下要进行缺失值填补，并将结果保存为新变量以用于分析。

替换缺失值过程用于对含缺失值的序列进行填补，其主对话框如图 10-4 所示。除默认的序列平均值（series mean）填补外，还可以使用相邻若干点的平均值（mean of nearby points）、相邻若干点的中位数（median of nearby points）、线性内插（linear interpolation，即缺失值相邻两点的平均值，但如果缺失值在序列的最前/最后，则无法被填补）、线性趋势（linear trend at point，将案例号作为自变量，将序列值作为因变量进行回归，求得该点的估计值）这几种方法进行填补，对话框的“邻近点的跨度”（span of nearby points）框组则用于设置相应填补方法需要使用的相邻案例数。例如，选择【转换】→【替换缺失值】过程，打开【替换缺失值】对话框，将候选变量列表框中的【降水量】选入【新变量】，并在【名称和方法】框组内的【名称】框后输入“降水量 1”，在【方法】下拉列表框中，选择替换缺失值的方法，此处选【序列平均】法，如图 10-4 所示。

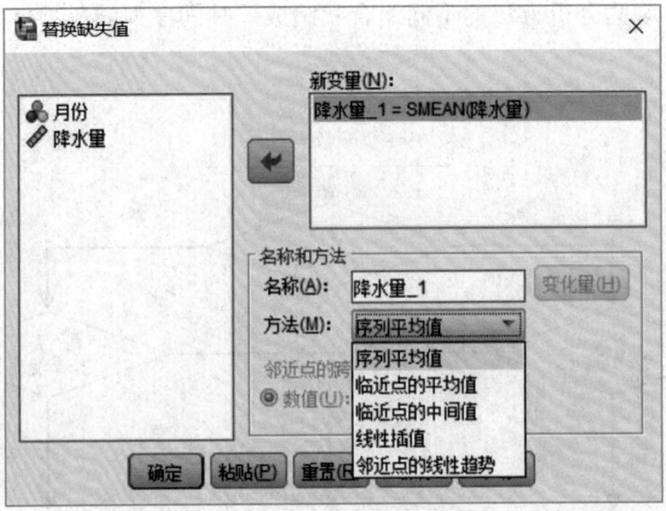

图 10-4　替换缺失值对话框

10.1.5　定义时间变量

定义日期模块可以产生周期性的时间序列日期变量。使用【定义日期】对话框定义日期变量，需要在数据窗口读入一个按某种时间顺序排列的数据文件，数据文件中的变量名不能与系统默认的时间变量名重复，否则系统建立的日期变量会覆盖同名变量。系统默认的变量名有：年份，年、季度，年、月，年、季度、月，周、日，周、工作日，小时，日、小时等。例如，选择【数据】→【定义日期和时间】过程，打开【定义日期】对话框，如图 10-5 所示。

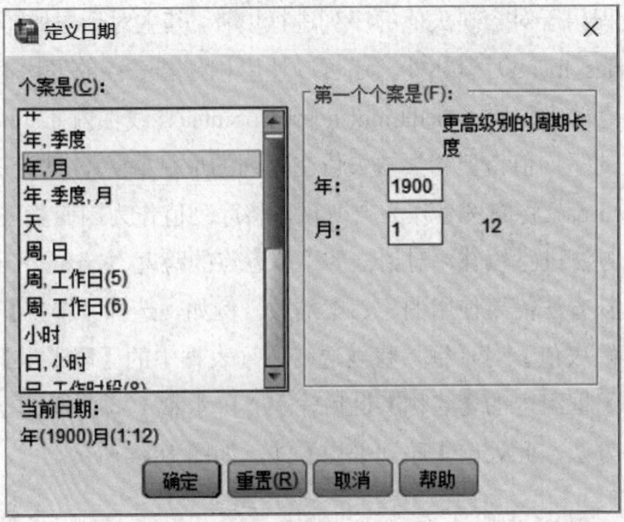

图 10-5　定义日期对话框

10.1.6　时间序列平稳化

时间序列分析建立在序列平稳的基础上，判断序列是否平稳可以看它的均数方差是否不再随时间的变化而变化，自相关系数是否只与时间间隔有关而与所处时间无关。在时间序列分析中，为检验时间序列的平稳性，经常要用一阶差分、二阶差分，有时为选择一个合适的时间序列模型还要对原时间序列数据进行对数转换或平方转换等。这就需要在已经建立的时间序列数据文件中，再建立一个新的时间序列变量。

实战案例：

例 10.1：以“data025_1900-1908 年某海平面变化.sav”数据为例，对其进行定义时间变量。

SPSS 操作过程：

第 1 步：双击打开 data025_1900-1908 年某海平面变化.sav”数据。

第 2 步：选择【数据】→【定义日期和时间】过程［图 10-6（a)］，打开【定义日期】定义对话框，在【第一个个案是】框组内的【年】和【月】右侧框中分别输入“1900”和“1”［图 10-6（b)］。

第 3 步：单击【确定】按钮，输出结果。

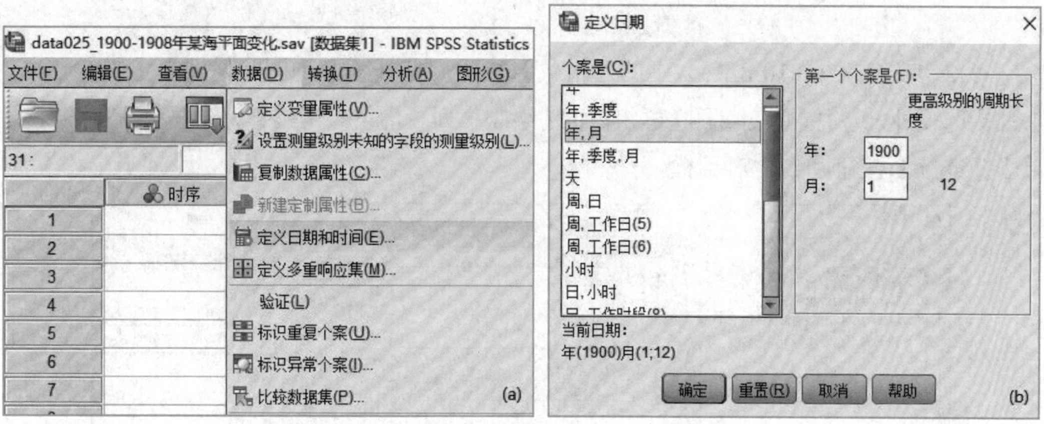

图 10-6　创建时间序列选择过程（a）和定义日期对话框（b）

为了能够对数据文件中的数据有一个直观的了解，这里提前使用随后要介绍的序列图考察一下该序列的基本趋势。

第 1 步：选择【分析】→【时间序列预测】→【序列图】过程（图 10-7)，打开【序列图】定义对话框，将“海面高度”选入【变量框】，并将定义好的日期和时间变量“Date. Format: MMM YYYY”选入【时间轴标签】框［图 10-8（a)］。

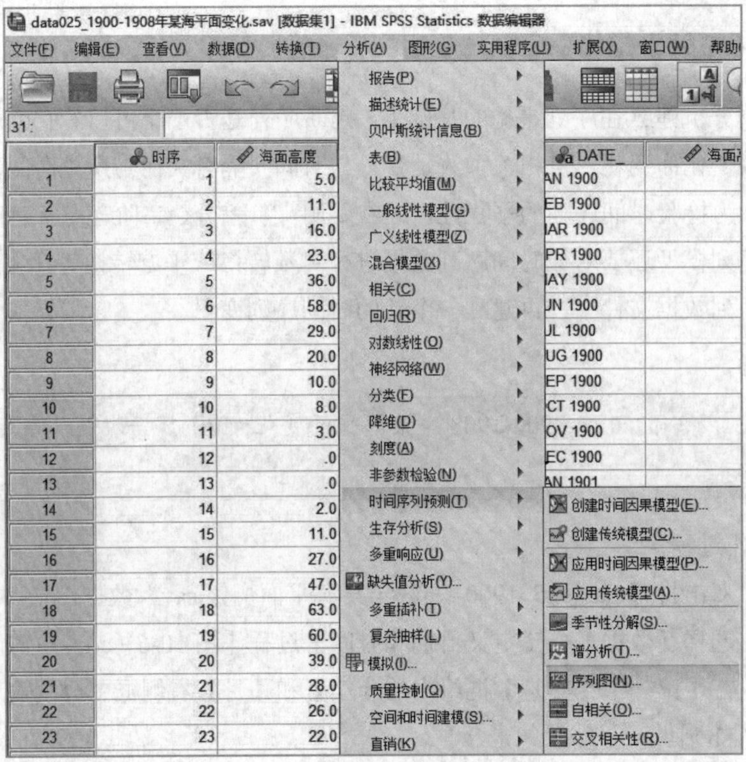

图 10-7 SPSS 序列图选择过程

第 2 步：单击图 10-8（a）中的【格式】按钮，打开【序列图：格式】定义对话框，除默认选项外，选中【单变量图】框组内的【绘制序列平均值参考线】复选框［图 10-8（b）］，单击【继续】按钮回到主对话框。

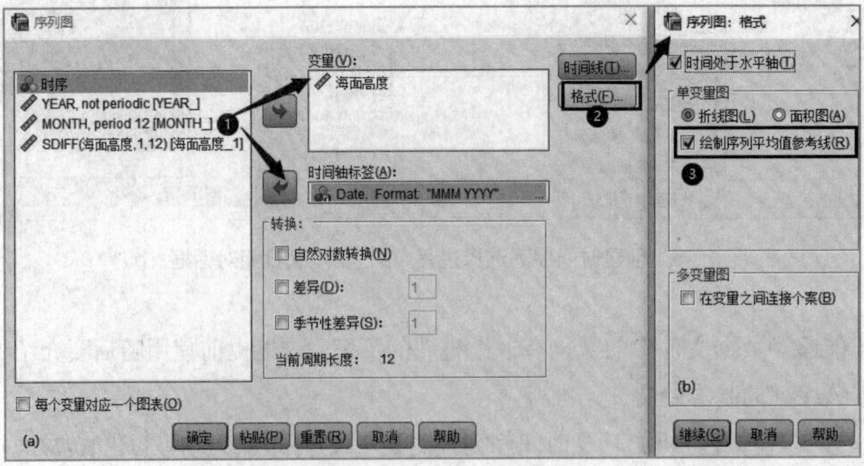

（a）主对话框　　（b）格式定义对话框

图 10-8 序列图定义对话框

第 3 步：单击【确定】，输出如图 10-9 所示的序列图。

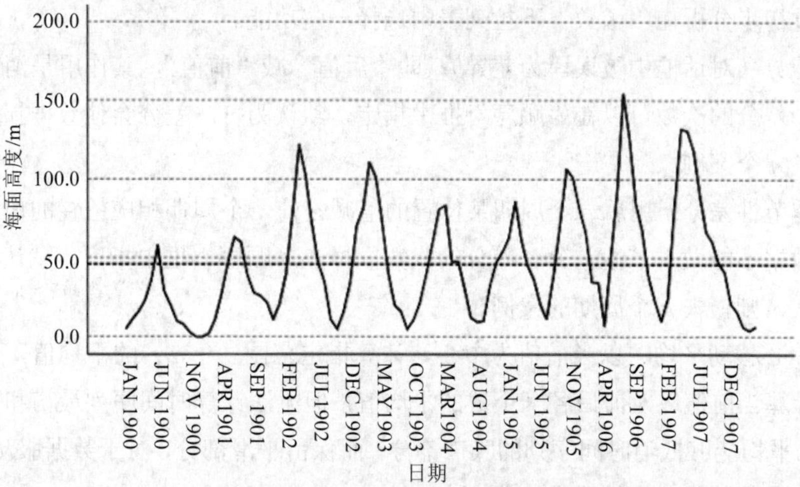

图 10-9　1900—1908 年某海平面变化序列

由图 10-9 可以看出，序列存在季节性波动，而季节性差分可以用于应对季节性波动，操作如下：

第 1 步：选择【转化】→【创建时间序列】过程［图 10-10（a）］，打开【创建时间序列】定义对话框，将“海面高度”选入【变量→新名称】框，并在【名称和函数】框组中定义新变量名称和函数：在【名称】右侧框中输入新变量名称，本例默认“海面高度_1”，并在【函数】下方的下拉列表中选择【季节性差异】，单击【变量化】按钮，在【变量→新名称】框中显示“海面高度_1=SDIFF（海面高度_1）”，如图 10-10（b）所示。

单击【确定】按钮，输出结果。

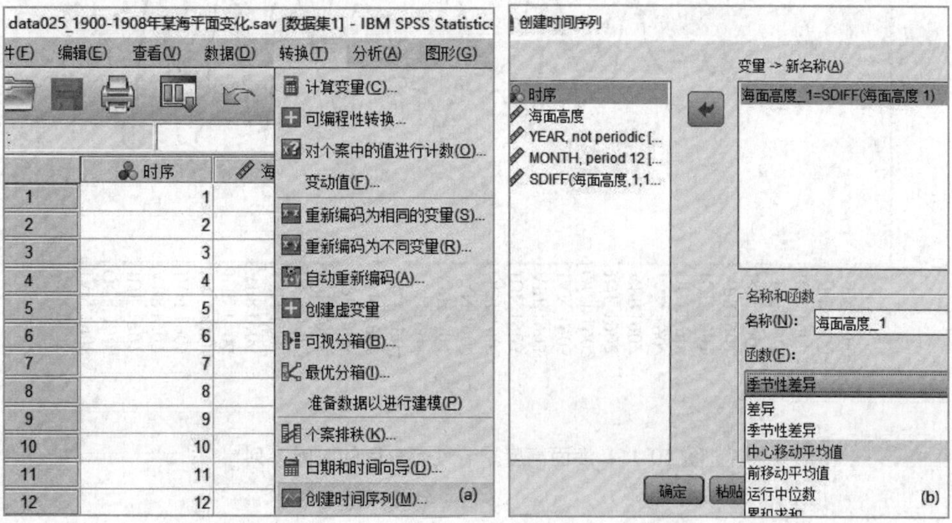

图 10-10　创建时间序选列择过程（a）和定义对话框（b）

上述操作对降水量进行了一阶季节性差分，所用到的对话框如图10-10所示，其核心部分是通过初步分析在“函数”下拉列表中选择一些功能。

（1）差分（对话框中被误译为差异）：即“后值”减“前值”，其作用是消除前后数据的依赖性。差分的次数可以在“顺序”框中指定，默认为1。差分会使数据损失，差分 *n* 次，则损失 *n* 个案例。

（2）季节性差分：用后一个周期某位置的值减去前一个周期相应位置的值，对没有定义周期的数据不能做季节性差分。差分的次数同样在“顺序”框中指定，默认为1。季节性差分 *n* 次，则损失 *n* 个周期的案例。

（3）中心移动平均：以当前值为中心，计算指定范围（span）的平均值。如果范围是奇数，则计算当前值以及前后各一个数的平均值，但无法计算时间序列最初和最后的几个数。取移动平均能够抵消时间序列的噪声部分，而保留平滑部分，对于数据服从对称分布，特别是正态分布的情况比较适合。

（4）前移动平均值：计算当前值以前指定范围的数的平均值。

（5）累计求和：以原始时间序列的累计和为新的时间序列。

将原始时间序列和季节性差分后得到的新序列“海面高度1”，再做序列图，如图10-11所示，可以发现时间序列已经去除了季节性波动，类似于一个平稳序列，接下来就可以考虑使用更精确的工具来检验其是否成为一个平稳序列。

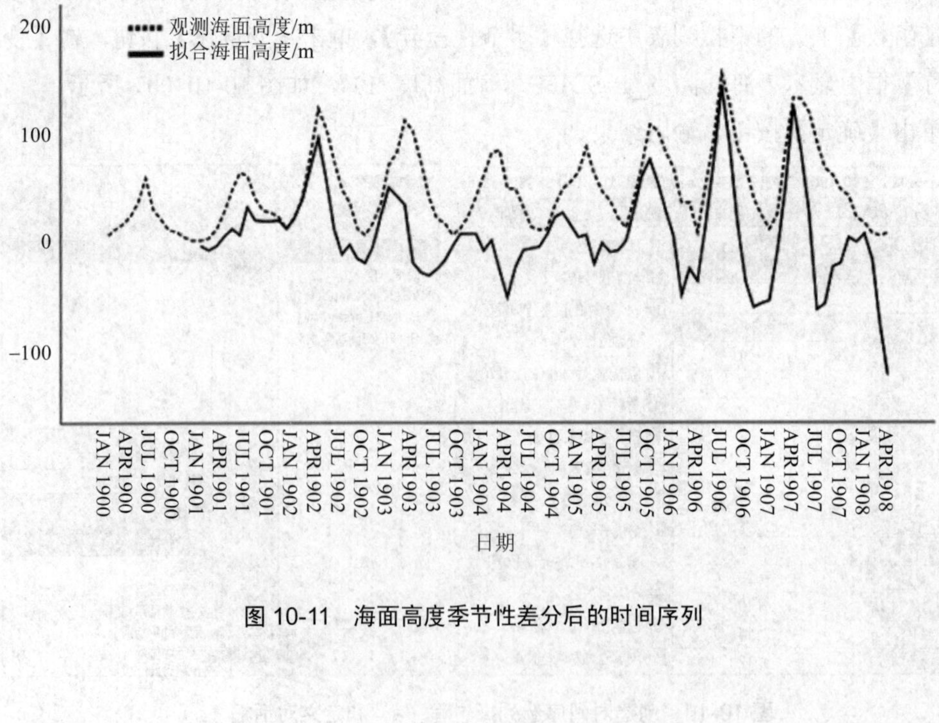

图10-11　海面高度季节性差分后的时间序列

10.2　时间序列的图形化观察

通过图形化观察和检验能够把握时间序列的诸多特征，如时间序列的发展趋势是上升还是下降，抑或是没有规律的上下波动；时间序列的变化的周期性特点；时间序列波动幅度的变化规律；时间序列中是否存在异常点，时间序列不同时间点上数据的关系等。下面就对几种工具进行介绍。

10.2.1　序列图

一个平稳的时间序列在水平方向平稳发展，在垂直方向的波动性保持稳定，非平稳性的表现形式多种多样，主要特征有趋势性、异方差性、波动性、周期性、季节性，以及这些特征的交错混杂等。序列图还可用于对序列异常值的探索，以及体现序列的“簇集性”，异常值是那些由于外界因素的干扰而导致的与序列的正常数值范围偏差巨大的数据点。“簇集性”是指数据在一段时间内具有相似的水平。在不同的水平间跳跃性变化，而非平缓性变化。

【序列图】主对话框如图 10-8 所示，除基本的“变量”框外，“转换”框组提供了一些时间序列中常用的变量转换方法，如自然对数转换、差分、季节性差分。

第 1 步：选择【分析】→【时间序列预测】→【序列图】过程（图 10-7），打开【序列图】定义对话框，将“海面高度”和“YEAR，not periodic”分别选入【变量框】和【时间轴标签】框［图 10-12（a）］。

第 2 步：单击图 10-8（a）中的【格式】按钮，打开【序列图：格式】定义对话框，除默认选项外，选中【单变量图】框组内的【绘制序列平均值参考线】复选框［图 10-12（b）］，单击【继续】按钮回到主对话框。

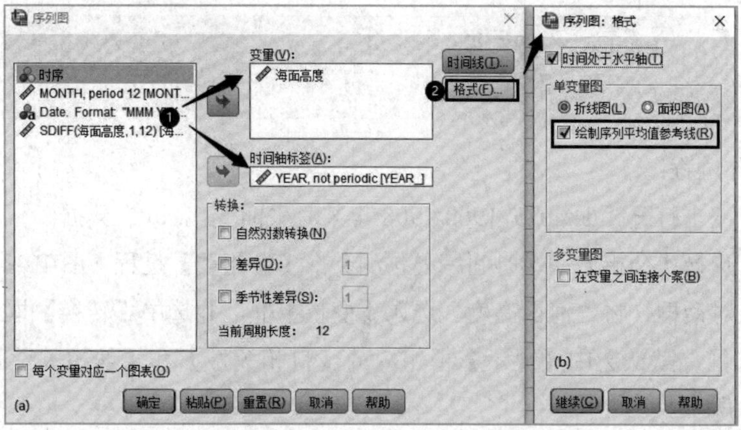

（a）主对话框　　（b）格式定义对话框

图 10-12　海面高度的原始序列图定义对话框

第 3 步：单击【确定】，输出如图 10-13 所示的序列图。

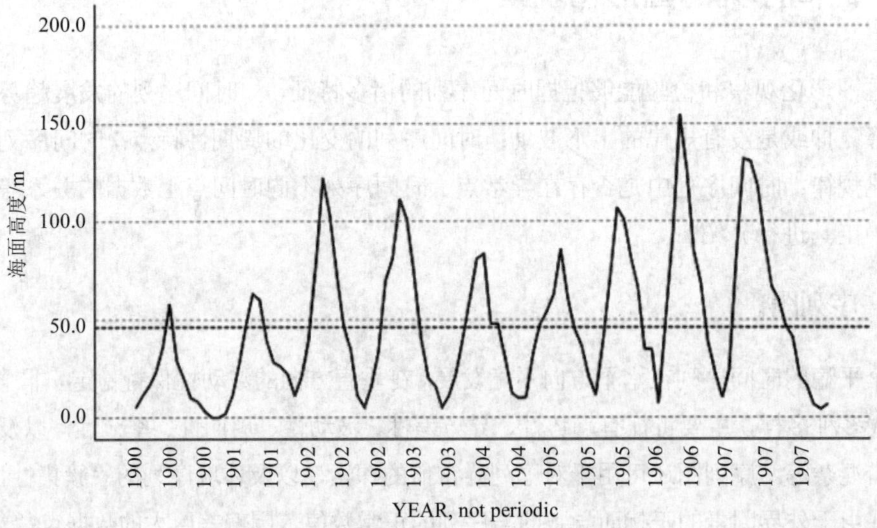

图 10-13　海面高度的原始时间序列

10.2.2　自相关图

所谓自相关是指序列与其自身经过某些阶数滞后形成的序列之间存在某种程度的相关性。对自相关的测度往往采用自协方差函数和自相关函数。偏自相关函数是在其他序列给定情况下的两序列条件相关性的度量函数。自相关函数图和偏自相关函数图将时间序列各阶滞后的自相关和偏自相关函数值，以及在一定置信水平下的置信区间直观地展现出来。

实战案例：

例 10.2：以“data025_1900-1908 年某海平面变化.sav”数据为例，考察在进行了一阶季节性差分后的序列是否已经平稳。

SPSS 操作过程：

第 1 步：双击打开“data025_1900-1908 年某海平面变化.sav”数据。

第 2 步：选择【分析】→【时间序列预测】→【自相关】过程（图 10-14），打开【自相关性】定义对话框，将“海面高度”选入【变量】框，并选中【转换】框组内的【季节性差异】复选框，默认选中【显示】框组内的【自相关性】和【偏相关性】复选框，如图 10-15（a）所示。

图 10-14　SPSS 时间序列自相关分析选择过程

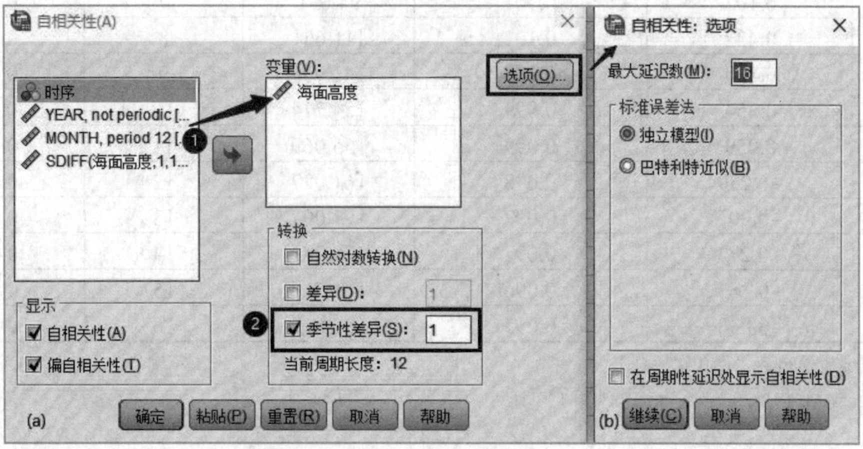

图 10-15　自相关图主对话框

第3步：单击图10-15（a）中【选项】按钮，打开【自相关性：选项】定义对话框，设置【最大延迟数】，一般设定得比该时间序列的最大周期大一些即可；在【标准误差】框组内选定标准误差计算方法：【独立模型】假定时间序列所反映的随机过程是白噪声，即完全随机的，【巴特利特近似】则根据 Bartlett 给出估计的自相关系数和偏相关系数方差的近似式计算方差。随着延迟（lag）值增加，标准差增大。本例默认选中【独立模型】，并将【最大延迟数】设定为“16”，如图10-15（b）所示。

第4步：单击【确定】按钮，输出分析结果。

自相关分析会依次给出自相关和偏相关的分析结果，且均分为表格和图形两部分。1900—1908年某海平面变化自相关性分析结果（表10-1）中，自相关系数是序列和自身的提前或滞后序列间的相关系数。如果滞后值为1，则为一阶自相关系数，以此类推。表格中依次会给出 lag 值、自相关系数的估计值、标准误差、博克斯-杨统计（Box-Ljung）检验结果等。注意，由于自相关系数是前后对称的，而且当 lag=0 时自相关系数恒等于1，故仅给出当 $k>0$ 时的自相关系数。

表10-1　1900—1908年某海平面变化自相关性

延迟	自相关性	标准误差[a]	博克斯-杨统计		
			值	自由度	显著性[b]
1	0.688	0.105	43.137	1	0.000
2	0.202	0.104	46.879	2	0.000
3	−0.236	0.104	52.060	3	0.000
4	−0.439	0.103	70.247	4	0.000
5	−0.433	0.102	88.133	5	0.000
6	−0.225	0.102	93.019	6	0.000
7	0.102	0.101	94.031	7	0.000
8	0.422	0.101	111.661	8	0.000
9	0.550	0.100	141.958	9	0.000
10	0.354	0.099	154.714	10	0.000
11	0.059	0.099	155.069	11	0.000
12	−0.239	0.098	161.027	12	0.000
13	−0.307	0.097	171.007	13	0.000
14	−0.273	0.097	178.981	14	0.000
15	−0.153	0.096	181.516	15	0.000
16	−0.030	0.095	181.615	16	0.000

a 假定的基本过程为独立性（白噪声）。

b 基于渐近卡方近似值。

相比之下，自相关图比表格分析更为方便，如图10-16所示，在横轴上、下方有两条横线，两条横线之间为置信区间，和 p 值一起构成对自相关情况的说明。可以看到当

lag<6 时，自回归系数突破了置信区间的界限，说明该时间序列在 1～5 阶内相关性较大，而 6 阶及以上的自回归情况并不显著。

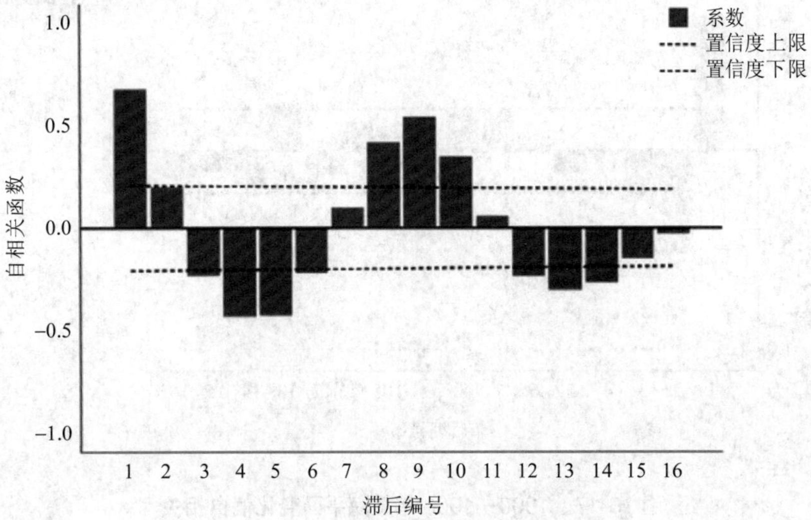

图 10-16　1900—1908 年某海平面变化自相关

自相关图之后输出的为偏相关的分析结果，如表 10-2 和图 10-17 所示，从偏相关图可以看到，主要是当 lag=1 和 2 时，偏回归系数的值突破了置信区间的界值，说明若建立模型，二阶基本上足够了。

表 10-2　1900—1908 年某海平面变化偏自相关性

延迟	偏自相关性	标准误差
1	0.688	0.107
2	−0.517	0.107
3	−0.234	0.107
4	−0.015	0.107
5	−0.109	0.107
6	0.109	0.107
7	0.207	0.107
8	0.22	0.107
9	0.061	0.107
10	−0.227	0.107
11	0.146	0.107
12	−0.12	0.107
13	0.242	0.107
14	−0.177	0.107
15	−0.105	0.107
16	−0.137	0.107

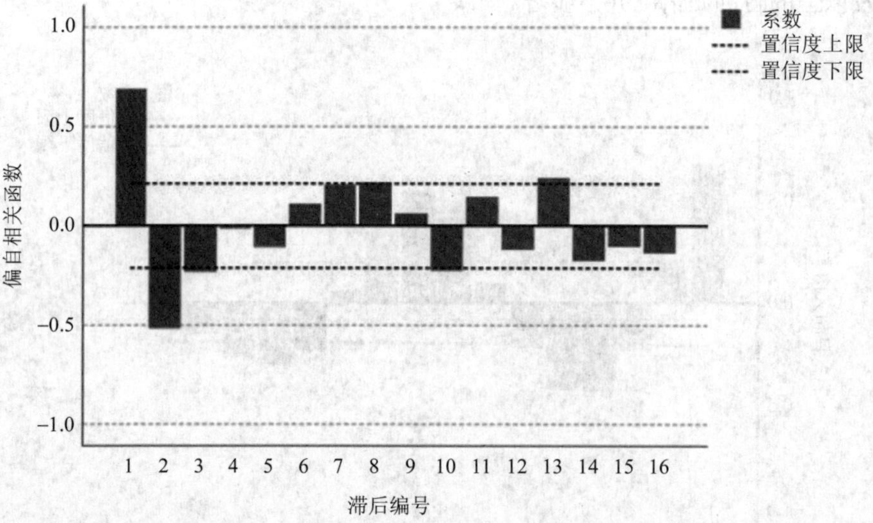

图 10-17 1900—1908 年某海平面变化偏自相关

10.2.3 互相关图

自相关函数和偏相关函数是描述单个时间序列的重要工具，然后，在许多环境分析中需要考虑多个时间序列的关系。互相关图是对两个互相对应的时间序列进行相关性分析的实用图形工具。互相关图是依据互相关函数绘制出来的，是不同时间序列间不同时期滞后序列的相关性。

实战案例：

例 10.3：以“data026_2018 年昆明气温和相对湿度互相关数据.sav”数据为例，使用互相关图对序列降雨量和相对湿度间的关系进行描述。

SPSS 操作过程：

第 1 步：双击打开“data026_2018 年昆明气温和相对湿度互相关数据.sav”数据。

第 2 步：选择【分析】→【时间序列预测】→【交叉相关性】过程，打开【交叉相关性】定义对话框，将“降雨量”和“相对湿度”选入【变量】框，如图 10-18 所示；

第 3 步：单击【确定】，输出结果，如表 10-3 和图 10-19 所示。

表 10-3　2018 年昆明相对湿度和降雨量的交叉相关性

延迟	交叉相关性	标准误差[a]	延迟	交叉相关性	标准误差[a]
−7	−0.199	0.447	1	0.154	0.302
−6	−0.211	0.408	2	−0.137	0.316
−5	−0.217	0.378	3	−0.542	0.333
−4	0.047	0.354	4	−0.691	0.354
−3	0.267	0.333	5	−0.537	0.378
−2	0.626	0.316	6	−0.241	0.408
−1	0.635	0.302	7	0.093	0.447
0	0.629	0.289			

注：a. 基于各个序列不交叉相关性且其中一个序列为白噪声的假定。

图 10-18　SPSS 交叉相关性分析选择过程

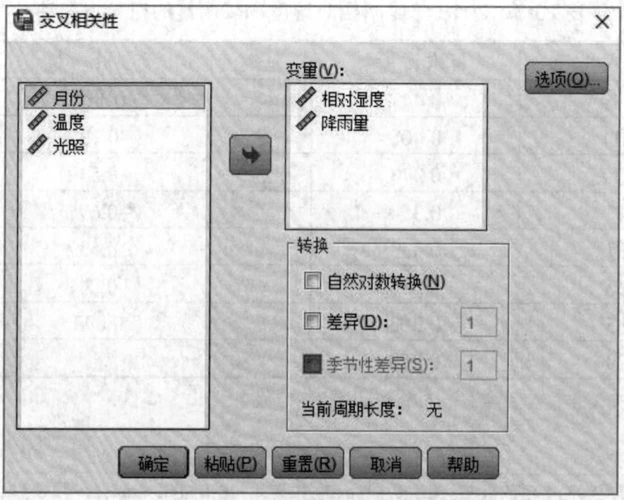

图 10-19 SPSS 交叉相关性定义对话框

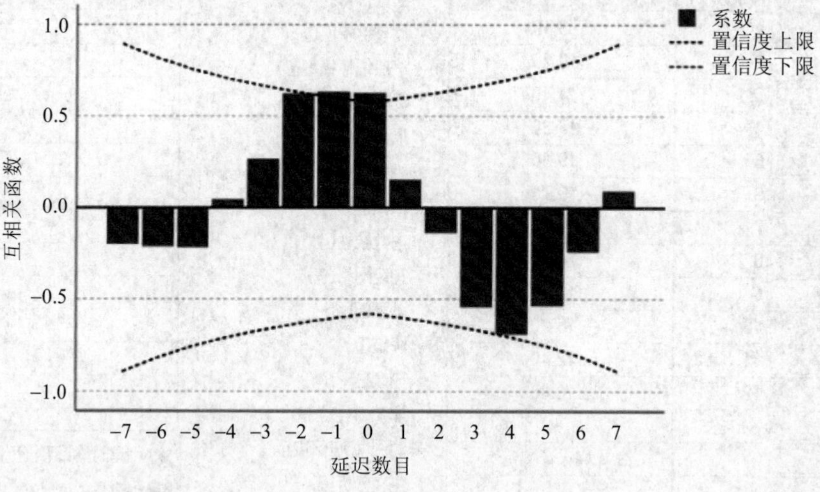

图 10-20 2018 年昆明相对湿度和降雨量交叉相关性

10.3 时间序列的建模与预测

10.3.1 指数平滑模型

指数平滑法由布朗（Robert G.Brown）提出，布朗认为时间序列的态势具有稳定性或规则性，所以时间序列可被合理地顺势推延。他认为最近的过去态势，在某种程度上会持续到未来，从而将较大的权数放在最近的资料；随着时间的不断流逝，以前值的影响逐渐减少，所以使用较小的权数。指数平滑模型是最简单和最常用的时间序列预测模型。常用分类有单指数模型，双指数模型和三指数模型三种。单指数模型用于时间序列无明显变化趋势的预测，双指数模型和三指数模型是在前者平滑的基础上再进行平滑。

单指数平滑模型公式为

$$F_{t+1}=\alpha Y_t+(1-\alpha)F_t \tag{10-1}$$

式中，α 为平滑系数，F_t 为 t 时刻的预测值，F_{t+1} 为 t+1 时刻的预测值，Y_t 为 t 时刻的实测值。将式（10-1）展开，可以得到以下递推关系式：

$$\begin{aligned}F_{t+1}&=\alpha Y_t+(1-\alpha)F_t\\&=\alpha Y_t+(1-\alpha)[\alpha Y_{t-1}+(1-\alpha)F_{t-1}]\\&=\alpha Y_t+(1-\alpha)\{\alpha Y_{t-1}+(1-\alpha)[\alpha Y_{t-2}+(1-\alpha)F_{t-2}]\}\\&=\alpha Y_t+\alpha(1-\alpha)Y_{t-1}+\alpha(1-\alpha)^2Y_{t-2}+\alpha(1-\alpha)^3F_{t-2}\\&=\cdots\\&=\alpha\sum_{i=0}^{t}(1-\alpha)^iY_{t-i}\end{aligned} \tag{10-2}$$

可见，实测值对预测值的影响随着时间距离的增大而呈指数级数衰减，这就是“指数”平滑的由来。其衰减的速度由平滑系数 α 决定，如果 α=1，说明 t+1 时刻的预测值只由 T 时刻的观测值决定，而与 t 时刻之前的任何数值无关；当 α 接近 1 时，时间序列的衰减速度非常快，预测值只受最近的几个观测值的影响，受远处观测值的影响很小；当 α 接近 0 时，即使远处的观测值也对当前的预测有相当的影响；如果 α=0，说明时间系列非常稳定，不受 t 时刻的观测值影响，只由历史数据决定。

10.3.2　ARMA 模型

ARMA（auto-regressive and moving average）模型通过自回归模型与滑动平均模型为基础混合构成，是研究时间序列的重要方法。ARMA 模型分为时间序列服从 p 阶的自回归 AR 模型、服从 q 阶移动平均 MA 模型、时间序列为服从（p，q）阶 ARMA 混合模型三大类。

（1）AR 模型

自回归模型（autoregressive model）是用自身做回归变量的过程，即利用前期若干时刻的随机变量的线性组合来描述以后某时刻随机变量的线性回归模型，它是时间序列中的一种常见形式。在一个时间序列 $y_1,y_2,\cdots,y_n$ 中，p 阶自回归模型表明时间序列中 y_t 是前 p 个序列的线性组合及误差项的函数，一般数学模型为：$y_t = \varphi_0 + \varphi_1 y_{t-1} + \varphi_2 y_{t-2} + \cdots + \varphi_p y_{t-p} + e_t$，式中 φ_0 为常数，$\varphi_1, \varphi_2, \cdots, \varphi_p$ 是模型参数，e_t 为具备均值，为 0，方差为 σ 的白噪声。

（2）MA 模型

移动平均模型（moving average model）讨论的是 t 时刻的值与 $t, t-1, \cdots$ 时刻随机干扰值的相关关系。当 μ=0 的时候是中心化的 MA(q)模型，对于非中心化模型，我们可以做变换 $y_t = X_t - \mu$ 使其成为中心化，而不影响序列值之间的相关关系。在不做说明的情况下，我们讨论的一般是中心化的模型，如下所示：$X_t = \mu + \varepsilon_t - \theta_1 \varepsilon_{t-1} - \cdots - \theta_q \varepsilon_{t-q}$。

（3）ARMA 混合模型

自回归滑动平均模型（auto-regression and moving average model）是研究时间序列的重要方法，由自回归模型（AR 模型）与滑动平均模型（MA 模型）为基础“混合”而成，具有适用范围广、预测误差小的特点。

ARMA 建模步骤：

①对输入的数据进行判断，判断其是否为平稳非纯随机序列，若平稳则直接进入步骤 2；若不平稳则进行数据处理，处理后才能进入步骤 2。

②通过自相关和偏自相关函数，并结合赤池信息准则（akaike information criterion，AIC）或贝叶斯信息准则（bayesian information criterion，BIC）对建立的模型进行模型识别和定阶。

③完成模型识别和定阶后，进入模型的参数估计阶段（图 10-21）。

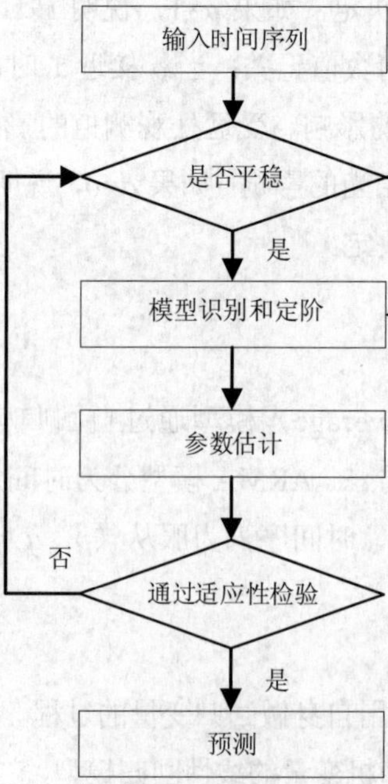

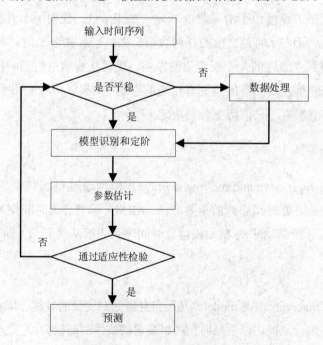

图 10-21　ARMA 模型建立流程

④完成参数估计后，对拟合的模型进行适应性检验。如果拟合模型通过检验，则开始进行预测阶段。若模型检验不通过，则重新进行模型识别和检验，即重复步骤 2，重新选择模型。

⑤最后，利用适应性高的拟合模型，来预测序列的未来变化趋势。

10.3.3 季节模型

许多事件的时间序列都包含有季节现象，例如在夏季雪糕的销售量大大增加，这是由于天气炎热；每年中国农历五月糯米销售量增加，是由于中国人在端午节有吃粽子的习惯。可以看到，许多实际问题中，时间序列都显示出周期性变化规律，这种周期性变化由季节变化导致，我们称这类时间序列为季节性序列。季节性序列有着明显的周期性，在一个时间序列中，经过 N 个时间点后观测点呈现相似性，我们就说该序列具有以 N 为周期的时间特性；不同季节性时间序列会表现出不同的周期。

根据 Box-Jenkins 建模方法，自相关函数和偏自相关函数的特征是识别非季节性时间序列的工具。季节性时间序列实际上是一种特殊的 ARMA 模型，但是它的系数是分散的，部分系数为零，所以对乘积季节模型的阶数识别，基本上可以采用 Box-Jenkins 建模方法，考察时间序列样本自相关函数和偏相关函数，从而对季节性进行检验。

季节性模型可分为：加法模型和乘法模型。①加法模型，假设原始时间序列的信息可以被分解为三个相加成分：序列总变异=线性趋势与循环变化+季节性变化+误差。②乘法模型假设原始时间序列的信息可以被分解为三个成分，它们之间为相乘的关系：序列总变异=线性趋势与循环变化×季节性变化×误差。

使用加法或乘法模型取决于时间序列自身的变动规律。如果随着时间的增加，时间序列的季节性波动越大，使用乘法模型；反之，在时间范围内随季节性变化幅度较小，使用加法模型。如果在时间范围内季节性波动的幅度和误差随时间推移而增加，则首先对数据进行自然对数转换，然后拟合加法模型可能是最好的选择。

季节性分解可用于环境序列数据的比较。例如，地方河流的年径流量，在使用季节性分析去除旱期和汛期的影响后，就可以客观地看出河流径流量的整体变化规律。又如，在排除汛期对河流径流量的影响后，政府可以根据相邻几年的年度径流数据，从而得知什么时候需要进行水库蓄水，需要的蓄水量是多少，从而满足在旱季的农业灌溉与人民生活用水。

实战案例：

例 10.4：以“1992—2014 年各季度中国 GDP 数据.sav”数据为例，进行时间系列分析（保留 2015 年 1～4 季度实际数据作为预测对比）。

SPSS 操作过程：

第 1 步：双击打开“data027_1992—2014 年各季度中国 GDP 数据.sav”数据。

第 2 步：选择【数据】→【选择个案】过程，打开【选择个案】定义对话框，选中【选择】框组内的【基于时间或个案范围】复选框，单击【范围】按钮，打开【选择个案：范围】定义对话框，在【第一个个案】和【最后一个个案】下设置起始年份季度和终止年份季度，如【第一个个案】为 1992 年 1 季度，【最后一个个案】为 2014 年 4 季度，如图 10-36 所示。

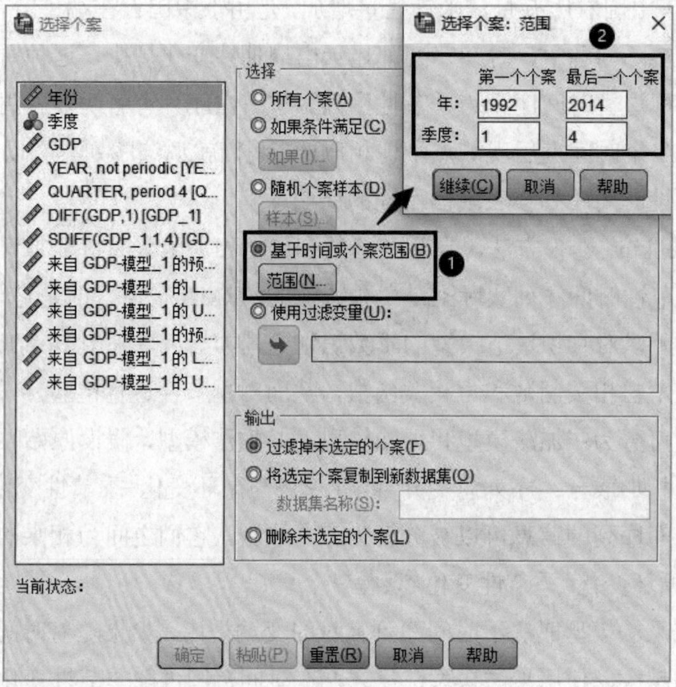

图 10-22　1992—2014 年各季度中国 GDP 数据个案选择

第 3 步：先来观察一下原始序列是什么分布，选择【数据】→【定义日期】过程［图 10-6（a）］，打开【定义日期】定义对话框，在【个案是】框中选择【年份、季度】，并将【第一个个案为】框组内【年】右侧框中的年份改为“1992”，【季度】右侧框中默认为“1”，如图 10-23 所示，点击【确定】按钮，完成定义日期。回到变量视图，可见在数据集中新增加了 3 个变量，如图 10-24 所示。

第 4 步：选择【分析】→【时间序列预测】→【序列图】过程（图 10-7），打开【序列图】定义对话框，将“GDP”选入【变量】框，并在【时间轴标签】框中选入“YEAR, not periodic[Year]”（图 10-25），单击【确定】按钮，生成如图 10-26 所示的序列图，结果显示 GDP 变化有长期趋势及季节变化。

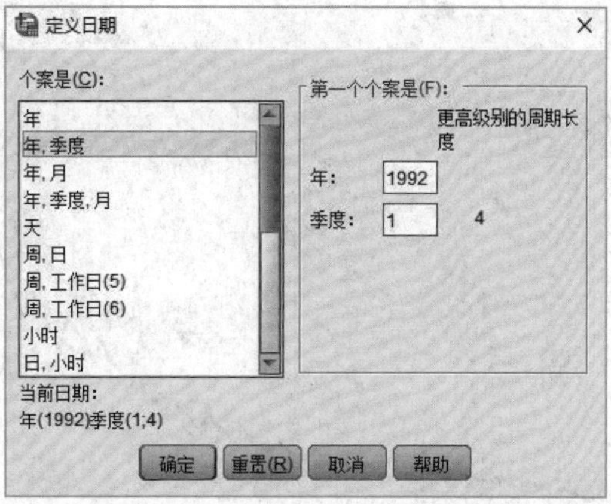

图 10-23 1992—2014 年各季度中国 GDP 定义日期对话框

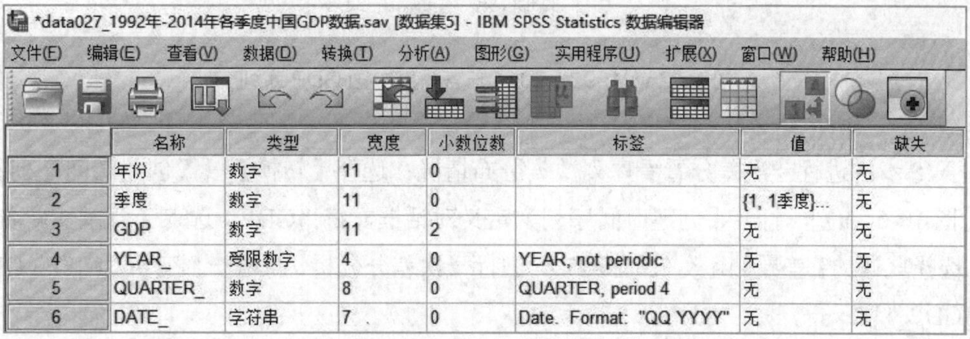
*data027_1992年-2014年各季度中国GDP数据.sav [数据集5] - IBM SPSS Statistics 数据编辑器

文件(F) 编辑(E) 查看(V) 数据(D) 转换(T) 分析(A) 图形(G) 实用程序(U) 扩展(X) 窗口(W) 帮助(H)

	名称	类型	宽度	小数位数	标签	值	缺失
1	年份	数字	11	0		无	无
2	季度	数字	11	0		{1, 1季度}...	无
3	GDP	数字	11	2		无	无
4	YEAR_	受限数字	4	0	YEAR, not periodic	无	无
5	QUARTER_	数字	8	0	QUARTER, period 4	无	无
6	DATE_	字符串	7	0	Date. Format: "QQ YYYY"	无	无

图 10-24 定义日期后 1992—2014 年各季度中国 GDP 数据集变量列表

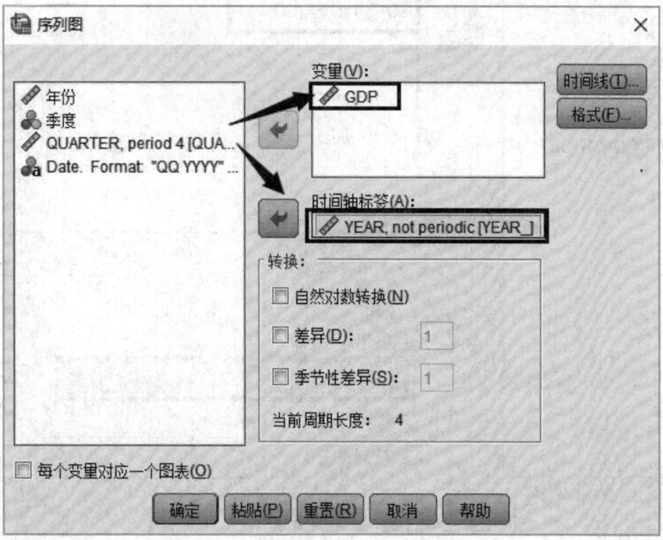

图 10-25 1992—2014 年各季度中国 GDP 序列图定义对话框

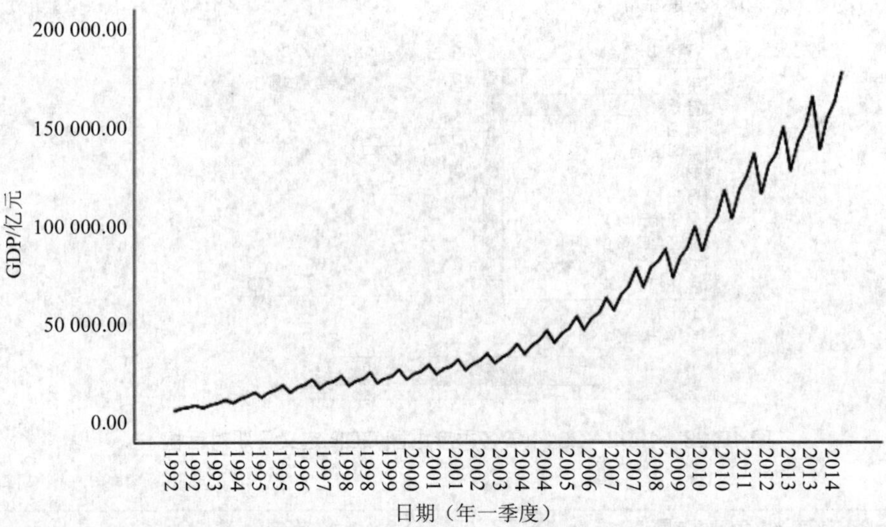

图 10-26　1992—2014 年各季度中国 GDP 序列

第 5 步：进行一次差分看看序列数据分布情况：选择【转换】→【创建时间序列】过程［图 10-6（a）］，打开【创建时间序列】定义对话框，将“GDP”选入【变量→新名称】框，选择默认的【差异】函数（图 10-27），进行一次差分分析，新增一个变量“DIFF（GDP，1）[GDP_1]”。

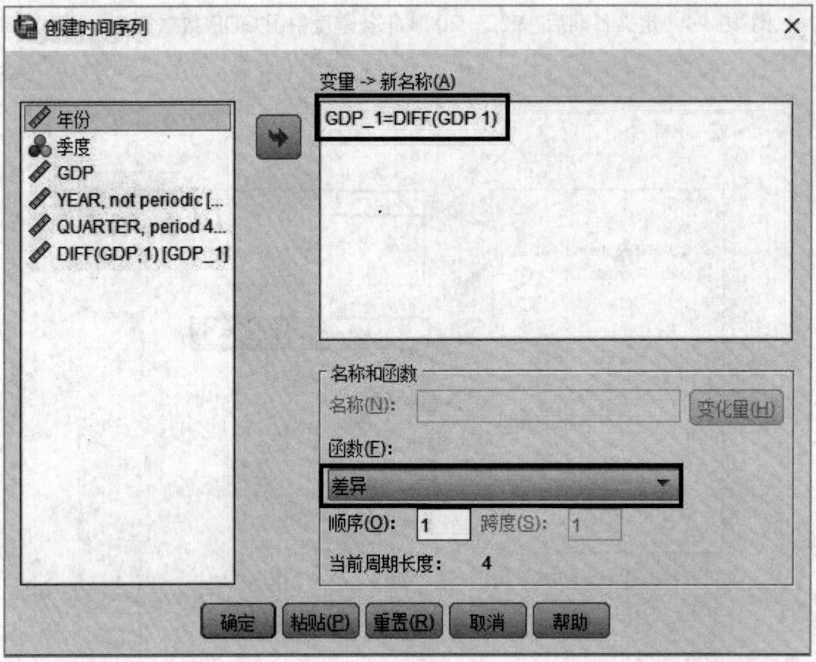

图 10-27　1992—2014 年各季度中国 GDP 差分分析定义对话框

第 6 步：对比差分分析前后序列数据分布情况：重复第 3 步，结果显示，进行一次差分分析后，序列确实变平了，但是随着时间增加季节变换还是存在，如图 10-28 所示。

第 7 步：接着再进行一次季节差分，把周期性也去掉，重复第 4 步（图 10-29），新增变量“SDIFF（GDP_1，1，4）[GDP_1_1]”。

第 8 步：对比季节差分后序列数据分布情况：重复第 3 步，结果显示经过季节差分的序列，无长期趋势、无季节变换（图 10-30），可认为是一个比较平稳的序列了。

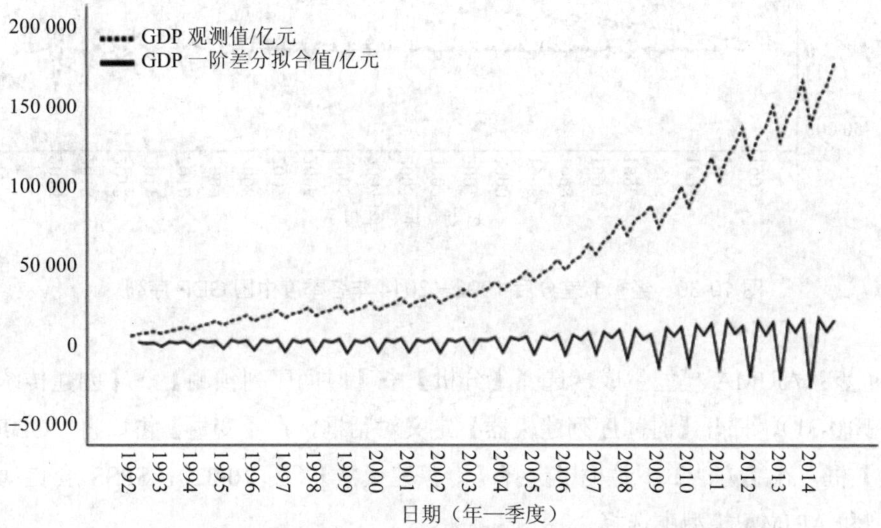

图 10-28　一次差分前后 1992—2014 年各季度中国 GDP 序列图比较

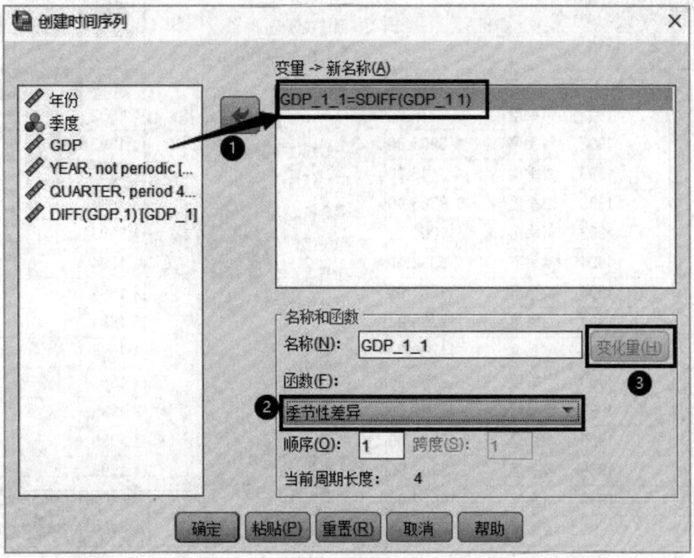

图 10-29　1992—2014 年各季度中国 GDP 季节性差分参数定义

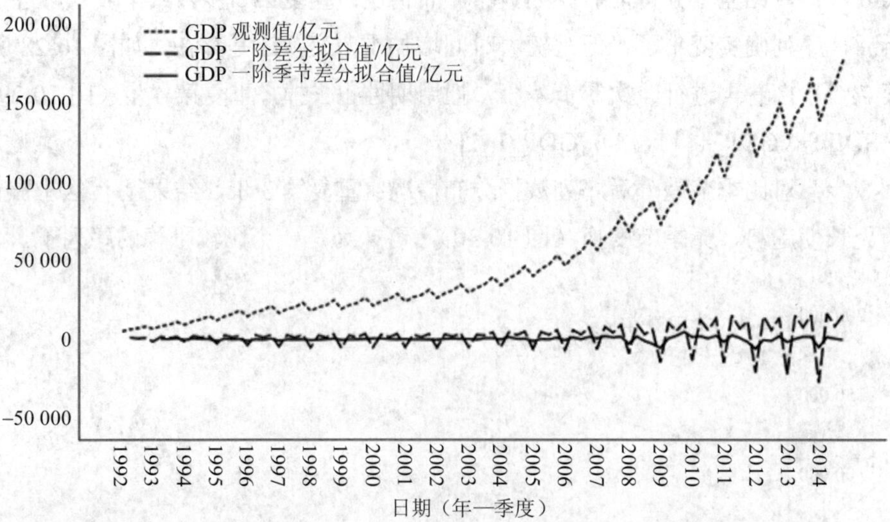

图 10-30 经季节差分后 1992—2014 年各季度中国 GDP 序列

第 9 步：ARIMA 模型生成，选择【分析】→【时间序列预测】→【创建传统模型】过程（图 10-31），打开【时间序列建模器】定义对话框，在【变量】窗口将“GDP”选入【因变量】框，在【方法】下拉框中选择【专家建模器】（图 10-32），SPSS 会自动在指数平滑模型和 ARIMA 模型中选择。

图 10-31 SPSS 时间序列预测创建 ARIMA 模型选择过程

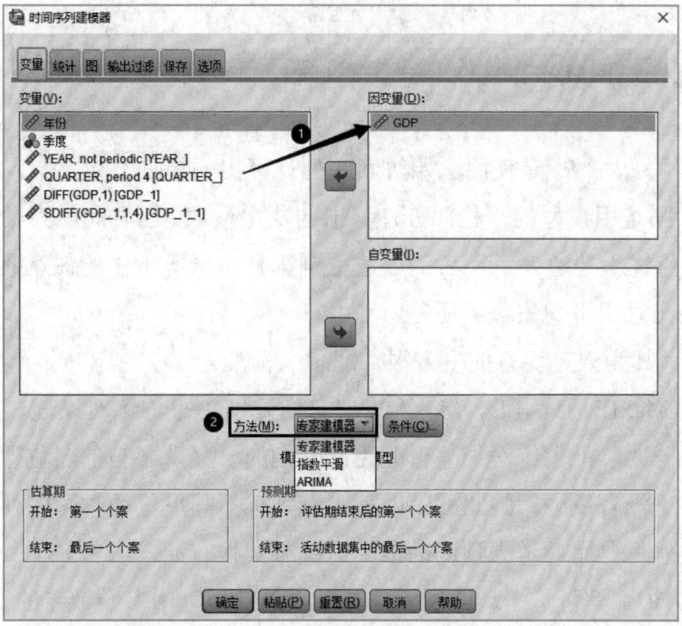

图 10-32　ARIMA 模型构建定义对话框

第 10 步：单击图 10-32 中的【保存】选项卡，打开【保存】窗口，选中【保存变量】框组内【变量】的【预测值】【置信区间上限】【置信区间下限】复选框，如图 10-33 所示。

第 11 步：重复第 4 步，结果显示预测值对实测值的拟合较好，如图 10-35 所示。

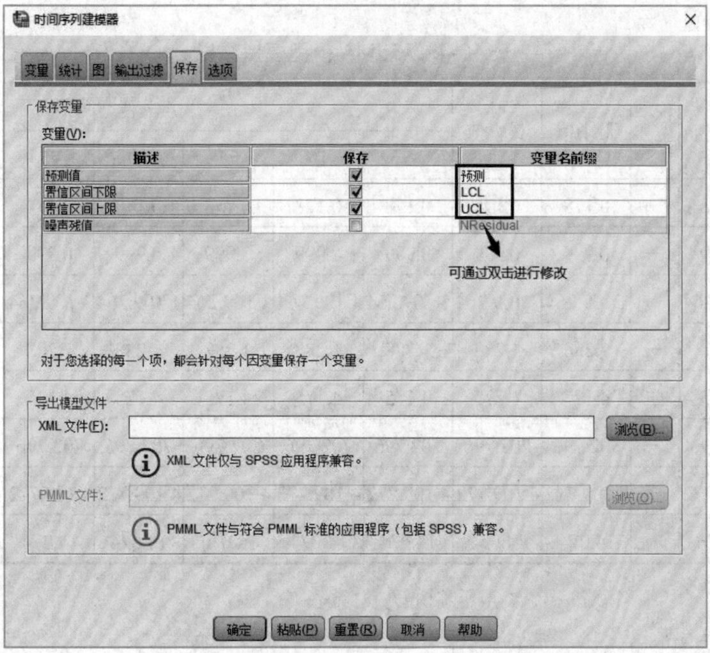

图 10-33　ARIMA 模型构建保存定义对话框

结果解析：

表 10-4 给出了 ARIMA 模型的一系列统计量，用于反映模型的拟合优度（张文彤等，2018）。

（1）R^2 和平稳 R^2：R^2 是使用原始时间序列计算出的模型决定系数，只能在序列平稳时使用。平稳 R^2 则是用模型的平稳部分计算出的决定系数，当时间序列具有趋势或季节性波动时，该统计量优于普通 R^2。两者的取值范围都是小于等于 1 的任意数，负值则表示该模型的预测效果比只用平均值预测还差。

（2）RMSE：其为误差均方的平方根，即剩余标准差。

（3）MAE、MaxIE、MAPE、MaxAPE。它们分别为平均绝对误差、最大绝对误差、平均绝对误差百分比、最大绝对误差百分比，它们的含义从各自的名称即可得知。其中，百分比统计量由于没有量纲，因此可以用于比较具有不同单位的时间序列。而最大绝对误差和最大绝对误差百分比对考虑预测的最坏情况方案很有用。

（4）正态化 BC。其是基于均方误差的分数，包括模型中参数数量的罚分和序列长度。罚分使得那些只是具有更多参数，但数据的拟合效果并无明显改善的模型不再有优势，从而可以更客观地比较相同序列的不同模型的效果。

图 10-34 进一步给出了当前模型的统计量，由杨—博克斯（Ljung-Box）Q 检验结果可知残差目前并未违反白噪声的假定，也没有出现离群值，同样反映了数据的拟合效果还是比较好的。

表 10-4　ARIMA 模型模拟结果

拟合统计	平均值	标准误差	最小值	最大值	百分位数						
					5	10	25	50	75	90	95
平稳 R^2	0.178	—	0.178	0.178	0.178	0.178	0.178	0.178	0.178	0.178	0.178
R^2	0.999	—	0.999	0.999	0.999	0.999	0.999	0.999	0.999	0.999	0.999
RMSE	1 109.264	—	1 109.264	1 109.264	1 109.264	1 109.264	1 109.264	1 109.264	1 109.264	1 109.264	1 109.264
MAPE	1.288	—	1.288	1.288	1.288	1.288	1.288	1.288	1.288	1.288	1.288
MaxAPE	4.175	—	4.175	4.175	4.175	4.175	4.175	4.175	4.175	4.175	4.175
MAE	702.796	—	702.796	702.796	702.796	702.796	702.796	702.796	702.796	702.796	702.796
MaxAE	4 109.772	—	4 109.772	4 109.772	4 109.772	4 109.772	4 109.772	4 109.772	4 109.772	4 109.772	4 109.772
正态化 BIC	14.074	—	14.074	14.074	14.074	14.074	14.074	14.074	14.074	14.074	14.074

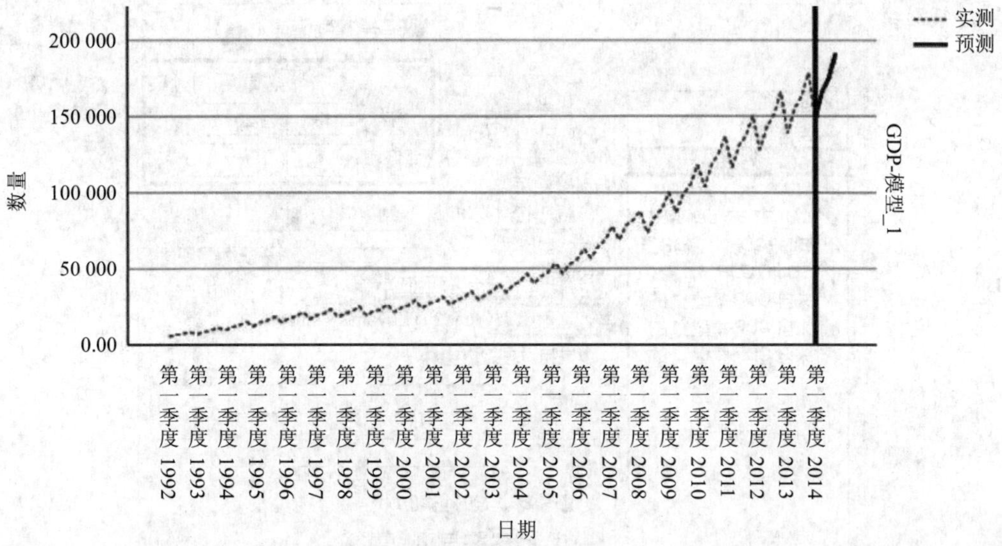

图 10-34　序列预测

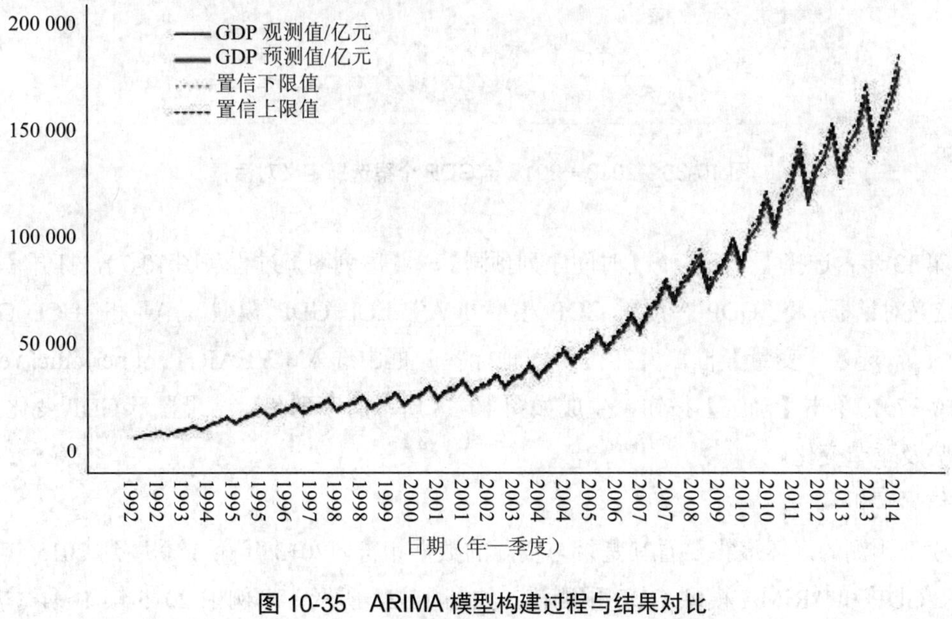

图 10-35　ARIMA 模型构建过程与结果对比

第 12 步：在 SPSS 表格中添加需要对比的 2015 年 1～4 季度的真实 GDP：选择【数据】→【选择个案】过程，打开【选择个案】定义对话框，选中【选择】框组内的【基于时间或个案范围】复选框，单击【范围】按钮，打开【选择个案：范围】定义对话框，在【第一个个案】和【最后一个个案】下设置起始年份季度和终止年份季度，如【第一个个案】为 2013 年 1 季度，【最后一个个案】为 2015 年 4 季度，如图 10-36 所示。

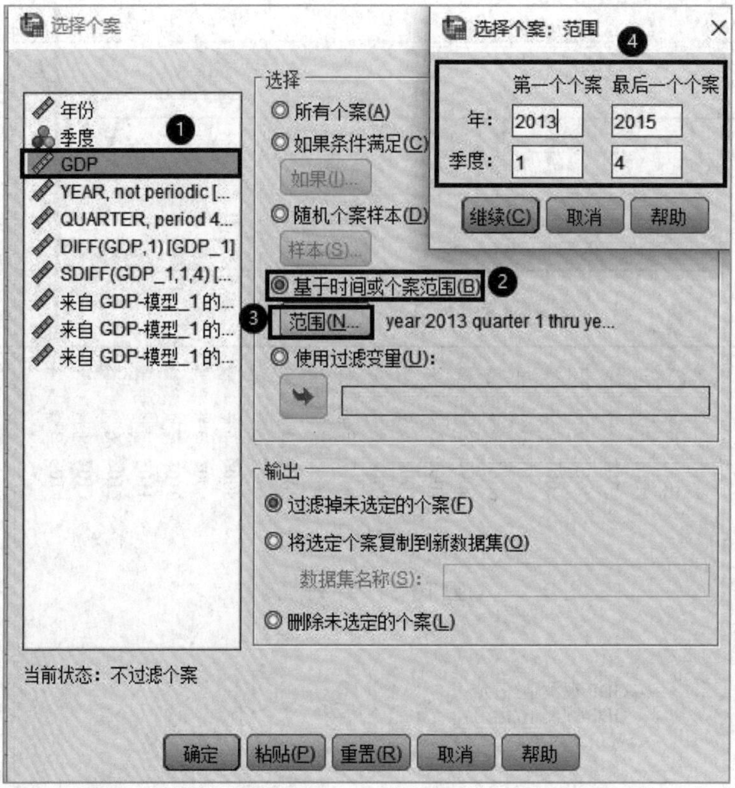

图 10-36 2013—2015 年 GDP 个案选择定义对话框

第 13 步：选择【分析】→【时间序列预测】→【序列图】过程（图 10-7），打开【序列图】定义对话框，将“GDP”“预测_GDP_模型_1_A”“LCL_GDP_模型_1_A”和“UCL_GDP_模型_1_”选入【变量】框，并在【时间轴标签】框中选入“YEAR，not periodic[Year]”（图 10-37），单击【确定】按钮，生成如图 10-38 所示的序列图，结果显示 GDP 变化有长期趋势及季节变化。

结果解析：

模型预测的好坏最终要看其是否与实际的数据相符，2013 年第 1 季度到 2015 年第 4 季度，GDP 和 ARIMA 模型 GDP 预测值，如图 10-38 所示。本例中 2015 年 1～4 季度的 GDP 实际值分别为：147 961.80 亿元、166 216.40 亿元、173 595.30 亿元、188 934.49 亿元，预测值分别为：149 537.76 亿元、165 791.30 亿元、173 900.72 亿元、189 513.30 亿元，GDP 预测值与真实值非常接近，相对误差均低于 2%，说明采用季节时间系列模型预测的结果比较准确。

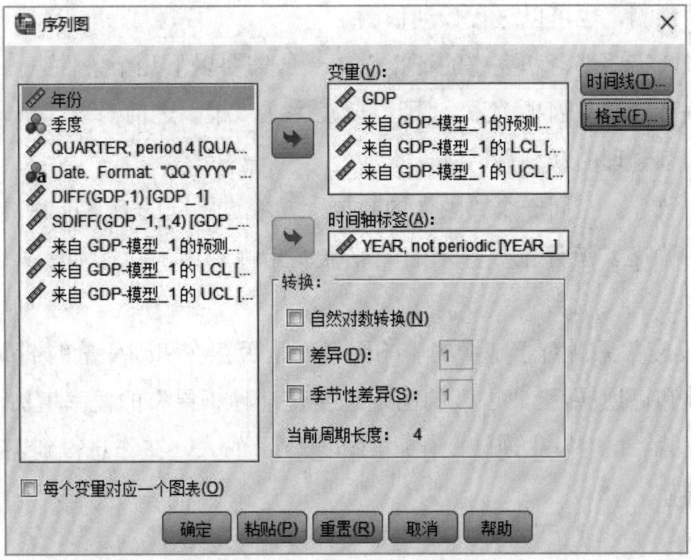

图 10-37　ARIMA 模型预测后的序列图定义对话框

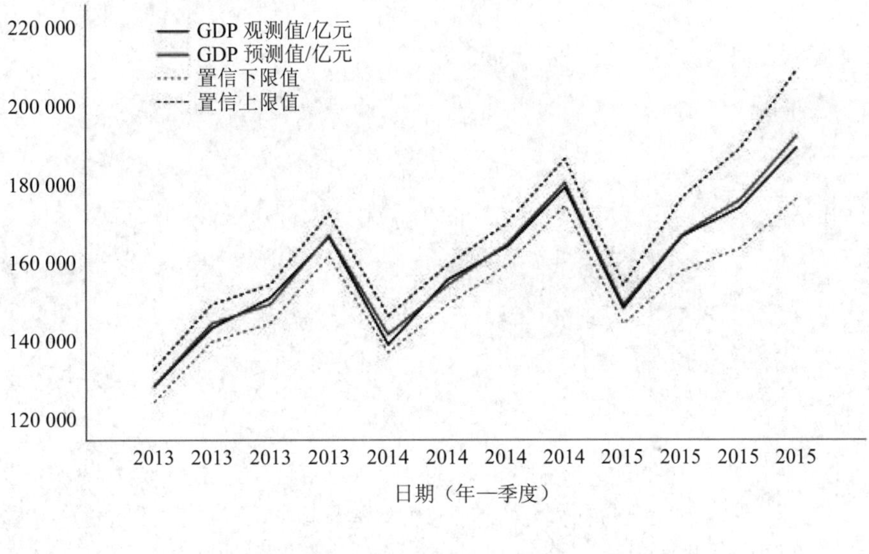

图 10-38　2013—2015 年的预测值和置信区间

10.3.4　时间因果模型

事物的发展不仅取决于自身的发展规律，同时受到多种外界因素的影响，如果把预测值作为因变量，那么影响预测对象发展的各变量则称为自变量。研究因变量与自变量的关系，则是因果关系模型的任务。因果关系模型在预测中应用最广，因为时间序列不同，不仅可以进行短期预测，也可以进行长期预测。

因果关系推断需要严密和完整的证据链，一般需要以下几个条件：

（1）时间关系。服从因果关系，“因”要发生在“果”之前。

（2）之间具有合理的联系性。

（3）联系一致性。在同一个“因”的数据上，经过不同的方案能够得到同样的结果。

（4）关联的强度。统计上计算出的关联强度指标越大，存在因果关联的可能性也就越高。

（5）剂量-反应关系。对于定量的影响因素，是否存在和因变量的剂量-反应关系。

（6）特异性和可逆转性。“因”的出现总会使某种“果”的概率增加，当“因”去除后，会使相对应的“果”发生逆转变化；如作息混乱的人，在作息得到正确改善后，身体素质能够明显增强。

第 11 章　聚类与判别分析

11.1　聚类分析

11.1.1　聚类分析概述

将事物按照各种特征和属性进行分类是人类认识世界的一种有效手段。把一个内容庞杂的体系分门别类后再进行研究，要远比直接研究该体系更容易、更清晰。对认识对象进行分类的方法有很多种，一般地，人们可以凭借经验常识来实现分类。而聚类分析（cluster analyses）这种基于数据自身信息来对数据进行分类的定量方法，因其具有显著的“有用性”，在不同领域内都得到了广泛应用。如在生物学领域中，聚类分析可用来对动植物和基因进行分类，以获取对种群固有结构的认识；在环境学领域中，聚类分析可用来对不同环境影响因素及污染水平进行分类，以获得污染指标的可靠信息。在经济学领域中，聚类分析可用来对经济活动市场及不同经济生产水平进行分类分析，获取目标市场信息及相关经济指标信息等。

作为一种分类工具，聚类分析通过寻找数据之间的内在结构联系，可以将研究目的、专业知识和数据特征相结合，合理地把数据分成若干个类或簇（clusters），使得类或簇内部数据的“差异”尽可能小，类或簇间的“差异”尽可能大。

聚类分析实质上是“将数据对象的集合分组为由相似的对象组成的多个类（簇）的分析过程”。类（簇）内的对象相互之间相似性越大（相关），不同类（簇）之间的相似性越小（不相关），说明聚类效果越好。数据之间的相似性是通过定义一个距离或者相似系数来判别。从实际应用的角度看，对数据进行分析和挖掘是聚类分析的主要任务之一。它能够作为一个独立的工具获得数据的分布状况，观察每一类（簇）数据的特征，集中对特定的聚类（簇）集合做进一步的分析研究。图 11-1 显示了一个按照数据对象之间的距离进行聚类的示例，距离相近的数据对象被划分为一个类（簇）。

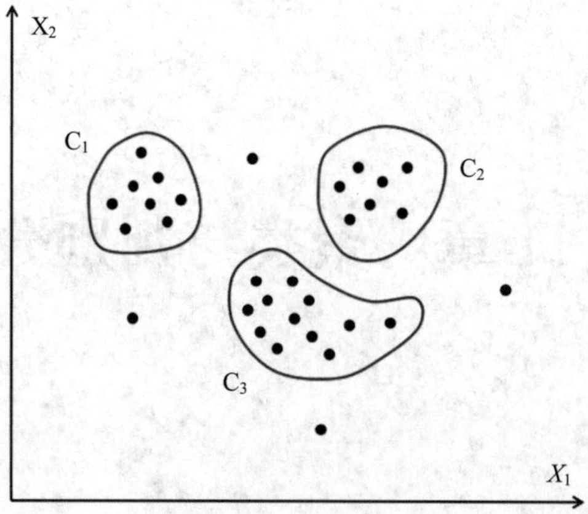

图 11-1 聚类分析示意图

聚类分析所使用方法的不同，常常会得到不同的结论，并且针对某个特定问题也很难得出一个完全确定的结论。不同研究者对于同一组数据进行聚类分析，所得到的聚类结果也不一定相同。因此，在进行聚类分析时首先要重点明确以下几个问题。

（1）变量类型

变量大致可以分为数值型（numerical）和分类型（categorical）两类。这两类变量在聚类时通常采用的相似性度量指标各不相同（变量的类型不同，相似性的含义也有所区别）。例如，对数值型变量而言，两个对象的相似度一般用它们的欧氏（euclidean）距离来度量——在欧氏空间中的互相邻近的程度；而对分类型变量来说，两个对象的相似度一般利用相关系数矩阵来表征——与它们取值相同的属性的个数有关。多数传统聚类方法只能使用单一类型的变量进行分析。我们知道，无关变量有时会引起严重的错分，当数据中同时有数值变量和分类变量时，应尽量使用数值变量进行分析，将分类变量用于结果的解释和验证。不过，新的聚类方法比如两步聚类法可以同时使用这些变量，随后会介绍。

（2）相似性度量（similarity measurement）

如前所述，聚类分析通常是按照对象间的相似性进行分类，因此如何描述对象间相似性是聚类分析的重要问题。为了使分类合理，必须描述样本之间的亲疏远近程度。刻画聚类样本点之间的亲疏远近程度最经典的主要有以下两类函数。

①距离函数。可以把每个样本点看作高维空间中的一个点，进而使用某种距离来表示样本点之间的相似性，距离较近的样本点性质较相似，距离较远的样本点则差异较大。统计学家提出了多种描述距离的方法，对于数值变量常用的是闵氏（Minkowski）距离：

$$d_q(x,y)=\left[\sum_{k=1}^{p}\left|x_k-y_k\right|^q\right]^{1/q},q>0 \tag{11-1}$$

当q=1，2 或$q\to+\infty$时，则分别得到：

绝对值（manhattan）距离

$$d_1(x,y)=\sum_{k=1}^{p}\left|x_k-y_k\right| \tag{11-2}$$

欧氏（Euclidean）距离

$$d_2(x,y)=\left[\sum_{k=1}^{p}\left|x_k-y_k\right|^2\right]^{1/2} \tag{11-3}$$

切比雪夫（Chebyshev）距离

$$d_\infty(x,y)=\max_{1\leqslant k\leqslant p}\left|x_k-y_k\right| \tag{11-4}$$

在闵氏（Minkowski）距离中，最常用的是欧氏（Euclidean）距离。因为，当对坐标系统进行平移和旋转变换时，该距离会保持不变。但是，在聚类分析中，人们往往会使用欧氏平方距离来度量相似性，大多数聚类过程都默认采用这样的距离作为测量指标。

②相似系数函数。两个样本点愈相似，则相似系数值愈接近 1；样本点愈不相似，则相似系数值愈接近 0。这样就可以使用相似系数来衡量变量之间的相似程度（或关联程度）。一般地，若r_{jk}表示变量之间的相似系数，应满足：$\left|r_{ij}\right|\leqslant 1$任意$j$，$k$；$r_{jk}=r_{kj}$，任意$j$，$k$。

相似系数中最常用的是相关系数与夹角余弦两种：

相关系数：记变量$x_j=(x_{1j},x_{2j},\cdots,x_{nj})^T\in R^n(j=1,2,\cdots,p)$。则可以用两变量$x_j$与$x_k$的相关系数作为它们的相似性度量，当对变量进行聚类时，利用相关系数矩阵是最常用的：

$$r_{jk}=\frac{\sum_{i=1}^{n}(x_{ij}-\bar{x}_j)(x_{ik}-\bar{x}_k)}{\left[\sum_{i=1}^{n}(x_{ij}-\bar{x}_j)^2\sum_{i=1}^{n}(x_{ik}-\bar{x}_k)^2\right]^{1/2}} \tag{11-5}$$

夹角余弦：也可以直接用两变量x_j与x_k的夹角余弦r_{jk}来定义它们的相似性度量，当然还有许多其他的相似性度量方法，如马氏距离、最短距离、最长距离、重心法、核函数等，这里不再详述，感兴趣的读者可以参考相关书籍：

$$r_{jk}=\frac{\sum_{i=1}^{n}x_{ij}x_{ik}}{(\sum_{i=1}^{n}{x_{ij}}^2\sum_{i=1}^{n}{x_{ik}}^2)^{1/2}} \tag{11-6}$$

（3）聚类算法的选择

目前存在大量的聚类算法（clustering algorithm），主要分为层次化聚类算法、划分式聚类算法、基于密度的聚类算法、基于网格的聚类算法、基于模型的聚类算法等。各种聚类算法有着不同的适用条件，对于不同数据会有不同表现结果，很难有统一的标准说明什么时候应该选用什么样的算法。一般情况下在选择算法时，我们主要根据数据的类型、聚类的目的和具体实践应用三个方面来考虑。

当然，近年来随着聚类算法的进一步发展，也开始形成了一些标准来衡量聚类算法的优劣。如①处理大的数据集的能力；②能否处理任意形状，互相嵌套的数据的能力；③算法是否独立于数据输入顺序；④处理数据噪声的能力；⑤是否需要预先知道聚类个数，是否需要用户给出领域知识；⑥算法处理多属性数据的能力等。

（4）聚类分析的方法类别

经过多年的发展，聚类分析已形成了具有不同适应性的多种方法体系。传统分类法按照样本（SPSS中称“个案”）和变量进行分类，将对样本的分类称为Q型聚类，将对变量的分类称为R型聚类。这两种聚类方法是根据分类对象的不同来进行划分的，但其在数学原理上并无本质差别。目前较为流行的分类方法是按照应用算法原理的不同来进行分类的，大致可分为层次聚类法、划分聚类法、基于密度的聚类法、基于网格聚类法、基于模型聚类法五类。此外，随着大数据时代的来临及人工智能技术的发展，在对海量数据的处理及挖掘中，又形成了一些前沿的新聚类方法，如模糊聚类、量子聚类、核聚类等。

①层次聚类法

层次聚类法（hierarchical clustering methods）可以简单理解为在不同的“层次”上对样本数据集进行划分，一层一层地进行聚类。主要分为凝聚（agglomerative）和分裂（divisive）方法两种路径。凝聚也称自底向上法（bottom-up），开始便将每个对象单独划为一个类，然后把距离近的对象逐次合并入一类，直到所有对象被合并为一个类或者达到迭代停止条件为止。分裂也称自顶向下法（top-down），开始是将所有对象当成一个类，然后通过迭代分解把距离远的对象排除分离，直到所有对象都各自成为一个独立的“类”。最后用树状图（即谱系图）记录整个分析过程，这个树状图包含我们所需要的类别信息及每一步完成的分割或合并信息。

这两种方法在本质上没有优劣，所用原理完全相同，只是方向相反而已。在实际应用时根据数据特点和一些分析指标、分类目的来确定聚类个数。显然，所得到的一系列可能的聚类结果存在着嵌套或层次关系，故这一类聚类方法被称为层次聚类法。在SPSS中，目前只提供了自下而上的凝聚法。

②划分聚类法

划分聚类法（partitioning clustering methods）是将给定的一个N个对象的合集，快速划分成K个类别，这里要求K要小于N。一般而言，大部分划分方法是基于距离的，具体的类别数在分析前就要加以确定，即首先挑选K个对象作为初始中心，然后依据事先设定好的启发模式不断给对象做迭代重置，使各对象在不同类别（中心）间移动，直到最后达到“类内的对象足够近，类间的对象足够远”的目标效果为止。

根据事先设定好的“启发模式”来进行计算，使整个聚类过程中不会出现多个互相嵌套的聚类结果，也不需要存储距离矩阵，故其计算速度很快，因而又称为快速聚类法。也正是根据所谓的“启发模式”，形成了 *K*-均值聚类法及其变体方法，如 *K*-中心聚类法、*K*-模型聚类法、*K*-中位数聚类法等，其中，以 *K*-均值聚类法最为常用，SPSS 中正是采用这种方法。

③基于密度聚类法

基于密度聚类法（density-based clustering methods）是根据样本的密度分布来进行聚类，其核心思想是在对象空间中找到分散开的密集区域。简单理解就是先在样本中随机选取一些数据点，然后按照给定的最大搜索半径查找附近的点，并要求在该范围内至少应该搜索到多少个点，并将它们归为同一类；如果有数据点超过该最大半径，则将其定义为新的类别继续搜索，直到再也找不到新的类别为止；如果最大允许范围内数据点始终达不到最低要求的点数，则将不属于任何类的数据点归为噪声点。

划分和层次的聚类方法主要用于球状聚类，对形状不规则的就很难适用。基于密度的聚类方法就善于解决不规则形状的聚类问题。它以邻近区域的密度（对象或数据点的数目）为出发点，来考察样本之间的可连接性，并基于可连接样本不断扩展聚类簇，可以在具有噪声的空间数据中发现任意形状的聚类，从而达到最终的聚类结果，弥补了划分和层次聚类法的不足。实际上，IBM SPSS Statistics 中提供的最近邻元素法正好就属于这类方法。

④基于网格聚类法

基于网格聚类法（grid-based clustering methods）的原理是将数据空间量化为有限数目的网格单元，形成一个网格结构，然后将数据对象集映射到网格单元中，计算每个单元的密度，根据预设的阈值判断每个网格单元是否为高密度单元，并将邻近的稠密单元划分成“类”。

基于网格的聚类方法主要优点就是处理速度很快，其处理时间独立于数据对象的数目，只与量化空间中每一维上单元个数有关。但其缺点也很突出，如在处理高维数据时，网格单元的数目会随着属性维数的增加而呈指数级增长，从而导致“维数灾难”；此外，输入参数对聚类结果影响较大，而且这些参数较难设置。

⑤基于模型聚类法

基于模型聚类法（model-based clustering methods），其基本原理就是假定目标对象是由一系列潜在的分布模型所决定的。它首先为每个一个“类”都假定了一个模型，然后再去寻找符合模型的数据对象，目的是将给定数据与某个数学模型达成最佳拟合。假定的模型主要是指基于概率模型的方法和基于神经网络模型的方法，尤其以基于概率模型的方法居多，其中最典型的方法就是高斯混合模型。

基于模型的聚类方法总是试图优化给定的数据和某些数学模型之间的适应性。SPSS中提供的两步聚类法（two step cluster）就属于这种聚类方法中的一种。

11.1.2 层次聚类法

层次聚类法是聚类分析方法中最常用的一种方法，典型的层次聚类结果可由一个谱系图展示出来。根据运算的方向，层次聚类法可以分为聚合法和分裂法两大类。SPSS 中提供的是聚合法，称作“系统聚类法”，它可以对样本进行聚类，也可以对变量进行聚类。其统计结果与图形包括凝聚表、距离矩阵或相似性矩阵、聚类成员、谱系图、冰柱图等，过程如下。

（1）首先将 *n* 个样本或变量看成 *n* 个分类，按照所定义的相似性统计量计算各类之间的距离（样本聚类）或者相似度（变量聚类），形成一个距离矩阵或相似性矩阵。

（2）将距离或性质最接近的两类合并成一个新类，形成 *n*–1 个类别，计算新产生的类别与其他各类别之间的距离或者相似度，形成新的矩阵。

（3）从 *n*-1 类中继续寻找最接近的两类合并成一类，按照步骤（2）的方法重复进行，直到所有的样本或变量都被合并为一个类别为止。

实战案例：

例 11.1：以“data028_中国 30 省级行政区社会经济指标.sav”数据为例，对全国 30 个省级行政区（除河北）的 8 项经济指标（GDP、居民消费水平、固定资产投资、职工平均工资、货物周转量、消费价格指数、商品零售价格指数、工业总产值）进行聚类分析。

SPSS 操作过程：

（1）案例分析

首先对数据做初步考察，本例 30 个省份，每个省份有 8 项经济指标，均为连续性数据。根据专业判断，通常按照经济状况将研究地区分为“发达”“中等发达”和“欠发达”三类地区。首先利用【分析】→【报告】→【个案摘要】过程，对数据进行描述统计（表 11-1），结果显示数据取值差异很大。均值介于 114.91～5 457.63，标准偏差介于 1.90～1 474.801，分布差异较大，可能对聚类结果产生较大影响，需考虑对数据进行标准化处理。

表 11-1 中国 30 省级行政区经济指标描述性统计分析结果

	个案数	最小值	最大值	平均值	标准偏差
GDP（y）	30	55.98	5 381.72	1 921.09	1 474.81
居民消费水平	30	942.00	5 343.00	1 745.93	861.64
固定资产投资	30	17.87	1 639.83	511.51	402.89
职工平均工资	30	4 134.00	9 279.00	5 457.63	1 310.22
货物周转量	30	4.20	2 033.30	666.14	459.97
消费价格指数	30	113.50	121.40	117.29	2.03
商品零售价格指数	30	110.60	118.10	114.91	1.90
工业总产值	30	5.57	2 207.69	863.00	584.59

根据描述性统计分析结果，本例选用系统聚类法进行聚类分析，此方法可以自动对数据进行标准化。

（2）SPSS 操作步骤

第 1 步：双击打开“data028_中国 30 省级行政区社会经济指标.sav”数据集。

第 2 步：选择【分析】→【分类】→【系统聚类】过程［图 11-2（a)］，打开【系统聚类分析】定义对话框，将除“省份”外的 GDP 等 8 项经济指标选入【变量】框，并将“省份”放入【个案标注依据】框中，选中【聚类】框组内的【个案】复选框和【显示】框组内的【统计】和【图】复选框，如图 11-2（b）所示。

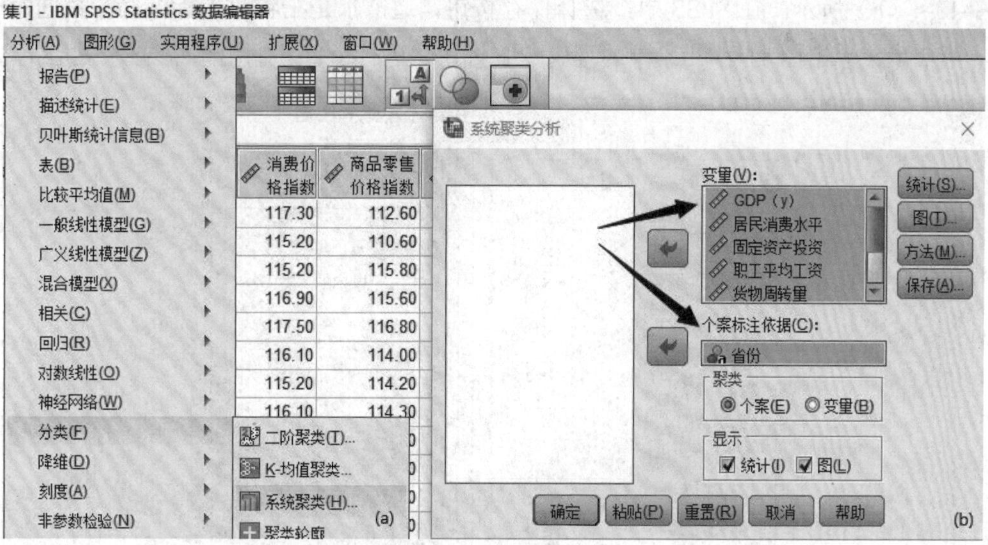

图 11-2 系统聚类分析选择过程（a）和定义对话框（b）

第 3 步：单击图 11-2（b）中的【统计】按钮，打开【系统聚类分析：统计】定义子对话框，选中【聚类成员】框组内的【单个解】，并在【聚类数】右侧框中输入分类数，本例计划分为三类，故输入“3”，如图 11-3（a）所示。若不知道应该分成几类，也可以选择“解的范围”，一般输入 3～5 类，让软件进行聚类，然后根据聚类结果结合专业进行判断解释。

第 4 步：单击图 11-2（b）中的【图】按钮，打开【系统聚类分析：图】定义子对话框，选中【谱系图】复选框，并选中【冰柱图】框组内的【无】复选框，如图 11-3（b）所示。【谱系图】可以做出树状结构图，只有系统聚类可以做，它是观察和理解聚类结果的重要图形。【冰柱图】也是观察聚类结果的一类图形，但是它在应用范围及可读性方面都较谱系图差一些，近年来用得较少。

第 5 步：单击图 11-2（b）中的【方法】按钮，打开【系统聚类分析：方法】定义子对话框，在【聚类方法】下拉列表框中选择【瓦尔德法】，并在【测量】框组内的【区间】下拉列表框中选择【平方欧氏距离】，并通过选择【转换值】框组内【标准化】下拉列表框中的【Z 得分】转化方法进行变量标准化转换，如图 11-4（a）所示。注意：在 SPSS 26.0 中，聚类方法包括瓦尔德法在内共有 7 种，其中比较常用的主要为组间联接法等；针对变量属性的不同（连续变量、计数变量或二分类变量），提供了不同的距离测量方法；变量转化的标准化方法也有多种。

第 6 步：单击图 11-2（b）中的【保存】按钮，打开【系统聚类分析：保存】定义子对话框，在【聚类成员】框组内选中【单个解】复选框，并在【聚类数】右侧框中输入“3”，如图 11-4（b）所示。在 SPSS 中，选择保存按钮，通常都是指将该指标保存在数据库中。

第 7 步：单击图 11-2（b）中的【确定】按钮，进行运算并输出系统聚类分析结果。

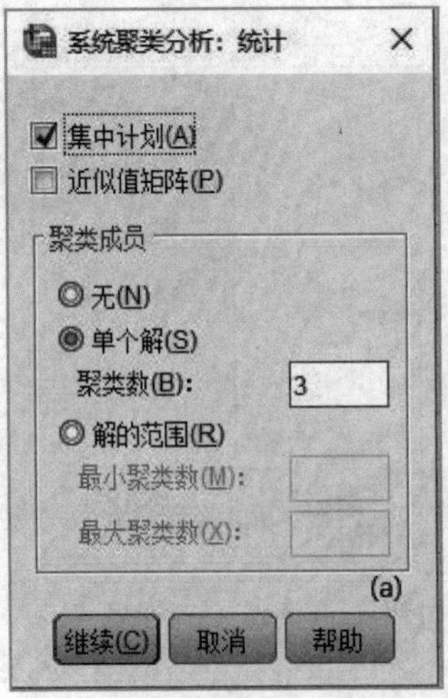

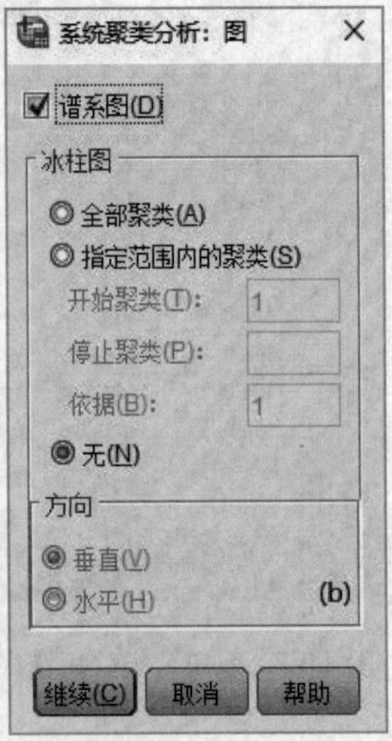

（a）统计　　（b）图

图 11-3　系统聚类分析定义子对话框

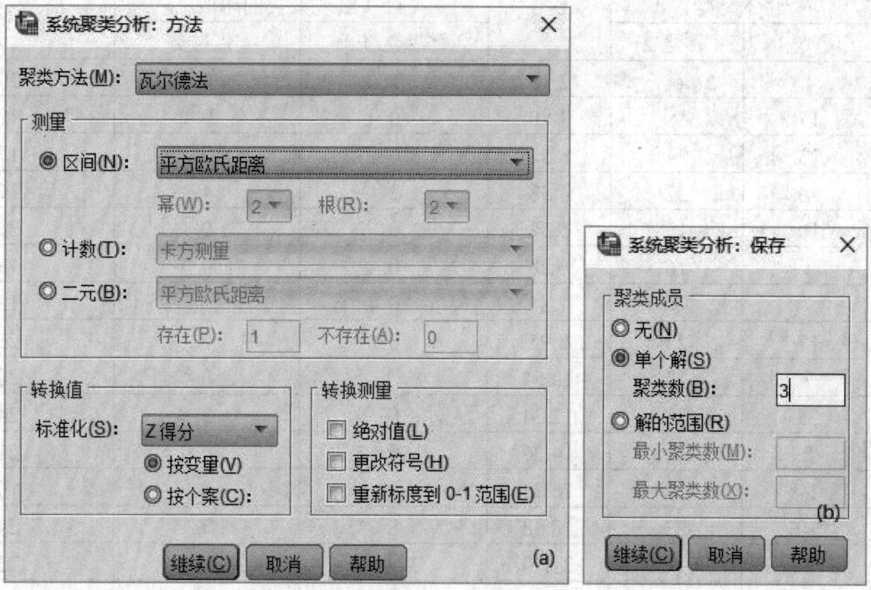

（a）方法设置　　（b）保存设置

图 11-4 系统聚类分析

（3）结果分析

首先，给出了个案处理摘要，主要信息是距离测量指标为平方欧式距离，如表 11-2 所示；聚类集中计划给出了聚类分析的详细过程，【组合聚类】列出了在某一步中哪些对象参与合并，可见第一步是对象 4（山西）和对象 14（江西）进行合并，第二步是对象 20（广西）和对象 26（陕西）进行合并，以此类推，直到 30 个对象全部合为一类。【系数】列给出了被合并的两个类别之间的距离大小，本例中该值即为按照瓦尔德法计算出的两类间平方欧氏距离值。该图仅为聚类分析过程的详细展示，其中大部分内容并不是研究者关注的对象，因此可以不看。

其次，给出了聚类成员及聚类结果（表 11-3），由此可见，按照 3 类的聚类要求，软件按照系统聚类法，将 30 个省级行政区根据经济状况指标分成了三类。

表 11-2 系统聚类分析沃德联接集中计划

阶段	组合聚类		系数	首次出现聚类的阶段		下一个阶段
	聚类 1	聚类 2		聚类 1	聚类 2	
1	4	14	0.34	0	0	5
2	20	26	0.70	0	0	8
3	28	29	1.09	0	0	14
4	27	30	1.54	0	0	8

阶段	组合聚类		系数	首次出现聚类的阶段		下一个阶段
	聚类 1	聚类 2		聚类 1	聚类 2	
5	4	5	2.15	1	0	20
6	17	18	2.80	0	0	12
7	23	24	3.52	0	0	17
8	20	27	4.38	2	4	17
9	10	15	5.32	0	0	22
10	3	16	6.28	0	0	18
11	7	8	7.35	0	0	13
12	17	22	8.95	6	0	23
13	7	12	10.54	11	0	20
14	25	28	12.34	0	3	24
15	2	21	14.26	0	0	21
16	11	13	16.23	0	0	19
17	20	23	18.38	8	7	24
18	3	6	21.70	10	0	23
19	1	11	25.09	0	16	21
20	4	7	30.32	5	13	25
21	1	2	38.33	19	15	26
22	10	19	46.59	9	0	27
23	3	17	55.69	18	12	25
24	20	25	64.92	17	14	28
25	3	4	78.75	23	20	28
26	1	9	99.28	21	0	27
27	1	10	130.81	26	22	29
28	3	20	166.86	25	24	29
29	1	3	232.00	27	28	0

表 11-3 系统聚类分析聚类成员结果

个案	3 个聚类	个案	3 个聚类	个案	3 个聚类
1：北京	1	11：浙江	1	21：海南	1
2：天津	1	12：安徽	2	22：四川	2
3：河北	2	13：福建	1	23：贵州	3
4：山西	2	14：江西	2	24：云南	3
5：内蒙古	2	15：山东	1	25：西藏	3
6：辽宁	2	16：河南	2	26：陕西	3
7：吉林	2	17：湖北	2	27：甘肃	3
8：黑龙江	2	18：湖南	2	28：青海	3
9：上海	1	19：广东	1	29：宁夏	3
10：江苏	1	20：广西	3	30：新疆	3

最后，输出了使用沃德连接的谱系图，如图 11-5 所示。在此谱系图中，整个聚类过程通过直观的方式表现出来，更加形象地展示聚类结果。它把类别间的最大距离换算成相对距离 25，本例中对应的是 232.00，其他距离均换算成与之相比的相对距离。图形左边列出聚类的对象，而对象或类别的合并则通过线条连接的方式来表示。根据本例研究目的及专业分析聚成 3 类：

① 分为 1 类地区（经济发达地区）的有 9 个，包括北京、天津、上海、广州、江苏、浙江、福建、海南、山东，地域上主要分布在我国东部及沿海地区；2 类地区（中等发达地区）有 12 个，主要包括江西、安徽、河南、湖北、湖南等大部分中部地区；3 类地区（欠发达地区）有 9 个，主要包括青海、新疆、西藏、云南、贵州等西部内陆地区。

② 基于数据的行业背景及一般常识，认为所分的 3 类别间差异明显，专业上也较好解释，因此认为分类结果比较合理。

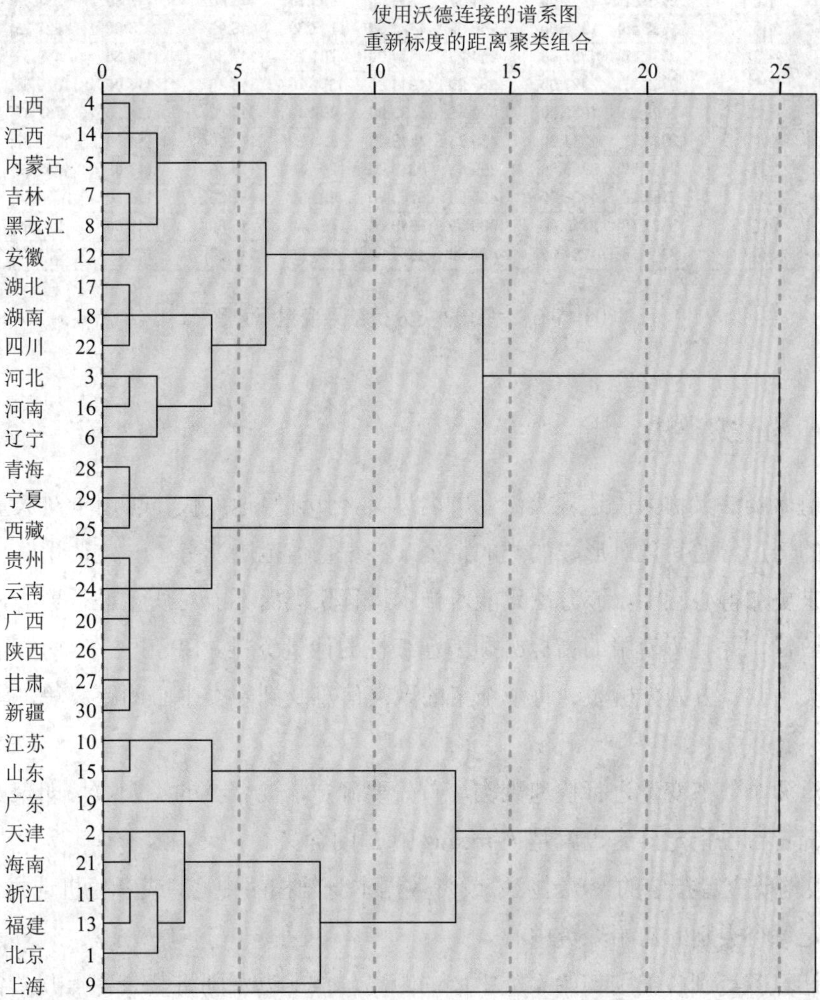

图 11-5　谱系图

③可在数据视图右侧中新增一列“CLU3_1”用于标识聚类结果，如图 11-6 所示，该变量展示的就是表 11-3 所示的结果。

至此，就得到了系统聚类分析的结果，聚类分析最后一步，也是最为困难的就是对分出的各类进行定义解释，描述各类的特征。这需要专业知识作为基础并结合分析目的才能得出。

	省份	GDP（y）	居民消费水平	固定资产投资	职工平均工资	货物周转量	消费价格指数	商品零售价格指数	工业总产值	CLU3_1
1	北京	1394.89	2505.00	519.01	8144.00	373.90	117.30	112.60	843.43	1
2	天津	920.11	2720.00	345.46	6501.00	342.80	115.20	110.60	582.51	1
3	河北	2849.52	1258.00	704.87	4839.00	2033.30	115.20	115.80	1234.85	2
4	山西	1092.48	1250.00	290.90	4721.00	717.30	116.90	115.60	697.25	2
5	内蒙古	832.88	1387.00	250.23	4134.00	781.70	117.50	116.80	419.39	2
6	辽宁	2793.37	2397.00	387.99	4911.00	1371.70	116.10	114.00	1840.55	2
7	吉林	1129.20	1872.00	320.45	4430.00	497.40	115.20	114.20	762.47	2
8	黑龙江	2014.53	2334.00	435.73	4145.00	824.80	116.10	114.30	1240.37	2
9	上海	2462.57	5343.00	996.48	9279.00	207.40	118.70	113.00	1642.95	1
10	江苏	5155.25	1926.00	1434.95	5943.00	1025.50	115.80	114.30	2026.64	1
11	浙江	3524.79	2249.00	1006.39	6619.00	754.40	116.60	113.50	916.59	1
12	安徽	2003.58	1254.00	474.00	4609.00	908.30	114.80	112.70	824.14	2

图 11-6　系统聚类分析结果变量示意图

11.1.3　*K*-均值聚类法

K-均值聚类法又称为快速聚类法，顾名思义，其计算速度快，可用于对大量数据进行聚类分析的情形，尤其是对形成的类的特征（各变量值范围）有了一定认识时，此聚类方法使用起来更加得心应手。该方法只能对样本进行聚类而不能对变量进行聚类，必须要指定聚类的数目，并且所使用的指标必须为连续性的计量资料。SPSS 中 *K*-均值聚类法可统计初始聚类中心、方差分析表、每个个案的聚类信息及到聚类中心的距离等，其基本步骤如下。

（1）对 n 个数值变量进行快速聚类，首先要确定需要聚类的类别数，即聚类数 K，这个值由研究者自己指定，这也就是 *K*-means 中 K 的含义。

（2）根据研究者指定的聚类中心，或者数据本身结构的中心，或者随机选择 K 个案例，来初步确定每个类别的初始聚类中心。

（3）计算各点到各类别初始聚类中心的距离，按就近原则将其余各点归入各个类别，形成新的类。并计算各类别的新中心位置（用平均值表示），即新聚类中心。

（4）按照新的聚类中心位置重新计算各点距离该中心点的距离，并重新进行归类，迭代更新各类别聚类中心。

（5）如此反复循环，直到找到最佳的聚类中心，或者达到一定的收敛标准，或者达到指定的迭代次数为止。

实战案例：

例 11.2：以“data002_主要城市经济环境数据.sav”数据为例，利用 29 城市 6 项常规大气污染物（二氧化硫年均浓度、二氧化氮年均浓度、可吸入颗粒物年均浓度、一氧化碳年均浓度、臭氧_8 h 年均浓度和细颗粒物年均浓度）污染状况，对各城市大气环境质量进行细分，以期对上述城市的环境空气质量进行评估研究。根据专业判断，研究者认为可以将各城市按照空气质量分为 3 个主要类别，如空气质量较好地区、中等地区和较差地区，现在希望得到相应的定量聚类结果。

SPSS 操作过程：

（1）案例分析

本例 6 个变量均为连续性数据，要求对各取样点进行聚类，属于样品聚类。首先利用【分析】→【报告】→【个案摘要】过程，对数据进行预分析，描述结果如表 11-4 所示。从表 11-4 可以看出，数据的量纲不同，且取值差异较大。平均值最小的为 1.58，最大的达 159.69，相差达 100 多倍；标准差也从 0.55～26.40，分布差异较大。这显然会对聚类带来很大的影响，因此需对数据进行标准化。

表 11-4　主要城市 6 项常规空气污染物年均浓度描述统计分析结果　单位：μg/m³

	个案数	最小值	最大值	平均值	标准偏差
二氧化硫年均浓度	29	5.00	29.00	13.66	6.55
二氧化氮年均浓度	29	14.00	52.00	38.48	9.24
可吸入颗粒物年均浓度	29	35.00	135.00	74.38	23.88
一氧化碳年均浓度	29	0.80	3.00	1.58	0.55
臭氧_8 h 年均浓度	29	116.00	211.00	159.69	26.40
细颗粒物年均浓度	29	18.00	72.00	41.10	12.63

（2）变量数据的标准化转换

在 SPSS 中，*K*-均值聚类法不能自动对数据进行标准化，需事先进行标准化转换。具体方法为：选择【分析】→【描述统计】→【描述】过程中的【将标准化值另存为变量】功能，对变量数据进行标准化转化，如图 11-7 所示。

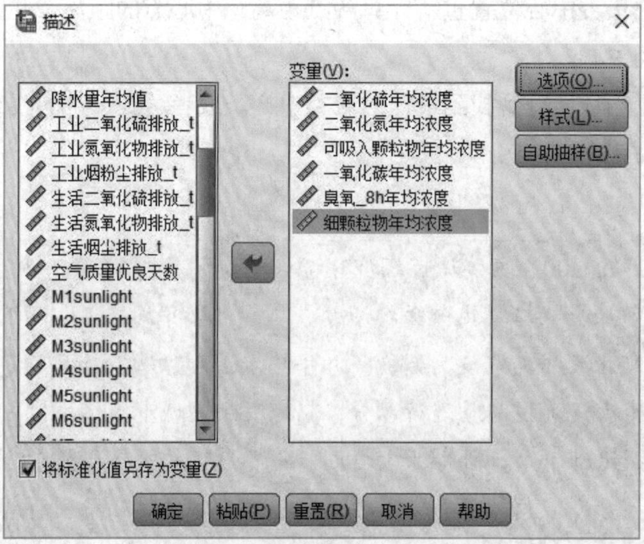

图 11-7　数据标准化

（3）SPSS 操作过程

第 1 步：双击打开“data002_主要城市经济环境数据.sav”数据集。

第 2 步：选择【分析】→【分类】→【K 均值聚类】过程［图 11-8（a）］，将 6 项标准化变量选入【变量】，并将“城市”变量设置为【个案标注依据】，设置后聚类信息显示的就直接为样点编号，不设置系统会自动给出 ID；【聚类数】根据研究目的设定为 3 类［图 11-8（b）］。

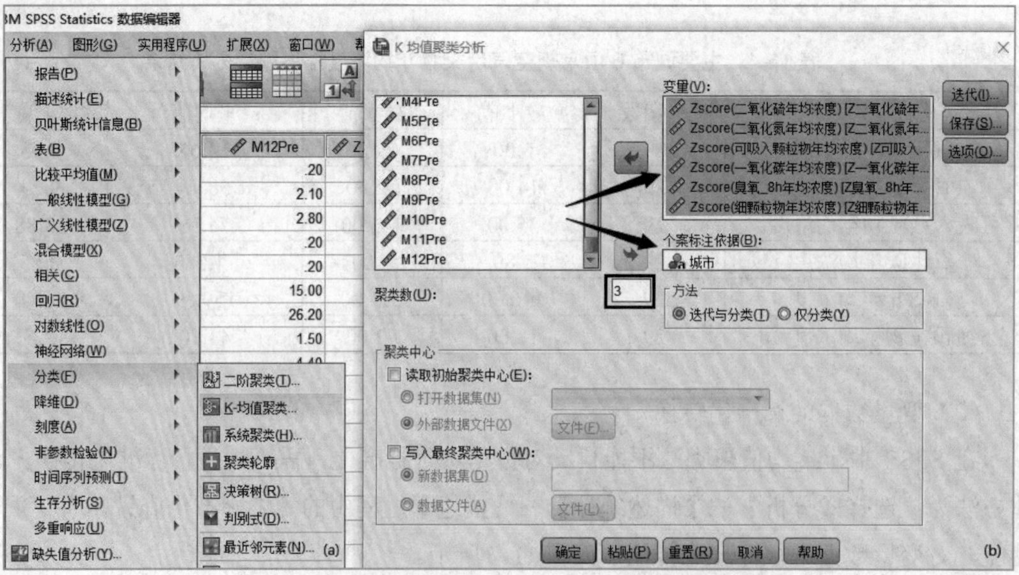

图 11-8　*K*-均值聚类分析选择过程（a）和定义主对话框（b）

第 3 步：单击图 11-8（b）中的【迭代】按钮，打开【*K* 均值聚类：迭代】定义子对话框，系统默认最大迭代次数为 10，收敛标准为 0［图 11-9（a）］。迭代次数一般按默认设置，如果 10 次迭代后仍未寻找到最佳聚类中心，我们再返回进行设置，但在一般情况下，软件 10 次内都会找到最佳聚类中心。

第 4 步：单击图 11-8（b）中的【保存】按钮，打开【*K* 均值聚类：保存】定义子对话框，选中【聚类成员】和【与聚类中心的距离】复选框［图 11-9（b）］，单击【继续】，回到主对话框。保存设置过程可将指标变量保存至数据库中。

第 5 步：单击图 11-8（b）中的【选项】按钮，打开【*K* 均值聚类：选项】定义子对话框，选中【统计】框组内的【初始聚类中心】【ANOVA 表】和【每个个案的聚类信息】复选框，【缺失值】框组中默认选中【成列排除个案】［图 11-9（c）］，然后点击【继续】，回到主对话框。

第 6 步：单击图 11-8（b）中的【确定】按钮，进行聚类分析，并输出分析结果。

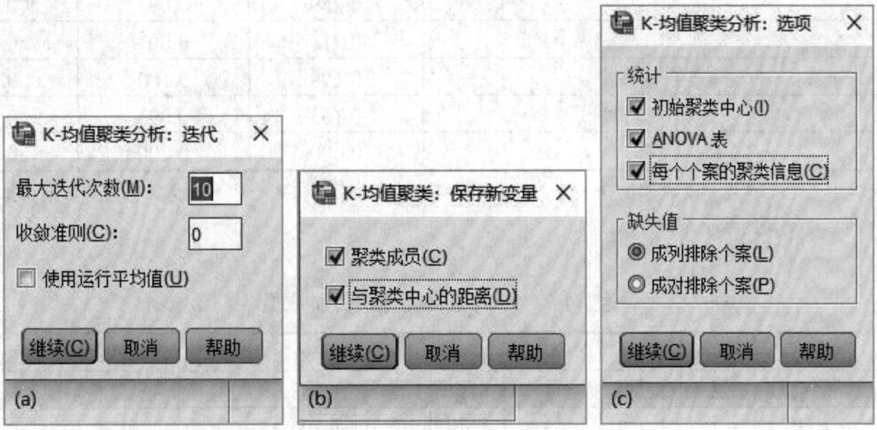

（a）迭代设置　（b）保存设置　（c）选项设置

图 11-9　*K*-均值聚类分析定义子对话框

（4）结果解析

SPSS 中进行 *K*-均值聚类分析后，会输出初始聚类中心与迭代记录、聚类成员、最终聚类中心与聚类中心之间的距离、ANVOA 表以及聚类个案数目。

表 11-5 给出了初始聚类中心，它列出每一类别初始定义的聚类中心，初始聚类中心是 SPSS 软件随机自动产生的，对结果判读没有多大的意义，可以不看。

表 11-6 给出了迭代记录结果，由此可知本例的迭代过程为 6 次，即经过 6 次迭代，3 个聚类中心均达到收敛标准 0，表明已经寻找到最佳聚类中心。

表 11-7 给出了聚类成员信息，包括各个城市及其所属的类别，并且给出各城市到各聚类中心的距离。如北京属于第 2 类，北京到 2 类聚类中心的距离为 1.704。

表 11-5　K-均值聚类分析初始聚类中心

	聚类		
	1	2	3
Zscore（二氧化硫年均浓度）	−1.321	1.884	1.426
Zscore（二氧化氮年均浓度）	−2.650	0.056	1.247
Zscore（可吸入颗粒物年均浓度）	−1.649	−0.100	2.371
Zscore（一氧化碳年均浓度）	−1.402	0.405	1.851
Zscore（臭氧_8 h 年均浓度）	−1.655	0.125	1.944
Zscore（细颗粒物年均浓度）	−1.830	−0.008	2.447

表 11-6　K-均值聚类分析迭代记录

迭代	聚类中心中的变动		
	1	2	3
1	1.579	1.953	1.460
2	0.259	0.097	0.000
3	0.211	0.097	0.000
4	0.199	0.100	0.000
5	0.153	0.093	0.000
6	0.000	0.000	0.000

注：由于聚类中心中不存在变动或者仅有小幅变动，因此实现了收敛。任何中心的最大绝对坐标变动为 0.000。当前迭代为 6。初始中心之间的最小距离为 4.377。

表 11-7　K-均值聚类分析聚类成员

个案号	城市	聚类	距离	个案号	城市	聚类	距离	个案号	城市	聚类	距离
1	北京	2	1.704	11	南京	2	1.165	21	广州	2	1.812
2	天津	2	1.761	12	杭州	2	1.200	22	南宁	1	0.982
3	石家庄	3	1.460	13	合肥	2	1.248	23	海口	1	2.265
4	太原	3	1.429	14	福州	1	0.994	24	贵阳	1	0.837
5	呼和浩特	2	1.603	15	南昌	1	1.224	25	昆明	1	0.804
6	沈阳	2	1.925	16	济南	3	1.027	26	拉萨	1	1.198
7	大连	1	0.951	17	青岛	2	1.336	27	西宁	2	2.527
8	长春	1	1.280	18	郑州	3	1.226	28	银川	2	2.316
9	哈尔滨	2	1.765	19	武汉	2	1.049	29	乌鲁木齐	2	2.952
10	上海	2	1.680	20	长沙	2	1.412	—	—	—	—

表 11-8 和表 11-9 给出了最终聚类中心与聚类中心之间的距离。最终聚类中心结果对于识别和解释分类结果较为重要。图中显示第 1 类聚类中心在 6 项空气质量指示中均最低，因此 1 类为环境空气质量较好地区，同样可见 3 类为环境空气质量中等地区，2 类为较差地区。

表 11-9 列出了 3 个最终聚类中心相互之间的距离，如 1 类中心与 2 类中心间距离为 2.614。

表 11-8　*K*-均值聚类分析最终聚类中心

	聚类		
	1	2	3
Zscore（二氧化硫年均浓度）	−0.507	−0.005	1.159
Zscore（二氧化氮年均浓度）	−1.123	0.333	1.193
Zscore（可吸入颗粒物年均浓度）	−0.849	−0.008	1.942
Zscore（一氧化碳年均浓度）	−0.800	0.247	0.812
Zscore（臭氧_8 h 年均浓度）	−0.944	0.156	1.499
Zscore（细颗粒物年均浓度）	−1.038	0.165	1.675

表 11-9　*K*-均值聚类分析最终聚类中心之间的距离

聚类	1	2	3
1		2.614	5.643
2	2.614		3.208
3	5.643	3.208	

表 11-10 给出了 *K*-均值聚类分析 ANVOA 分析结果，对标准化后的 6 项空气质量指标均进行了方差分析，若每项指标检验的 $P<0.05$，则表明该项指标在 3 个聚类间均存在统计学差异，说明该项指标对聚类结果发挥了作用。由表 11-10 结果可知，6 项指标对应的显著性 P 均小于 0.05，表明各指标均对聚类结果有贡献。

表 11-10　*K*-均值聚类分析 ANVOA

	聚类		误差		*F*	显著性
	均方	自由度	均方	自由度		
Zscore（二氧化硫年均浓度）	3.842	2	0.781	26	4.918	0.015
Zscore（二氧化氮年均浓度）	9.407	2	0.353	26	26.626	0.000
Zscore（可吸入颗粒物年均浓度）	10.782	2	0.248	26	43.564	0.000
Zscore（一氧化碳年均浓度）	4.684	2	0.717	26	6.536	0.005
Zscore（臭氧_8 h 年均浓度）	8.693	2	0.408	26	21.297	0.000
Zscore（细颗粒物年均浓度）	10.672	2	0.256	26	41.694	0.000

表 11-11 给出了每个聚类中的个案数目汇总信息，由此可知划分为 1 类的环境空气质量较好的城市有 9 个；2 类的环境空气质量中等的城市有 16 个；3 类的环境空气质量较差的城市有 4 个。分类的具体参数在聚类成员表中体现。

表 11-11 *K*-均值聚类分析每个聚类中的个案数目

聚类	1	9
	2	16
	3	4
有效		29
缺失		0

11.1.4 两步聚类法

两步聚类法（two-step cluster）于 1996 年被提出，主要用来解决数据量大、类别结构复杂的聚类分析问题，是揭示混合属性数据集自然分类的探索性分析工具。由于加入了自动确定最佳类别数量的机制，其在统计分析和数据挖掘中具有鲜明的优势，如操作方法便捷实用、使用门槛低、具有一定的智能性等。其聚类变量既可以是连续变量也可以是离散变量，主要思想是用统计模型作为距离指标来进行聚类，假设变量服从某种概率分布，如假设连续变量服从正态分布，分类变量服从多项分布，所有变量均假设是独立的。两步聚类法的具体算法较为复杂，但借助软件实现起来也相对容易。

两步聚类算法，顾名思义就是整个聚类过程分为前后两个阶段。

（1）预聚类（pre-clustering）阶段。首先对所有记录进行距离考察，采用了 BIRCH 算法中 CF 树生长的思想，逐个读取数据集中数据点，构建 CF 分类特征树，在生成 CF 树的同时，预先聚类密集区域的数据点，形成诸多的小的子类（sub-cluster）。同一个树节点内的记录相似度高，相似度差的记录则会生成新的节点。

（2）聚类（clustering）阶段。以预聚类阶段的结果——子类为对象，使用凝聚法（agglomerative hierarchical clustering method）对节点进行分类，每一个聚类结果使用 BIC 或者 AIC 进行判断，并逐个地合并，根据 AIC 和 BIC 最小原则自动得出聚类数目。

在 SPSS 中，两步聚类法又常被称作二阶聚类法，它的优势至少表现在以下几个方面：可同时基于类别变量和连续变量进行聚类；可自动确定最终的分类个数；可处理大型数据集；同其他统计方法一样，二阶聚类也有严苛的适用条件，它要求模型中的变量独立，类别变量是多项式分布，连续变量须是正态分布。

实战案例：

例 11.3：以"data001_土壤和稻米重金属污染.sav"数据为例，对长江流域稻田土壤重金属污染进行评估。此数据库中包括采样点，研究地区，土壤镉浓度、土壤汞浓度、土壤铅浓度、土壤铬浓度、土壤 pH 和土壤有机质含量。研究者希望对各取样位置的土壤进行分类，以了解土壤不同参数类型的分区情况。

（1）案例分析

本案例中，研究样本量为 101 个，包含 2 个分类变量（全样品编号、研究地区）和 6 个连续型变量（土壤镉浓度、土壤汞浓度、土壤铅浓度、土壤铬浓度、土壤 pH 和土壤有机质含量）。因为包含 2 种变量类型，采用两步聚类法更为适合。

（2）SPSS 操作过程

第 1 步：双击打开“data001_土壤和稻米重金属污染.sav”数据文件。

第 2 步：选择【分析】→【分类】→【二阶聚类分析】过程［图 11-10（a）］，将分类变量“研究地区”选入【分类变量】框中，并将 6 项连续变量选入【连续变量】［图 11-10（b）］。注意：样点变量因不服从多项式分布，不作为类别变量进行聚类。

第 3 步：单击图 11-10（b）中的【选项】按钮，打开【二阶聚类：选项】定义子对话框，此过程主要用于对连续型变量进行标准化［图 11-11（a）］。本案例暂不进行噪声处理；模型构建的内存最大分配默认为 64 MB；【待标准化计数】框中，软件自动将 6 个连续型聚类变量纳入框内，表示软件将对这些变量自动进行标准化处理，以统一测量尺度。一般情况下，这些设置保持默认即可。

第 4 步：单击图 11-10（b）中的【输出】按钮，打开【二阶聚类：输出】定义子对话框，选中【透视表】【图表和表】和【创建聚类成员】复选框［图 11-11（b）］。较为重要的是“创建聚类成员”，这是整个聚类的最终结果，同时软件为每一行记录输出对应的类。

第 5 步：单击图 11-10（b）中的【确定】按钮，执行二阶聚类分析，并输出分析结果。

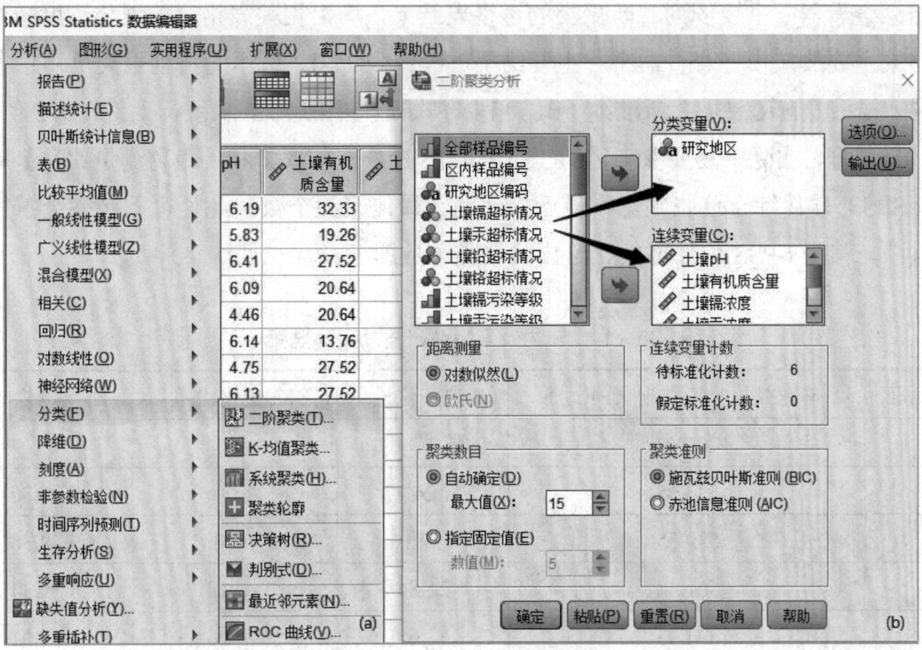

图 11-10　二阶聚类分析选择过程（a）和定义主对话框（b）

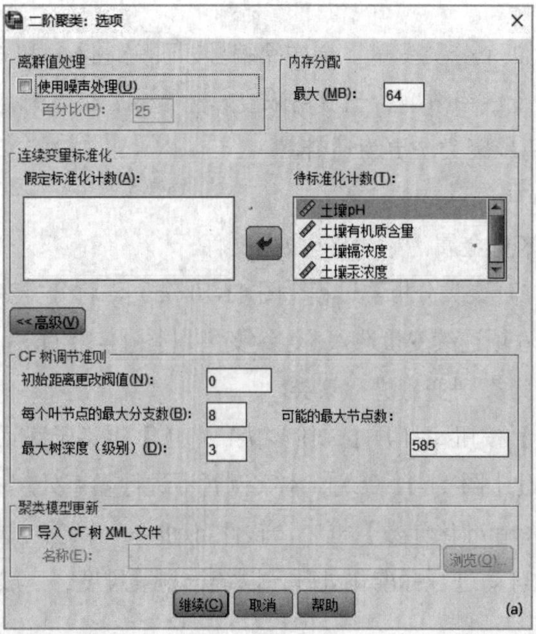

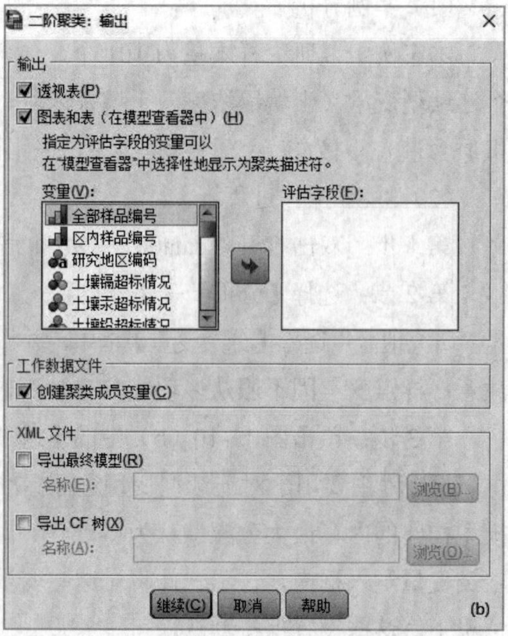

（a）选项　　　　（b）输出

图 11-11　二阶聚类分析定义对话框

（3）结果解析

结果查看器中主要罗列二阶聚类的透视表结果，均为相关表格，可视化程度较低，可视化结果主要放在模型查看器中。主要结果解读：表 11-12 所示的自动聚类给出了聚类分析结果。根据【施瓦兹贝叶斯准则（BIC）】来判断最佳聚类数。从统计上说，BIC 值越小，聚类效果越好，实际中还要参考【BIC 变化量】【BIC 变化率】和【距离测量比率】单个统计量。SPSS 软件综合这些判据，最后自动确定最佳聚类个数。此处可不必完全掌握具体如何判断，接受 SPSS 软件智能化给出的聚类个数即可。

表 11-12　二阶聚类分析自动聚类结果

聚类数目	施瓦兹贝叶斯准则（BIC）	BIC 变化量[a]	BIC 变化比率[b]	距离测量比率[c]
1	701.42			
2	576.65	−124.77	1.00	1.86
3	539.55	−37.10	0.30	2.38
4	561.38	21.84	−0.18	1.34
5	594.03	32.65	−0.26	1.01
6	626.88	32.85	−0.26	1.49

聚类数目	施瓦兹贝叶斯准则（BIC）	BIC 变化量[a]	BIC 变化比率[b]	距离测量比率[c]
7	670.14	43.26	−0.35	1.20
8	716.99	46.85	−0.38	1.23
9	767.14	50.15	−0.40	1.54
10	822.34	55.19	−0.44	1.07
11	878.12	55.78	−0.45	1.01
12	933.97	55.85	−0.45	1.18
13	991.15	57.18	−0.46	1.02
14	1 048.47	57.33	−0.46	1.02
15	1 105.95	57.48	−0.46	1.03

a 变化量基于表中的先前聚类数目。

b 变化比率相对于双聚类解的变化。

c 距离测量比率基于当前聚类数目而不是先前聚类数目。

表 11-13 所示的聚类分布表给出了最佳分类结果。本案例分成了 3 个类，并显示每一类的个案规模、样本量及所占比例。

表 11-13　二阶聚类分布

		个案数	占组合的百分比/%	占总计的百分比/%
聚类	1	33	32.70	32.70
	2	40	39.60	39.60
	3	28	27.70	27.70
	组合	101	100.00	100.00
总计		101		100.00

在模型查看器，双击模型概要图 11-12（a），弹出模型查看器。“模型查看器”窗口分为左右两个部分，左侧为主视图界面图 11-12（a），右侧为辅助视图界面图 11-12（b），各自底部有一个下拉菜单，控制当前显示的内容，默认情况下分别为“模型概要”及“聚类大小”。为进一步考察聚类结果的内容，需要在下拉菜单里更改选项内容以显示更多信息。在模型概要中展示模型的基本信息，基于 7 个聚类变量进行两步聚类，最终确定的聚类个数为 3 类。下面为聚类模型评价尺度图，总体上给予本次聚类质量良好的评价。

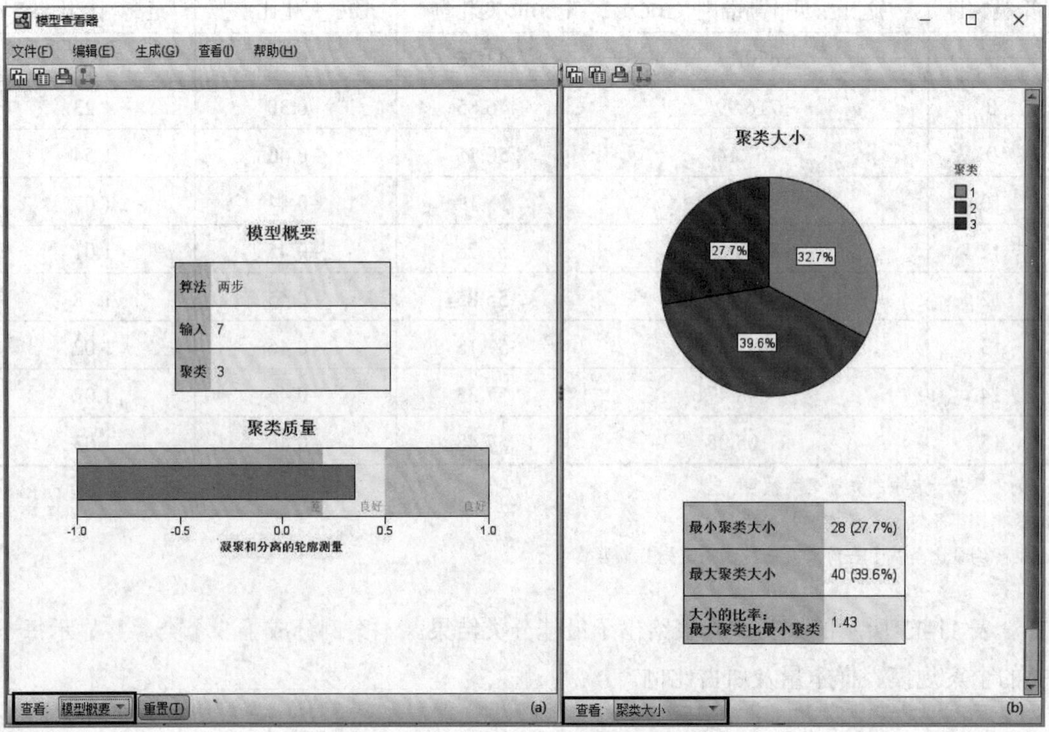

图 11-12 二阶聚类分析模型查看器

在【模型查看器】中，点击主视图左下角的下拉菜单，选择【聚类】，所显示的聚类模型如图 11-13 所示，该图表是聚类模型结果考察的核心部分，它将聚类的各变量与所分类别交叉分析，给出每一类在不同指标上的聚类中心点[图 11-13（a）]或分布[图 11-13（b）]，有助于准确归纳类别和描述类别的特征。各指标的分布差异越大，说明该指标对聚类结果越重要。聚类模型可视化图中用颜色的深浅表示各个变量在聚类分析中的重要性，本例中，取样地块的重要性最高。当把鼠标指针移动到其中的每一个变量上时，SPSS 还会进一步显示出各个变量的重要性数值以及在该类别中的分布情况。

如果希望进一步考察各变量在类别间的分布特征，则可以选中表格［图 11-13（a）］中任一变量单元格，此时“模型查看器”右侧辅助视图窗口则会显示“单元格分布”，由此，我们可以清楚了解该变量在当前类别中的分布情况及该变量在总体中的分布情况。

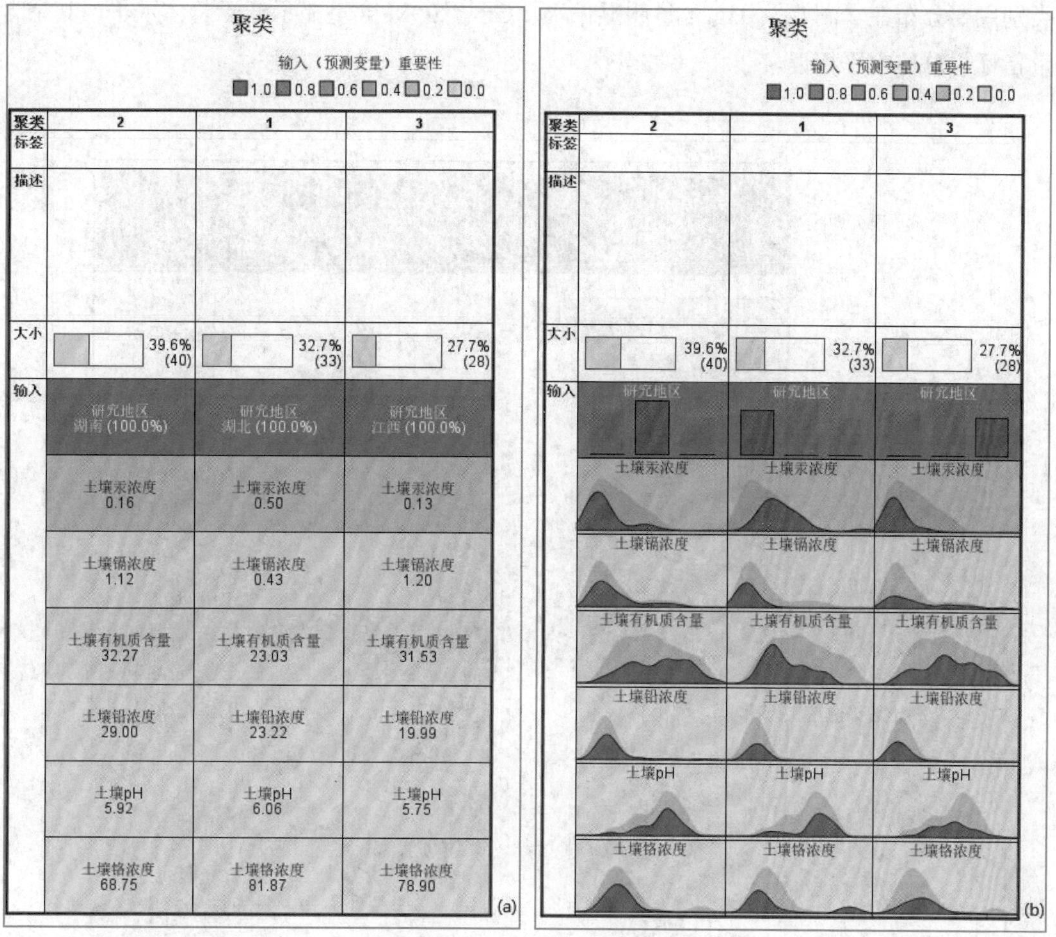

图 11-13　两步聚类模型可视化

在【模型查看器】中，点击辅助视图底部的下拉菜单，选择【预测变量重要性】，如图 11-14 所示，该图显示所输入的 7 个变量对于最终建立的 3 个聚类的贡献大小，按变量的重要程度由大到小排序，并以条图呈现出来。结果可见，在区分不同类别的能力方面，“研究地区”变量最为重要，贡献最大，“土壤汞浓度”“土壤镉浓度”变量重要性排在第二和第三的位置。许多时候我们处理的变量较多，在这种情况下，如果有些变量的重要性比较低，则可以考虑剔除这些变量，然后重新进行聚类。

除上述已经介绍过的【聚类大小】【单元格分布】和【预测变量重要性】选项卡外，【模型查看器】右侧辅助视图窗口底部下拉菜单中还有【聚类比较】。在【模型查看器】左侧的主视图中按“Ctrl”键，同时选定聚类 1、聚类 2 和聚类 3，在右侧辅助视图中将出现 3 个类的特征对比，如图 11-15 所示。“聚类比较”通过图形化方式展示不同类别在各变量上的差异，其输出的结果对各个类别的特征进行了很直观的描述。以类别 1 为例，可见该类别主要分布在“湖北”，Hg含量明显偏高，Cr与SOM含量显示低于总体水平，其余含量指标与总体水平相近。

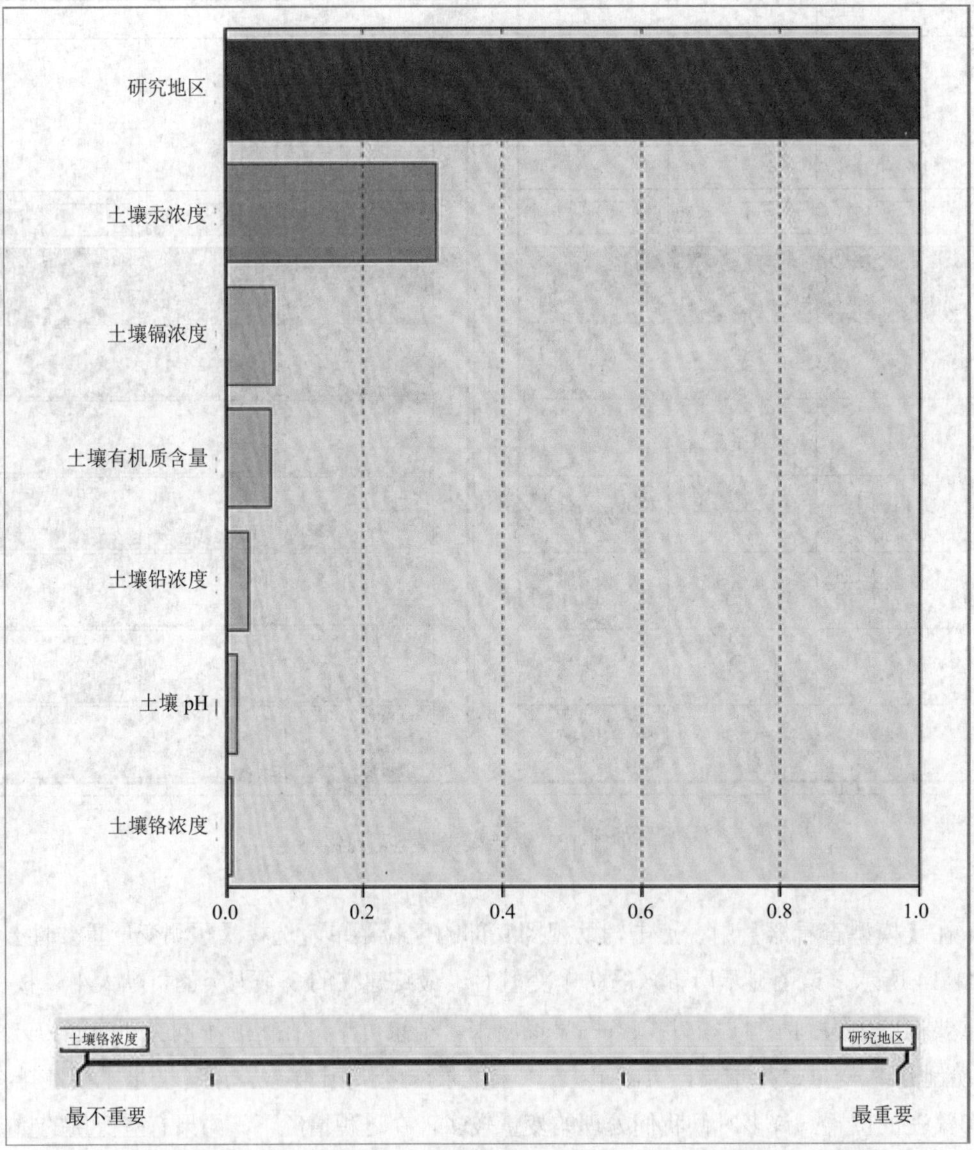

图 11-14 预测变量重要性

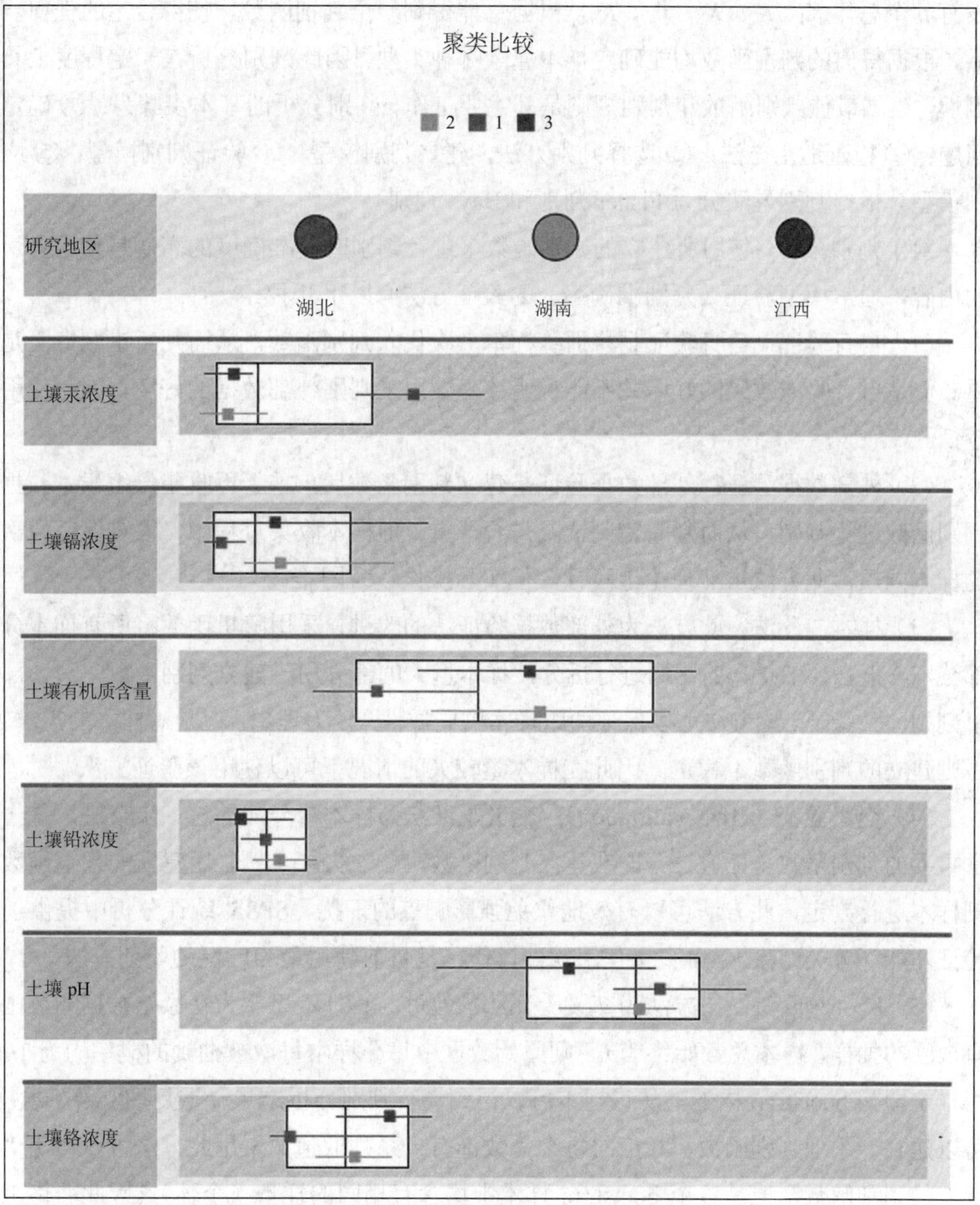

图 11-15 3 个聚类的特征比较

11.2 判别分析

判别分析的因变量是分类变量，其是一种在分类确定的条件下根据某研究对象的各种特征值，判别其类型归属问题，是一种极其重要的判别样本类型的多元统计分析方法。假

设有 n 个总体 K_1、K_2、K_3、…、K_n，根据总体得到一个判别函数，使得给定的任何一个样品，根据得出的判别函数均能确定样本属于哪种类型。因此判别分析在一定程度上具有预测性，建立最佳判别函数和判别规则是其主要工作。判别分析的基本步骤为：① 确定研究问题；② 检查适用方法；③ 选择判别方法，建立判别模型；④ 验证判别模型；⑤ 应用判别模型。根据判别方法分为 Fisher 判别和 Bays 判别。

对于判别分析，使用所建立的判别函数来进行判别时其准确度的高低是使用者最关注的内容，通常模型验证（判别准确率）的验证方法有以下几种。

（1）自身验证：自身验证是将训练样本一次代入判别函数，从而判断错判情况是否严重。但是自身验证效果的好坏并不能说明该函数用来判别外部数据的好坏，因此使用价值较低。

（2）外部数据验证：外部数据验证是建立判别函数后，重新再收集一组样本数据，用判别函数进行判别，从而判断错判情况是否严重。但样本收集过程中，很难保证两次收集的样本同质，此方法虽然理论上可行，但实际操作较为困难。

（3）样本二分法：此方法为外部数据验证法的改进，采用随机函数将所有样本分为两部分，一般按照 2∶1 的比例进行拆分，样本量大的部分用于建立判别函数，其余部分用于判别函数验证。该方法可以保证两组样本的同质性，较为理想，但是对样本的需求较大，否则建立的判别函数不稳定。因此在样本量较大的情况下可以使用该验证方法。

（4）交叉验证（cross-validation）：交叉验证法为样本二分法的进一步改进，是一种非常重要的判别函数验证方法。即在建立判别函数时依次去掉 1 例，用建立的判别函数对该例样本进行判定，此方法可以有效地避免强影响点的干扰。SPSS 统计分析中提供了交互验证功能（分类结果），可直接使用软件操作，是目前使用最为广泛的验证方法。

（5）bootstrap 法：该方法为交叉验证法的改进，其基本思想为在原始数据的范围内做有放回的抽样，样本总数始终为 n，则原始数据中每个样本每次被抽到的概率均为 $1/n$，所得样本即为 bootstrap 样本。从该样本可以得到一个判别分析结果；重复抽取若干次样本，可以建立一系列判别函数，相应的每个系数都有一系列取值。采用此方法可以得出“最稳健”的判别函数，但是各个 bootstrap 样本中均含有相同的样本（个体），因此严格上并不符合验证的要求。

11.2.1 Fisher 判别

Fisher 判别亦称典则判别，该方法的基本思想是投影，即将原来在 R 维空间的自变量组合投影到维度较低的 D 维空间去，然后在 D 维空间中再进行分类。其根据组内差异最小和组间差异最大同时兼顾的原则来确定判别函数。该判别函数的优势是对样本的分布及方差均没有限制，应用范围较广。

实战案例：

例 11.4：以“data020_2008 年 31 个省、市、自治区农村居民家庭平均每人生活费支出”数据为例，为研究 2008 年全国各地区城镇居民家庭人均消费支出情况，按人均收入、人均 GDP 以及消费支出将 29 个省、市、自治区（除天津、陕西）分为三种类型，尝试根据 8 个相关指标［X_1：人均食品支出（元）；X_2：人均衣着支出（元）；X_3：人均住房支出（元）；X_4：人均家庭设备及服务支出（元）；X_5：人均交通和通信支出（元）；X_6：人均支教娱乐用品及服务支出（元）；X_7：人均医疗保健支出（元）；X_8：其他商品及服务支出（元）］，建立判别函数，判定天津、陕西分别属于哪个消费水平类型。

SPSS 操作过程：

第 1 步：双击打开“data020_2008 年 31 个省、市、自治区农村居民家庭平均每人生活费支出.sav”数据集。

第 2 步：选择【分析】→【分类】→【判别式】过程（图 11-16），打开【判别分析】定义对话框［图 11-17（a）］，将变量“Group”选入【分组变量】框，并将变量“X_1～X_8”选入【自变量】框，并选中【使用步进法】复选框。

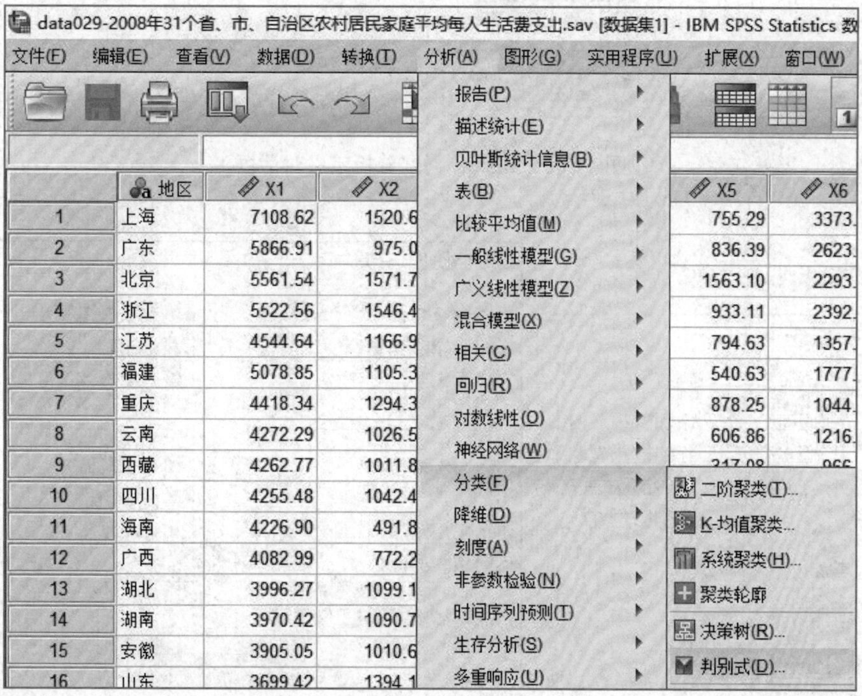

图 11-16　判别分析选择过程

第 3 步：单击图 11-17（a）中的【定义范围】按钮，打开【判别分析：定义范围】子对话框，在【最大值】框和【最小值】框内分别输入“3”和“1”[图 11-17（b)]，单击【继续】按钮，回到主对话框。

第 4 步：单击图 11-17（a）中的【统计】按钮，打开【判别分析：统计】子对话框 [图 11-18（a)]，选择【函数系数】框组内的【未标准化】复选框，单击【继续】，回到主对话框。注意，在【函数系数】框组内的【费希尔】方法为 Bayes 判别，详见 11.2.2。

第 5 步：单击图 11-17（a）中的【分类】按钮，打开【判别分析：分类】子对话框 [图 11-18（b)]，选中【显示】框组内的【摘要表】和【留一分类】复选框，以及【图】框组内的【合并组】【分组】和【领域图】复选框，单击【继续】按钮，回到主对话框。

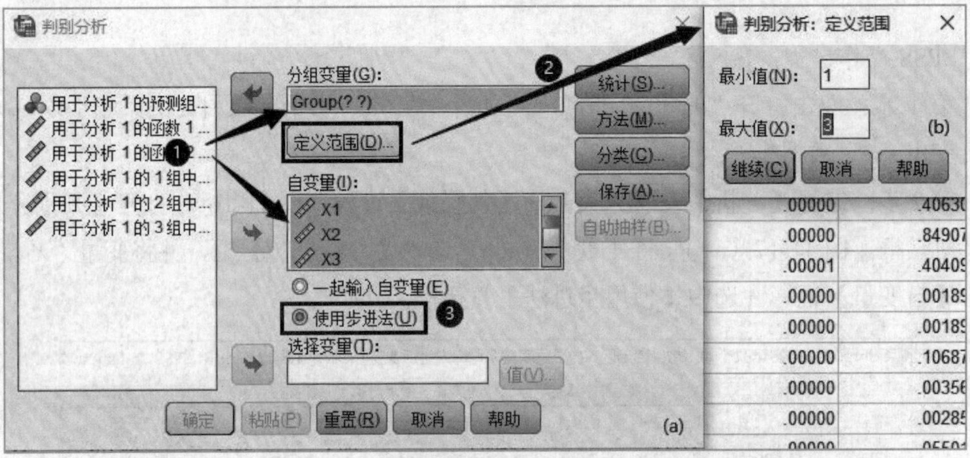

图 11-17　Fisher 判别分析定义对话框

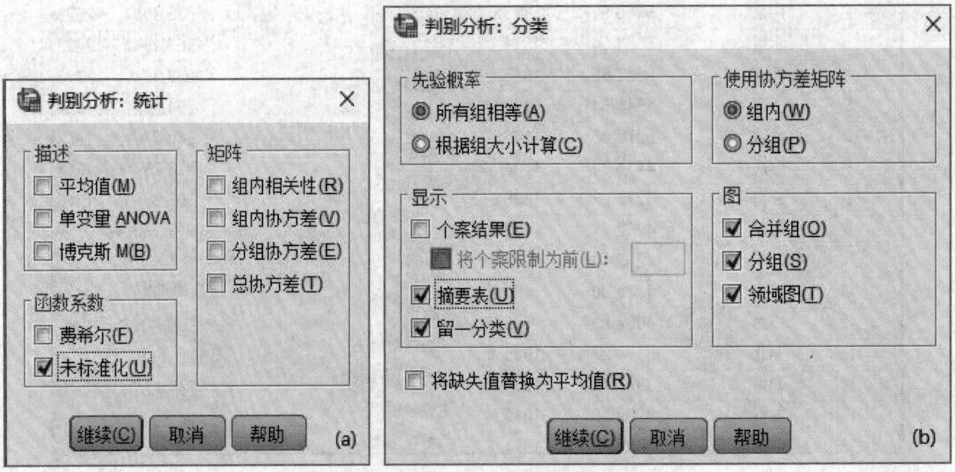

（a）统计　　　　（b）分类

图 11-18　Fisher 判别分析定义对话框

第 6 步：单击图 11-17（a）中的【保存】按钮，打开【判别分析：保存】子对话框（图 11-19），选择【预测组成员】【判别得分】和【组成员概率】，单击【继续】按钮，返回主对话框。

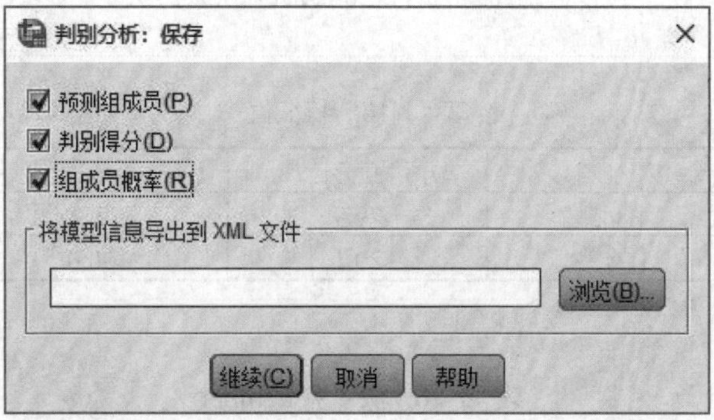

图 11-19 Fisher 判别分析保存设置

第 7 步：单击图 11-17（a）中的【确定】按钮，执行判别分析，并输出结果。

结果解析：

（1）观察步进统计表：如表 11-14 所示，结果显示“X_2、X_3、X_4、X_5、X_6”被排除，留下“X_1、X_7、X_8”，其显著性 P 均为小于 0.001。

表 11-14 步进统计表-输入/除去的变量 [a]

步骤	输入	威尔克 Lambda							
		统计	自由度 1	自由度 2	自由度 3	精确 F			
						统计	自由度 1	自由度 2	显著性
1	X_7	0.239	1	2	26	41.296	2	26	0
2	X_1	0.126	2	2	26	22.68	4	50	0
3	X_8	0.077	3	2	26	20.79	6	48	0

a. 在每个步骤中，将输入可以使总体威尔克 Lambda 最小化的变量。最大步骤数为 16。要输入的最小偏 F 为 3.84。要除去的最大偏 F 为 2.71。F 级别、容差或 VIN 不足，无法进行进一步计算。

（2）观察典型判别函数摘要：如表 11-15 所示，结果显示建立了两个判别函数，第一个函数可以解释总变异的 79.9%；第二个可以解释总变异的 20.1%。威克尔 Lambda（Wilks' Lambda）用于检验各函数有无统计学意义，λ 统计量在 0～1。越接近 0，组内平均值差异越显著；越接近 1，组内平均值差异越不显著。如表 11-16 所示，第一个函数的 λ 值为 0.077，χ^2 =64.029，P=0.001，即该函数具有统计学意义；第二个函数的 λ 值为 0.451，χ^2 =19.899，P=0.001，即该函数具有统计学意义。

（3）构建标准化典型判别函数：根据表 11-17 构建标准化典型判别函数，使用标准化典型判别函数需要将原始数据标准化，故常用未标准化判别函数进行判定。

$$D_1=0.981ZX_1+0.783ZX_7-0.872ZX_8$$

$$D_2=-1.070ZX_1+0.643ZX_7+0.925ZX_8$$

表 11-15 特征值

函数	特征值	方差百分比/%	累积百分比/%	典型相关性
1	4.843[a]	79.9	79.9	0.910
2	1.217[a]	20.1	100.0	0.741

a. 在分析中使用了前 2 个典则判别函数。

表 11-16 威尔克 Lambda

函数检验	威尔克 Lambda	卡方	自由度	显著性
1～2	0.077	64.029	6	＜0.001
2	0.451	19.899	2	＜0.001

表 11-17 标准化典型判别函数系数

	函数	
	1	2
X_1	0.981	−1.070
X_7	0.783	0.643
X_8	−0.872	0.925

（4）未标准化典型判别函数：根据表 11-18 构建未标准化典型判别函数，由两个函数式（D_1、D_2）计算得到各观测值在各个维度上的坐标，根据函数式可以得出未知样品观测值的具体空间位置。

$$D_1=-8.488+0.002X_1+0.003X_7-0.008X_8$$

$$D_2=2.463-0.002X_1+0.002X_7+0.008X_8$$

表 11-18 典型判别函数系数

	函数	
	1	2
X_1	0.002	−0.002
X_7	0.003	0.002
X_8	−0.008	0.008
（常量）	−8.488	2.463

注：未标准化系数。

（5）确定判别函数重心：表 11-19 反映判别函数在各组的重心。根据结果，判别函数在 group（组）=1 的重心为（4.186，0.913），判别函数在 group=2 的重心为（–0.031，–1.159），判别函数在 group=3 的重心为（–1.866，0.954）。

表 11-19　组重心处的函数

Group（组）	函数	
	1	2
1.00	4.186	0.913
2.00	–0.031	–1.159
3.00	–1.866	0.954

注：按组平均值进行求值的未标准化典则判别函数。

（6）应用判别函数：未标准化判别函数的应用是将数据分别代入方程，得到 D_1 和 D_2 得分，然后根据得分在区域图中确定其分类。

（7）判别分析符合率：分类结果用于分析判别分析分类与原始个案的符合率，表 11-20 表明，判别分析分类与原始个案的符合率为 93.1%，其中第二类有 2 个被误判到第三类，但总体来看该判别分析的符合率较高；交叉验证准确率为 82.8%，其中第二类有 3 个被误判为第三类，第三类中有 1 个被误判为第二类。

表 11-20　分类结果 [a]

		Group（组）	预测组成员信息			总计
			1.00	2.00	3.00	
原始	计数	1.00	5	0	0	5
		2.00	0	11	2	13
		3.00	0	0	11	11
		未分组个案	0	1	1	2
	%	1.00	100.0	0	0	100.0
		2.00	0	84.6	15.4	100.0
		3.00	0	0	100.0	100.0
		未分组个案	0	50.0	50.0	100.0
交叉验证 [b]	计数	1.00	4	1	0	5
		2.00	0	10	3	13
		3.00	0	1	10	11
	%	1.00	80.0	20.0	0	100.0
		2.00	0	76.9	23.1	100.0
		3.00	0	9.1	90.9	100.0

a. 正确地对 93.1%个原始已分组个案进行了分类；正确地对 82.8%个进行了交叉验证的已分组个案进行了分类。

b. 仅针对分析中的个案进行交叉验证。在交叉验证中，每个个案都由那些从该个案以外的所有个案派生的函数进行分类。

11.2.2 Bayes 判别

距离判别只要求知道总体数字特征，不涉及总体的分布函数，当样本参数和协方差未知时，即用样本均值和协方差矩阵估计。距离判别方法简单实用，但未考虑先验概率（即未考虑到每个总体出现的机会大小），没有考虑到错判的损失，Bayes 判别法正是对这两个问题提出的解决办法。Bayes 统计的基本思想是假定对研究对象有一定的认识，常用先验概率分布来描述这种认识，然后取得一个样本，用样本来修正已有的认识（先验概率分布），得到后验概率分布，各种统计推断都通过后验概率分布进行，将这种思想用于统计分析，就得到 Bayes 判别。

实战案例：

例 11.5：以“data021_2007 年世界各国人文发展指数”数据为例，为研究 2007 年世界各国人文发展指数情况，按实际人均 GDP 指数、出生时的预期寿命指数以及受教育程度（由成人识字率指数和综合总入学率指数按 2/3、1/3 加权得到）将各国分为三种类型（高发展水平国家、中等发展水平国家、低发展水平国家），根据 4 个相关指标 [X_1：人均 GDP（美元）；X_2：出生时的预期寿命（岁）；X_3：成人识字率（%）；X_4：初等、中等和高等教育入学率（%）]，试建立判别函数，判定日本、中国、印度分别属于哪种类型。

SPSS 操作过程：

第 1 步：双击打开“data021_2007 年世界各国人文发展指数.sav”数据集。

第 2 步：选择【分析】→【分类】→【判别式】过程（图 11-16），打开【判别分析】定义对话框，将变量“Group”选入【分组变量】框，并将变量“X_1～X_4”选入【自变量】框，选中【一起输入自变量】复选框 [图 11-20（a）]。注意：选入自变量的方法还有【使用步进法】，实际应用详见例 11.4。

第 3 步：单击图 11-20（a）中的【定义范围】按钮，打开【判别分析：定义范围】子对话框，在【最大值】框和【最小值】框内分别输入“3”和“1”[图 11-20（b）]，单击【继续】按钮，回到主对话框。

第 4 步：单击图 11-20（a）中的【统计】按钮，打开【判别分析：统计】子对话框，选择【函数系数】框组内的【费希尔】复选框 [图 11-21（a）]，单击【继续】，回到主对话框。

第 5 步：单击图 11-20（a）中的【分类】按钮，打开【判别分析：分类】子对话框 [图 11-21（b）]，选中【显示】框组内的【摘要表】和【留一分类】复选框，以及【图】框组内的【合并组】【分组】和【领域图】复选框，单击【继续】按钮，回到主对话框。

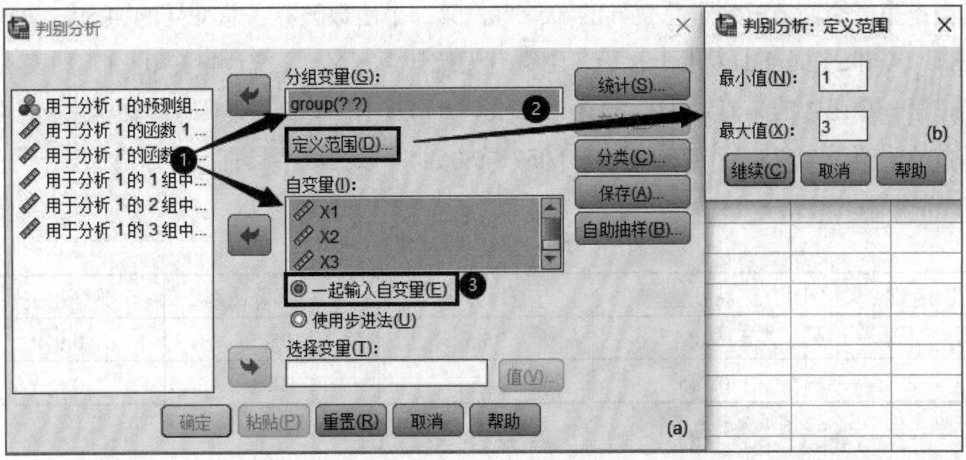

（a）主对话框　　　　　　　　　　　　　（b）分组分为定义对话框

图 11-20　Bayes 统计分析定义对话框

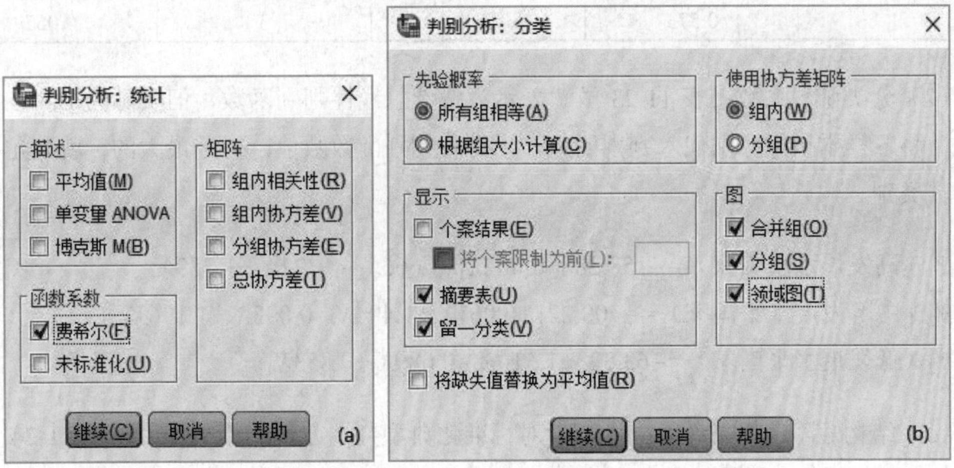

（a）统计　　　　　　　　　　　　　（b）分类

图 11-21　Bayes 统计分析定义对话框

第 6 步：单击图 11-17（a）中的【保存】按钮，打开【判别分析：保存】子对话框（图 11-19），选择【预测组成员】【判别得分】和【组成员概率】，单击【继续】按钮，返回主对话框。

第 7 步：单击图 11-20（a）中的【确定】按钮，执行 Bayes 判别分析，输出分析结果。

结果分析：

（1）观察典则判别函数摘要：特征表（表 11-21）表示判别力指数，即每个判别函数的作用并不是相等的，判别力指数即判别函数的重要程度。由特征值表可见建立了两个判别函数：第一个函数解释了总变异的 95.5%，第二个函数解释了总变异的 4.5%。威尔克 Lambda（Wilks' Lambda）用于检验各函数有无统计学意义，λ 统计量在 0～1。如表 11-22 所示，第一个函数的 λ 值为 0.034，χ^2=45.646，P=0.001，即该函数具有统计学意义；第二个函数的 λ 值为 0.573，χ^2=7.516，P=0.057＜0.05，即该函数不具有统计学意义。

表 11-21　特征值

函数	特征值	方差百分比/%	累积百分比/%	典型相关性
1	15.851[a]	95.5	95.5	0.970
2	0.745[a]	4.5	100.0	0.653

a. 在分析中使用了前 2 个典则判别函数。

表 11-22　威尔克 Lambda

函数检验	威尔克 Lambda	卡方	自由度	显著性
1～2	0.034	45.646	8	＜0.001
2	0.573	7.516	3	0.057

（2）分类函数系数：表 11-23 虽然表示为费希尔线性判别函数，但实际为 Bayes 判别函数。将各样本指标分别代入判别函数，求得各判别函数数值，得分最大的，就判定样本属于该类别。

Y_1（高发展水平国家）$=-158.288+0.002X_1+1.666X_2-0.371X_3+1.729X_4$

Y_2（中等发展水平国家）$=-100.227+0.001X_1+1.494X_2-0.093X_3+1.196X_4$

Y_3（低发展水平国家）$=-63.323+1.316X_2-0.089X_3+0.853X_4$

（3）结构矩阵：用来说明判别变量对标准化典型判别方程的相关程度，表 11-24 说明变量 1（X_1）对函数 1 贡献较大；其余变量（X_2、X_3、X_4）对函数 2 贡献较大。

表 11-23　分类函数系数

	Group（组）		
	高发展水平国家	中等发展水平国家	低发展水平国家
X_1	0.002	0.001	0.000
X_2	1.666	1.494	1.316
X_3	−0.371	−0.093	−0.089
X_4	1.729	1.196	0.853
（常量）	−158.288	−100.227	-63.323

注：费希尔线性判别函数。

表 11-24 结构系数矩阵

	函数	
	1	2
X_1	0.752*	−0.447
X_3	0.254	0.782*
X_4	0.470	0.742*
X_2	0.292	0.493*

注：判别变量与标准化典则判别函数之间的汇聚组内相关性；变量按函数内相关性的绝对大小排序。

* 每个变量与任何判别函数之间的最大绝对相关性。

（4）先验概率：先验概率是根据样本出现的概率决定的，本例 3 类发展水平各有 6 个，因此先验概率相等，均为 33.3%（表 11-25）。

表 11-25 组的先验概率

Group（组）	先验	在分析中使用的个案	
		未加权	加权
高发展水平国家	0.333	6	6.000
中等发展水平国家	0.333	6	6.000
低发展水平国家	0.333	6	6.000
总计	1.000	18	18.000

（5）判别分析符合率：分类结果用于分析判别分析分类与原始个案的符合率。表 11-26 表明，判别分析分类与原始个案的符合率为 100%，该判别分析的符合率较高；交叉验证准确率为 88.9%，其中第三类中有 2 个被误判为第二类。

（6）数据库视图：如图 11-22 所示，Group 为原始分组类别，Dis-1 为判别分析结果，Dis1-1 和 Dis2-1 为 Fisher 判别得分，根据该得分结合区域图判定结果；Dis1_2、Dis2_2 和 Dis3-2 为 Bayes 判别得分，得分最大的，就属于哪一类。以第一条为例，1.000 最大，因此该国属于 1 类。

表 11-26 分类结果[a]

		Group（组）	预测组成员信息			总计
			高发展水平国家	中等发展水平国家	低发展水平国家	
原始	计数	高发展水平国家	6	0	0	6
		中等发展水平国家	0	6	0	6
		低发展水平国家	0	0	6	6
		未分组个案	1	1	1	3

		Group（组）	预测组成员信息			总计
			高发展水平国家	中等发展水平国家	低发展水平国家	
原始	%	高发展水平国家	100.0	0	0	100.0
		中等发展水平国家	0	100.0	.0	100.0
		低发展水平国家	0	0	100.0	100.0
		未分组个案	33.3	33.3	33.3	100.0
交叉验证 b	计数	高发展水平国家	6	0	0	6
		中等发展水平国家	0	6	0	6
		低发展水平国家	0	2	4	6
	%	高发展水平国家	100.0	0	0	100.0
		中等发展水平国家	0	100.0	0	100.0
		低发展水平国家	0	33.3	66.7	100.0

注：a. 正确地对 100.0%个原始已分组个案进行了分类；正确地对 88.9%个进行了交叉验证的已分组个案进行了分类。
b. 仅针对分析中的个案进行交叉验证。在交叉验证中，每个个案都由那些从该个案以外的所有个案派生的函数进行分类。

group	Dis_1	Dis1_1	Dis2_1	Dis1_2	Dis2_2	Dis3_2
1	1	7.54006	-1.68956	1.00000	.00000	.00000
1	1	4.46696	-.45293	1.00000	.00000	.00000
1	1	4.38226	.49890	1.00000	.00000	.00000
1	1	4.68371	-.82680	1.00000	.00000	.00000
1	1	4.60211	-.23829	1.00000	.00000	.00000
1	1	3.66019	.64603	.99996	.00004	.00000
2	2	-.56565	2.17024	.00000	.99985	.00015
2	2	-1.12669	1.04714	.00000	.99466	.00534
2	2	.08622	1.09623	.00001	.99982	.00018
2	2	-1.68555	.54593	.00000	.94112	.05888
2	2	-1.39599	1.38970	.00000	.99404	.00596
2	2	-1.74012	.28961	.00000	.89577	.10423
3	3	-3.21809	-1.63531	.00000	.00431	.99569
3	3	-4.82091	-1.27019	.00000	.00010	.99990
3	3	-3.80478	-1.09489	.00000	.00233	.99767
3	3	-4.80290	-2.29126	.00000	.00002	.99998
3	3	-3.34544	.94397	.00000	.25791	.74209
3	3	-2.91539	.87148	.00000	.49782	.50218

图 11-22　数据库视图结果

第 12 章　主成分与因子分析

当今的环境大数据时代，为了全面系统地反映环境问题，环境研究工作者可较容易获得海量数据，但这样就会出现所收集变量之间存在较强相关关系（共线性）的问题。多重共线性问题可能歪曲对环境问题的理解。主成分分析和因子分析正是解决这一问题有效的多元统计分析方法，它们在尽可能多地提取变量信息的同时，减少了分析维度，进而使研究问题变得更加直观，使数据分析和处理过程更简易。主成分分析（principal component analysis，PCA）旨在通过考察多个自变量间的相关性使变量信息更加浓缩，而因子分析（factor analysis，FA）不仅考虑进行信息的浓缩，更进一步阐明这些变量间的内在关联结构，以挖掘观测指标所代表的潜在因子。虽然主成分分析和因子分析的目的和方法存在大量重叠的现象，且二者的本质都是利用新的综合变量替代原始多个观测变量，实现降维的多元分析手段，但两者的目的和基本模型有所不同。概括地说，若需要更少的维度去实现数据可视化，简化和近似观测数据，则采用主成分分析法，若需要进一步理解数据之间的内在相关性，则采用因子分析法。主成分分析通过坐标旋转，解释原始 p 个变量的方差分布。因子分析解释原始 p 个变量与公共因子之间的相关性。

12.1　主成分分析

12.1.1　主成分分析方法概述

主成分（principal component）这一概念由 Kard Peurson 于 1901 年提出，但当时仅进行了非随机变量的讨论，直至 1933 年 Hotelling 才完成主成分分析算法，并将其推广至随机变量中。

主成分分析通过考察变量之间的线性独立性，以严格定量分析为基础，简化或合并相似特征的变量，或找出众多变量中对系统行为起控制作用的变量（Johnston，1980）。以原有变量数据集为基础，采用 PCA 算法产生的新变量集，被称为主成分。其基本思想是运用一组少量的变量，替代原来众多的变量数据集特征，以减少信息冗余。相较于线性分析中其他以变量为基础的正交基构建方法，PCA 的特殊性在于：

①线性空间中，第一主成分是一个坐标轴，将每个观测（样本）投影在该坐标轴上，其结果产生一个新变量。在全部可能选择的坐标轴上，该变量方差最大。

②第二主成分是垂直于第一主成分的坐标轴，每个观测（样本）投影在该坐标轴上，其结果产生一个新变量。该变量的方差在全部可能选择的第二坐标坐标轴上是最大的。

理论上，主成分包含的变量集可以等于原始数据中所有变量数目之和，但在实际上最初主成分之间的方差和应当不小于原始数据总方差的 80%。在环境科学研究中，PCA 常用于环境系统变化驱动力分析，如环境质量变化，土地利用覆盖率变化的主要驱动因素分析。

值得注意的是，PCA 并非万能钥匙。PCA 期待主成分的方差集中落在少数成分上，进而可以采用少数具有较大方差的 Z 值，表达变量 X，并将 X 转化为更少变量的 Z 成分集。但若原始数据之间相互独立，不存在依存关系，则 PCA 没有任何意义。

12.1.2 主成分分析的模型结构

主成分分析的数学解包括特征值和特征向量，它们用于度量属性数据空间中沿潜在方向的散布情形。

假设有 n 个观测样本，测得 k 项观测指标（$k<n$），获得原始变量数据集 $X=\left(X_1,X_2,\cdots,X_k\right)$（表 12-1），且协方差矩阵为 Σ，令协方差矩阵特征值为 $\lambda_1\geqslant\lambda_2\geqslant\cdots\geqslant\lambda_k$，故有 $\operatorname{var}\left(Z_1\right)\geqslant\operatorname{var}\left(Z_2\right)\geqslant\cdots\geqslant\operatorname{var}\left(Z_k\right)\geqslant 0$，向量 $l_1,l_2,\cdots,l_k$ 为响应的单位特征向量，则：

第一主成分 Z_1 为 X 的线性表达：

$$Z_1=a_{11}x_1+a_{12}x_2+\cdots+a_{1k}x_k\text{，}\ a_{11}^2+a_{12}^2+\cdots+a_{1k}^2=1 \tag{12-1}$$

在 a_{1j} 限定下，Z_1 的方差 $\operatorname{var}\left(Z_1\right)$ 尽可能最大；

第二主成分 Z_2 为 X 的线性表达：

$$Z_2=a_{21}x_1+a_{22}x_2+\cdots+a_{2k}x_k\text{，}\ a_{21}^2+a_{22}^2+\cdots+a_{2k}^2=1 \tag{12-2}$$

在 a_{2j} 限定下，Z_2 的方差 $\operatorname{var}\left(Z_2\right)$ 尽可能最大，且 Z_2 和 Z_2 之间无线性关系；

若 k 个变量间无线性关系，则可继续计算，直到第 k 个主成分 Z_k：

$$Z_k=a_{k1}x_1+a_{k2}x_2+\cdots+a_{kk}x_k\text{，}\ a_{k1}^2+a_{k2}^2+\cdots+a_{kk}^2=1 \tag{12-3}$$

系数 a_{ij} 满足：① Z_i 和 Z_j 之间完全不相关，$i,j=1,2,\cdots,k$；② $\operatorname{var}\left(Z_1\right)>\operatorname{var}\left(Z_2\right)>\cdots>\operatorname{var}\left(Z_k\right)$。

表 12-1　原始观测数据集

样本编号	变量指标			
	x_1	x_2	…	x_k
1	x_{11}	x_{12}	…	x_{1k}
2	X_{21}	x_{22}	…	x_{2k}
⋮	⋮	⋮	⋮	⋮
N	x_{n1}	x_{n2}	…	x_{nk}

12.1.3　主成分分析关键统计量

（1）特征值

特征值（eigenvalues）被视为衡量主成分解释力度的指标，表征引入该主成分后可以解释平均多少个原始变量的信息。如果特征值$\lambda<1$，表明该主成分的解释力度还不如直接引入一个原始变量的平均解释力度大。因此，通常将$\lambda>1$作为主成分筛选的标准（Hamilton，1992）。

（2）主成分Z_i的方差贡献率（% of variance）

主成分的方差贡献率是指主成分Z_i的方差对总样本方差的贡献程度。方差贡献率越大，表明主成分Z_i携带的$X_1, X_2, \cdots, X_k$的原始信息越多。其计算公式为：$\lambda_i \Big/ \sum_{i=1}^{k} \lambda_i$。

（3）累计贡献率（Cumulative %）

将前 m 个主成分的累计贡献率按方差贡献率从大到小排序，前 m 个主成分累积提取了多少原始信息。

（4）公因子方差（Communalities）

公因子方差反映了各原始变量信息被提取公因子的比例。

12.1.4　主成分分析步骤

主成分分析主要包括四个步骤：

（1）对原始 k 个观测指标进行标准化，以消除变量在数量级或量纲上的影响；

（2）根据标准化后的数据矩阵求协方差或相关矩阵；

（3）求解协方差矩阵的特征值和特征向量；

（4）确定主成分，并结合专业知识对各主成分赋予专业解释。

注意：在 SPSS 中，主成分分析和因子分析共用一个过程，因此主成分分析的结果中会输出一列因子分析的结果。

12.1.5 主成分分析主要用途

主成分分析通常作为大型研究的中间过程，此处枚举两种常用的典型用途。

（1）主成分评价

主成分评价是进行多指标综合评价的一种重要方法。在遵循客观、全面原则的多指标综合评价中，常对各个维度的多个指标进行测量，但这样就可能造成被观测指标之间存在信息重叠问题，同时还会遇到量纲差异、累加权重确定等问题。此时，主成分分析方法可以较好地进行信息浓缩，并解决权重问题。

（2）主成分回归

最小二乘法求回归系数的估计值是线性回归模型最常用的方法。然而，当模型中存在多重共线性问题时，基于最小二乘法的估计结果可能并不理想，此时可以考虑使用主成分回归方法进行分析，即利用原始变量的主成分替代具有多重共线性问题的原始变量建立回归方程，可有效回避多重共线性问题对回顾系数估计的影响。

12.1.6 各地区人群 $PM_{2.5}$ 暴露回归分析

例 12.1 以"data011_城市统计年鉴.sav"数据为例，根据2019年中国城市统计年鉴收集的208个地级以上城市的社会经济指标及其 $PM_{2.5}$ 年均浓度（$\mu g/m^3$），分析社会经济指标对 $PM_{2.5}$ 年均浓度的影响。具体指标包括8个：烟/粉尘排放（吨），二氧化硫排放量（吨），氮氧化物排放量（吨），建设用地占比（%），GDP（万元），第二产业占GDP比重（Ⅱ产比重，%），出租车数量（辆），城市绿地占比（%）。

SPSS 操作过程：

第1步：双击打开"data011_城市统计年鉴.sav"数据集。

第2步：选择【分析】工具菜单→【降维】→【因子】菜单（图12-1），打开【因子分析】对话框。

第3步：将 $PM_{2.5}$ 除外的8个连续变量选入【变量】框［图12-2（a）］。

第4步：在【描述】子对话框中，选中【相关性矩阵】框组中的【系数】复选框［图12-2（b）］。

第5步：在【得分】子对话框中，选中【保存为变量】复选框，并选中【方法】框组中【回归】复选框。

图 12-1 因子分析工具选择过程

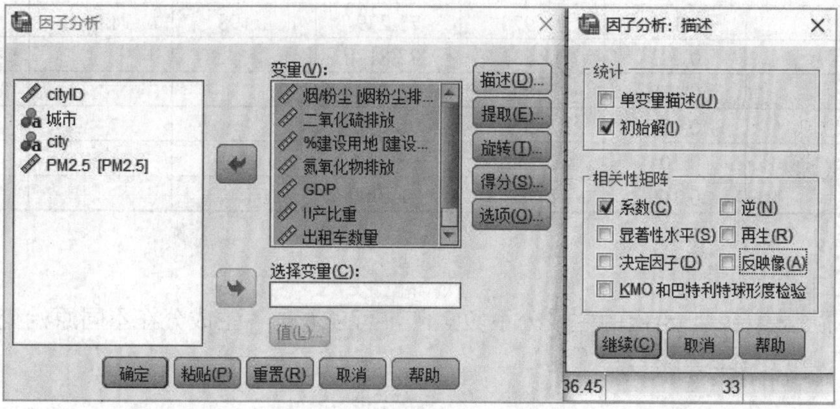

图 12-2 【因子分析】主对话框和【描述】子对话框

注意：SPSS 进行主成分分析时，首先会自动对原始数据进行标准化，故不需单独对原始数据进行标准化操作。

结果解析：

表 12-2 所示的 8 个原始变量之间的相关矩阵（因变量较多，仅列出铅 5 个变量列的结果以作示例）。根据结果可知，部分变量之间存在较强的相关性（如氮氧化物排放与烟/粉尘排放，二氧化硫排放），表明原始变量信息存在重叠，有必要对原始变量信息进行浓缩。

表 12-3 列出了各主成分的方差贡献率和累积贡献率。由此可见，仅有前 3 个主成分的特征值大于 1，因此 SPSS 默认只提取前 3 个主成分。第一主成分方差占所有原始变量总方差的 34.23%，前 3 个主成分的累积方差贡献率为 71.28。

表 12-2　变量相关矩阵（部分）

	烟/粉尘	二氧化硫排放	建设用地%	氮氧化物排放	GDP
烟/粉尘	1.000	0.587	−0.004	0.712	0.177
二氧化硫排放	0.587	1.000	−0.039	0.790	0.246
建设用地%	−0.004	−0.039	1.000	0.064	0.315
氮氧化物排放	0.712	0.790	0.064	1.000	0.414
GDP	0.177	0.246	0.315	0.414	1.000
二产比重	0.124	0.156	0.118	0.145	−0.062
出租车数量	0.110	0.089	0.210	0.191	0.808
城市绿地占比	0.000	−0.023	0.065	0.042	0.092

表 12-3　总方差解释

	初始值特征值			提取载荷平方和		
成分	总计	方差/%	累积/%	总计	方差/%	累积/%
1	2.738	34.231	34.231	2.738	34.231	34.231
2	1.766	22.075	56.306	1.766	22.075	56.306
3	1.198	14.974	71.279	1.198	14.974	71.279
4	0.923	11.533	82.812			
5	0.638	7.980	90.793			
6	0.424	5.299	96.092			
7	0.204	2.553	98.644			
8	0.108	1.356	100.000			

注：提取方法为主成分分析法。

随后根据表 12-4 给出的主成分系数矩阵，可以看出各主成分在不同原始变量上的载荷，从而得出主成分的表达式。

表 12-4　成分矩阵

	成分 1	成分 2	成分 3
烟/粉尘	0.739	−0.393	−0.099
二氧化硫排放	0.783	−0.411	−0.109
建设用地/%	0.209	0.418	0.532
氮氧化物排放	0.895	−0.288	−0.044
GDP	0.674	0.646	0.031
二产比重	0.122	−0.419	0.704
出租车数量	0.510	0.763	−0.138
城市绿地占比	0.082	0.102	0.613

此外，我们可以在 SPSS 数据视图里看到保存的三个求得的主成分 FAC1-1、FAC2-1、FAC3-1（图 12-3），下一步可以运用第 9 章所述的回归分析方法，进行多元回归分析。此处，采用线性回归方法进行分析（SPSS 过程略）。如表 12-5 所示的线性回归结果表明，第 1 主成分（氮氧化物排放、二氧化硫排放、烟/粉尘排放和 GDP）和第 3 主成分（二产比重、城市绿地占比和建设用地占比）与 $PM_{2.5}$ 的年均浓度显著正相关，对比准化回归系数 β 可知第 3 主成分对 $PM_{2.5}$ 的年均浓度影响更强。

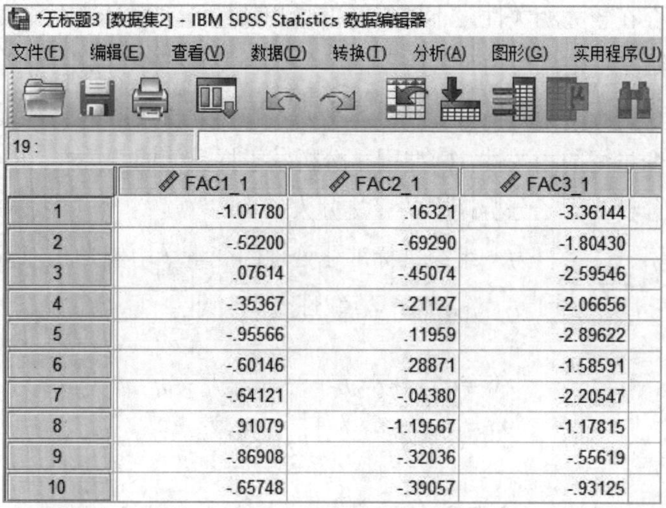

	FAC1_1	FAC2_1	FAC3_1
1	-1.01780	.16321	-3.36144
2	-.52200	-.69290	-1.80430
3	.07614	-.45074	-2.59546
4	-.35367	-.21127	-2.06656
5	-.95566	.11959	-2.89622
6	-.60146	.28871	-1.58591
7	-.64121	-.04380	-2.20547
8	.91079	-1.19567	-1.17815
9	-.86908	-.32036	-.55619
10	-.65748	-.39057	-.93125

图 12-3 主成分得分变量保存

表 12-5 基于主成分的线性回归模型输出结果

模型	为标准化系数		标准化系数	t 统计量	P 值
	B	标准误	β		
REGR factor score 1 for analysis 1	2.116	0.882	0.161	2.397	0.017
REGR factor score 2 for analysis 1	1.065	0.882	0.081	1.207	0.229
REGR factor score 3 for analysis 1	2.730	0.882	0.208	3.094	0.002

注：因变量为 $PM_{2.5}$。

12.2 因子分析

因子分析（factor analysis）的概念起源于 20 世纪初卡尔 • 皮尔逊（Karl Pearson）和查尔斯 • 斯皮尔曼（Charles Spearman），是基于原始变量相关矩阵等关于智力测验的统计分析。内部的依赖关系，将大量复杂的变量表示为少数公共因子及其线性组合的形式，目的是简化变量内部结构，挖掘隐藏在变量之间的相互关系信息。在环境污染调查过程中，采取的样品数量大，潜在变量多且关系复杂，如何快捷有效地提取关键信息，挖掘污染内部的深层联系，找出导致变化的异常现象是环境数据分析的核心问题。利用因子分析方法对相互关联紧密的变量分类，以少数几个重要因子反映样品的大部分信息，可直观地呈现出数据背后的污染信息，为污染控制与预防决策提供理论依据。

12.2.1 基本思想

因子分析基本思想是在保持原始变量大部分信息前提下，按相关性大小将变量分组，即同组变量之间存在较大相关性，不同组间变量相关性低。每个组别代表一个基本结构，即公共因子。原始变量信息可由公共因子的线性组合及与一个特殊因子（解释变量的剩余信息）的和的形式表示出来。根据处理对象不同，因子分析分为R型和Q型因子分析。R型因子分析基于变量间的相关性，Q型因子分析基于样品间的相关性，R型和Q型因子分析的结合为对应分析。因子分析模型的算法分为三步：

（1）$\{x_1, x_2, \cdots, x_n\}$ 为一组经过标准化处理的变量（均值为0，标准差为1），假设其可以由 m（$m<n$）个因子 $f_1, f_2, \cdots, f_n$ 线性表示，即

$$\begin{aligned} x_1 &= a_{11}f_1 + a_{12}f_2 + \cdots + a_{1m}f_m + \varepsilon_1 \\ x_2 &= a_{21}f_1 + a_{22}f_2 + \cdots + a_{2m}f_m + \varepsilon_2 \\ &\vdots \\ x_n &= a_{n1}f_1 + a_{n2}f_2 + \cdots + a_{nm}f_m + \varepsilon_n \end{aligned} \tag{12-4}$$

矩阵形式为 $X=AF+\varepsilon$，其中 X 为原始 n 维变量；F 为因子向量，即交量 X 的公共因子；矩阵 A 为因子载荷矩阵，因子载荷 a_{ij} 是第 i 变量与第 j 因子的相关系数，ε 为变量 X 的特殊因子，表示原始变量中不能被公共因子解释的部分。

（2）因子旋转。当因子载荷矩阵 A 不能很好地解释公共因子时，可进行正交变换（旋转），用旋转后的矩阵对因子进行解释。

（3）估计因子得分。由原始变量的线性组合对公共因子进行表示的函数称为因子得分函数，以此对各因子的重要性做出评估。

12.2.2 实例分析

实战案例：

例 12.2：以“data012_地表水水质.sav”数据为例，根据各省经济环境数据（生活污水COD排放、生活污水氨氮排放、工业废水Hg排放、工业废水Cd排放、工业废水Cr（VI）排放、工业废水Pb排放），共有6个变量，试对这6个变量进行因子分析。

SPSS 操作过程：

第 1 步：双击打开“data012_ 地表水水质.sav”数据集。

第 2 步：选择【分析】→【降维】→【因子】过程（注意：因子分子和主成分分析共用一个功能菜单，如图 12-4 所示），打开因子分析主对话框，将变量“生活污水 COD 排放”“生活污水氨氮排放”“工业废水 Hg 排放”“工业废水 Cd 排放”“工业废水 Pb 排放”“工业废水 As 排放”6 项指标选入【变量】框，如图 12-5（a）所示。

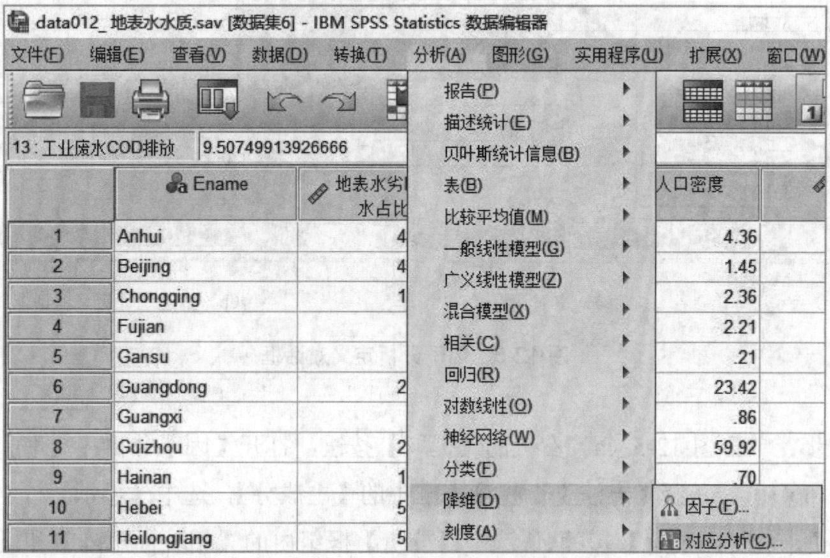

图 12-4　因子分析过程选择

第 3 步：单击图 12-5（a）右侧的【描述】按钮，打开【因子分析：描述】定义对话框［图 12-5（b）］。【统计】框组用于设定原始变量的基本描述和原始分析结果：【单变量描述】复选框，可以选择输出每个变量的均值、标准差及有效例数；【初始解】复选框用于选择输出初始公因子方差、特征值（即协方差矩阵对角线元素）及方差解释百分比。【相关性矩阵】框组用于输出变量的相关性统计量：【系数】输出原始变量之间的相关系数矩阵，对角元素值为 1，只有当矩阵中的大部分系数大于 0.3 时，才适合进行因子分析；【显著性水平】输出估计总体参数落在某一区间内，可能犯错误的概率。【KMO 和巴特利特球形度检验】用于比较变量间简单相关系数和偏相关系数，取值为 0～1，KMO 值越接近 1 表示变量间的相关性越强，原变量适合作因子分析；KMO 值越接近 0 表示变量间的相关性越弱，原变量不适合作因子分析。巴特利特球形度检验用于检验相关矩阵中各变量间的相关性，即检验各个变量是否独立，由此判断因子分析是否恰当。【再生】输出因子解的估计相关矩阵及残差（实际观察相关性与估计相关性之间的差值）；【反映像】输出反映像矩阵，包括负偏协方差和负偏相关系数。理想的因子模型中大部分非对角线元素值较小，而对角线元素值接近 1，其中反映像相关矩阵的对角线元素称为某变量的取样足够度度量。

本例选择【初始解】，相关性矩阵【系数】【显著性】和【KMO 和巴特利特特球形度检验】，如图 12-5（b）所示，单击【继续】按钮，回到主对话框。

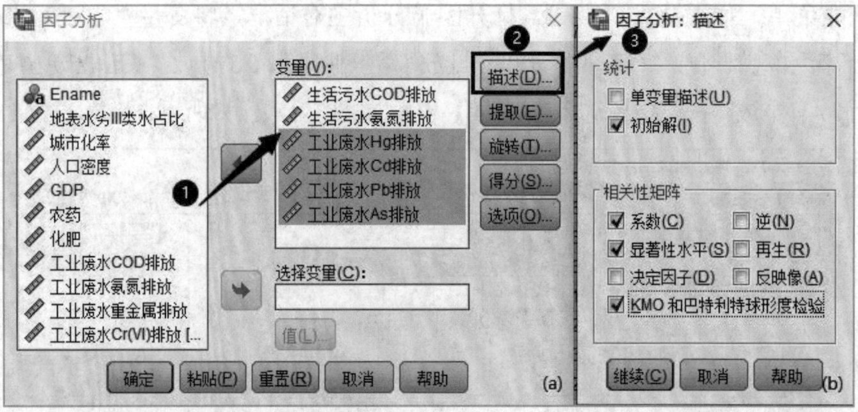

（a）主对话框　　　　　　　　　　（b）描述统计定义对话框

图 12-5　因子分析定义对话框

第 4 步：单击图 12-5（a）右侧的【提取】按钮，打开【因子分析：提取】定义对话框［图 12-6（a）］，选择【方法】下拉列表框中的【主成分】，选中【显示】框组内的【碎石图】和【未旋转因子解】，并默认选中【分析】框组内的【相关性矩阵】和【提取】框组内的【基于特征值】提取方法，并在【特征值大于】框内输入“1”，如图 12-6 所示；注意：【未旋转的因子解】输出未旋转的因子载荷、公因子方差及因子解的特征值；【碎石图】输出特征值与因子数的散点图，根据图的形状可判断适用于因子分析的因子个数。典型的碎石图在前段大因子陡峭曲线和后段小因子平坦曲线之间有明显的拐点，即为碎石。

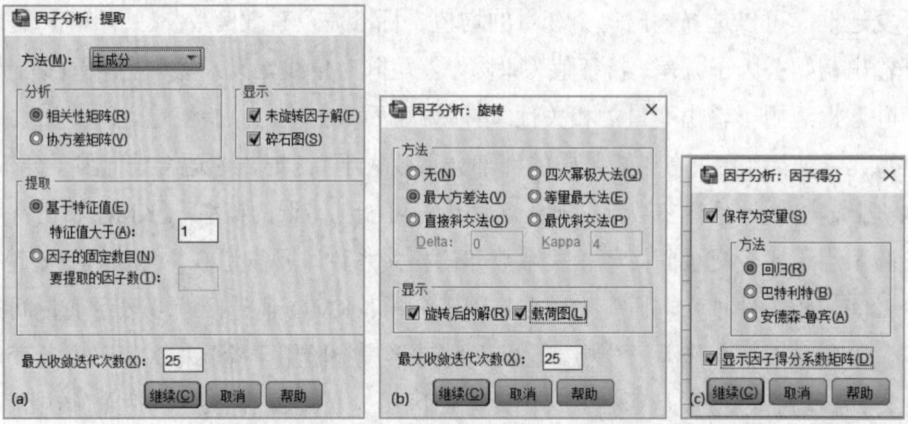

（a）提取　　　　　　　　（b）旋转　　　　　　　　（c）因子得分

图 12-6　因子分析定义对话框

知识扩展

因子提取方法：

【主成分】通过正交变换将一组变量转换生成新变量，新交量以较少的成分解释原始变量方差的较大部分，称为主成分，其中第一主成分具有最大方差，其余成分在互不相关的前提下对方差的解释比例逐渐变小。

【未加权的最小平方法】通过最小化误差的平方和寻找数据的最佳匹配函数，使原始相关矩阵和再生相关矩阵的差值平方和最小。

【广义最小平方法】在最小平方法的基础上对相关系数进行加权，权重为变量单值的倒数，单值高的变量的权重要比单值低的变量的权重小。

【最大似然】多元正态分布的样本，其参数估计值最可能生成原始相关矩阵，且相关系数以变量单值的倒数为权重进行加权，迭代运算。

【主轴因式分解】因子载荷替代原始相关系数矩阵上的旧公因子方差（对角线元素）为新公因子方差，多元相关系数的平方（复决定系数）为公因子方差的初始估计值。当两次迭代之间公因子方差的差异值满足提取的收敛条件时，迭代过程终止。

【Alpha 因子分解】将分析变量视为来自潜在变量总体的一个样本，使因子的 Alpha 可靠性最大。

【映像因子分解】将变量的公共部分作为剩余变量的线性回归。

第 5 步：单击图 12-5（a）右侧的【旋转】按钮，打开【因子分析：旋转】定义对话框［图 12-6（b)］，选择【方法】框组内的【最大方差法】和【显示】框组内的【旋转后的解】【载荷图】，默认【最大收敛迭代次数】为“25”次，单击【继续】按钮，回到主对话框；注意：【旋转后的解】是指对正交矩阵旋转，显示旋转后的因子模式矩阵和因子转换矩阵；对斜交矩阵旋转，显示旋转后的因子模式矩阵、因子结构矩阵和因子相关系数矩阵；【载荷图】当因子数多于 2 时，生成前三个因子的三维因子载荷图；当只有两个因子时，生成二维因子载荷图；若为单因子则不生成载荷图。

第 6 步：单击图 12-5（a）右侧的【得分】按钮，打开【因子分析：得分】定义对话框［图 12-6（c)］，选择【保存为变量】复选框，默认选中【方法】框组内的【回归】，并选中【显示因子得分系数矩阵】复选框，单击【继续】按钮，回到主对话框；注意：【方法】框组内的【回归】方法，因子得分的均值为 0，方差为估计因子得分与实际因子得分之间的多元相关系数的平方（复决定系数）；【巴铁利特】因子得分的均值为 0，其他超出变量范围的各因子平方和最小；【安德森-鲁宾】对巴特利特法进行修正，使其因子得分的均值为 0，标准差为 1，且互不相关。

第7步：单击图12-5（a）中的【确定】按钮，执行因子分析，输出分析结果。

知识扩展

旋转方法：

【最大方差法】又称最大方差正交旋转法，使每个因子上具有最两被荷的变量数最小。

【直接斜交法】通过指定值产生最高（最斜交）的相关因子，值越接近0斜交程度越深，如果值为很大的负数，结果与正交旋转相似。

【四次幂极大法】使每个变量中需要解释的因子数最少，增强第一因子的解释力，同时削弱了其他因子的效力，简化对变量的解释。

【等量最大法】是最大方差法和最大四次方值法的组合，使每个因子具有的高载荷变量数最小及解释变量所需的因子数最少。

【最优斜交法】使因子彼此相关，计算速度比直接斜交旋转快，适用于大数据因子分析。

结果解析：

（1）表12-6给出了各指标的相关性矩阵，结果显示生活污水COD排放和生活污水氨氮排放强相关（r=1.00，P<0.001），工业废水Pb排放与工业废水Cd排放、工业废水Hg排放也存在较强的相关性。

表12-6　生活污水和工业废水污染物排放指标相关性矩阵

		生活污水COD排放	生活污水氨氮排放	工业废水Hg排放	工业废水Cd排放	工业废水Pb排放	工业废水As排放
相关性	生活污水COD排放	1.00	1.00	−0.02	−0.08	0.02	−0.10
	生活污水氨氮排放	1.00	1.00	−0.03	−0.09	0.00	−0.11
	工业废水Hg排放	−0.02	−0.03	1.00	0.89	0.85	0.60
	工业废水Cd排放	−0.08	−0.09	0.89	1.00	0.91	0.85
	工业废水Pb排放	0.02	0.00	0.85	0.91	1.00	0.76
	工业废水As排放	−0.10	−0.11	0.60	0.85	0.76	1.00
显著性（单尾）	生活污水COD排放		0.00	0.46	0.35	0.45	0.31
	生活污水氨氮排放	0.00		0.43	0.31	0.50	0.28

		生活污水 COD 排放	生活污水氨氮排放	工业废水 Hg 排放	工业废水 Cd 排放	工业废水 Pb 排放	工业废水 As 排放
显著性（单尾）	工业废水 Hg 排放	0.46	0.43		0.00	0.00	0.00
	工业废水 Cd 排放	0.35	0.31	0.00		0.00	0.00
	工业废水 Pb 排放	0.45	0.50	0.00	0.00		0.00
	工业废水 As 排放	0.31	0.28	0.00	0.00	0.00	

（2）KMO 测量的值越接近 1，表明变量间的公共因子越多，研究数据越适合作因子分析。通常按如下标准解释该指标值的大小：KMO 值达到 0.9 以上为非常好，0.8～0.9 为好，0.7～0.8 为一般，0.6～0.7 为差，0.5～0.6 为很差，当值低于 0.5 时，则不宜作因子分析。本例为 0.636，可用作因子分析。巴特利特球形度检验的近似卡方为 274.498，$p=0.000<0.001$，按 $\alpha=0.05$ 标准，拒绝原假设，即相关矩阵不是单位矩阵，说明变量之间存在相关关系，适合作因子分析，与相关系数矩阵表得出的结论相符，如表 12-7 所示。

表 12-7 KMO 和巴特利特检验

KMO 取样适切性量数		0.636
巴特利特球形度检验	近似卡方	274.498
	自由度	15
	显著性	0.000

（3）公因子方差指变量之间的共同度，本例中初始共同度全为 1，提取特征根的共同度中生活污水 COD 排放的公因子方差为 0.998，表示几个公因子能够解释生活污水 COD 排放的方差的 99.8%，其他变量公因子方差的解释类似，如表 12-8 所示，变量共同度越高，表明变量中的大部分信息均能提取，因子分析的结果有效。

表 12-8 公因子方差

	初始	提取
生活污水 COD 排放	1.000	0.998
生活污水氨氮排放	1.000	0.997
工业废水 Hg 排放	1.000	0.816
工业废水 Cd 排放	1.000	0.972
工业废水 Pb 排放	1.000	0.909
工业废水 As 排放	1.000	0.748

注：提取方法为主成分分析法。

（4）表 12-9 为解释的总方差表，左侧为初始特征值，中间为提取主因子结果，右侧为旋转后的主因子结果，“合计”指因子的特征值，“方差”指该因子的特征值占总特征值的百分比，“累积”指累积的百分比。本例是在固定两个提取因子的条件下得到总方差解释。其中第一个因子解释了总方差的 57.475%；第二个因子总方差的 33.193%，两个因子的累积方差贡献率为 90.668%，即总体 99.668%的信息可以用这两个公因子来解释，两个因子被提取和旋转后，其累积方差贡献率和初始解的前两个变量相同，经旋转后的每个因子方差贡献值得到重新分配，使得因子的方差更接近，便于解释后续信息。

表 12-9 总方差的解释

成分	初始特征值			提取载荷平方和			旋转载荷平方和		
	总计	方差百分比/%	累积/%	总计	方差百分比/%	累积/%	总计	方差百分比/%	累积/%
1	3.448	57.475	57.475	3.448	57.475	57.475	3.434	57.232	57.232
2	1.992	33.193	90.668	1.992	33.193	90.668	2.006	33.436	90.668
3	0.403	6.720	97.387						
4	0.119	1.991	99.378						
5	0.034	0.560	99.939						
6	0.004	0.061	100.000						

注：提取方法为主成分分析法。

（5）特征值碎石图是初始特征值与成分数的点线图。本例的前两个因子的特征值较大，从第三个因子开始特征值明显变小，故选前两个因子为主因子，如图 12-7 所示。

（6）成分矩阵指未旋转的因子载荷，如表 12-10 所示，第一个因子解释了 4 个变量，第二个因子解释了 2 个变量，故本例不需要进行因子旋转。若第一个因子解释了变量的大部分信息，第二个因子对变量的解释效果不明显，则需要进行因子旋转。载荷范围介于−1～1，接近于−1 或 1 的载荷表明因子对变量的影响很强；接近于 0 的载荷表明因子对变量的影响很弱。因子载荷的绝对值＜0.3 称为低载荷，≥0.4 称为高载荷。其中第一公因子更能代表工业废水 Cd 排放、工业废水 Pb 排放、工业废水 Hg 排放、工业废水 As 排放，第二因子更能代表生活污水 COD 排放、生活污水氨氮排放。

表 12-11 是成分得分系数矩阵表，由此得到最终的因子得分方程：

$$\begin{aligned}
\text{工业废水Cd} &= 0.985F_1+0.042F_2 \\
\text{工业废水Pb} &= 0.944F_1+0.137F_2 \\
&\vdots \\
\text{生活污水氨氮排放} &= -0.137F_1+0.989F_2
\end{aligned} \tag{12-5}$$

$$F_1 = 0.016\text{生活污水COD排放} + 0.01\text{生活污水氨氮排放} + 0.264\text{工业污水Hg排放} + 0.286\text{工业污水Cd排放} + 0.279\text{工业污水Pb排放} + 0.022\text{工业污水As排放}$$

$$F_2 = 0.499\text{生活污水COD排放} + 0.498\text{生活污水氨氮排放} + 0.022\text{工业污水Hg排放} - 0.008\text{工业污水Cd排放} + 0.041\text{工业污水Pb排放} - 0.028\text{工业污水As排放}$$

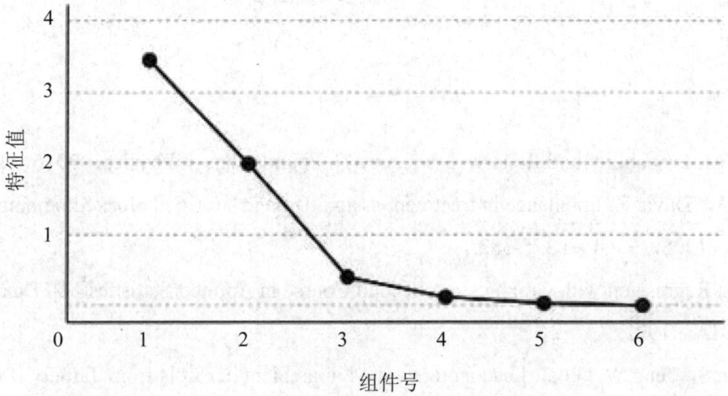

图 12-7　特征值碎石

表 12-10　成分矩阵

	成分 1	成分 2
生活污水 COD 排放	−0.118	0.992
生活污水氨氮排放	−0.137	0.989
工业废水 Hg 排放	0.898	0.096
工业废水 Cd 排放	0.985	0.042
工业废水 Pb 排放	0.944	0.137
工业废水 As 排放	0.865	−0.005

注：提取方法为主成分分析法。提取了 2 个成分。

表 12-11　成分得分系数矩阵

	成分 1	成分 2
生活污水 COD 排放	0.016	0.499
生活污水氨氮排放	0.010	0.498
工业废水 Hg 排放	0.264	0.022
工业废水 Cd 排放	0.286	−0.008
工业废水 Pb 排放	0.279	0.041
工业废水 As 排放	0.249	−0.028

注：提取方法为主成分分析法；旋转方法为凯撒正态化最大方差法。

参考文献

[1] Drieschner M. Probability and Relative Frequency[J]. Foundations of Physics，2016，46（1）：28-43.

[2] Hallstrom A，Davis K. Imbalance in treatment assignments in stratified blocked randomization[J]. Control Clin Trials，1998，9（4）：375-382.

[3] Hamilton L. Regression with Graphics：A Second Course in Applied Statistics[M]. Duxbury Press，North Scituate，MA，1992.

[4] Hsu S，Liu S，Jeng W，et al. Lead isotope ratios in ambient aerosols from Taipei，Taiwan：Identifying long-range transport of airborne Pb from the Yangtze Delta[J]. Atmospheric Environment，2006，40（28）：5393-5404.

[5] Ikeda M，Watanabe T，Koizumi A，et al. Dietary Intake of Lead among Japanese Farmers[J]. Archives of Environmental Health An International Journal，1989，44（1）：23-29.

[6] Johnston R J. Multivariate Statistical Analysis in Geography[M]. Longman，London，1980.

[7] Lachin J M. Properties of simple randomization in clinical trials[J]. Control Clin Trials，1988，9：312–326.

[8] Shieh G，Jan S L. The effectiveness of randomized complete block design[J]. Stata Neerlandica，2010，58（1）：111-124.

[9] Wu C S，Xia W，Li Y Y，et al. Repeated Measurements of Paraben Exposure during Pregnancy in Relation to Fetal and Early Childhood Growth[J]. Environmental ence and Technology，2018，53（1）.

[10] Viechtbauer W，Cheung W L. Outlier and influence diagnostics for meta - analysis[J]. Research Synthesis Methods，2010，1（2）：112-125.

[11] Zhang X，Chen D，Zhong T.，et al. Assessment of cadmium（Cd）concentration in arable soil in China[J]. Environ Sci Pollut Res，2015（22）：4932-4941.

[12] Zhao X Y，Cheng H H，He S Y，et al. Spatial associations between social groups and ozone air pollution exposure in the Beijing urban area[J]. Environ Res.，2018，164：173-183.

[13] Zhong B，Giubilato E，Critto A，et al. Probabilistic modeling of aggregate lead exposure in children of urban China using an adapted IEUBK model[J]. ence of the Total Environment，2017，s 584-585（apr.15）：259-267.

[14] Zwillinger，D.，Kokoska，S. Statistical Analysis of Geographic Information with Formulae[M]. Chapman & Hall/CRC，2000.

[15] 陈仁恩. 统计学基础[M]. 厦门：厦门大学出版社，2007.

[16] 庄树林. 环境数据分析[M]. 北京：科学出版社，2018.
[17] 环境统计教材编写委员会. 环境统计基础[M]. 北京：中国环境出版社，2016.
[18] 钱松. 环境与生态统计——R 语言的应用[M]. 曾思育译. 北京：高等教育出版社，2017.
[19] 楚洁，臧桐华，叶冬青，等. 重复测量设计与随机区组设计原理及应用[J].中国卫生统计，2004（3）：45-46，48.
[20] 方积乾，孙振球. 卫生统计学，5 版[M]. 北京：人民卫生出版社，2000.
[21] 胡良平，孙日扬，吕辰龙，等. 如何选择合适的试验设计类型（九）[J]. 中华脑血管病杂志（电子版），2013，7（6）：368-373.
[22] 环境生态部. 环境与健康横断面调查数据统计分析技术指南. 2017.
[23] 金丕焕，陈峰. 医用统计学方法，3 版[M]. 上海：复旦大学出版社，2009.
[24] 聂庆华，Keith C. Clarke. 环境统计学与 MATLAB 应用[M]. 北京：高等教育出版社，2010.
[25] 王维华，贾青. 成对或不成对反转试验设计[J]. 黄牛杂志，2002：28（3）：1-5.
[26] 武松. SPSS 实战与统计思维[M]. 北京：清华大学出版社，2019.
[27] 张文彤，董伟. SPSS 统计分析高级教程，3 版[M]. 北京：高等教育出版社，2018.